学科发展战略研究报告

工程热物理与能源利用学科发展战略研究报告（2021～2030）

国家自然科学基金委员会工程与材料科学部

科 学 出 版 社

北 京

内 容 简 介

本书是国家自然科学基金委员会工程与材料科学部的学科发展战略研究报告之一。这一系列研究报告是国家自然科学基金委员会工程与材料科学部为不断促进本领域的基础研究工作而精心组织出版的系列学科发展战略研究报告，旨在瞄准国际学科发展前沿，面向未来国家经济建设和社会发展的重大需求，着力解决我国工程与材料领域中的重要科学和技术基础问题，增强国家原始创新和技术创新能力。

本书站在国家利益和学科总体的高度，综合考虑国际学术发展动向和中国实际，论述了工程热物理与能源利用学科的内涵、战略地位以及各分支领域的界定，详细分析了各分支领域，包括工程热力学与能源系统、气动热力学与流体机械、传热传质学、燃烧学、多相流热物理学、可再生能源与新能源利用等的国内外研究现状、发展趋势及科学问题，进一步明确了我国工程热物理与能源利用研究中的近、中期发展方向和目标，拟定了 2021～2030 年的优先发展方向、资助领域和发展思路。

本书作为学科发展战略研究报告，内容既具有前瞻性和战略性，又具有针对性和可操作性。本书可为国家自然科学基金委员会工程与材料科学部工程热物理与能源利用学科遴选 2021～2030 年优先发展领域提供依据，同时也可供从事工程热物理与能源利用学科研究的科研人员、管理人员阅读和参考，也可作为高等院校教师、研究生的参考资料。

图书在版编目（CIP）数据

工程热物理与能源利用学科发展战略研究报告：2021～2030 / 国家自然科学基金委员会工程与材料科学部编著. —北京：科学出版社，2023.11
ISBN 978-7-03-076878-0

Ⅰ. ①工… Ⅱ. ①国… Ⅲ. ①工程热物理学－学科发展－发展战略－研究报告－中国－2021-2030 ②能源利用－学科发展－发展战略－研究报告－中国－2021-2030 Ⅳ. ① TK121 ② TK019

中国国家版本馆 CIP 数据核字（2023）第 212962 号

责任编辑：刘宝莉 乔丽维 / 责任校对：任苗苗
责任印制：肖 兴 / 封面设计：图阅社

科 学 出 版 社 出版
北京东黄城根北街 16 号
邮政编码：100717
http://www.sciencep.com

天津市新科印刷有限公司 印刷
科学出版社发行 各地新华书店经销

*

2023 年 11 月第 一 版 开本：720 × 1000 1/16
2023 年 11 月第一次印刷 印张：24 1/2
字数：494 000

定价：150.00 元
（如有印装质量问题，我社负责调换）

《工程热物理与能源利用学科发展战略研究报告（2021～2030）》编著委员会

组　长：何雅玲

副组长：王如竹

专家组：

金红光　李应红　宣益民　陈　勇　郭烈锦　陈维江　赵天寿　刘吉臻
黄　震　姜培学　高　翔　杨勇平　关永刚　纪　军

工作组（按姓氏汉语拼音排序）：

樊建人　郭烈锦　何雅玲　李应红　廖　强　刘乃安　齐　飞　孙晓峰
王秋旺　王如竹　席　光　徐明厚　宣益民　杨勇平　尧命发　张　兴

秘书组成员（按姓氏汉语拼音排序）：

曹炳阳　李　俊　李廷贤　罗　坤　吕友军　吴　云

撰写组：

第 1 章：纪　军　关永刚　史翊翔　陈龙飞　金红光　何雅玲　王如竹
　　　　陈　斌　隋　军　田振玉　童自翔
　　　　秘　书：李廷贤

第 2 章：杨勇平　王如竹　段远源　严俊杰　于达仁　宋永臣　罗二仓
　　　　邱利民　李小森　何茂刚　公茂琼　王丽伟　陈林根　段立强
　　　　刘启斌　薄　拯　王　屹
　　　　秘　书：李廷贤

第 3 章：孙晓峰　席　光　钟兢军　孙大坤　孙中国　卢新根　赵庆军
　　　　柳阳威　常军涛　王丁喜　杜　娟　李海旺　黄典贵　聂超群
　　　　秘　书：吴　云

第 4 章：张　兴　王秋旺　马学虎　王晓东　刘　伟　刘林华　赵天寿
赵长颖　宣益民　谈和平　唐大伟　曹炳阳　廖　强　冯妍卉
秘　书：曹炳阳

第 5 章：齐　飞　姚　强　黄佐华　尧命发　刘乃安　吕兴才　任祝寅
卫海桥　李水清　王树荣　周　昊　胡隆华　范　玮　王智化
赵海波　杨　斌　陈　正　纪　杰　王健平　李玉阳　杨　越
张英佳　李　博　黄群星
秘　书：罗　坤

第 6 章：郭烈锦　樊建人　徐进良　白博峰　朱　恂　何玉荣　王军锋
许传龙　沈胜强　何利民　王　兵　王海鸥　苏明旭　沈少华
秘　书：吕友军

第 7 章：王如竹　廖　强　骆仲泱　肖　睿　李小森　宇　波　马隆龙
王树荣　苏光辉　顾汉洋　肖　刚　吕友军　徐　超　汪建文
李明佳
秘　书：李　俊

前　言

Foreword

能源是可以直接或经过加工转换提供人类所需光、热、电、声、机械功等任一形式能量的载能体资源。能源科学内涵丰富，研究对象广泛，是一门综合性强、涉及面广、与国民经济密切相关的学科。历史经验表明，能源科学与能源技术的发展是密切相关和相互促进的。社会的发展需要能源科学理论和技术的不断突破，以促进社会经济发展和生产力水平提高。通过借鉴、移植和应用各科学领域的先进思想、方法和技术，不断创新能量与物质转化、传递和高效利用的应用技术。

基础研究的原创性项目是国际竞争的前沿和制高点，如何在国际学术前沿和制高点上找到学科的位置并明确战略发展的主攻方向，是我们面临的重要课题。我国社会经济正处在一个飞速发展的时期，能源需求量在未来几十年仍将快速增长，能源资源紧缺和高效洁净转换利用已成为制约我国经济发展的瓶颈问题。需要在能源科学基础研究上正确把握关键科学发展方向，建立一支结构合理、精干和稳定的基础性研究的科研队伍，扶持与建设一批具有较高创新能力的高水平能源科学研究基地，促使我国能源科学基础研究有更多的学科分支和领域接近或达到国际先进水平。

国家自然科学基金委员会自成立后曾多次组织过不同层面的发展战略研究，在 20 世纪 80 年代后期 90 年代初、2005 年以及 2010 年，分别组织撰写出版了《自然科学发展战略调研报告——工程热物理与能源利用》《工程热物理与能源利用学科发展战略研究报告（2006～2010）》《工程热物理与能源利用学科发展战略研究报告（2011～2020）》。这些战略研究报告为国家自然科学基金委员会在本学科的优先发展领域遴选和过去近 30 年的基金资助发挥了重要作用，更为青年科研工作者提供了积极申请基金的指南。为了强化基础研究前瞻性、战略性、系统性布局，贯彻落实坚持目标导向和自由探索“两条腿走路”的要求，工程热物理与能源利用学科的研究一直致力于大力支持和促进本学科各分支领域的基础探索，强调研究工作瞄准国际学术前沿，面向国家经济建设和社会发展的未来重大需求，着力解决我国能源转换和利用领域中的重要科学问题，在提高能源利用领域的学术水平、增强技术创新、参与国际竞争的能力等方面发挥更重要的作用。

十年前国家自然科学基金委员会工程热物理与能源利用学科曾经出版了《工程热物理与能源利用学科发展战略研究报告(2011～2020)》，经过十年的发展，工程热物理与能源利用学科已经发生了显著变化："双碳"目标与可再生能源利用成为2021～2030年十年发展的主旋律；电动汽车、5G通信、芯片、储能等高新技术产业对工程热物理与能源利用学科提出了新的课题；针对传统动力装备存在的"卡脖子"问题现状，我国启动了"两机"重大专项。因此，国家自然科学基金委员会工程热物理与能源利用学科需要根据学科发展的变化，制定下一个十年的学科发展战略报告——《工程热物理与能源利用学科发展战略研究报告(2021～2030)》，这个报告需要突出时代特点，既针对学科前沿，又重点突出国家战略，以及对未来发展的引领。

围绕上述目标，结合遴选"十四五"优先发展领域和重点支持方向，国家自然科学基金委员会工程热物理与能源利用学科启动了学科发展战略研究的工作。2018年11月，学科组织专家在重庆召开了工程热物理与能源利用学科"十四五"发展战略研讨会，与会专家结合学科特点讨论了工程热物理与能源利用学科"十四五"发展战略思路和重点项目资助导向，并对于如何进一步提高原始创新能力、基金资助模式、基金项目指南导向、基金项目评审与管理、结题验收与绩效评估等方面提出了诸多建议。2019年7月，学科组织专家在北京启动了工程热物理与能源利用学科"十四五"发展战略报告编写工作，通过多次研讨和修改，完成了国家自然科学基金委员会能源学科"十四五"发展战略报告，确立了工程热物理与能源利用学科的"十四五"优先发展领域、中长期优先发展领域、跨不同科学部优先发展领域和国际合作优先发展领域，并筛选了能源学科典型案例项目。2020年1月，国家自然科学基金委员会与中国科学院合作在北京启动了"中国学科及前沿领域发展战略研究(2021～2035)"的编写工作，其中的"能源科学发展战略研究"由国家自然科学基金委员会工程热物理与能源利用学科和电气科学与工程学科组织完成。通过组织多次研讨会，依靠专家学者，分析研究了各分支领域国内外研究现状和发展趋势，探讨学科基础研究战略，明确了我国工程热物理与能源利用学科的自然科学基金重点支持方向和领域，对能源科技基本内涵和战略定位、发展规律与发展态势、发展现状与研究前沿，以及未来十年的重点发展方向进行了广泛深入的调研并进行了报告的撰写，该报告广泛听取了中国科学院院士和能源专家的修改意见，进行了多次修改。

2020 年 10 月，学科组织专家在苏州召开了工程热物理与能源利用学科的"十四五"战略规划研讨会，各位专家在讨论过程中积极发言、集思广益，为学科的发展献言献策，高质量地完成了战略调研报告的框架性文件和调研目标。参会专家分为热力学组、气体动力学组、传热传质组、燃烧学组、多相流组、可再生能源组，分别进行了深入的讨论，各位专家对工程热物理与能源利用学科的"十四五"战略规划形成了共识，明晰了相关核心科学问题，提炼了相关的科学问题和优先发展领域。与会者按照国家自然科学基金委员会关于撰写学科战略研究报告的精神，对各个领域的学科发展战略研讨进行总结，形成了《中国学科发展战略·能源科学 2021～2035》和《工程热物理与能源利用学科发展战略研究报告(2021～2030)》等框架性文件。为了使报告具有更高的学术水平和更强的权威性，还邀请了国内相关学部的知名专家学者对文稿进行审议，各位专家认为该报告具有鲜明的科学性和发展性，反映了国内外发展的总体趋势，紧密结合新时期我国国情提出了相应的发展战略思路，同时针对报告中的不足提出中肯的意见，就基本内容、所分析的国内外研究现状和凝练的发展趋势等提出了许多有价值的建议，指出了报告应该进一步修改、充实和完善的具体意见。2021 年 4 月，学科启动了以原创性、前瞻性基础研究引领能源科技创新的学科调研，进一步梳理了世界能源科技创新发展形势、我国能源科技创新发展形势与挑战、学科的优先发展领域等。

面向国家"双碳"目标发展需求，我国正处在向低碳能源转型的关键时期，在资源和生态安全的双重压力下，迫切要求工程热物理与能源利用学科为能源开发利用和社会可持续发展提供新的科学理论基础和技术先导。工程热物理与能源利用学科既要增强学科基础、拓展内涵、扩大服务领域，又要注重发展先进实用的前瞻性高新技术。以创新思维解决和应对各种新的问题和挑战，实现化石燃料的高效燃烧以及排放控制、化石燃料的低碳转化与利用，更加广泛深入地探究可再生能源利用新途径，形成了我国能源转化与利用的基本策略。

本学科发展战略报告是在前述分别召开的共有数百位专家、研究者参加的分领域战略研讨会的基础上撰写，并通过向国内众多同行专家征求意见，经过修改而定稿。专家们一致认为：由于工程热物理与能源利用领域的不断发展，本学科之间及本学科与其他学科之间的相互交叉和渗透，根据各分支学科的特点和侧重点不同分成六个领域撰写是合适的；报告汇集了我国工程热物理与能源利用学科许多专家的聪明智慧，有相当高的学术水平；报告对本学科 2021～2030 年及今后的发展特点和趋势的分析和学术观点是正确的；报告以尽可能翔实的数据，分析国内外学科发展趋势和存在的差距与问题，这将对学科的发展起到重要的作用。

本报告是本学科众多专家和研究者共同努力的成果和智慧的结晶，可作为工程热物理与能源利用学科的大学教授、科学研究人员、专家学者、研究生，以及科技界有关领导、企业界工程技术人员、科研管理工作者等相关人员的参考资料。本报告的出版对国家自然科学基金委员会和我国工程热物理与能源利用领域未来的基础研究具有重要的参考价值和战略指导作用。

国家自然科学基金委员会工程与材料科学部关永刚和纪军负责组织了工程热物理与能源利用学科的发展战略研讨和本研究报告的撰写评审工作。在此，感谢所有参与《工程热物理与能源利用学科发展战略研究报告(2021～2030)》研讨、撰写、评审的专家，以及所有给予无私支持、帮助的有关人员。

编　者

2021 年 8 月

目　　录

Contents

第1章　总　　论

Chapter 1　Overview

1.1　概　　述

工程热物理与能源利用学科是一门研究能量和物质在转化、传递及其利用过程中基本规律和技术理论的应用基础学科，传统研究主要针对热和功的能源形式，学科范畴已扩展到几乎涵盖各种能量形式、能质相互转化和有效利用的方方面面。本学科的任务是在自然科学和热物理基本规律的基础上，综合相关学科(包括数学、物理、化学、生物、信息、认知、社会科学等)基础科学的新理论、新方法，认识和揭示能量物质转化、传递的基本现象和规律，全面深入地分析能量与物质转化、传递的物理过程特性，探究有效利用的基本规律及其应用的科学途径，为有关高新技术发展及工程问题解决提供理论依据、设计方法和技术手段，借鉴、应用各科学技术领域的先进思想、方法和技术，不断创新能量物质转化、传递和高效利用的应用技术。

工程热物理与能源利用学科是一个体系完整的应用基础学科，包括工程热力学与能源系统、内流流体力学、传热传质学、燃烧学、多相流热物理学、可再生能源与新能源利用，以及和工程热物理与能源利用领域相关问题的基础性与创新性研究。随着对学科认识的不断提高，学科内涵和研究内容不断丰富。先进的科学理念和基础科学的最新进展，带动了科学和技术的进步，人们开始从以热机为源头的工程热物理与能源利用学科范畴突破，引进了新的能质转换思维，发展新的基础理论。近年来拓展衍生出众多前沿热点领域与方向，如温室气体排放控制、可再生能源利用、微纳米热物理、微细能源系统和原理、生物与生命热物理、生态与环境安全热物理、极端条件热物理等，涉及自然世界能质相互作用与转化的基本内涵和基本规律等科学探索。

人类目前面临能源和资源短缺、环境污染、气候变化等全球性问题，工程热物理与能源利用学科将在能源和环境科技方面寻求革命性突破。本学科的发展趋势可以概括为：① 对能源转化、传递、利用中基础问题和规律的探索不断深化，学科研究在不断拓宽或突破原有界限与假定，如宏观向微观甚至介观的过渡、常规参数向超常参数或极端参数的发展，以及随机、非定常、多维、多相、多过程与多因素耦合等复杂情况下的热物理问题;② 随着能源、环境问题的日益突出,可再生能源和温室气体控制等问题开始成为工程热物理与能源利用学科发展的重要方向;③ 不断产生的新理论、新方法和新手段,以及研究的定量化和精确化,大大促进了学科的发展;④ 本学科各分支学科之间以及本学科与其他学科之间全方位、大跨度的交叉与融合已成为当前工程热物理与能源利用学科发展的一个基本趋势与特征,学科的界限越来越淡化和模糊。

1.2 战 略 地 位

能源是国民经济发展的动力和命脉,能源开发与合理有效利用是整个社会发展的源泉和基础,标志着人类的文明和进步,决定了一个国家的科学技术水准、竞争实力和综合国力,已成为国家存亡和社会安全的重大问题,引起世界各国政府高度重视并作为最优先的国家战略考虑。能量的转换、传递、能源与物质相互作用和转化是自然界最普遍的物理现象和物质运动形式之一,几乎与所有的生产工艺过程、技术领域和人类社会生活密切相关,这些现象和过程中的基本规律及其技术理论是能源合理有效利用的科学基础和理论依据,工程热物理与能源利用学科的原理和技术也因此具有普遍性和广泛性,在人类文明和社会进步中占有极为重要的地位。

本学科的建立源于蒸汽动力装置发明和广泛应用所引起的工业革命的极大推动,从创立最基本的热力学、热机学开始,逐步发展、完善成为独立的技术基础学科。工程热物理与能源利用学科为各种能源动力技术的发展提供理论支撑和源泉,是能源科技进步的重要依托。回顾历史,几乎每一次能源动力或能源利用方面的突破都带来生产力的飞跃、社会的发展、观念的变革。由于蒸汽机的发明和热力学理论的建立,人类找到从化石能源转化为功的办法,带动了世界第一次产业革命;仅仅石油的发现并没有迎来石油时代,而是利用石油的内燃机的发明和推广应用才使人类进入一个新的文明时代;内燃机和蒸汽轮机的出现与发展为现代社会的机械化、电气化创造了条件;燃气涡轮发动机和火箭发动机的发展则为高速航空与宇宙时代奠定了基础;核能的开发利用拓宽了人类利用能源的广阔视野。以高效和生态良性循环的新能源转化和利用概念已然呈现曙光,将不断改变人类能源的思维。显然,工程热物理与能源利用学科的基础原理和技术应用会产生巨大的经济和社会效益。

20 世纪 80 年代以来,化石能源的过度使用造成了严重的环境污染,并带来了 CO_2 等温室气体排放造成的显著的温室效应,严重威胁人类的生存和发展。面对生态环境和21世纪社会经济可持续发展的巨大挑战，人类必须在提高化石能源利用效率的同时，大力发展和使用可再生能源。近年来，以太阳能、风能和水能为代表的可再生能源得到了快速发展，碳中和已成为未来能源发展的主线，工程热物理与能源利用学科的发展必须顺应时代潮流，能源科学技术的进步将带来许多伟大的变革，产生重大影响，最终使人类社会迈向生态安全与良性循环的能源之路。

1.2.1 社会经济持续发展的迫切需求

能源的耗费数量和使用情况标志着人类社会经济发展规模、人民生活水准和科学技术发达程度。20世纪以来，世界能源消费有很大增长，21世纪更是惊人，预计需求必然持续上升。能源与人类的关系已密不可分，或者说，没有能源就没有现代人类社会的生存与发展。

2020年，中国GDP突破百万亿元，达到1015986亿元，折合约为14.73万亿美元，仅次于美国的20.81万亿美元，远远超过日本的5.05万亿美元，稳居世界第二大经济体，这是中国40多年经济高速发展成就的一个写照，也是中国国力增强的“里程碑”。据国际货币基金组织统计，2020年中国人均GDP约为1.1139万美元，排名全球第60位，仍略低于全球人均水平，不到日本的1/3[1]。

中国国情要求继续推进社会和经济的全面进步，能源是国家经济快速发展最重要的战略保障之一。在我国经济快速稳定发展的同时，能耗总量也在大幅度增长。由于我国以煤为主的能源结构短时间内无法改变，经济还将持续稳定发展，加之我国的城市化建设进入了快速发展阶段，社会总能耗和人均能耗将持续走高，这些必将使我国面临更为严峻的能源、环境和温室气体控制压力。在这种形势下，迫切要求工程热物理与能源利用学科为能源开发和利用提供新的科学理论基础与技术先导，并以前所未有的科学技术观念为其服务，也为学科的崭新发展注入新的动力，开拓出不断创新的研究课题和领域。

1.2.2 能源结构优化支撑“双碳”目标

中华人民共和国成立后经济建设的初期，国家独立自主、自力更生地构架我国自己独立的社会主义工业体系，发展生产，满足自给自足的基本要求，随后围绕国家工业化进行建设和发展；改革开放以来，全国上下贯彻发展才是硬道理、建设小康水平社会主义国家的精神，持续快速地发展经济，产业架构主要特点是技术水平低、资源消耗高、生产粗放型；同时我国加快推动科学技术进步，大力调整产业结构，力求降低能源消耗，着手治理浪费，厉行节约，能源利用率有所提高，但即便在如此形势下，我国能源消耗强度仍偏高。因此，对我国而言，立足于环境友善、资源节约、和谐发展的新型工业化道路，提高科学技术水平、增大高科技含量、采用先进生产工艺和技术装备已经迫在眉睫，势必要求和推动工程热物理和能源利用学科把握新的发展机遇，既要增强学科基础、拓展内涵、扩大服务领域，还应注重发展先进实用和前瞻性高的新技术。

能源动力行业继向高参数，甚至超高参数方向发展后，正持续朝集成、高效、洁净和智能化趋势迈进，包括循环流化床燃烧发电、增压流化床燃烧联合循环发电、整体煤气化联合循环发电、磁流体-蒸汽联合循环发电、燃煤联合循环发电、湿空气透平循环发电、新型核能联合循环发电、化学链燃烧反应动力系统、直接发电-热力循环相结合的多重联合循环等，都以人们难以预料的速度涌现并逐步实用化。与此同时，为满足社会经济更为广阔的能源需求，燃煤燃料电池电站技术、先进核反应堆、基于新型能质转换和能量释放机理的多功能能源集成系统，如太阳能、风能、生物质能等可再生能源的利用，均以崭新的面貌展示在人们眼前。

动力推进与民用交通运输高效、安全的迫切需要，海陆空低耗高效、精准快速、高推重比的现代军事目标，探求世界起源和宇宙奥秘的航天渴望等，都对高效洁净燃烧、能源转换、热流体力学、新兴推进技术、新兴和微型能源系统、先进强化冷却技术与有效热防护、系统热管理等提出前所未有的新挑战。

截至2020年底，我国还存有35.59万台工业锅炉，难以计数的小锅炉和工业窑炉，轻工纺织、食品医药加工与存储、冶金、建材、化工与石油化工，以及其他诸多耗能或存在技术上亟待新陈代谢或改造革新的传统工业[2]。因此，能源合理、高效、洁净转化和利用的压力极大，面临的问题和解决问题的技术途径异常复杂多变、面大量广，还要快速灵敏、成本低廉、实用有效。

我国建筑耗能问题也十分突出，不仅单位建筑能耗比同等气候条件国家高出2～3倍，而且建筑直接能耗已占社会总能耗的30%，随着生活水准的提高和人们对居住条件、室内环境舒适、健康、品位等方面的追求，这一比例会增至35%，将成为能耗第一大户。建筑节能与保温绝热材料、通风供冷采暖、空调制冷与低温工程等，都期待着新的思维观念、新的基础理论和新的技术方法。

“双碳”目标对能源系统问题研究提出了新的挑战。能源系统问题是事关人类生存的基础问题，不仅影响国家社会经济安全战略，更会影响地球环境和生态安全。解决能源系统问题不仅要考虑传统的能源利用和节能减排，更要结合生态环境与可持续发展，全方位开发可再生新型清洁能源，从源头降低碳排放强度，并进一步进行涉及能源资源、储存、输运、转换和生态友好后处理等全方位的基础和技术创新探索，方能有效实现碳中和的目标。

除以上所述的行业和技术领域外，在社会生产力全面提升的今天，对能源转换和利用技术推进与更新的渴求几乎无所不在，都是本学科传统和不断创新的研究领域。

1.2.3 资源和生态安全的双重压力

中国能源生产、资源消耗总量在世界上均名列前茅，直到2020年煤炭在我国一次能源中的占比仍然高达56.8%，而石油和天然气仅分别占18.9%和8.4%。人均能源消耗量只有发达国家的10%～15%，而且单位产值的能耗远高于世界平均水平，要改变我国人均GDP很低的现状，仍有必要继续保持每年都有较高增长。显然，无论如何强调和做到高效节约，高速提升能源开发生产仍是必然的，这样才能提供足够的能源以持续发展经济。应对人口众多、高消耗低效率的快速经济增长，能源资源突显其苍白无力的特点，如此负荷的能源开发也不可避免地消耗和占用其他资源，加上结构性的先天缺陷，能源和资源的匮乏已然演化成一个国家的资源安全问题，构成对国家社会、经济和政治安定的巨大威胁。国家资源安全问题是世界各国作为战略考虑的重大问题之一。

现今能源开发、储运、转换利用和各类末端使用可能引发潜在安全问题，研究防灾、灭灾、减灾，必须了解和掌握能量释放、形态转换、过程演化、传播传递等规律和条件，要从热力学、传热传质、燃烧、多相流体流动等方面进行理解和描述，这些都是本学科责无旁贷的研究任务和大有可为的广阔天地。资源和环境安全的双重压力更增添了学科发展的崭新内涵。

1.2.4 高新科学技术的推动促进

无论从工程热物理与能源利用学科的起源、兴起和发展，还是从我国本学科的创立与建设的历程来看，事实上都与科学技术最前端和社会生产最活跃的领域密切相关，尤其过去的数十年基本保持和现代高新科学技术同步共进，相互融合交叉、相互促进协调，携手持续地创造着一个又一个科学技术奇迹。纵览世界社会经济和科学技术发展的三大主导科技——生物、信息和纳米科技，无一不与本学科有着千丝万缕的内在联系。这些高新科学技术不断为工程热物理与能源利用科学研究提供新的认知思想、科学理念、技术手段和发展需求，同时本学科也在这些高科技进步的前端辅以新的技术理论和途径、在实际应用中给予有力的技术支撑。

例如，基于新型能质转换和能量释放机理的能源循环与系统理论，拓展衍生出众多前沿热点领域与方向，如可再生能源的开发与利用、微纳米热物理、生物与生命热物理、生态与环境安全热物理、电子散热与热管理、微细能源系统和原理等。这些为适应未来趋向而做的深层次原理创新也越来越多地涉及自然世界能质相互作用与转化的基本内涵和基本规律。

1.2.5 培育和发展战略性新兴产业的重要科技保障

在淘汰落后生产力的同时,我国把大力培育和发展战略性新兴产业作为优化产业结构的突破口,不断加大对战略性新兴产业技术研发和产业化的支持力度。战略性新兴产业是引领国家未来发展的重要决定性力量,对我国形成新的竞争优势和实现跨越发展至关重要。《中华人民共和国国民经济和社会发展第十四个五年规划和2035年远景目标纲要》提出,加快壮大新一代信息技术、生物技术、新能源、新材料、高端装备、新能源汽车、绿色环保以及航空航天、海洋装备等产业,并明确了今后一个时期的发展目标和政策导向[3]。可见,节能环保与新能源及储能产业作为国家战略性新兴产业,在国家能源与环境战略中的地位更加重要。

太阳能热利用、地热资源开发、风力发电以及秸秆转换、燃烧等新能源技术是工程热物理与能源利用学科当前最活跃的研究领域之一,推动着该产业的快速发展,在国际上已经产生了重要影响。2020年10月,国务院发布的《新时代的中国能源发展》白皮书指出[4]:

(1)我国可再生能源开发利用规模居世界首位。截至2020年底,中国可再生能源发电总装机容量9.34亿kW,约占全球可再生能源发电总装机容量的三分之一。其中,水电、风电、光伏发电、生物质发电装机容量均位居世界首位。与此同时,中国可再生能源供热也得到广泛应用,中国太阳能热水器集热面积累计达5亿m^2,浅层和中深层地热能供暖建筑面积超过11亿m^2。中国风电、光伏发电设备制造形成了完整的产业链,技术水平和制造规模处于世界前列。中国多晶硅、光伏电池、光伏组件的产量分别约占全球总产量份额的67%、79%、71%,光伏产品出口到200多个国家及地区。风电整机制造占全球总产量的41%,已成为全球风电设备制造产业链的重要地区。

(2)我国化石能源清洁发展成效突出,我国煤炭清洁开采水平大幅提升。积极推广充填开采、保水开采等煤炭清洁开采技术,加强煤矿资源综合利用。我国已经建成全球最大的清洁煤电供应体系。全面开展燃煤电厂超低排放改造。截至2020年底,实现超低排放煤电机组达9.5亿kW,占煤电总装机容量的88%。超过7.5亿kW的煤电机组实施节能改造,供电煤耗率逐年降低。燃煤锅炉(窑炉)替代和改造成效显著,淘汰燃煤小锅炉20余万台,重点区域35t/h以下燃煤锅炉基本清零。有序推进对以煤、石油焦、重油等为燃料的工业窑炉实行燃料清洁化替代,车用燃油环保标准大幅提升,实施成品油质量升级专项行动,快速提升车用汽柴油标准,从2012年的国三标准提升到2019年的国六标准,大幅减少了车辆尾气排放污染。

(3)我国重点领域节能持续加强。在建筑领域,新建建筑全面执行建筑节能标准,开展超低能耗、近零能耗建筑示范,推动既有居住建筑节能改造,提升公共建筑能效水平，加强可再生能源建筑应用。截至2020年底，累计建成节能建筑面积238亿m^2，占城镇既有建筑面积的比例超过63%；城镇新增节能建筑面积近40亿m^2。促进交通运输节能，完善公共交通服务体系，推广多式联运，提升铁路电气化水平，推广天然气车船，发展节能与新能源汽车，完善充换电和加氢基础设施，鼓励靠港船舶和民航飞机停靠期间使用岸电，建设天然气加气站、加注站，淘汰老旧高能耗车辆、船舶等。截至2020年底，建成港口岸电设施5800余套、液化天然气动力船舶290余艘。加强公共机构节能，实行能源定额管理，遴选发布政府机关、学校、医院等公共机构能效领跑者，实施绿色建筑、绿色办公、绿色出行、绿色食堂、绿色信息、绿色文化行动，开展3600余个节约型公共机构示范单位创建活动。

(4)我国能源绿色低碳消费水平不断提升。推进终端领域电能替代。制定《关于推进电能替代的指导意见》[5]，在居民采暖、生产制造、交通运输等领域推行以电代煤、以电代油，稳步提升全社会电气化水平。加强分散燃煤治理，制定《燃煤锅炉节能环保综合提升工程实施方案》[6]，提高锅炉系统高效运行水平，因地制宜推广燃气锅炉、电锅炉、生物质成型燃料锅炉。大气污染防治重点区域加快淘汰燃煤小锅炉，根据大气环境质量改善要求，划定高污染燃料禁燃区。推进北方地区清洁取暖，制定《北方地区冬季清洁取暖规划(2017—2021年)》[7]，将改善民生与环境治理相结合，坚持宜气则气、宜电则电、宜煤则煤、宜热则热，大力推进清洁取暖。截至2020年底，北方地区清洁取暖率超过60%，比2016年提高近44%。

随着我国“双碳”目标政策的推进，可再生电力将逐步成为我国的主要电力，根据终端用能需求，有近50%是热能，因此如何利用绿色电力高效转化为终端用热(冷)成为实现碳中和的重要手段，终端电器系统(空调制冷与供热)的高效化以及可以充分利用自然能源或者低品位热能的热泵成为终端用能系统的核心。

储能技术在促进能源生产消费、开放共享、灵活交易、协同发展，推动能源革命和能源新业态发展方面发挥着至关重要的作用，是新能源与可再生能源发展的核心支撑，储能技术的创新突破将成为带动全球能源格局革命性、颠覆性调整的重要引领技术。目前，世界主要发达国家纷纷加快储能技术和产业的发展，抢占能源战略突破高点。在众多储能技术中，热储能是最具应用前景的规模储能技术之一。热储能技术是以储热材料为媒介，将太阳能光热、地热、工业余热、低品位废热等或者将电能转换为热能储存起来，在需要的时候释放，以解决由时间、空间或强度上的热能供给与需求间不匹配带来的问题，最大限度地提高整个系统的能源利用率。热储能技术作为一种能量高密度化、转换高效化、应用成本化的大容量规模化储能方式，将在构建清洁低碳安全高效的能源体系、构建以新能源为主体的新型电力系统、保障电力系统安全稳定运行等方面发挥重要作用。

节能环保和新能源产业的发展势必要求和推动工程热物理与能源利用学科把

握新的发展机遇,不仅要增强学科基础、拓展内涵、扩大服务领域,还应注重发展先进实用和前瞻性高的新技术。

1.2.6 国家创新体系建设和基础研究发展的需求

科学技术是第一生产力,是先进生产力的集中体现和主要标志。进入21世纪,新科技革命迅猛发展,正孕育着新的重大突破,将深刻地改变经济和社会的面貌。信息科学和技术发展方兴未艾,依然是经济持续增长的主导力量;生命科学和生物技术迅猛发展,将为改善和提高人类生活质量发挥关键作用;能源科学和技术重新升温,为解决世界性的能源与环境问题开辟新的途径;纳米科学和技术新突破接踵而至,将带来深刻的技术革命。基础研究的重大突破,为技术和经济发展展现了新的前景。科学技术应用转化的速度不断加快,造就新的追赶和跨越机会。因此,我们要站在时代的前列,以世界眼光,迎接新科技革命带来的机遇和挑战。纵观全球,许多国家都把强化科技创新作为国家战略,把科技投资作为战略性投资,大幅度增加科技投入,并超前部署和发展前沿技术及战略产业,实施重大科技计划,着力增强国家创新能力和国际竞争力。面对国际新形势,我们必须增强责任感和紧迫感,自觉、坚定地把科技进步作为经济社会发展的首要推动力量,把提高自主创新能力作为调整经济结构、转变增长方式、提高国家竞争力的中心环节,把建设创新型国家作为面向未来的重大战略选择。

基础研究的原始创新是形成高新技术和自主创新能力的物质基础,在国家创新体系所包括的各大系统中,以知识创新为主要标志的基础研究对服务于国家目标的核心竞争力的构建具有全局性的战略意义。我国面临着很多“卡脖子”技术问题,根本原因是基础理论研究跟不上,源头和底层的东西没有搞清楚,这深刻阐明了基础研究的重要地位。

在科技发展日新月异的今天,以基础研究及其所孕育的高新技术的原始性创新为主要标志的科技自主创新能力的竞争已成为世界科技竞争的制高点,乃至国家竞争成败的分水岭。而现行知识产权保护制度和高技术领域“胜者全得”的竞争模式,以及发达国家与发展中国家所掌握的核心科技资源的不均衡性要远大于其经济发展的不均衡性,甚至还在继续扩大的现实,决定了我们这样的一个发展中大国,在21世纪愈演愈烈的综合国力竞争中,必须实行以大力提升自主创新能力为主导的跨越式发展的战略。

许多国家已经把加强全球化背景下的国家创新体系建设摆在关系国家生存与发展的重要战略地位。近年来我国在科技创新层面也取得了一些进展和成就,但是持续加强国家创新体系和自主创新能力的建设仍然是十分重要和紧迫的。提升自主创新能力,尽快突破关键核心技术,是构建新发展格局的一个关键问题。推动国内大循环，必须坚持供给侧结构性改革这一主线，提高供给体系质量和水平，以新供给创造新需求，科技创新是关键。畅通国内国际双循环，也需要科技实力，保障产业链供应链安全稳定。在新时代、新发展阶段，我国经济社会发展和民生改善比过去任何时候都更需要科学技术的支撑，都更需要增强创新这个第一动力。同时，在激烈的国际竞争面前，在单边主义、保护主义上升的大背景下，我们必须走出适合国情的创新路子，特别是要把提升原始创新能力摆在更加突出的位置，努力实现更多“从0到1”的突破。只有加快解决制约科技创新发展的一些关键问题，大力提升自主创新能力，尽快突破关键核心技术，我国高质量发展才能顺畅进行，国内循环与国际循环才能良性互动，新发展格局才能加快形成。

从总体上看，工程热物理与能源利用领域的科学家还需在基础研究方面不断努力，在自由探索中最大限度地发挥自由想象力、本质直观能力和假说推演能力，提高原创性能力。工程热物理与能源利用学科也将进一步重视并争取更多的资源来资助该领域的科学家结合国家需求和探索自然规律的双重目的进行自由探索，这不仅可为中国的国家经济社会发展和国家安全做出贡献，也可以促进学界紧跟国际学术前沿，占领更多的学术制高点，在国际学术领域占有一席之地，同时也培养出更多更强的基础研究人才队伍。

1.3 学科体系

1.3.1 学科分支

工程热物理与能源利用是能源领域的重要学科，是一门研究能量和物质在转化、传递、存储及利用过程中的基本规律和技术理论的应用基础学科，为能源开发利用和社会可持续发展提供科学理论基础和技术先导。学科的主要任务是认识和揭示能量与物质转化、传递、存储、利用的基本现象、规律及过程特性，不断创新能量物质转化、传递、存储和高效利用的科学途径和关键技术。通过借鉴、移植和应用各科学领域的先进思想、方法和技术，不断创新能量与物质转化、传递和高效利用的应用技术。工程热物理与能源利用学科内涵丰富，外延广阔，是一门体系完整的应用基础学科，主要包括以下分支学科。

1.3.2 内涵与作用

1. 工程热力学与能源系统

工程热力学与能源系统是研究能量相互转换（尤其是热能与其他形式能量）基

本规律及能源利用的分支学科。通过对能源系统的热力状态、热力过程与循环以及工质的分析研究,改进和完善发电系统、发动机、制冷机和热泵等的工作循环,提高能源利用和热 - 功转换的效率。该分支学科资助范围主要包括热力学基础、动力循环、制冷与低温、节能与储能中的热力学问题、热力系统动态特性、总能系统、多能互补、工质热物性及与其他学科的交叉研究等。

2. 内流流体力学

内流流体力学是研究动力装置和流体机械内部流体现象及相关力学行为、流体平衡及其运动规律、流体与固体间相互作用规律的分支学科。主要研究能源动力、空天推进动力及工业过程各类流体机械的热与功转化规律及其伴随的复杂流动机理。该分支学科资助范围主要包括黏性流动与湍流、动力装置气动热力学、流体机械流动、流动噪声与流固耦合及与其他学科的交叉研究。

3. 传热传质学

传热传质学是研究由于温度差和物质组分浓度差所引起的能量传递和物质迁移过程的分支学科。传热传质学针对导热 / 扩散、对流 / 传质和辐射的基本热、质传递形式,以及基本形式的耦合和衍生产生的传递现象和过程,反映或揭示其中的能量与物质传输的宏观唯象规律,融入应用科学和特征参数间的经验关系,构成传热传质学基本的学科体系。该分支学科资助范围主要包括热传导、辐射换热、对流传热传质、相变传递、微纳尺度传递、耦合传递、传热传质测试技术及与其他学科的交叉研究。

4. 燃烧学

燃烧学是研究氧化、着火、熄火、燃烧过程和机理的分支学科。燃烧是指燃料与氧化剂发生化学反应,并伴有发光发热或只发热不发光的现象,是化学反应、流动、传热传质并存和相互作用的复杂的物理化学现象,研究对象涉及锅炉、发动机、推进器等工业和火灾及一些新概念及特殊条件下的燃烧等。该分支学科资助范围主要包括燃烧反应动力学、层流火焰、湍流火焰、煤与其他固体燃料的燃烧、气体 / 液体燃料燃烧、动力装置中的燃烧、特殊条件下的燃烧、燃烧污染物生成和防治、火灾及与其他学科的交叉研究等。

5. 多相流热物理学

多相流热物理学是研究具有两种以上不同相态或不同组分的物质共存并有明确分界面的多相流体流动力学、热力学、传热传质学、燃烧学、化学、生物反应以及相关工业过程中的共性科学问题的分支学科。根据相态的不同,多相流可以分为气液、气固、液固、液液两相流以及气液固、气液液多相流等。该分支学科资助范围主要包括离散相动力学、多相流流动、多相流传热传质、气固两相流、单相与多相流动测试技术及与其他学科的交叉研究。

6. 可再生能源与新能源利用

可再生能源与新能源利用是研究可再生能源与新能源利用过程中能量和物质转化与传递的规律以及相关工程热物理问题的分支学科。具有涉及领域广、研究对象复杂多变、多学科交叉与融合、学科集成度高等特点,涉及工程热物理与能源利用各个分支学科。该分支学科资助范围主要包括太阳能、生物质能、风能、水能、海洋能、潮汐能、地热能、氢能、储能、反应堆热工水力及与其他学科的交叉研究。

1.4 基金资助现状

国家自然科学基金是资助自然科学基础研究的主要渠道,在国家科技创新体系的定位明确为"支持基础研究、坚持自由探索、发挥导向作用"。围绕国家目标和科学发展趋势,遵循基础研究规律,大力支持科学家的自由探索和为满足国家战略需求的自主创新,在出成果、出人才等方面取得了良好成效。自1986年国家自然科学基金委员会成立以来,截至2020年底工程热物理与能源利用学科已经择优资助面上、青年和地区项目7146项(其中面上项目3925项、青年科学基金项目3015项、地区科学基金项目206项)、重点项目179项、重大项目8项、优秀青年科学基金项目61项、国家杰出青年科学基金项目75项、海外及港澳青年合作基金项目6项、创新研究群体项目15项、国际合作重大项目24项,以及一批相关的国际(地区)合作交流项目,总资助经费约为40.5亿元。

1.4.1 面上、青年和地区项目

面上项目、青年科学基金项目和地区科学基金项目作为国家自然科学基金最基本的资助类别,对学科的整体、均衡发展有着十分重要的意义。面上、青年和地区项目资助经费占基金项目总经费的44.4%以上,资助对象为全国各部门、各地区、各单位的科技人员。它不仅维持了工程热物理与能源利用学科的基础研究方向,激励了学科研究人员创新潜力的发挥,还为培养和造就学科青年人才,形成基础性后备力量发挥了重要作用。同时,也为工程热物理与能源利用学科基金重点项目、重大项目的立项,以及国家其他部门重要研究项目的立项提供了研究队伍和

研究基础。工程热物理与能源利用学科的国家杰出青年科学基金获得者绝大部分承担过面上、青年和地区项目，学科所立的重点项目、重大项目承担者都曾获得过相关面上、青年和地区项目的资助。自国家自然科学基金委员会成立以来，面上、青年和地区项目的资助情况已经得到了很大发展。1986 年，学科共资助面上、青年和地区项目 64 项，平均资助经费仅为 3.42 万元/项；“七五”期间，平均资助经费为 4 万元/项；“八五”期间，平均资助经费为 7 万元/项；“九五”期间，平均资助经费为 10 万元/项。进入 21 世纪以来，国家自然科学基金快速发展，资助经费连年提高。“十五”期间，平均资助经费为 23 万元/项；“十一五”期间，平均资助经费为 33 万元/项；“十二五”期间，平均资助经费为 73.34 万元/项；“十三五”期间，平均资助经费为 60 万元/项。随着我国综合国力和科学技术水平的不断提高，面上、青年和地区项目的资助项目数和资助经费都将进一步增加，这将对工程热物理与能源利用学科基础性研究水平的提高和人才培养起到更大的促进作用。表 1.1～表 1.4 为工程热物理与能源利用学科面上、青年和地区项目资助的详细情况。

表 1.1　2011～2020 年工程热物理与能源利用学科面上、青年和地区项目资助项目数

（单位：项）

年度	面上项目	青年科学基金项目	地区科学基金项目
2011 年	212	190	14
2012 年	214	201	16
2013 年	204	216	15
2014 年	190	241	17
2015 年	215	227	17
2016 年	213	227	18
2017 年	228	249	18
2018 年	226	251	17
2019 年	238	265	19
2020 年	219	250	17

表 1.2　2011～2020 年工程热物理与能源利用学科面上和青年项目资助经费及资助率

年度	面上项目		青年科学基金项目	
	资助经费/万元	资助率/%	资助经费/万元	资助率/%
2011 年	60.01	20.06	25.03	26.28

续表

年度	面上项目		青年科学基金项目	
	资助经费/万元	资助率/%	资助经费/万元	资助率/%
2012 年	79.91	17.97	24.98	25.94
2013 年	79.90	19.98	24.98	26.97
2014 年	82.94	23.66	25.00	27.86
2015 年	63.93	20.71	20.45	26.12
2016 年	62.04	21.32	20.02	23.87
2017 年	60.00	21.61	23.95	23.10
2018 年	59.95	20.04	25.04	21.58
2019 年	59.81	18.06	25.01	18.43
2020 年	58.17	16.29	23.87	16.73

表 1.3 1986～2020 年工程热物理与能源利用学科面上项目资助单位分布情况（前 15 位）

（单位：项）

项目依托单位	工程热力学与能源系统	内流流体力学	传热传质学	燃烧学	多相流热物理学	热物性与热物理测试技术	可再生能源与新能源利用	工程热物理与其他领域交叉	合计
西安交通大学	60	59	54	41	67	25	16	11	333
清华大学	25	32	76	69	24	19	9	8	262
上海交通大学	55	18	43	53	16	3	27	3	218
华中科技大学	16	6	38	87	12	8	22	6	195
浙江大学	43	7	22	55	16	15	18	4	180
天津大学	27	3	16	81	8	12	7	7	161
东南大学	37	0	23	44	16	8	16	6	150
中国科学院工程热物理研究所	17	40	39	17	7	3	12	6	141
哈尔滨工业大学	20	17	43	28	10	1	6	2	127

续表

项目依托单位	工程热力学与能源系统	内流流体力学	传热传质学	燃烧学	多相流热物理学	热物性与热物理测试技术	可再生能源与新能源利用	工程热物理与其他领域交叉	合计
大连理工大学	13	5	42	26	17	4	8	2	117
中国科学技术大学	5	5	15	62	0	13	12	3	115
北京航空航天大学	3	54	19	10	2	3	0	5	96
重庆大学	38	1	29	9	2	1	11	1	92
上海理工大学	4	7	38	2	5	12	7	9	84
中国科学院广州能源研究所	7	0	10	7	1	1	54	3	83

表 1.4　2011～2020 年工程热物理与能源利用学科面上项目资助学科分布情况

学科分支	工程热力学与能源系统	内流流体力学	传热传质学	燃烧学	多相流热物理学	热物性与热物理测试技术	可再生能源与新能源利用	工程热物理与其他领域交叉
资助项目数/项	320	215	535	551	166	96	270	6
比例/%	14.82	9.96	24.78	25.52	7.69	4.45	12.51	0.28

1.4.2　重大项目和重点项目

1. 重大项目

重大项目是国家自然科学基金研究项目系列的一个重要类型。重大项目要瞄准国家目标,把握世界科学前沿,根据国家经济、社会、科技发展的需要,重点选择具有战略意义的重大科学问题,组织学科交叉研究和多学科综合研究,进一步提升源头创新能力。

重大项目主要资助方向为:科学发展中具有战略意义,我国具有优势,可望取得重大突破,达到或接近国际先进水平的前沿性基础研究;国家经济发展亟待解决的重大科学问题,对开拓发展高新技术产业具有重要影响或有重大应用前景的基础研究;围绕国家可持续发展战略目标或为国家宏观决策提供依据的重要基础性研究，以及具有广泛深远影响的科学数据积累等基础性工作；面上项目、重点项目多年资助基础上凝练出的、需加大资助力度可望取得重大突破的重大科学问题。

国家自然科学基金委员会“十二五”和“十三五”期间在本学科设置了5个重大项目：“气固湍流燃烧的多尺度耦合特性与机理”重大项目、“太阳能利用中的能量传递与转换基础研究”重大项目、“航空轴流压气机新气动布局基础研究”重大项目、“面向靶病灶精准诊疗的生物热物理基础问题研究”重大项目与“多能源互补的分布式能源系统基础研究”重大项目。以下是5个重大项目的简介。

1）气固湍流燃烧的多尺度耦合特性与机理

我国是世界上最大的煤炭消费国，煤炭等固体燃料的气固湍流燃烧能源动力系统是现代工业、人民生活的关键保障，其作用不可替代。能源动力系统的气固湍流燃烧是一个复杂的物理/化学过程，其本质是燃料、湍流和燃烧的多尺度耦合。以往的研究对气固湍流燃烧的多尺度耦合特性与机理认识不够深入，导致现有的设计技术较大程度上停留在工程尺度和经验/半经验层面。因此，国家自然科学基金委员会于2013年设立了工程与材料科学部的重大项目“气固湍流燃烧的多尺度耦合特性与机理”，以期揭示固体燃料颗粒在多尺度耦合条件下的动力学特性，探索气固湍流的多尺度结构演化与相互作用机理和气固湍流燃烧的多尺度耦合机理，研究气固湍流燃烧多尺度耦合模拟与设计方法。

该项目取得了以下研究成果：建立了单个煤粉颗粒燃烧反应系统、基于数字全息的热态颗粒场的测量系统、挥发性碱金属以及颗粒燃烧参数（温度、半径）等多参数同时在线测量的激光诱导击穿光谱和平面激光诱导荧光测量系统；研究了单颗粒煤粉的热解特性和碱金属释放特性，发展了煤粉热解CPD模型；开展了碳颗粒燃烧过程的直接数值模拟研究，揭示了燃烧过程中的反应速率变化规律、温度和组分分布特性，以及燃烧颗粒与流场的耦合作用机理；发明了颗粒三维运动的正交X射线成像非接触式测量方法，并构建了具有自主知识产权的硬件和软件系统，发展了颗粒团絮尺度演化的测量表征方法；创新性地提出了考虑多模态燃烧火焰的动态二阶矩湍流燃烧模型和煤粉燃烧复合小火焰燃烧模型，发展了多煤种通用热解模型，能够更加准确地捕捉燃烧过程的多模态结构及其与湍流的多尺度相互作用，可以更好地模拟气固两相湍流燃烧过程；创新性地提出了计算网格内考虑颗粒聚团结构的多尺度曳力模型、传热模型和化学反应模型，建立了考虑颗粒体积分数梯度的非均匀颗粒团聚的高阶精度数值模拟方法，在宏观数值模拟层面能反映介尺度结构对反应-传递-流动行为的影响。

2）太阳能利用中的能量传递与转换基础研究

面对能源短缺、CO_2排放严重和环境污染已成为制约我国可持续发展的关键瓶颈，高效开发利用太阳能是实现“双碳”目标的关键支撑之一。长期以来，能量利用效率低一直是制约太阳能技术发展的核心问题,而难以有效利用全光谱太阳能是导致其利用效率低的主要因素和关键瓶颈。因此,国家自然科学基金委员会于2015年设立了工程与材料科学部的重大项目“太阳能利用中的能量传递与转换基础研究”,旨在围绕全光谱太阳辐射能量捕获吸收、传递转换和耦合利用的全链条,研究太阳能全光谱利用中光子和热量的传输转换与调控原理,在全光谱太阳能利用基础理论、研究方法和关键技术基础的源头创新上有所突破。

该项目突破传统“光伏电池利用波段有限”和“太阳能直接光热低品位降级利用”的局限,提出太阳能高效利用必须同时兼顾太阳能能量和品位基本属性的新思路,取得了丰硕的成果:建立了太阳能全光谱、广角度、偏振不敏感的高效捕获吸收和波长选择性光子管理方法,同时实现了太阳能全光谱高效捕获、电池工作波段高吸收和红外非工作波段高透射;创新性地提出了“光子纳米流体”概念;建立了光伏电池的光子捕获吸收与载流子分离协同强化方法;提出了降低热导率与动态掺杂提高电导率协同的热电性能提升方法。从太阳能全光谱的能量和波段品位入手,提出了全光谱最大做功能力概念,揭示了全光谱的最大做功能力和品位的基本属性,以降低全光谱不可逆性为突破口,阐明了全光谱利用过程不可逆性发生机制,建立了全光谱最大做功能力梯级利用理论及评价方法,提出了太阳能全光谱利用的新原理和新方法。原创性地建立了太阳能直接驱动纳米流体甲醇制氢、V形钙钛矿-硅光伏耦合、聚光光伏-相变-热电耦合和聚光光伏-光热化学互补等新方法。

该项目的研究工作开拓并引领了太阳能全光谱利用研究的新方向,革新了人们对太阳能囿于能“量”利用的传统认识,丰富和创新发展了太阳能利用的理论、方法和技术,实现了钙钛矿-硅叠层光电转换、聚光光伏-相变-热电耦合和聚光光伏-光热化学互补等技术“从0到1”的突破,提升了我国太阳能利用领域基础研究的源头创新能力。

3)航空轴流压气机新气动布局基础研究

航空发动机是一个国家科技水平和综合国力的重要标志。航空轴流压气机作为三大核心部件之一,其级压比是发动机推重比这一核心性能指标的关键影响因素。长期以来,航空轴流压气机一直遵循定常附体流动设计理念,采用转子/静子交替气动布局,难以进一步提升级压比,严重制约了航空发动机性能的提升。因此,迫切需要针对航空轴流压气机新气动布局的相关基础问题开展研究。国家自然科学基金委员会于2017年设立了工程与材料科学部的重大项目“航空轴流压气机新气动布局基础研究”,旨在发展以非定常涡升力机制和对转激波增压机制为代表的新增压途径,探索发展转子/调制静子和对转等新型气动布局,同步开展新型气动布局下流动失稳机理及强逆压梯度下流动稳定性控制研究,形成航空轴流压气机新型增压途径和气动布局的基础理论，为我国自主发展先进航空轴流压气机提供理论基础。自立项以来，该项目的研究工作已迈出了实质性的一步，有望在支撑国家重大科技创新的同时，引领压气机气动热力学的未来发展。

4）面向靶病灶精准诊疗的生物热物理基础问题研究

为促进工程热物理与生物领域的学科交叉，国家自然科学基金委员会于2018年设立了工程与材料科学部的重大项目“面向靶病灶精准诊疗的生物热物理基础问题研究”，旨在针对现有诊疗方法中存在定位不准、不精确的问题，通过生物热物理、材料科学与临床医学等多学科领域的交叉合作，探索物质与能量传输动态特性，揭示能量协同传输与控制机制，发展能质时空分布预测方法，明确不同分布和温度分布的时空演变规律及关键因素的影响规律，动态评估其生物安全性和近远期诊疗效果，明确分子生物学机制，建立精准高效的评价方法、推动临床转化应用尺度生物组织中诊/疗剂，力争在重大疾病精准诊疗技术上取得实质性突破。

5）多能源互补的分布式能源系统基础研究

传统能源利用模式存在高能耗、高污染和高碳排放等一系列问题，而可再生能源固有的分散性和波动性导致能源利用的低能效和难以远距离消纳。多能源互补的分布式能源系统通过多种能源互补进行冷、热、电能的就地转化消纳，具有节能、环保等优势和实现能源高效梯级利用的巨大潜力，是未来能源系统的重要发展方向。为了发展多能源互补的能势耦合及其综合梯级利用新途径，提出化石能源与可再生能源源头互补和过程匹配的新思路，解决热能与化学能等不同品位能量的协同转化与高效存储、高比例可再生能源非稳态输入和多种负荷输出源荷匹配等关键科学问题，形成多能源互补分布式能源系统集成控制的基础理论，国家自然科学基金委员会于2020年设立了工程与材料科学部的重大项目“多能源互补的分布式能源系统基础研究”。该项目的研究工作将突破传统能源利用模式导致的能量品位损失、污染物和碳排放，以及可再生能源能量密度低、波动性造成的低能效和难以消纳等关键瓶颈，构建多能源互补的分布式能源系统，提出能势耦合与多能互补新理论、化学过程与热力循环协同转化新机制，以及适应波动性能源输入与多种能量负荷需求的主动蓄能调控新方法，降低化石能源转化利用的不可逆损失，实现近零排放和高比例可再生能源的提质增效；发展分布式能源系统集成新原理和新方法，助推能源技术革命，并引领热力学和能源利用的未来发展。

表1.5为1987年以来工程热物理与能源利用学科资助的重大项目清单。

表 1.5　1987 年以来工程热物理与能源利用学科资助的重大项目

项目名称	批准金额/万元	起止年月
工程热物理中关键性问题的研究	300	1987.02～1992.12
能源动力中多相流热物理基础理论与技术研究	500	1999.02～2003.12
航天技术和信息器件中的微细尺度传热	500	1999.06～2003.06
新型低温制冷技术中的基础问题	1000	2009.01～2012.12
气固湍流燃烧的多尺度耦合特性与机理	1500	2014.01～2018.12
太阳能利用中的能量传递与转换基础研究	1500	2016.01～2020.12
航空轴流压气机新气动布局基础研究	1566	2018.01～2022.12
面向靶病灶精准诊疗的生物热物理基础问题研究	1960	2019.01～2023.12
多能源互补的分布式能源系统基础研究	1800	2021.01～2025.12

2. 重点项目

重点项目是国家自然科学基金研究项目系列的一个重要类型。重点项目支持科技工作者结合国家需求,把握世界科学前沿,针对我国已有较好基础和积累的重要研究领域或新学科生长点开展深入、系统的创新性研究工作,特别是:① 对学科发展有重要推动作用的关键科学问题和科学前沿的研究;② 对经济与社会可持续发展有重要应用前景和意义或能够充分发挥我国资源或自然条件特色的基础研究。重点项目研究领域主要来源包括:① 国家自然科学基金委员会学科发展战略和优先发展领域;② 已获得重要进展,经过进一步提炼与加大支持力度可望取得突破性进展的科学基金面上项目;③ 科技工作者和有关机构根据科学技术发展趋势和国内具备的工作基础提出的建议。

“十二五”和“十三五”期间,国家自然科学基金的资助规模和资助强度都有了显著的增加,共资助了 95 项重点项目,“十二五”期间学科共资助了 44 项重点项目,“十三五”期间学科共资助了 51 项重点项目。资助项目涉及所有的工程热物理与能源利用学科分支领域,既有能源利用中涉及的一些深层次的机理性、基础性问题,也有紧密结合国家需求且从实际工程背景中提炼出科学问题而安排的重点项目。表 1.6 为 2011～2020 年工程热物理与能源利用学科重点项目资助领域分布。

表 1.6 2011～2020 年工程热物理与能源利用学科重点项目资助领域分布

学科代码	学科	资助项目数 / 项	比例 /%	总计 / 项
E0601	工程热力学与能源系统	12	12.63	95
E0602	内流流体力学	16	16.84	
E0603	传热传质学	32	33.68	
E0604	燃烧学	13	13.68	
E0605	多相流热物理学	7	7.37	
E0606	热物性与热物理测试技术	1	1.05	
E0607	可再生能源与新能源利用	11	11.58	
E0608	工程热物理与其他领域交叉	3	3.16	

在学科资助和科学家的不懈努力下，部分重点项目已经取得了重要的原创性研究成果。例如，清华大学承担的国家自然科学基金重点项目“热量的能、质二象性的理论与实验研究”(51136001)，围绕热质理论及其应用的主题开展了系统研究。热质理论从重新审视热量的本质出发，提出热的“能、质”二象性学说，一方面认为传统热学中热具有能量的属性；另一方面根据爱因斯坦质能关系式定义了“热质”，即热的质量。热量在传递的同时具有质量属性，因此可以采用力学分析方法（包括牛顿力学和分析力学）研究热量的传递规律。建立了热质流体的状态方程和守恒方程，建立了亦适用于高热流密度和超快速导热等极端条件的普适导热定律，它在不同的条件下可退化为傅里叶导热定律和 Cattaneo-Vernotte 热波模型等导热模型，预测了在高热流密度和纳米尺度条件下产生的热拥塞和热激波新现象，基于普适导热理论对纳米尺度导热和超快速导热进行了热分析。试验测量了不同厚度金、铂等金属纳米薄膜和碳纳米管的电导率和热导率，发现纳米薄膜和碳纳米管的热导率体现出显著的尺度效应，在大热流密度下金属薄膜的传热特性和傅里叶导热定律有所差别，表明热质惯性力作用不能被忽略。搭建了飞秒激光热反射试验系统，在室温、400fs（$1fs=10^{-15}s$）脉宽激光加热的条件下，金属薄膜中的瞬态导热测量结果没有发现热波，而测量得到温度波的波速可以接近电子费米速度，与理论预测相符合。采用拉曼光谱法研究了悬架碳纳米管的导热特性，在最大温升 300K 内，尽管热流密度大幅度增加，但沿长度方向的温升仍呈现抛物线分布，并且在边界上并没有出现明显的温度跳跃，项目后续将继续探索极低温和高热流密度时单根碳纳米管的传热特性。

西安交通大学承担的国家自然科学基金重点项目“复杂物理场中多相相间作用及能质传输运机理与多流场多相流模型”(51236007)，瞄准国家能源科学技术发展战略，结合国际多相流与氢能学科发展新趋势，针对太阳能光解制氢等能量转化与传输过程中复杂多物理场作用下的多相相间作用和输运等前沿科学问题，集中在氢能规模制备集储与利用中的多相流光热化学反应和复杂约束条件多相流能质传递基本现象与共性规律两大方面进行研究，具体包括太阳能聚光催化连续流制氢体系及示范系统的构建、复杂多尺度多相流相间作用和能质输运理论、油气采输过程中的多相流热物理理论与关键技术以及超临界水蒸煤气化制氢新原理等。在基于高效光催化材料的直接太阳能制氢体系研究方面，研发并搭建了可视化原位光电转换和外部扰动控制气泡行为的测试系统，提出了微纳结构表面反应产物输运过程中的气泡成核理论，建立了基于分子扩散及表面更新理论的气泡生长行为预测模型，提出半导体光催化材料能带结构定向调控和连续调变理论，将光催化剂的高效光吸收成功扩展至整个可见光区，成功研制出直接太阳能光催化多相流连续制氢中试和大型示范系统，用非贵金属催化剂获取 6.6% 的系统光氢转化效率，达到可产业化的国际同期最高水平。在复杂多流场多相流与热质传递数理模型方面，构建了气液两相流中由气泡夹带、逸出、相变等现象引起的一系列质量传递计算模型，建立了普适性的完整的多流场热物理模型，实现了较低计算成本下对相界面的动态追踪和流场参数的准确预测，研发建成了参数和功能均达国际最高的大型深海油气采输管道多相流试验系统，开发了拥有自主知识产权的用于实时控制的关键参数快速计算模型与流动安全保障技术。针对太阳能聚焦热驱动的生物质超临界水气化制氢过程，开展太阳能吸热腔、反应器、物料颗粒、孔、分子尺度的物质流与能量流分析，讨论各个尺度的速度控制步骤并获得了动力学调控手段，相关理论在长期稳定运行的 1t/h 处理量的太阳能聚热耦合超临界水气化制氢工业示范系统中得到验证。

西安交通大学承担的国家自然科学基金重点项目“太阳能塔式电站高效聚光集热传热机理及新型动力循环热物理基础问题研究”（51436007），针对塔式太阳能热发电系统中的高效聚光、集热、传热机理及动力循环的关键热物理科学问题，建立了一体化光热耦合模型，获得了聚光集热系统中管式以及多孔介质吸热器等复杂结构内的太阳能汇聚、吸收和转化规律，提出了以“按流均光、以光定流”为核心的光 - 流 - 温度多场协同匹配设计原理，形成了太阳能聚光集热系统光 - 热 - 力耦合一体化协同调控方法及热力设计准则，创新性提出了多种新技术，对整个聚光集热系统进行一体化协同优化；开展了复杂流动结构内的熔盐流动换热特性以及新型熔盐换热器 / 储热器设计原理研究，明晰了微细尺度（印刷电路板、多孔介质等）复杂构型对熔盐流动换热过程的强化机制，实现了工业级熔盐换热器换热性能和稳 / 动态特性的表征，揭示了多形式、多工况条件下高温熔盐储热强化机制并指导了新型储热材料和储热器的开发；揭示了聚光集热系统、储热 / 换热系统与超临界 CO_2 布雷顿循环高效匹配机制，给出了循环构型和关键参数对系统性能的影响规律，实现了具有“高效率、大比功、宽吸热区间”优点的塔式光热发电系统一体化高效集成。该项目聚焦塔式聚光太阳能热发电中的共性问题，通过揭示系统能量流输运机制，挖掘了系统关键环节效率提升潜力，推动新型太阳能热发电系统一体化创新研究。

中国科学院工程热物理研究所承担的国家自然科学基金重点项目“太阳能与化石能源互补系统理论与方法”(51236008)，建立了聚光太阳能与化石能源互补的能势耦合原理；从聚光源头上，首次表征了聚光太阳能的能势热力学属性，重新认知了聚光太阳能最大做功能力和理想发电效率极限；建立了聚光能势、燃料能势、反应Gibbs自由能品位、热能品位间的基本关系方程，揭示了互补能势耦合的增效作用机理；研制了国际首套百千瓦中低温太阳能热化学互补发电系统样机；发明了聚光源头的太阳能合成气、化学链循环固体金属的燃料化学能蓄能新方法，研制了太阳能合成气燃料蓄能反应器，研发了百千瓦中低温太阳能源头蓄能的互补内燃机发电系统样机，验证了能势耦合机理以及增效机制，开拓了聚光源头燃料蓄能的太阳能热化学新方向；发明了源头节能与源头蓄能的互补系统；首次提出了中温太阳能与二甲醚化学链互补分布式供能系统、太阳能与天然气重整多联产系统；研制了变辐照主动调控的广角跟踪槽式聚光集热器，阐释了光热转换与源头蓄能协同的变辐照主动调控系统集成机制，为源头蓄能与源头节能的互补系统集成提供了理论基础。

天津大学承担的国家自然科学基金重点项目“直喷式内燃机燃烧过程‘㶲’和‘㶲’/功转化率最大化的研究”(51236005)，基于非平衡态热力学和化学动力学，建立了㶲及相关参数的描述方法和数学模型，对三种代表性燃料正庚烷、正丁醇、汽油燃烧过程化学㶲损失进行了研究；探索了内燃机高效燃烧的约束条件，揭示了高压缩比、稀燃对提高内燃机热效率的机理，包括提高初始能量品位降低燃烧㶲损失和增大比热比提高㶲/功转化率两个因素；提出了燃料高温无氧重整方法，将初始大分子燃料转变为小分子燃料，同时伴随化学㶲增加，重整后的气态小分子燃料利于形成均质混合气，还具备延迟着火特性，因此提出了分子重组均质压燃燃烧概念；研究了高稀释的汽油均质压燃燃烧和重组均质压燃燃烧缸内燃烧㶲和㶲/功转化率的影响规律；探索出了汽油燃料高效燃烧的技术途径。

南京航空航天大学承担的国家自然科学基金重点项目“固态型太阳能利用系统的微纳尺度能量转换机理与调控方法研究”(51336011)，系统研究了微结构类型、材料属性和特征尺寸等对全光谱太阳能吸收特性的影响，建立了纳米颗粒强化吸收设计准则，围绕宽光谱、等方性等科学问题，提出了仿生及复合两种类型的表面微结构，阐明了结构形貌、材料属性和结构尺寸等因素对光子吸收特性的影响规律，揭示了散射效应、等离子激元、梯度折射率等强化吸收机理，解决了单一结构吸收波段受限的问题，建立了太阳能宽光谱、等方向的高效吸收方法。考虑微结构、温度效应和电学复合的影响，建立了描述光伏电池内部能量输运与转换过程的光电耦合模型，阐明了光电转换过程中的结构和温度效应；系统研究了不同种类光伏电池光生载流子输运与转换过程中的能量损耗，揭示了非本征能量损耗机制对光伏电池效率的影响规律，厘清了影响太阳能电池能量损耗的关键因素，为优化设计高效太阳能光伏电池提供了理论依据。考虑光伏和热电器件的温度效应和系统的热传递过程，建立了光伏-热电耦合系统的能量传递与转换模型，探究了聚光比、光伏电池与热电器件种类、温度、冷却条件、接触热阻等因素对光伏-热电耦合系统效率与输出功率的影响规律，揭示了耦合系统的温度和能量匹配机制，建立了光伏-热电耦合系统的设计方法，提出了聚光光伏-相变-热电耦合的新方法，发展了太阳能全光谱高效利用技术。该项目的研究工作对提高太阳能的能量利用效率、发展太阳能全光谱高效利用技术具有重要的科学意义。

中国人民解放军空军工程大学承担的国家自然科学基金重点项目“轴流压气机等离子体流动控制机理研究”（51336011），开展了面向流动控制的长寿命等离子体激励器基础研究，从聚酰亚胺基和陶瓷基等离子体激励器两个方面揭示传统激励器放电过程中的材料老化机理，发展新型长寿命激励器并揭示其耐老化机理。基于发展的高性能等离子体激励器，针对显著影响发动机性能的转子叶尖区流动和静叶流动分离开展等离子体流动控制研究，通过数值仿真和试验，深入揭示了现代高负荷压气机失速等离子体流动控制的规律和机制，探索了高速压气机三维角区分离等离子体流动控制的有效策略，研究成果可为发展宽裕度、高效率等离子体激励式高负荷压气机设计技术提供理论支撑。

上海交通大学承担的国家自然科学基金重点项目“基于干燥剂除湿和蒸发制冷耦合的高效热泵循环研究”（51336004），构建具有温湿度弱关联特性的新型除湿热泵循环，同时提出了新型循环制冷剂与干燥剂的优选原则，即理想的吸附剂在吸附-解吸平衡时有较大的单位质量含水率差和较大的涂敷密度，揭示了循环传热传质弱耦合特性；确定了新型循环在15～20℃蒸发温区、40～50℃冷凝温区下制冷剂（R32和R410A）的选取，发现了吸湿盐修饰多孔物理吸附剂提升循环潜热负荷处理能力，优化了LiCl-介孔硅胶复合吸附剂的制备方法和涂敷工艺；建立了可准确预测除湿蒸发/冷凝器的双热源耦合传热传质数学模型及系统动态热力学模型；搭建了一体式除湿热泵循环的试验测试系统，在上海夏季工况下热泵的循环性能系数达到6.0以上，比传统空调热泵提升近一倍。

浙江大学承担的国家自然科学基金重点项目“气固两相湍流边界层流动特性及多场多尺度耦合机理的研究”（51136006），对中高雷诺数单相、气固两相、考虑传热效应和壁面粗糙度效应的湍流边界层开展了直接数值模拟和试验研究。研究发现，颗粒的存在提高了流场的平均速度，从而导致边界层厚度减小以及壁面摩擦阻力增大。此外，颗粒可有效延迟边界层转捩的发生。在近壁面，颗粒增强了流体的流向脉动速度,却削弱了边界层外层的速度脉动。随着颗粒粒径和浓度的增加,雷诺应力以及法向和展向上的脉动速度逐渐减弱。在气固两相湍流热边界层中,颗粒的存在增大了近壁流体的速度和温度梯度,从而导致壁面摩擦阻力提高以及流体与壁面间的对流换热增强。颗粒削弱了涡结构的拟序性,却显著增强了条纹结构的拟序性,同时条纹间距变宽。此外,颗粒壁面浓度沿流向的分布与流体壁面摩擦阻力系数沿流向的变化存在相似性。随着湍流向下游发展,涡结构的拟序性逐渐减弱,颗粒的优先富集特性逐渐消失。在粗糙壁面湍流边界层中,粗糙元的存在提高了流动阻力,从而导致流向速度降低。粗糙元的阻塞效应促使流向上的能量向展向和法向上转移,因此流向脉动速度减小,而法向和展向上的脉动速度增加。当边界层中加入颗粒后,颗粒削弱了粗糙元对边界层的影响。粗糙元诱导产生的喷射和清扫事件将近壁面的颗粒输运到外层,因而降低了近壁面颗粒的优先聚集特性。该项目的研究揭示了气固两相湍流边界层的流动特性及多场多尺度耦合作用机理,可为减阻、强化边界层传热等工程实际问题提供理论指导,为复杂湍流模型的构建、发展和改进提供理论支撑和基础数据库,并推动多相流理论进一步发展。

北京航空航天大学承担的国家自然科学基金重点项目“基于非定常涡升力的压气机转子/静子气动布局理论与实验研究”(51236001),发展了已有的运动边界数值模拟平台,实现了在统一的正交坐标系下求解转子静子干涉非定常流动;数值模拟研究验证了缩小转子/静子轴向间距可以产生非定常涡升力,提高级压比;通过轴流泵试验验证了数值模拟所预测的轴向间距对转子/静子级气动性能的影响,并通过粒子图像测速技术流场显示试验,进一步揭示了非定常流动与气动性能之间的关联;数值模拟初步探索了运用转子/调制静子机构加强非定常涡升力的可能性;在叶轮机稳定性问题上取得了几方面的进展。

大连理工大学承担的国家自然科学基金重点项目“天然气水合物开采关键基础科学问题研究”(51436003),以天然气水合物开采所面临的关键基础科学问题为研究背景,建立了微观可视化研究方法与研究平台,探析沉积层变化与气水流动规律;探明了天然气水合物二次生成、结冰等因素对天然气水合物沉积层渗透性的影响,以及开采过程中沉积层渗透率的变化规律;阐明了多因素协同作用下多孔介质内含相变过程的多相、多组分渗流与迁移机制;建立了天然气水合物开采基础理论体系,为我国天然气水合物资源的高效开采利用提供理论支撑。建成了天然气水合物骨架结构分析 X 射线计算机断层扫描可视化试验系统,开发了用于天然气水合物开采过程渗透性测试的试验装置;完成了天然气水合物分解过程三维骨架结构变化的计算机断层扫描重建;采用孔隙网络建模方法确定了岩心的渗透率;利用核磁共振成像对水合物分解过程气、水的流动特性进行可视化分析。研究了天然气水合物分解过程沉积层骨架结构变化、水合物二次生成等对渗透率的影响;开发了数字岩心建模软件,完成了岩心渗透率非均质性和各向异性的定量化描述。利用核磁共振成像实时监测多孔介质内天然气水合物的分解过程,以及相变过程的气、水分布状态,对气液运移进行精确测试。模拟了实际降压开采过程中水合物二次生成过程,探究了部分水饱和沉积层内不同气体渗流条件对天然气水合物降压分解过程中水合物二次生成的影响。基于数字岩心骨架结构和孔隙度分布,完成了孔隙尺度网络模型的建立。

中国科学院广州能源研究所承担的国家自然科学基金重点项目“微型动力系统中燃烧的基础研究”(51336010),针对不同燃料的微尺度燃烧特性、燃料分子结构与微燃烧特性的关联机制以及壁面/催化作用下的燃烧微尺度效应及机理展开了研究。研究发现,随着输入功率的增加,烷烃燃料微射流火焰的形态由热质扩散和化学动力学决定的伞状、半球状火焰逐渐转变为受扩散和对流共同作用决定的定置和推举火焰。微尺度射流火焰和喷管管壁之间存在强烈的热耦合,半球状火焰时火焰和管壁之间的热耦合效应会强化微火焰的稳定性,而伞状火焰时的热耦合加剧了火焰的不稳定性。在密闭的微小空间内,壁面黏滞力和壁面传热决定了火焰的传播特性。存在一个最佳的特征尺寸使火焰传播速度最快,甚至使燃烧模态从缓燃转变为爆燃,实现了燃料化学能的快速、高效释放。壁面的化学效应通过改变壁面附近火焰中关键自由基的浓度和分布影响微火焰的稳定性。表面上的吸附氧浓度是决定壁面化学作用强弱的关键因素,可以通过表面涂层调控表面吸附特性,有效地改善微火焰的稳定性。研究还揭示了多种烷烃燃料的催化着火特性、自稳燃烧极限和催化条件下的气相火焰特征,以及乙醇和二甲醚同分异构燃料催化燃烧特性的差异及影响机制,得到了多种含氧燃料的低温催化氧化动力学特性及其基本参数。在催化微燃烧全过程中,表面催化反应与空间气相反应在空间分布上呈现出不同的阶段性特征,表现出热量和物质的强耦合特征。该项目的研究揭示了燃料特性与微燃烧之间的关联机制以及异相反应与气相反应在界面附近的耦合作用规律及控制机制,丰富了微尺度条件下的燃烧基础理论,可为提高微型动力系统的能量密度和运行可靠性提供理论基础和技术支撑,并推动微尺度燃烧理论的进一步发展。

1.4.3 优秀青年科学基金项目

为进一步贯彻落实国家中长期人才发展规划纲要的部署,加强对创新型青年人才的培养,完善国家自然科学基金人才资助体系,国家自然科学基金委员会决定自2012年起设立优秀青年科学基金项目。优秀青年科学基金支持在基础研究方面已取得较好成绩的青年研究者自主选择研究方向开展创新研究,促进青年科学技术人才的快速成长,培养造就一批进入世界科技前沿的优秀学术骨干。同时,为支持香港特别行政区、澳门特别行政区科技创新发展,鼓励爱国爱港爱澳高素质人才参与中央财政科技计划,为建设科技强国贡献力量,国家自然科学基金为面向港澳特区依托单位科学技术人员设立优秀青年科学基金项目(港澳)。在2011～2020年,学科共资助优秀青年科学基金61人,涵盖了所有分支学科领域。

表1.7～表1.9为2011～2020年工程热物理与能源利用学科优秀青年科学基金项目的资助情况。

表1.7 2011～2020年工程热物理与能源利用学科优秀青年科学基金资助项目数

(单位:项)

年度	2011年	2012年	2013年	2014年	2015年	2016年	2017年	2018年	2019年	2020年
资助项目数	0	6	6	6	6	6	6	6	10	9

表1.8 2011～2020年工程热物理与能源利用学科优秀青年科学基金资助领域分布

学科代码	学科	资助项目数/项	占比/%	总计/项
E0601	工程热力学与能源系统	10	16.39	61
E0602	内流流体力学	6	9.84	
E0603	传热传质学	18	29.51	
E0604	燃烧学	12	19.67	
E0605	多相流热物理学	4	6.56	
E0606	热物性与热物理测试技术	1	1.64	
E0607	可再生能源与新能源利用	8	13.11	
E0608	工程热物理与其他领域交叉	2	3.28	

表1.9 2011～2020年工程热物理与能源利用学科优秀青年科学基金资助依托单位分布

项目依托单位	资助项目数/项	占比/%
西安交通大学	9	14.75
上海交通大学	5	8.20
清华大学	4	6.56
中国科学院工程热物理研究所	4	6.56
哈尔滨工业大学	4	6.56
北京航空航天大学	4	6.56
东南大学	4	6.56
浙江大学	4	6.56
华中科技大学	3	4.92

续表

项目依托单位	资助项目数/项	占比/%
天津大学	3	4.92
重庆大学	3	4.92
北京大学	2	3.28
中国科学技术大学	2	3.28
华北电力大学	2	3.28
大连理工大学	2	3.28
南京理工大学	1	1.64
北京科技大学	1	1.64
香港理工大学	1	1.64
中国科学院理化技术研究所	1	1.64
中国人民解放军空军工程大学	1	1.64
中南大学	1	1.64

1.4.4 国家杰出青年科学基金项目

国家杰出青年科学基金支持在基础研究方面已取得突出成绩的青年研究者自主选择研究方向开展创新研究,促进青年科学技术人才的成长,吸引海外人才,培养造就一批进入世界科技前沿的优秀学术带头人。国家杰出青年科学基金的设立是国家为加快培养优秀学术带头人、实施人才强国战略所采取的一项具有远见卓识的重大举措,极大地鼓舞了海内外优秀青年研究者献身祖国科研事业的热忱,产生了重大而深远的影响,它的实施对于稳定我国科研队伍、吸引海外高水平的人才回国工作、获得高水平科研成果、培养和造就优秀学术带头人均产生了显著的效果。2011～2020年,学科共资助国家杰出青年科学基金39人,除工程热物理与其他领域交叉外,涵盖了所有分支学科领域。表1.10～表1.12为2011～2020年工程热物理与能源利用学科国家杰出青年科学基金项目的资助情况。

表1.10 2011～2020年工程热物理与能源利用学科国家杰出青年科学基金资助项目数

(单位:项)

年度	2011年	2012年	2013年	2014年	2015年	2016年	2017年	2018年	2019年	2020年
资助项目数	4	3	3	3	4	3	3	5	5	6

表 1.11 2011～2020 年工程热物理与能源利用学科国家杰出青年科学基金资助领域分布

学科代码	学科	资助项目数/项	占比 /%	总计/项
E0601	工程热力学与能源系统	6	15.38	39
E0602	内流流体力学	2	5.13	
E0603	传热传质学	11	28.21	
E0604	燃烧学	12	30.77	
E0605	多相流热物理学	5	12.82	
E0606	热物性与热物理测试技术	1	2.56	
E0607	可再生能源与新能源利用	2	5.13	
E0608	工程热物理与其他领域交叉	0	0	

表 1.12 2011～2020 年工程热物理与能源利用学科国家杰出青年科学基金资助依托单位分布

项目依托单位	资助项目数/项	占比 /%
西安交通大学	8	20.51
浙江大学	4	10.26
华中科技大学	3	7.69
清华大学	3	7.69
天津大学	3	7.69
东南大学	2	5.13
上海交通大学	2	5.13
中国科学院理化技术研究所	2	5.13
重庆大学	2	5.13
北京石油化工学院	1	2.56
大连理工大学	1	2.56
华南理工大学	1	2.56
南京理工大学	1	2.56
苏州科技大学	1	2.56
中国科学技术大学	1	2.56
中国科学院工程热物理研究所	1	2.56
中国科学院广州能源研究所	1	2.56
中国人民解放军空军工程大学	1	2.56

注:表中仅列出 38 项。

1.4.5 创新研究群体项目

为稳定地支持基础科学的前沿研究,培养和造就具有创新能力的人才和群体,国家自然科学基金委员会设立创新研究群体项目。创新研究群体项目资助国内以优秀科学家为学术带头人、中青年科学家为骨干的研究群体,围绕某一重要研究方向在国内进行基础研究和应用基础研究。自该基金设立以来,学科一共支持了西安交通大学、华中科技大学、哈尔滨工业大学、清华大学、上海交通大学、浙江大学、华北电力大学、天津大学和重庆大学 10 个创新研究群体项目,其中西安交通大学、华中科技大学、哈尔滨工业大学和清华大学各有一个项目成功滚动,获得第二期乃至第三期资助,如表 1.13 所示。

表 1.13　2011～2020 年工程热物理与能源利用学科创新研究群体项目

项目名称	项目批准号	承担单位	起止年月
能源高效节约和可再生转化利用的多相流理论基础	50521604	西安交通大学	2006.01～2008.12
	50821064		2009.01～2011.12
	51121092		2012.01～2014.12
燃煤排放物生成、控制与资源化利用的基础研究	50721005	华中科技大学	2008.01～2010.12
	51021065		2011.01～2013.12
热辐射传输与流动控制	51121004	哈尔滨工业大学	2012.01～2014.12
	51421063		2015.01～2017.12
工程热物理	51321002	清华大学	2014.01～2016.12
	51621062		2017.01～2019.12
传热传质与高效热力系统的基础研究	51521004	上海交通大学	2016.01～2021.12
复杂组分固体燃料热转化机理及清洁利用	51621005	浙江大学	2017.01～2022.12
能源高效利用中关键热流科学问题的基础研究	51721004	西安交通大学	2018.01～2023.12
能量传递转化与高效动力系统	51821004	华北电力大学	2019.01～2024.12
移动动力装置高效低碳清洁利用的工程热物理问题	51921004	天津大学	2020.01～2024.12
多相反应流传递与转化调控	52021004	重庆大学	2021.01～2025.12

1.5 基金支持原则

2020年，在国家自然科学基金委员会八届三次全体委员会议上李静海主任指出：在党中央、国务院坚强领导和科技部统筹管理下，国家自然科学基金委员会2019年各项工作取得新进展。坚持党建引领，系统推进深化改革；持续推进全面从严治党，加强作风学风建设；坚持需求导向和原创导向，加快部署关键重点领域；落实中央人才工作部署，加大优秀人才培养力度；深化联合基金管理改革，建立多元投入机制；拓展国际（地区）合作网络；推进中长期发展规划战略研究，主动对接国家科技规划；积极进行改革试点，优化项目和资金管理，在"杰青"中试点项目经费使用"包干制"，开展"优青"、"创新研究群体"、"海外港澳学者"三类人才项目提高间接费用占比试点，调整限项要求，优化项目申请[8]。

坚持需求导向，围绕基础前沿领域和关键核心技术重大科学问题，坚持需求导向和前瞻引领。从国家战略需求出发，强化重点领域部署，鼓励跨领域、跨学科交叉研究，形成关键领域先发优势。

坚持原创导向，稳定支持各学科领域均衡协调可持续发展，加强对数学、物理等重点基础学科的支持，稳定支持一批基础数学领域科研人员围绕数学学科前沿问题开展基础理论研究，夯实发展基础。坚持自由探索、突出原创，科学问题导向和需求牵引并重，引导科学家将科学研究活动中的个人兴趣与国家战略需求紧密结合，实现对科学前沿的引领和拓展，全面培育源头创新能力。坚持学科建设的主方向，推进跨学科研究，强化学科交叉融合，培育新的学科发展方向。稳定支持面上项目、青年科学基金项目和地区科学基金项目，鼓励在科学基金资助范围内自主选题。为原创项目开辟单独渠道，采取专家或项目主任署名推荐、不设时间窗口接收申请，探索实施非常规评审和决策模式，着重关注研究的原始创新性，弱化对项目前期工作基础、可行性等要求，优化完善非共识项目的实施机制。

2020年，国家自然科学基金委员会主任李静海在《落实十九届五中全会精神 科学规划 深化改革 开拓新局》的讲话中强调：当今世界正经历百年未有之大变局，新一轮科技革命和产业变革深入发展，国际科技竞争更加激烈，我国已转向高质量发展阶段，但创新能力还不适应高质量发展的要求。要深刻认识坚持创新在我国现代化建设全局中的核心地位，把科技自立自强作为国家发展和战略支撑的重大战略意义，锚定2035年远景目标和"十四五"时期经济社会发展目标任务，按照"面向世界科技前沿、面向经济主战场、面向国家重大需求、面向人民生命健康"的要求，牢牢把握科学基金发展新机遇，勇于承担科学基金人的历史使命，坚定不移推进科学基金深化改革，科学谋划未来发展[9]。

2020年，国家自然科学基金委员会认真学习领会科技创新和基础研究重要论述，深入落实《国务院关于全面加强基础科学研究的若干意见》、《关于深化项目评审、人才评价、机构评估改革的意见》、《国务院关于优化科研管理提升科研绩效若干举措的通知》等中央文件要求，按照科学基金升级版改革方案，推出一系列改革举措：

（1）扩大分类评审试点范围。选择全部面上项目和重点项目开展分类评审工作。

（2）实施原创探索计划。设立原创探索计划项目。

（3）调整限项申请规定。科研人员同期主持和主要参与的国家科技计划（专项、基金等）项目（课题）原则上不超过2项。

（4）优化人才资助体系。允许符合管理办法中申请条件要求的外籍非华裔科研人员申请国家杰出青年科学基金项目和优秀青年科学基金项目。继续试点面向香港特别行政区、澳门特别行政区依托单位科研人员开放申请优秀青年科学基金项目（港澳）。加强优秀青年科学基金项目和国家杰出青年科学基金项目与国家其他科技人才计划的统筹衔接，避免重复资助。不再设立海外及港澳学者合作研究基金项目。

（5）试点项目经费使用“包干制”。在国家杰出青年科学基金项目中，试点项目经费使用“包干制”，不再分为直接费用和间接费用。申请人提交申请书时，无须编制项目预算。项目负责人在规定范围内自主使用经费。

（6）调整部分项目类型的经费资助结构。在60家依托单位试点提高智力密集型和纯理论基础研究间接费用比例的基础上，2020年起，所有依托单位获批的青年科学基金项目、优秀青年科学基金项目和创新研究群体项目均采用新的经费资助结构，进一步提高间接费用比例。

（7）优化申请代码设置。2020年起，以工程与材料科学部、信息科学部等为试点，重新梳理一级和二级申请代码，不再设置三级申请代码。申请人选择准确的申请代码后，可在信息系统中选择合适的“研究方向”和“关键词”。

（8）进一步简化申请关联要求。将面上项目和地区科学基金项目纳入无纸化申请范围。

（9）试点开展“负责人、讲信誉、计贡献”（RCC）评审机制。

（10）进一步强化科研诚信建设。2020年，国家自然科学基金委员会将启动实施科学基金学风建设行动计划，构建科学基金“教育、引导、规范、监督、惩戒”一体化的科研诚信建设体系。

为促进学科交叉融合，2020年国家自然科学基金委员会正式成立第九个学部——交叉科学部。近代科学发展特别是科学上的重大发现、国计民生中的重大社会问题的解决等常常涉及不同学科之间的相互交叉和相互渗透，交叉学部的成立将打破传统学科之间的壁垒，促进基础学科、应用学科交叉融合，使科学研究越来越多地呈现出集成创新、融合发展的新态势。

国家自然科学基金委员会将进一步准确把握支持基础研究、坚持自由探索、发挥导向作用的战略定位，认真落实尊重科学、发扬民主、提倡竞争、促进合作、激励创新、引领未来的工作方针，始终坚持依靠专家、发扬民主、择优支持、公正合理的评审原则，着力培育创新思想和创新人才，推进科学基金制不断完善和发展。要坚持科技创新和制度创新“双轮驱动”，以问题为导向，以需求为牵引，在实践载体、制度安排、政策保障、环境营造上下功夫，在创新主体、创新基础、创新资源、创新环境等方面持续用力，强化国家战略科技力量，提升国家创新体系整体效能[10]。营造宽松环境，坚持自由探索实现自主创新，将是未来基金支持的基本原则和评判准绳，也是保证基金发展重点与主要任务完成的前提。为了强化基础研究前瞻性、战略性、系统性布局，贯彻落实坚持目标导向和自由探索“两条腿走路”的要求，面向世界科技前沿、面向经济主战场、面向国家重大需求、面向人民生命健康，以提出和解决科学问题作为科学研究的基本出发点和落脚点，提高项目申请质量，更加科学公正地遴选项目，进一步发挥科学基金支持源头创新的重要作用，从而推动基础研究高质量发展。

1.6 工程热物理与能源利用学科资助导向

能源是国民经济的基础，是经济持续稳定发展的基石和满足人民美好生活需要的重要保障。能源既包括自然界广泛存在的化石能源、核能、可再生能源等，也包括由此转化而来的电能、热能和氢能等。当前及未来几十年，人类面临化石能源枯竭及环境恶化的重大挑战，化石能源的可耗竭性、环境污染与碳排放等问题对能源资源保障和利用方式提出了更高的要求。

工程热物理与能源利用是能源学科研究领域的重要分支，是研究能量和物质在转化、传递、存储及利用过程中的基本规律和技术理论的应用基础学科，为能源开发利用和社会可持续发展提供科学理论基础和技术先导。主要任务是认识和揭示能量与物质转化、传递和存储的基本现象、规律及过程特性，不断创新能量转化、传递、存储和高效利用的科学途径和关键技术。工程热物理与能源利用学科内涵丰富、外延广阔，是一门体系完整的应用基础学科，其资助范围主要包括工程热力学与能源系统、内流流体力学、传热传质学、燃烧学、多相流热物理学、可再生能源与新能源利用及与其他学科的交叉研究等。工程热物理与能源利用学科的基金支持的目的是为我国的能源技术创新发展奠定基石。

对各分支学科现状和趋势的分析充分表明,我国工程热物理与能源利用学科在基础研究方面已经取得了令人鼓舞的成就,为下一步全面追赶和整体达到世界先进水平奠定了良好的基础。“基础研究是整个科学体系的源头,是所有技术问题的总机关”,这深刻阐明了基础研究在揭示自然规律、服务经济社会发展方面的基础性关键作用。然而,我国与世界在工程热物理方向上的基础研究相比,总体上的差距仍然存在,表现为:基础理论原创性、系统化和深广度有所欠缺;应用基础和技术更多停留在传统内容层面,与国际最新进展和技术水平还有差距;我国的基础研究成果较少能直接服务或在高科技发展中发挥关键性作用。从支持基础研究的角度,未来应强调:一是在研究深度上,继承并超越国际现有的研究方法和思路,结合我国工业发展的具体需求特点,深入研究解决现实中制约我国国民经济发展的科学与关键技术基础问题;二是加强原创性,在广泛深入认识国际科学前沿基础上,寻找突破口进行创新研究;三是在研究广度上,强化学科交叉,为实际工业问题提供解决方案;四是体现现实性,要立足本国实际,使研究成果转化为生产力,为我国的现代化建设添砖加瓦;五是作为探求自然的基础,必须持续努力积累、丰富基础知识和建立符合改造世界要求的学科体系,还应该担负起向更为广泛的社会和大众传播节能环保知识与理念、培养造就具备新知识体系和崭新科学理念创新人才的责任。这些都是工程热物理与能源利用学科极为重要且必不可少的定位方向和内涵。

上述这些总体任务、研究方向、现实需求为规划研究工程热物理与能源利用学科发展战略和安排研究工作提供了指南。综合考虑我国的现实情况,基于国家自然科学基金根本定位和工程热物理与能源利用学科的基本内涵,着重强调基础研究是一切创新的源泉,不断深化对基础研究发展规律、创新人才成长规律和科学基金管理创新规律的认识,探索通过整体评估促进科学发展的长效机制。

(1)必须以学科布局合理、奠定长期发展基础和提高整体水平为目标,突出更加侧重基础,推进学科发展。突出更加侧重前沿,加强重点部署。推进仪器基础研究,提升自主创新能力。重点加强学科基础,突出原创性基础研究,鼓励对学科长期发展立意新颖且有重要学术影响、具有鲜明探索性以及针对薄弱基础环节的播种类型研究。发挥科学基金的导向作用,进一步落实“包干制”,深化“放管服”,确保“用得好”。扩大经费使用自主权,简化预(决)算编制和材料报送,优化资金过程管理,进一步提高智力密集型项目和纯理论基础研究项目间接费用比例,稳步推广提高间接费用比例试点范围,推进经费使用“包干制”管理,在现有基础上广泛调研,本着充分放权、放管结合、协同推进的原则,革新经费管理体制,更好地服务于我国基础研究事业。间接费用核定与失信等级挂钩,稳妥推进基于依托单位信誉水平的间接费用核定管理机制。根据改革过程出现的新情况、新问题，进一步完善经费管理制度，并确保各项政策执行落实到位。国家自然科学基金委员会将进一步关注放管结合，注意把握政策平衡，加强监督指导，引入绩效评价，在有效规范自主权运行下做出系列部署，压实依托单位责任，确保依托单位对于政策接得住、用得好。

(2)引进新思想、新观念和科学技术新进展的最新理论与方法，继续大力促进工程热物理与能源利用学科基础和技术的创新研究，延伸学科内涵，开拓应用领域，关注涉及自然世界能质相互作用与转化的基本内涵和规律等理性科学探索，促进交叉领域研究，努力为本学科的发展注入新活力。抓住科研范式变革的战略机遇，在认真研究和广泛征求国内外意见的基础上，研究制定系统性改革方案，确立“构建理念先进、制度规范、公正高效的新时代科学基金治理体系”的改革目标，提出“明确资助导向、完善评审机制、优化学科布局”三大改革任务，制定加强三个建设、完善六个机制、强化两个重点、优化七个方面资助管理等重要改革举措。

(3)瞄准国际学术前沿和最高水准，密切围绕国家需求的重大创新技术基础，拓展学科基础内涵和研究领域；特别要注重从现代高新技术、经济发展急需的实际应用中凝练工程热物理与能源利用学科基础科学问题，使学科发展、科学研究与应用服务融入科学技术发展和经济建设的主流。基础前沿研究突出原创导向，以同行评议为主。强调要建立覆盖“三评”全过程的监督评估机制。确立“依靠专家、发扬民主、择优支持、公正合理”的评审原则，始终坚持科学性是根本、公正性是生命的工作理念，不断加强评审制度建设。

(4)立足国家人才工作全局，切实培育创新人才，尊重科学规律，不断探索人才发现遴选、评价和激励保障机制，打造科学基金人才资助培养链，营造有利于人才成长和发挥作用的良好环境，强化针对培养和造就创新人才、自由探索的研究。统筹各类项目资助部署，优化人才资助结构和布局，支持边远贫困地区和少数民族地区人才培养，扶持女性科技工作者健康成长。

(5)积极落实开放合作战略，统筹利用国内外科技资源，推进实质性合作研究，营造有利于科学家更好地参与国际(地区)科学合作的开放创新环境。在加强多层次、多方位、宽领域国际合作的同时，力争在具有我国特色和优势的某些领域逐步形成“以我为主”的合作格局，构建“以我为主”的国际(地区)合作研究网络，进一步提升我国基础科学的国际地位和影响力。

(6)优化项目管理，营造良好创新环境。简化申请与初审，为申请人和依托单位提供更便捷的服务。逐步扩大无纸化申请项目范围，简化填写信息与附件材料，大力推行代表作制度，简化初审管理。完善规章制度体系，加强项目规范管理，强化关键环节管理，确保评审公平公正。评审中应避免“四唯”倾向，以创新能力、质量、贡献、绩效为项目评价导向。借助信息系统作用提高项目评审质量和效率，探索多种会议评审方式。

（7）强化依托单位责任，保障改革落地。发挥依托单位作为科学基金事业发展的基石作用，加强依托单位在基金项目管理、高端人才培养、科技成果转化、科研诚信建设和良好学术生态维护等方面的作用，让依托单位成为科研人才的栖息地和培养皿，战斗在建设科技人才强国队伍的第一线，培养科学基金项目实施人才、评审专家和科技管理人才，为科学基金高质量发展提供人力资源劳动保障供给。加强依托单位管理，促使依托单位充分发挥主体责任和服务职能，在科学基金运行的全过程中不断提高申请、实施、监督和结题效率，对项目申请严格把关，提高项目申请质量。发挥依托单位作为诚信科研环境监督者和建设者的作用，严格管理科学基金项目，遏制学术不端行为，建设诚信科研外部环境的先锋队伍。发挥依托单位作为项目成果管理、转化的助推器作用，扎实推进科技成果的管理和转化，源源不断地将基础研究的原动力输入创新发展的引擎中。发挥依托单位作为政策法规解读、宣传的擎旗手作用，将科学基金的政策法规及深化改革的精神和各项举措准确传达给广大科技工作者。

（8）深化科学基金改革，推动基础研究高质量发展。构建理念先进、制度规范、公正高效的新时代科学基金治理体系。明确资助导向、完善评审机制、优化学科布局。加强党建和党风廉政建设、学风和科研诚信与伦理建设、组织机构和队伍建设。完善面向国家重大需求的科学问题凝练机制、面向世界科学前沿的科学问题凝练机制、重大类型项目立项机制、促进成果应用贯通机制、学科交叉融合机制、多元投入机制，强化原创探索计划、人才资助体系升级计划两个重点。优化明确各层次优先发展领域、系统深化国际合作、持续完善规章制度、持续改进项目管理、持续规范资金管理、持续开展绩效评价、加强依托单位管理七方面资助管理。

（9）大力巩固科研诚信教育成果，激励践行新时代优良作风学风，推动科研诚信与伦理制度建设。夯实全过程全覆盖监督机制，在项目申请阶段开展高相似度检查，在不同时段与有关主体签署公正性承诺书，在项目会议评审期间开展驻会监督。依规依纪严肃查处科研失信行为。按照党中央、国务院对于科研诚信、科研伦理和学风建设的新要求，进一步加强党对监督工作的领导，认真落实巡视审计整改任务要求，加强对科研失信行为的联合惩戒，进一步压实主体责任，完善顶层设计，加快构建“教育、激励、规范、监督、惩戒”一体化的科学基金科研诚信建设体系，为科学基金深化改革、基础研究高质量发展提供坚强保障和支撑。

参 考 文 献

[1] 中国政府网. 突破100万亿!11个数看懂2020年中国经济. http://www.gov.cn/xinwen/2021-01/18/content_5580880.htm.[2021-2-1].

[2] 中华人民共和国工业和信息化部. 国家工业节能技术装备推荐目录. 2020.

[3] 中华人民共和国国务院. 中华人民共和国国民经济和社会发展第十四个五年规划和2035年远景目标纲要. 2021.

[4] 中华人民共和国国务院.《新时代的中国能源发展》白皮书. 2020.

[5] 国家发展改革委. 关于推进电能替代的指导意见. 2016.

[6] 国家发展改革委,环境保护部,财政部,国家质检总局,工业和信息化部,国管局,国家能源局. 燃煤锅炉节能环保综合提升工程实施方案. 2014.

[7] 国家发展改革委,国家能源局,财政部,环境保护部,住房城乡建设部,国资委,质检总局,银监会,证监会,军委后勤保障部. 北方地区冬季清洁取暖规划(2017—2021年). 2017.

[8] 李静海. 在国家自然科学基金委员会2020年八届三次全体委员会会议上的讲话. 北京,2020.

[9] 李静海. 国家自然科学基金委员会党组2020年度(扩大)会议中的《落实十九届五中全会精神　科学规划　深化改革　开拓新局》的讲话. 北京,2020.

[10] 肖杰. 明确资助导向　促进新时期国家自然科学基金高质量发展. 北京:中国科学报,2020.

第 2 章　工程热力学与能源系统

Chapter 2　Engineering Thermodynamics and Energy Systems

2.1　学科内涵与应用背景

工程热力学与能源系统是热物理学的基础，是研究能量相互转换基本规律及能源利用的分支学科，通过对能源系统的热力状态、热力过程与循环以及工质的分析研究，改进和完善发电系统、发动机、制冷机和热泵等的工作循环，提高能源利用和热-功转换的效率，进而提高能源利用的综合效率。工程热力学与能源系统分支学科资助范围主要包括热力学基础、动力循环、制冷与低温、节能与储能中的热力学问题、热力系统动态特性、总能系统、多能互补、工质热物性及与其他学科的交叉研究等。

工程热力学与能源系统已渗透到能源科学、化学 / 化工科学、材料科学、物理科学等多科学领域，并通过与其他学科的交叉形成许多新的分支学科。许多能源科学与热物理学的基本概念、定义和反映热过程本质的规律都涉及工程热力学与能源系统的范畴，工程热力学与能源系统的发展与工程热物理学科的发展紧密相关，直接影响着学科发展所能达到的深度、高度和规模。面向化石能源系统造成的环境危害和可持续发展的新能源战略[1]，工程热力学与能源系统的总目标定位是解决能源利用与环境协调发展的瓶颈难题，显著提高能源系统效率、减少环境污染，主要核心科学问题不仅仅局限于传统的热力学范畴，已逐渐拓展为多学科多领域的交叉融合和能源低碳利用范畴。工程热力学与能源系统的学科内涵主要包括基础热力学、非平衡态热力学、统计热力学、工质热物性、动力循环、制冷与低温、能源系统、分布式能源、多能互补、总能系统及多学科交叉与拓展等。

1. 非平衡态热力学及统计热力学

经典热力学以研究平衡状态和可逆过程为基本内容，不涉及宏观系统状态随时间、空间的变化，属于热静力学范畴。经典热力学采用一些标量性的集总参数（如 p、T、v、h、s、…）来描述宏观系统的状态，使得许多在工程上具有重要意义的矢量过程、张量过程和与时间相关的过程得不到充分的描述，而非平衡、非稳定状态及过程在实践中频繁出现，对这些动力学过程的研究却不能从经典热力学得到有力的支持。

近年来科学和技术进步的一个重要趋势是向微型化发展，微型化的共同特征是物质和能量的转换、输运均发生在一个受限的微小结构内，因此描述宏观系统的热力学理论受到了新的挑战。对所有微系统的设计及应用来说，全面了解系统在特定尺度内的热物性、热行为等已经成为迫在眉睫的任务[2,3]。

2. 工质热物性

长期以来，热物性学在科学研究、社会建设以及日常生活中发挥着非常重要的作用。在能源动力、航空航天、化学化工、石油天然气和制冷空调等领域中都必须依靠相应工质的状态变化来实现能量的转换与利用，工质的基础物性数据是开发和设计能源动力、化工和制冷等机械设备，优化系统流程，评价能量系统性能和经济性等不可缺少的参数。当前，在世界各国应对全球变暖的形势下，热物性学在环保型工质替代、能源气体液化及储运、高超声速飞行器燃料、新型航天低温推进剂、高效储能介质、CO_2 的捕集封存及利用、新型动力循环工质中扮演着至关重要的角色。

热物性学的研究目的是描述物质存在的状态和性质，通过试验或其他方法获取物质的各种热物理性质数据，揭示物质热物理性质的内在规律，为科学研究和工程应用提供必要的基础。通过热物性的研究，可从宏观和微观两个角度更好地认识物质的组成和结构、物质性质的基本规律、物质世界的本质问题，具有非常重要的理论意义和科学价值。热物性学从研究内容上主要是通过试验测试、理论探析和计算机模拟方法来研究流体和固体材料在各种温度压力范围内的基础热物理性质[4]。

以环保替代和高效高能工质为重大应用背景，近十几年来，热物性基础数据、测量技术、理论关联和计算方法等都有长足的发展。近些年，因科学发展和工程应用提出了新的要求，混合工质的热物性参数、热物性理论描述与推算、热物性测量新技术及热物性计算机模拟等方面的研究成为热点。例如，随着温室效应的加剧，世界各国对温室气体的减排更加重视，CO_2 捕集与储存技术的研究与开发成为重要课题，在 CO_2 的捕集、压缩、输运和储存过程中都离不开 CO_2 及其混合物的热物性参数；在航天领域，增大甲烷的过冷度或添加高密度烷烃可实现甲烷推进剂的致密化，使相同质量的推进剂所需储箱容积更小，减少火箭发射质量或增加有效载荷，这离不开甲烷及其混合物的密度、相平衡（尤其是固液相平衡）等基础热物性参数。

3. 动力循环

人们一直在孜孜不倦地从不同途径探索新的热力循环，但没有新概念、新技术、新材料、新工质的出现，就没有新的热力循环，也就没有动力装置的更新换代和性能的大幅度提高。一个新概念提出或新技术突破，常会形成新的热力循环构思，开发出新的动力装置与能源系统。例如，燃气轮机采用燃烧室回注蒸汽方法而形成的注蒸汽循环；汽轮机采用新工质(氨水混合液)的卡林那(Kalina)循环；还有一些新的循环则借助化工技术，如燃料重整的热回收循环和带化学链反应燃烧的新型动力循环等。20 世纪七八十年代，总能系统概念的提出使得热力循环研究思路发生质变，人们不再囿于单一循环的优劣，更重视探讨把不同循环和过程有机结合起来的各种高性能联合循环，热机发展应用基于把能源利用提高到系统高度来认识，即在系统的高度上，综合考虑能量转换过程中功和热的梯级利用、不同品位和形式能的合理安排以及各系统构成的优化匹配，总体合理利用各品位能，以获得较好的总体效果。例如，以燃气轮机为核心的总能系统既能充分发挥其高温加热优势，又避免较高温排热、损失大的缺陷，显示出极好的总体性能，因而得到电力、石化、冶金等行业的青睐，以联合循环、功热并供、冷热电三联供、多联产以及总能工厂等的多种形式广泛推广应用。在航空领域，内外函循环的提出大大降低了航空发动机的油耗率，推动了高速民航的飞速发展；组合的变循环、变几何则使航空发动机适应更广的应用范围等。

热力循环研究的新思路应不仅局限于燃烧后热能的热力循环，而且要重点关注燃烧前燃料化学能做功能力的利用潜力。通过燃料逐级、定向转化等不同燃烧前化学能的有序释放与热力循环相结合的研究，可以从能的品位角度更好地认识燃料化学能品位的组成和结构、燃料品位转化的基本规律、燃料化学能与物理能的综合梯级利用等本质问题。这些问题的研究为能源与动力、化工与动力多联产等不同领域的总能系统的科学研究和工程应用提供必要基础，具有非常重要的理论和科学价值。

热力循环研究的新思路是将品位对口、梯级利用的概念引入化学能及化学能向物理能转化的阶段，实现化学能与物理能的综合梯级利用。为此，注重热力学循环与非热力学产功过程(如燃料电池电化学过程)的结合及其循环创新，通过多层次不同品位能的梯级利用来实现更高效率的目标。热能(工质的内能)与化学能的有机结合、高效的综合利用，不仅注重了温度品位对口的热能梯级利用，而且有机地结合了化学能的梯级利用，可以突破传统的联合循环概念，实现领域渗透的系统创新，为化工(液体燃料)、动力多联产系统与多功能等系统的集成创新奠定理论基础。

4. 制冷与低温

制冷与低温工程学是工程热物理与能源利用科学的一个重要分支学科，其主要任务是基于各种制冷效应的基本原理，综合应用工程热力学、传热传质学、多相流以及热物性学、材料学等各分支学科的知识，通过合适的制冷循环，以人工的方法实现低温环境。制冷与低温工程学的研究不仅扩展了热力学的研究内容，促进了对物质在低温条件下的热物性研究，发现了物质在低温下某些奇异的物理现象（如超导现象、氦的超流现象等），还极大地推动了低温技术和物理学、生物学、电子学的交叉与发展，产生了低温物理学、低温医学、低温电子学、超导电工学等许多新兴和边缘学科。

制冷与低温技术在国民经济建设和国防现代化方面中具有极其重要的作用，在建筑、电子信息、航空航天、能源等领域都有广泛应用，主要体现在：①高温区（5～80℃），主要用于空气调节和热泵设备；②中温区（−150～5℃），主要用于食品冷冻和冷藏、化工和机械生产工艺的冷却过程、冷藏运输、生物医学工程以及低温外科手术等；③低温区（−271～−150℃），主要用于气体液化、超导技术、航空航天以及低温电子冷却等；④极低温区（−271℃以下），主要用于低温物理、量子计算等。这些应用不仅显著地改善了人们的生活质量，而且极大地推动了航空航天技术、信息技术、生物技术等许多高新技术的发展。

5. 总能系统

总能系统是根据“能的梯级利用”原理来提高能源利用水平的能量系统及其相应的概念与方法，把能源利用提高到系统高度来认识，即在系统层面上综合考虑能量转化过程中能的品位和与梯级利用，合理安排和匹配不同品位的能量转化和系统构成，以获得最佳的能源转化利用总效果。

在此基础上，进一步发展和建立燃料化学能与物理能综合梯级利用原理，对燃料化学能转化和释放本质提出了新认识，其具体内涵在于依据燃料化学反应可用能品位的高低，完成燃料化学能逐级和有序转化释放，有机地结合了热能和化学能的梯级利用，以解决传统燃烧过程中燃料化学能不可逆损失过大的难题，并在源头侧有效控制污染物排放。随着能源系统向大型化、复杂化方向发展，将通过多学科融合交叉，注重热力学循环与非热力学系统的结合及其循环创新，实现多层次不同品位能的梯级利用，为化工、动力多联产系统与多功能等系统的集成创新奠定理论基础。

总能系统作为工程热物理与能源利用学科发展的前沿热点，其核心能的综合梯级利用原理已成为能源高效利用系统集成和创新的关键核心科学问题，将突破传统的能源利用理论，为较大幅度地提高能源利用率提供可能性和多样性，共同探寻能源资源环境、高效清洁低碳一体化协同发展的新思路，将为我国的能源技术发展提供指导原则。

6. 学科交叉与拓展

实际的自然现象是错综复杂的，热现象常常渗透到各种物理现象中，几乎无处不在，热物理学与其他学科的交叉是客观的必然要求。首先是热物理学领域内各学科分支的交叉，它包括热力学、传热传质学、流体力学等。过去由于自成体系，这些原本研究同一现象的学科缺乏彼此的协同和融合。

大力加强学科交叉已成为共识。例如，NBIC（Nano-Bio-Info-Cogno）会聚技术将纳米 (nanotechnology)、生物 (biotechnology)、信息 (information technology)、认知 (cognitive science) 等当前迅猛发展的四大科学技术领域有机地结合与融合，是科学界重大交叉与可取得突破的新兴发展领域。能源、环境、资源的三大领域相容与协调，与 NBIC 会聚技术一样，从基础科学的概念、方法和机理，到能源网络、技术路线的应用，不仅是新兴领域和重大科学方向，同时是涉及社会经济可持续发展的重大科学问题。

近年来，节能减排对工程热力学与能源系统科学发展提出了更高、更新的要求。以往热力循环研究都是能量利用与 CO_2 控制相互独立，难以解决能源高效利用和减排的矛盾。面向可持续能源发展战略需求，热力循环的科学研究还应重视能量转化与 CO_2 控制的相互作用，认识到直接燃烧不仅造成燃料化学能做功能力损失最大，而且也是 CO_2 产生的根源。在燃料化学能做功能力梯级利用的基础上，发现燃料转化源头捕集 CO_2 的新方法、新规律。基于燃料化学能梯级利用的 CO_2 新型控制理论是热力循环科学的重要研究方向，研究成果有望产生热力学与环境学的交叉学科新分支。

无论是推进热力学发展还是提高能源利用效率，都离不开材料的发展。近几十年来，能源材料领域发展迅速。常见的能源材料主要有光电、热电、光热等能源转换材料以及储能材料、热界面材料等，这些能源材料具备不同特性，可以实现新的能源利用方式或者提高能源利用效率，有望减少对传统化石能源的依赖，在节能减排方面有巨大的潜力。但是制约新型能源材料广泛应用的主要瓶颈是大尺度材料性能衰减严重、制备流程复杂、成本高昂等。突破这些瓶颈，将高性能材料应用于工程实际以丰富能源利用手段、提高能源利用效率是能源材料学科未来的重要研究方向。

与此同时，材料热动力学、热力循环与传热传质在跨尺度材料、器件、系统层面的研究中是相互耦合的，若只专注于基元材料的开发与热动力学研究，则无法与能源系统进行合理匹配；同样，若只专注于反应器级别系统的宏观热力、动力特性，则无法深入了解内部耦合的反应机理与优化方向。

因此，完成从晶体材料到块材的应用必然需要化学、材料、能源领域的交叉研究。例如，热化学吸附过程中对基元反应机理、复合材料制备、热力吸附滞后、动力吸附特性、热力吸附循环、多相传热传质、能源系统构建进行跨尺度、跨学科的研究后，才有望真正完成其工业应用、解决跨时空中低温热能调度的重大科学问题；从吸附储氢材料开发进行微孔材料与氢气储存相关的热力学和动力学规律研究，为突破氢燃料电池储氢与供氢技术提供全新的视角；通过燃料转化源头捕集 CO_2 的新方法与新规律，有望产生热力学与环境学的交叉学科新分支；面向未来的超材料研究，则有望突破磁制冷的效率，实现制冷技术的突破。

2.2　国内外研究现状与发展趋势

2.2.1　非平衡态热力学及统计热力学

建立新的热力学理论必须抓住实际热过程最本质的特征——不可逆性，直接面对实际的非平衡态不可逆过程，从热静力学发展到热动力学，从近平衡区的线性热力学发展到远离平衡区的非线性热力学，科学家已就此做了大量的工作。

非平衡热力学是研究处于非平衡态的热力学系统在不可逆过程中有关热现象宏观性质及其演变基本规律的学科。非平衡热力学的分支众多，包括线性非平衡热力学、非线性非平衡热力学、有限时间热力学、理性热力学、内变量热力学、广延热力学、理性广延热力学、介观理论、构形热力学等，其中具有代表性的有线性非平衡热力学、非线性非平衡热力学、有限时间热力学、构形热力学等。有限时间热力学以热力学与传热学和流体力学相结合促使热力学发展为基本特征，在有限时间和有限尺寸约束条件下，以减少系统不可逆性为主要目标，优化存在传热、流体流动和传质不可逆性的实际热力系统性能。构形定律是构形理论的核心内容，其表述为：对于一个沿时间箭头方向（或为适应生存环境）进行结构演化的有限尺寸流动系统，为流过其内部的“流”提供越来越容易通过的路径是决定其结构形成的根本原因。热力学第一定律和第二定律关注的只是传递系统“输入”和“输出”两端，而系统内部到底存在怎样的结构，使“流”最容易通过它，从而使系统达到平衡时间最短或耗散最小呢？这是构形理论的研究范畴。构形理论是“带有构形问题的非平衡系统热力学”。

从 20 世纪 50 年代开始，形成了非平衡态热力学、不可逆过程热力学、扩展不可逆过程热力学、理性热力学、数学热力学等不同的学派。不同学派的观点有许多相近之处,但也有不少相异甚至相悖之处。建立一个简便易行又为大家所公认的非平衡态热力学理论仍然是一个亟待探讨的课题。

非平衡态热力学的应用非常广泛,特别是在化学、物理化学过程和生物学、生化系统中的应用令人瞩目。例如,利用非平衡态热力学,可以理论研究实际相变问题,确定流体的极限过热度和过冷度,从理论上推算液体沸腾时的核化率、加热表面的临界热负荷、熔化和结晶过程的热力学分析、主组元结晶及杂质共晶的热力学驱动力及二者的耦合作用和杂质的分布(在单晶制备中有重要作用),进行混合及分离过程的热力学分析,如界面现象、表面热力学、CO_2 吸附及脱吸分析等,在以上各方面均有成功的应用。又如,利用分数维数及分数阶导数研究渗透和胶体的集并,通过裂缝及多孔介质的质量输运及其与热量输运的耦合过程(一维或多维),特别是利用 Lyapounov 的稳定性理论,运用 Lyapounov 指数及超熵产来分析热动力学系统的稳定性问题,研究混沌解出现的条件及其控制、系统行为的有序化等,其方法简便,得到的结论多数能得到试验的验证,是一种值得推荐的稳定性分析方法。

随着高新科技的发展,微尺度热现象日益成为热科学中的一个研究热点,微纳尺度热力学、量子热力学等理论也相应而生。微尺度包括微空间尺度、微时间尺度及微结构。在微尺度下,介质连续性假定不再成立,建立在此假定基础上的相关理论不再奏效,这就迫使人们回到对物质世界最基本的认识和模型上,即回归到由分子、原子、电子等微粒组成的离散系统行为上,于是分子模拟方法应运而生。计算机科学的发展为这一方法提供了有力的支撑,使之得以迅速发展,主要方法包括量子化学计算和分子模拟。除模拟计算外,试验微观检测分子模拟对宏观现象及特性的微观机制和规律的研究也是一个有力的工具。

分子模拟方法包括分子动力学模拟方法及蒙特卡罗模拟方法,其理论基础是分子热力学及统计热力学。第一个液体的分子模拟是使用蒙特卡罗模拟方法在 Los Alamas 国家实验室的 MANIAC 计算机上完成的[5]。分子动力学模拟方法和蒙特卡罗模拟方法已广泛应用于许多领域,如化学、制药、材料、微流体机械等。

在研究对象上,从简单流体到复杂流体,从非极性分子(如单原子气体)到强极性分子(如水),从简单分子到链型分子、聚合物和生物分子,从单元流体到混合物,从非金属原子到金属原子和金属化合物。在模型上,描述分子间相互作用的势函数的确定是进行模拟的前提,已提出了大量适用于不同物质的势函数模型,如水分子间相互作用的势函数就有 40 多种,但大多数模型仍仅考虑了双体作用势,而对多体相互作用缺乏描述。另外,在模拟算法上,虽然已提出了不同算法(如广泛采用的 Verlet 算法及其修正算法、Gear 算法等),但制定一种更为简单快捷且具有高精度的算法仍在发展中。随着计算机硬件技术的快速发展,有效的并行算法发展也是值得探讨的内容。在模拟的尺度上,虽然分子模拟方法在纳米尺度、格子-玻尔兹曼方法和耗散粒子动力学模拟方法在介观尺度、连续介质方法在宏观尺度方面已经取得了研究成果,但跨尺度的研究还刚刚兴起,需要大力发展。在研究内容上,主要涉及物质的热力学特性(如状态方程中的位力系数、比热容等)和动力学特性(如导热系数、扩散系数、黏性系数、表面张力等运输系数)的确定,热现象和热过程的微观机制及规律的研究(如相转变、相平衡、相分离、界面现象、沉积、结晶过程、吸附、化学及生化过程等)。在理论基础上,既涉及平衡热力学,也涉及非平衡统计热力学[6]。

量子化学计算基于量子力学原理,研究微观粒子(包括分子、原子、原子核和电子)的结构信息和运动规律。20 世纪 20 年代建立的量子力学是物理学乃至自然科学最重要的成就之一。1926 年,Schrödinger[7]提出了薛定谔方程。1928 年,Hartree[8]提出了 Hartree 方程和自洽场方法。1930 年,Fock[9]提出了 Slater 行列式的波函数形式,后续发展为 Hartree-Fock 方程。1932 年,Mulliken[10]提出了分子轨道理论,后续进一步提出了前线轨道理论。1964 年,Hohenberg 等[11]提出了密度泛函理论。1965 年,Kohn 等[12]提出了 DFT 理论的单电子方程。由于微观粒子存在波粒二象性,通过坐标和动量表示宏观物体状态的方法已不再适用。在量子力学中,微观粒子系统的运动状态或量子态通过波函数进行系统描述。量子化学计算常与分子模拟方法相结合,也可与状态方程联用,互为补充,如量子化学计算得到的原子性质可以作为分子模拟方法的输入条件,大大拓宽了理论的跨越尺度。量子化学计算在刚提出时主要是针对热力学平衡态,现在迫切需要发展描述非平衡热力学过程的理论模型。基于量子力学的密度泛函理论在这方面发展较为迅速,通过龙格-格罗斯定律,形成了含时间的密度泛函理论。

准确的微观检测为验证数值模拟结果和建立热力学模型提供了有效手段。多种微观原位检测技术已相继被应用于研究热力学平衡态微观结构和非平衡传递过程,包括核磁共振技术、电化学石英晶体微天平、红外光谱和小角 X 射线散射。应用在线/原位的试验检测手段可以直接捕捉非平衡传递过程重要参数的实时变化规律,为理论模型验证、应用和机理探索带来新的启发,是统计热力学领域的重点发展方向之一。

2.2.2　工质热物性

随着第四次工业革命浪潮的来临,欧盟制定了 2020 科研创新框架计划,旨在能源、环境、先进制造、安全、健康方面提高其在全球的竞争力,实施了热物性计量欧洲路线图,在迁移性质、辐射性质、量热性质、热力学性质等方面开展了系统深入的科学研究。

为了应对全球气候变化和臭氧层保护,全球范围内逐步开始用氢氟烃

(hydrofluorocarbon,HFC)、烯烃(hydrofluoroolefins,HFO)、天然工质(CO_2、C_3H_8)及其他环保型工质替代氯氟烃(chlorofluorocarbon,CFC)类物质,并且向大气中排放的卤代烃量也在不断减小,大气臭氧层的破坏得到了有效抑制。从大气中观测到的 CFC、氢氯氟烃(hydrochlorofluorocarbons,HCFC)和 HFC 的总 CO_2 当量排放从1990 年的 7Gt CO_2 当量/年逐年减少,从相当于来自全球化石燃料燃烧的 CO_2 年排放量的 33% 减少到 10% 以下,对减缓全球气候变化起到了至关重要的作用。观测数据和模式计算表明,全球臭氧层耗损量已经趋于稳定,研究和减少直接温室气体的排放是未来研究热点,其中重要途径之一是在各行业使用较低或可忽略不计的全球变暖潜值(global warming potential,GWP)的替代工质。新工质的工程应用迫切需要可靠、精确的热物性数据作为基础。

目前已广泛开展了关于新型替代工质和新型动力工质的研究,相继提出了不同新型 HFC 类工质(如 HFO-1234ze、HFO-1234yf 等)、离子液体(如[HMIM][TfO]、[HMIM][PF6]、[HMIM][eFAP]等)和新型动力工质(如吸热型碳氢燃料、超临界 CO_2、氦氙等),其热物性研究初步展开。然而,这些研究尚处于初始阶段,在推广应用之前仍需开展大量的基础热物性研究工作。寻找与环境兼容性更优的长期替代物以及对新工质、混合工质热物性的研究仍是我们面临的主要课题和重要任务。

随着自动控制技术、计量测试技术、计算机技术的进步,基于声学、光学、电学等理论的热物性试验方法在近年来也获得了快速发展,新型热物性测量系统应运而生,非接触、在线测量系统的开发也得到了重视;热物性试验的精度相应有了很大的提高,测试范围在逐步扩大,低温区、高温区和高压区热物性测量得到了发展。随着理论研究的深入,人们对热物性测试中的各种非理想因素及其修正方法也有了更深入的认识和发展[13]。

基础理论的新发现对热物性学科发展具有重要的推动作用。例如,临界重正化群理论的发展使得临界区成为实际流体整个热力面上人们具有完全精确知识的区域之一,但它只适用于临界点附近的微小区域,如何利用重正化群理论修正传统理论方法,如何使重正化群理论与人们已掌握的常规区域的经典规律相“跨接”,成为热物性学研究的重要课题。再如,关于界面张力的研究是能源动力、制冷空调、化工、石油、矿物浮选等多个领域的基础问题,传统上采用试验与经验关联的办法加以描述,对于混合工质(特别是完全互溶体系),将密度函数梯度理论和密度泛函理论引入界面层的描述可以获取精确和统一性的描述。由于热物性学研究的是物质的自然属性,不断引入并发展其他学科对物质特性描述的最新理论和发现是热物性学的重要研究内容。

作为关联和描述工质热力学性质的重要手段,状态方程的研究已成为一个相对独立的研究方向。近年来,在状态方程研究领域主要有以下热点:① 高精度、大流域解析型状态方程及其优化拟合方法的研究；② 经验型状态方程特别是立方型状态方程的改进，尽管计算精度不如专用状态方程，但其形式简单、参数易确定、计算便捷，在工程上应用广泛；③ 理论状态方程的研究从微观的分子间作用力出发，应用统计热力学方法、微扰理论等建立的纯理论状态方程，具有理论基础好、适用物质范围广等优势，在精密热力性质试验数据的发表和对物质微观性质认识的深入方面获得了长足发展[14]。

为了应对全球气候的变化，减小温室气体排放，CO_2 捕集与储存技术成为各国研究的热点和重点课题。CO_2 及其混合物 *PVTx* 性质（流体的一种热力学性质）、气液相平衡性质、动态湿润特性及动态表面张力等热物性的研究是该技术高效节能实现的关键基础之一。大分子离子流体吸收 CO_2 过程中的热物性研究技术也得到了广泛关注。太阳能、燃料电池等清洁能源技术得到了快速发展，太阳能热发电、制氢、储氢过程中涉及的热物理问题不断凸显。新型生物质等环保替代燃料得到重视，对新工质热物理性质的精确描述以及在推广应用中产生的新问题亟待解决。纳米流体的热物性测量与理论研究也具有非常重要的意义。

2.2.3　动力循环

热力循环一直是工程热力学与能源系统的主要研究内容，特别是新型热力循环与相应新工质研究成为永恒的研究方向。热力循环在热力学和动力机械发展史上占有重要位置，是热机发展的理论基础和能源动力系统的核心，也是热力学学科开拓发展的一个推动力与理论基础。历史经验表明，每一次新的热力循环及其动力机械发展应用都带动能源利用的飞跃，推动社会进步和生产力发展。11 世纪的走马灯是现代燃气轮机最早的雏形；1798 年的炮膛试验是热功转换定量研究的范例；18 世纪蒸汽机的出现，推动了工程热力学与能源系统研究的全面展开；利用石油的往复式内燃机、汽轮机的发明和推广应用标志着人类进入石油时代，为机械化、电气化创造了条件；20 世纪中叶，燃气轮机与喷气发动机的出现和发展则为现代高速航空和宇航动力奠定了基础。

热力循环是发展能源动力系统的核心与理论基础，主要研究方向在于不断提高循环的最高温度与最低温度之比、降低循环内部不可逆性、提高部件性能。复合热力循环概念的提出，实现了热力过程中能量品位的梯级利用。得到广泛应用的复合循环是联合了适合较高温区运行的布雷顿（Brayton）循环与适合较低温区运行的兰金（Rankine）循环的燃气蒸汽联合循环，采用美国通用电气（GE）公司最新的 GE-9HA.2 燃气轮机组成的联合循环系统热效率达到 62.7%。

国内从事热力循环研究的单位较多，包括能源动力、航空航天以及舰船等领域的科研队伍。例如，对各种燃煤联合循环，如整体煤气化联合循环、增压流化床燃煤联合循环以及常压流化床燃煤联合循环,曾经做了结合国情的全面分析研究,为国家相关高技术发展项目的立项和设计提供了重要的参考与支撑;开拓性地提出了多种新型热力循环,如率先提出的氢氧联合循环等;率先给出燃气轮机及其功热并供装置变工况的典型显式解析解,理论上总结其变工况特性,并进行变工况、经济与环保的装置优化准则与分析。

随着能源系统向大型化、复杂化方向发展,研究领域与化工、环境等不同学科的融合与交叉,总能系统的热力学分析理论的研究近年明显拓展和延伸,内涵已超越了热力学第一定律的热平衡法和热力学第二定律的㶲方法,对热力学学科的发展起到了重要的推动作用。例如,总能系统优化理论的研究近年来蓬勃发展,特别是伴随着总能系统呈现出多能源互补和多功能的特点,系统集成优化理论越来越集中在多目标统一量化的评价准则研究上,以认识和直接描述总能系统的综合性能指标。最近出现的以全工况和独立变量概念为基础的总能系统全息特性集成优化理论,包括全工况下的热力特性、运行特性、动态特性、经济性以及环保性等各方面,取得了一定成果,而且这些方法和理念也应用到最新的多能互补系统(如太阳能-燃煤互补发电系统、太阳能热互补联合循环系统、多能互补分布式能源系统)的研究中并已成为国际热点。

另外,近年热力循环范畴进一步拓宽,越来越多的化学反应过程与热力循环相融合。分析方法从经典热力学第二定律的黑箱㶲分析法到 20 世纪 80 年代出现的图像㶲分析法以及 90 年代出现的单耗分析法,它们对不同能量性质的转化过程,特别是对于新一代燃料化学能与物理能综合梯级利用的总能系统的研究显得有些困难。尽管图像㶲分析法从能量转化和传递的微观情况能够展现能量释放侧和能量接收侧的能的品位变化,但更多描述的是单一能量转化中的能量释放侧和能量接收侧间能的品位关系,无法解释多个关联、相互作用的能量转化过程出现的化学能与物理能的综合梯级利用的新现象。最近提出的多能互补的能质能势理论以探究不同种类能源的能质表征方法,通过能势耦合揭示多种能量转化、传递中化学能与物理能的品位变化关系和相互作用机制,克服了传统热力学“㶲平衡”方法不能深层次剖析不可逆损失本质的局限性。特别是对于揭示化工与动力多联产这样不同功能、不同组合复杂系统出现的能量释放新机理、新规律、集成机理都是非常有意义的工作。这些也是总能系统理论研究出现的最富有挑战性的科学难题之一[15]。

2.2.4 制冷与低温

作为重要的能源转换利用技术以及若干高新技术的关键支撑技术之一,制冷与低温工程技术在 20 世纪得到了空前的发展和应用。然而,随着环境的恶化、能源的大量消耗以及许多高新技术的迅速发展，现有成熟、常规的制冷与低温技术已难以满足当今可持续发展战略的要求，需要进行新的发展、完善和创新。

20 世纪 30 年代以来，以 CFC、HCFC 化合物为制冷工质的蒸气压缩式制冷技术（通常称为氟利昂制冷技术），在食品保存、空调系统中获得迅速发展和广泛应用，但现今却面临破坏大气臭氧层和产生温室效应等严峻的环境问题。20 世纪 80 年代以来，人们对不含有氯元素的 HFC、烃（hydrocarbon，HC）替代工质的蒸气压缩制冷技术开展了大量的研究工作，已取得一定成效并开始获得应用。但其中所开发的制冷工质（如 R134a、碳氢化合物等）仍不能彻底解决工质的环境问题（温室效应等）和安全问题（可燃性等）。采用自然工质的蒸气压缩制冷技术近年来获得重视，采用 CO_2 的跨临界蒸气压缩制冷循环正在加快研究开发。CO_2 作为自然工质（全球变暖潜能值 ODP=0，温室效应指数 GWP=1），被认为是氟利昂制冷剂的长期替代物，可行性研究几乎涵盖了制冷、空调及热泵的各个领域。另外一条解决氟利昂制冷的技术途径是热声制冷技术，近年来得到了高度重视和迅速发展，具有较好的发展前景。固态制冷技术是固态材料基于外场作用（磁场、应力场、电场等）产生制冷效应的技术，因其具有节能高效、绿色环保、稳定可靠等优点，正成为制冷领域的前沿和热点技术。当前，固态制冷技术主要包含磁制冷、弹卡制冷、压卡制冷、电卡制冷、激光制冷与热电制冷等。其中只有热电技术的发展相对成熟，部分整机系统已商业化，如采用热电制冷的小型冰箱；其他固态制冷技术中磁制冷技术的发展最为迅速，并在室温领域中展现出较好的应用前景和实用价值。超声速制冷技术利用混合气体在 Laval 喷管中绝热膨胀产生低温效应，冷凝气体发生凝结液化，在旋流器中气液分离。超声速冷凝旋流分离器作为一种膨胀降温元件，与透平膨胀机、涡流管和 J-T 阀等其他节流装置相比，其在相同的压降下可获得更大的温降，具有更好的制冷性能和较高的制冷效率，具有广阔的发展前景。

随着能源紧张以及环境恶化形势的加剧，热驱动制冷技术和热泵技术的研究在近期获得了重视，是今后节能制冷研究的重要方向。在利用工业余热和太阳能方面，吸收式制冷、吸附式制冷、除湿空调以及热驱动热声制冷技术的研究十分活跃。吸收式热泵技术可以有效利用余热及可再生能源，回收利用低品位热能，近年来受到广泛关注。关于吸收式热泵系统的研究主要聚焦于提高效率和增大温度跨度两个方面。由于以烟气为代表的有限热容热源在利用过程中存在较大的温度跨度，为了保证一定的窄点温差，热源与发生器内溶液的传热温差较大，系统㶲效率较低，在变温热源的高效利用方面，吸收式热泵领域缺乏相关研究工作，而在吸收式制冷领域也仅有少量相关研究。相比吸收式制冷技术，吸附式制冷和热驱动热声制冷技术的研究历史还比较短，尚需进行深入的研究才能推进工程化。在热泵供暖方面，特别是基于各种自然能源利用的热泵系统，如各类空气源、土壤源、太阳能和水源热泵系统及其综合利用系统等得到了广泛应用。压缩式热泵由于其灵活性和紧凑性，以及变容量的易调节性，已经形成压缩式热泵供暖和中高温供热能的系列技术，低温热源吸热、大温差供热成为热泵发展的重要方向。低 GWP 工质的中高温热泵（60～150℃供热温度）可以有效回收低品位热能（工业余热与自然热能），在“双碳”目标下的工业热能应用中发挥重要作用。此外，基于热-电-冷联供的总能系统也是节能制冷技术可以发挥重要作用的场所。

与室温制冷技术相比，低温制冷技术（120K 以下）在高新技术和国防技术方面有更多的应用，包括航空航天及空间探测开发（氢氧火箭发动机、卫星遥感遥测、低温风洞等）、国防军事技术（红外制导、预警、夜视、潜艇动力装置等）、信息技术（低温电子器件、量子计算和量子通信技术等）、生命科学（超导核磁共振成像、超导量子干涉仪器件、器官保存、低温外科等）、交通和能源（磁悬浮列车、LNG/LH_2 汽车、超导储能等）、科学研究（低温液体、加速器、同步辐射光源、冷中子源、超导托克马克等大科学工程的低温系统等）、工业（空气分离、富氧炼钢、高低温环境模拟）等。长期以来，许多传统回热式低温制冷机因难以解决低温下运动部件寿命可靠性的问题而限制了其大规模应用。脉冲管制冷是一种完全消除了低温运动部件的新一代低温制冷方法，可以较好地解决可靠性问题。20 世纪 80 年代以来，该技术取得突飞猛进的发展，先后经历小孔型、双向进气型脉冲管等许多重大改进，制冷温度成功达到液氦温区。脉冲管制冷技术尚没有得到大规模应用，工作机理仍需要深入研究。无运动部件的热声发动机驱动的脉冲管制冷可以进一步提高系统的可靠性，是低温制冷技术的研究前沿。

在大型氢氦低温制冷技术与系统应用方面，欧美等国已经实现了液氦、超流氦温区大型氦制冷机技术突破，并成立了专门的跨国公司，形成了系列化的大型低温制冷系统产品，制冷量覆盖百瓦级至万瓦级，产品主要问题是整机效率偏低，性能还需提升，存在油污染风险和冷压缩机不稳定隐患。近年来，西方国家在大型氢氦低温制冷技术领域对我国实施封锁和限制。我国从 2009 年起，先后成功研制出 2000W@20K、10000W@20K 大型氦低温制冷设备，并成功应用于航天系统。2017 年，我国自主研发的首台全国产化 250W@4.5K 液氦制冷机通过专家验收，各项指标达到国际先进水平。2019 年，液氦温区 2500W 制冷量的制冷机获得成功；大型低温制冷超流氦温区的制冷机也试验成功，稳健地实现了既定的目标 500W@4.5K 及 500W@2K。

极低温区主要提供极端物理环境、提高仪器量程和分辨率、降低热噪声，在此领域已产生多项诺贝尔科学奖成果。获得极低温的制冷机主要包括吸附式制冷机、^3He-^4He 稀释制冷机和绝热去磁制冷机。吸附式制冷的主要温区在 200mK 以上，而国际上稀释制冷的技术较为成熟，具有成熟的商业化产品，制冷温度可达

5mK。绝热去磁制冷可以获得 mK 级低温，其突出优点表现在不依赖重力，本征效率高，同时不需要稀缺的 ^{3}He，已成为空间探测中的主流极低温制冷技术。

20 世纪 70 年代以来，深冷混合工质节流制冷机大规模应用于天然气液化领域，其中具有可移动处理特征的几千至数万立方米/天规模的撬装液化装置在偏散气源液化集输方面具有显著优势，美国燃气技术研究所、挪威科学和工业研究基金会、中国科学院理化技术研究所等先后开展研究，并部分实现了产业化。在小冷量低温领域，20 世纪 90 年代以来，深冷混合工质节流制冷技术得到了广泛研究，美国空气化工产品有限公司研制的 80K 混合工质节流制冷机在无负荷条件下最低温度可降至 69K，在 80K 时可产生 7W 制冷量（输入功率为 460W）。采用与深度制冷相似的回热循环构型，混合工质热泵可大幅拓展制热温区，将水从 20°C 加热至 95°C，㶲效率为 25%～30%，COP 为 2.5～3，展示出较好的应用潜力。通过调控混合工质的组成及配比，基于多元非共沸混合工质的回热循环可在宽温区（80～380K）实现高效率制冷/制热，其本征㶲效率可高达 60% 以上。

低温冷冻治疗的研究热点主要集中在各种治疗方法中的冷热剂量产生及输送的精确控制技术、基于温度响应的治疗过程监控技术、治疗效果增强方法及崭新治疗模式的发展和探索，冷冻治疗在解决复杂形状肿瘤的精准治疗上仍面临着技术瓶颈。通过联合多种治疗方法（如化学疗法与冷热消融方法的联合）以突破单一治疗瓶颈实现多模式治疗，逐渐引起各国研究者的重视。

液态空气储能来源于压缩空气储能，属于新一代的压缩空气储能技术。英国液态空气储能公司和伯明翰大学正在对液态空气储能技术进行研发及产业化，于 2012 年在英国建成 350kW/2.5MW·h 试验平台，于 2014 年开始建造 5MW/15MW·h 示范项目，并在美国开展 50MW/250MW·h 储能电站建设。在国内，中国科学院工程热物理研究所于 2009 年开始液态空气储能的研究，在廊坊先后建成 15kW 先进压缩空气储能基础试验台和 1.5MW 级超临界压缩空气储能示范平台；于 2017 年在廊坊中试基地完成了 100kW 低温液态空气储能示范平台的建设，取得了良好的试验结果，蓄冷效率达到 90%，系统整体效率可达 60%，达到国际领先水平。

在低温温度计量方面，国内起步较晚。20 世纪 80 年代初，中国科学院理化技术研究所最早开展深低温温度测量与标定的研究，建立了 0.65～24.5561K 温区的温度标准。该温区既有基准测温方法主要有气体定容测温法（测温不确定度＜0.9mK）、声学测温法（测温不确定度＜0.22mK）和介电常数测温法（测温不确定度＜0.4mK）。近几十年来，美国国家标准技术研究院、英国国家物理实验室、德国联邦物理技术研究院、法国国家计量院、意大利国家计量院等发达国家的权威计量研究机构积极开展热力学温度测量研究，建立了基准级温度测量平台。近期，我国提出了深低温区定压气体折射率基准级测温新方法，成功研制了首套 5～24.5K 温区定压气体折射率基准级测温装置，实现了<0.17mK 的测温不确定度，测温准确度比国际最高水平提高 20%，测量速度提升 10 倍以上，实现了我国该温区基准级测温“从 0 到 1”的突破，使得我国在该温区的测温准确度达到国际计量的顶尖水平。

我国制冷与低温科学工作者在研究和发展新型环保制冷技术、节能制冷与热泵技术以及新型低温制冷方面取得了举世瞩目的成绩，推动了我国制冷事业的快速发展。但总体上看，我国制冷与低温研究与国外先进国家还有一定差距，特别是在原创性方面仍显不足，研究工作多为跟踪与改进性，尤其是在环保制冷剂研发方面缺乏国家层面布局，与中国强大的制冷空调产业不相匹配，此外，在推进新型制冷技术的实用化方面也落后于国外先进国家的进程。

2.2.5 总能系统

20 世纪 80 年代，吴仲华[16]就倡导总能系统的概念，提出各种不同品质能源要合理分配、对口供应，提倡按照“温度对口、梯级利用”的能源利用原则，做到各得其所。能的梯级利用原理与总能系统思想的提出和发展，使得热力循环研究思路发生质变，人们不再囿于单一能源转化过程和单一热力循环的优劣，更重视探讨把不同循环有机结合起来的各种高性能联合循环，为燃气轮机总能系统、燃气蒸汽联合循环、整体煤气化联合循环与多联产、分布式能源系统等我国能源系统的发展提供了理论指导。

实现燃料化学能的有效利用是未来先进能源动力系统所面临的重要难题之一，也是提升当前能源利用效率的重要突破口。在物理能梯级利用的基础上，深化拓展化学能与物理能的综合梯级利用，进一步发展总能系统，以实现多层次不同品位化学过程与热力循环的有机结合，重点关注燃烧前燃料化学能做功能力的利用潜力，为实现资源、能源与环境协调发展提供科学支撑。

基于总能系统和燃料化学能梯级利用原理，从燃料转化的源头出发，交叉化学和环境学，积极探索研究新型能量释放机理，实现燃料源头节能和减少燃烧过程中能的品位损失，同步关注污染物控制，也将成为同时解决能源效率和环境污染两大问题的科技关键。围绕燃料重整化学能可控转化、煤炭碳氢组分分级气、化学链无火焰燃烧、低能耗 CO_2 捕集技术和多联产技术，开展机理、试验及系统集成研究，发明了燃料化学能梯级利用与 CO_2 富集一体化方法，提出了替代燃料生产与 CO_2 捕集一体化的化工动力多联产系统，以及革新性的无火焰化学链燃烧与 CO_2 分离一体化的发电系统，实现 CO_2 产物的富集与无能耗分离回收，协同了能源转换利用与污染物控制过程，也从根本上改变了传统的污染物分离理念。2017 年，基于我国国情，初步提出了适合我国的温室气体控制技术路线图，明确了适合我国的温室气体控制技术路线的节能与减排潜力，研究成果为我国的能源环境可持续发展与低碳技术的发展提供了科学依据。

总能系统的热力学分析理论研究在近年来蓬勃发展，其内涵已超越了热力学第一定律的热平衡法和热力学第二定律的㶲方法，对热力学学科的发展起到了重要的推动作用。总能系统的发展呈现出多能源互补和多功能的特点，其热力学分析理论研究也成为最富有挑战性的科学难题之一。不过，所提出的能的品位变化规律分析法，以建立能量转化过程间的品位相互性为目标，揭示多个能量转化和传递中化学能与物理能的品位变化关联关系和相互作用机制，克服了传统热力学“㶲平衡”方法不能深层次剖析不可逆损失本质的局限性。特别是针对新一代燃料化学能与物理能综合梯级利用、化工与动力多联产等总能系统，新方法对揭示不同功能、不同组合复杂系统出现的能量释放新机理、新规律、集成机理具有非常重要的意义。另外，总能系统集成优化理论研究也将更多地关注多目标统一量化的评价准则，以认识和直接描述总能系统的综合性能指标，并提出以全工况和独立变量概念为基础的总能系统全息特性集成优化理论，包含变工况下的热力特性、运行特性、经济性及环保性等各个方面。总能系统的热力学分析理论也将为能源与动力、化工与动力多联产等不同领域的总能系统的科学研究和工程应用提供必要基础，具有非常重要的理论和科学价值。

随着能源科学的不断发展，对能量在量、质和势等多个层面的理解逐渐深入，总能系统的自身理论和内涵也充分得到发展和丰富，在我国能源利用领域发挥着重要的指导作用，也极大地推动了热力学学科的快速进步。以上成果为我国急需发展的多能互补分布式供能、多联产系统、太阳能热动力系统以及 CO_2 零排放等先进能源技术提供了重要理论支撑，为我国节能减排的重大能源需求提供了关键理论指导，在相当程度上提高了我国能源科学领域的自主创新能力。伴随着总能系统呈现出多能源互补和多功能等特点，研究重点需要从过去的关键单元、设备、技术的研究转向循环、系统、战略路线的研究，切实提高以前瞻性和战略性为前提的基础研究水平。

2.2.6　学科交叉与拓展

世界能源科学技术研究正从传统热力循环的研究逐渐转向能源和环境科学交叉领域的研究，能源动力系统的温室气体控制正成为能源环境交叉领域的新热点问题，世界各国均启动了相应的研究计划以应对这一挑战。例如，美国能源部启动了 21 世纪远景计划，包括煤的转化利用总能系统、洁净煤技术计划、先进发电系统和先进透平动力系统等。欧盟推出的未来能源计划重点是促进欧洲能源利用新技术的开发，增加生物质能源和可再生能源的利用，减少石油的依赖和煤炭造成的环境污染，改善能源转换和利用的研究开发中，优先考虑减少污染排放及提高能源转换和利用效率。日本新能源综合开发机构的新日光计划中,开展了新能源研究以达到同时解决能源和环境问题的目的;发展氢能的世界能源网络项目,包括氢的制造(电解、太阳能热化学制氢)、氢的储运、氢能的转化和利用(燃料电池汽车及发电、氢氧联合循环)三个部分;开展"煤气化联合循环动力系统"和"煤气化制氢"等研究,目的在于提高效率,降低废气排放,如超临界蒸汽循环、流化床燃烧及煤气化联合循环发电、煤气化燃料电池联合发电技术、烟道气的脱硫脱氮等。

在低品位热能驱动的制冷领域,吸收式制冷的技术已经实现产业化,主要聚焦在吸附式制冷方面。近年来,吸附式制冷在国内外得到了快速发展,其产学研的市场化应用也达到世界前列,相关企业可以提供硅胶-水吸附式冷水机组、复合吸附剂-氨冷冻机组、复合吸附剂除湿转轮空气处理系统等。鉴于传统吸附式制冷材料、系统的研究趋于完善,研究热点为以金属有机框架材料为代表的新型纳米、复合材料在吸附式制冷中的应用研究,体现出材料、化学与能源方向的结合趋势,在此方面处于领先地位的包括巴黎材料研究所、麻省理工学院、代尔夫特理工大学、伯明翰大学等的研究机构。但在新型吸附材料研发领域,国内相对国外的发展较慢,相关的科研成果较少,以金属有机框架材料制冷/热泵的研究为例,国内的相关研究占比约为 16%,仍有较大的提升空间。在材料、能源领域研究持续受到高度重视的背景下,吸附式制冷在未来 5 年内要完成从实验室台架试验到示范工程再到工业应用的三步走突破,加速成熟技术的工业转化形成新的产品,有效利用太阳能及低品位工业余热,以满足国家的能源发展战略需求。值得期待的应用领域包括冷库中吸附制冷机组、商用吸附制冷空调、移动式吸附制冷机、车载制冷/除NO_x一体化系统、数据中心热管理等。同时,需要紧跟国际先进研究方向,利用已有的循环及系统构建经验进行新材料的应用,从粗放式设计过渡到精细化的构效关系设计,逐步完善能源与材料、化学、化工学科的交叉发展,充分利用第一性原理、分子动力学模拟、机器学习等理论及技术加速吸附式制冷的研究进展,以深入理解试验中观察到的各种现象,避免知其然而不知其所以然的困境。

近几十年来涌现出的新型能源材料主要有光电、热电、光热等能源转换材料以及储能材料、热界面材料等。

光电材料利用光电效应,可以直接将光转化为电。它的一个主要应用是光伏发电,目前国内外光伏发电技术均比较成熟,已经市场化。相较于国外,我国光伏产业虽然起步较晚,但是在国家优惠政策的扶持下,发展迅速。截至 2020 年末,全球光伏发电的总装机容量为 760.4GW,其中中国累计装机容量 254.4GW,遥遥领先于世界其他国家,多年来一直雄踞世界光伏装机总量和增长速度排名首位。在太阳能发电市场,以硅材料为主的单晶、多晶硅电池占据主流,光电转换效率最高能达到 25%。钙钛矿电池因其潜在效率高、工艺简单、成本低等优点,近年来成为研究热点，焦点主要集中于进一步提高电池效率、改进制备方法、延长电池寿命等方面。国内与国外的研究各有所长，但是都停留在实验室阶段，未来关键技术的突破有望给光伏产业带来新一轮产业革命。

热电材料利用泽贝克效应和佩尔捷效应，可以实现热能与电能的相互转换，能把太阳能、地热、机动车和工业废热转换成电，反之也能作为热泵实现制冷。热电材料主要包括半导体、氧化物和聚合物，研究核心是提高材料的热电优值。热电器件具有全固态、重量轻、结构紧凑、响应快、无运动部件和有害工质等优点。例如，国内外研究已制备出热电薄膜微器件，但仍停留在实验室阶段，缺乏商业化应用探索。

太阳能的利用除光电技术和热电技术外，光热技术是另一个利用途径。光热技术先将太阳能转换为热能，然后根据不同的场合和目的采用相应的方式利用热能，往往与储热技术相结合。例如，在太阳能发电中，一种方式是太阳能直接加热循环工质，这种方式受天气影响较大，不能平稳输出电量。为了克服这一缺点，先将太阳能转化为介质的热量储存起来，再用介质加热循环工质，削弱天气变化对发电量波动的影响。随着太阳能发电技术的发展，国内外对这种技术的应用也已经比较成熟。光热技术的另一种应用是海水淡化，利用热量使水分蒸发，分离水和盐分。在这种技术中，分离膜是关键部件，需要兼具吸光、传热和渗透的功能。对于这种光热海水淡化分离膜的研究大多停留在实验室阶段。

促进储能技术与产业的健康发展，对提高能源利用效率、增加可再生能源利用比例、保障能源安全、推动能源革命具有重大的战略意义。常见的储能方式可分为电化学储能、物理储能和电磁储能。其中电化学储能主要包括铅酸、氢镍、镉镍、锂离子、钠硫和液流等电池储能、超级电容器储能及氢和其他化学物质储能等；物理储能主要包括抽水蓄能、压缩空气储能、飞轮储能、超导储电等储电方式及显热储热、潜热储热等储热方式；电磁储能主要包括超导储能、电容储能、超级电容器储能等。虽然我国政府对储能越来越重视，但是由于发展较晚，整体上我国储能技术与国际还有较大的差距。铅酸、钠硫和液流等电化学储能技术在国外已是发展相对成熟的技术手段，其中日本在多个领域处于国际领先地位，而我国仍处于追赶阶段。在物理储能方面，除新型压缩空气储能系统外，国际上其他物理储能技术均处在应用或推广阶段，而我国只有抽水蓄能和显热储热技术实现了推广，其他物理储能技术均处于示范与研发阶段。

随着电子工业向小型化、高集成化方向迅速发展，单位面积内的热流密度急剧增加。热界面材料是解决微电子领域散热问题的根本途径。热界面材料填充于两接触固体表面间，排除空隙间导热能力很差的空气，可以增加实际接触面积，提高热流量输运能力。市场上已经商业化的热界面材料主要有导热膏、导热垫、导热凝胶、相变材料、焊锡等。国内外的研究焦点集中于新型热界面材料的研制、复合材料热导率的预测模型等方面。在材料研制方面，国内与国外基本处于同一研究水平，但是由于国内研究者对机理的理解不够完全和深入，在性能预测模型方面仍落后于国外，现有的模型均由国外研究者提出。

近年来，氢燃料电池汽车的相关技术发展非常迅速，但仍未取得突破性进展，其中储氢/供氢技术是亟须攻克的难题之一。美国能源部确定的车载储氢终极目标是在操作温度为40～60℃条件下开发和验证车载氢存储系统，以实现7.5%的储氢质量密度、0.070kg/L的储氢体积密度或400美元/kg的经济性目标，达到氢燃料电池汽车能够满足客户对航程、客货空间、加油时间和车辆总体性能的预期，而美国能源部将基于吸附储氢技术，包括新型物理-化学吸附储氢材料和金属氢化物的开发作为实现终极储氢目标的关键手段之一，因此寻找合适的候选储氢材料已迫在眉睫。在新型吸附剂开发方面，由于新型多孔吸附剂具有较大的孔隙率和比表面积、较强的化学-热稳定性以及较高的储氢密度而备受关注，其中沸石类化合物、金属有机框架材料和共价有机框架材料的储氢性能较为优异。此外，从分子层面借助相关模拟软件从微观机理上研究储氢材料的吸放氢特性显得极其重要，在此基础上，通过材料和器件及系统方面进行验证开发，进而为实际应用提供可靠的参考依据。

天然气水合物（natural gas hydrate，NGH）是继页岩气、煤层气之后最有潜力的接替能源，被列为我国第173个矿种。我国仅南海北部陆坡区域NGH储量约800亿t油当量，约相当于我国已探明油气资源总量的一半。NGH的合理开发利用，对保障我国21世纪能源供应安全，以及经济社会可持续发展具有重要战略意义。2017年和2020年，我国在南海神狐海域分别成功开展了NGH探索性试采和试验性试采，创造了“产气总量最大、日均产气量最高”两项世界纪录，迈出NGH产业化进程中极其关键的一步，实现了我国在能源勘查开发领域由“跟跑”到“领跑”的历史性跨越。海底NGH藏是由天然气、水、水合物、冰、砂等组成的多相多组分复杂沉积物体系，NGH开采是一项复杂的系统工程，水合物藏的地质条件、渗流特性、传热特性以及开采过程中水合物饱和度的变化对开采过程中水合物分解、运移和气体收集等具有重要的影响。

2.2.7 学科发展与比较分析

1. 国际学术期刊论文发表情况分析

我国工程热力学与能源系统学科近年来取得了长足发展，为了便于与国际研究现状进行对比分析，选择了12种与工程热力学与能源系统领域关联度最大的研究类国际学术期刊进行论文发表情况的综合分析，相关期刊包括 *Applied Thermal Engineering*、*Cryogenics*、*Energy*、*Energy Conversion and Management*、*Fluid Phase Equilibria*、*International Journal of Energy Research*、*International Journal of Refrigeration*、*International Journal of Thermophysics*、*Journal of Chemical and Engineering Data*、*Journal of Energy Resources Technology—Transactions of the ASME*、*Proceedings of the Institution of Mechanical Engineers Part A—Journal of Power and Energy*、*Journal of Non-Equilibrium Thermodynamics*。数据来源于 ISI-Web of Science 核心集数据库，统计年限为 2011～2020 年。

表 2.1 为 2016～2020 年工程热力学与能源系统领域 12 种国际学术期刊的 SCI 影响因子变化情况。可以看出，近年来，这些学术期刊的影响因子稳步上升，2020 年共有 6 种期刊的影响因子超过 3.0，最高的达到 9.709，其中 *Energy* 期刊的影响因子从 2016 年的 4.520 增长到 2020 年的 7.147，*Energy Conversion and Management* 期刊的影响因子从 2016 年的 5.589 增长到 2020 年的 9.709，是工程热力学与能源系统领域近年来影响因子增长最快的两种期刊。但相对来讲，工程热力学与能源系统领域相关期刊的影响因子与其他领域的期刊相比偏低，尤其是与材料、化学、物理等领域的国际顶级期刊相比，还有很大的提升空间，有待进一步通过学科交叉拓展相关领域的研究工作。表 2.2 为 2011～2020 年工程热力学与能源系统领域 12 种国际学术期刊的主要国家论文发表情况。

表 2.1　2016～2020 年工程热力学与能源系统领域 12 种国际学术期刊的 SCI 影响因子变化情况

序号	期刊名称	2016 年	2017 年	2018 年	2019 年	2020 年
1	*Applied Thermal Engineering*	3.444	3.771	4.026	4.725	5.295
2	*Cryogenics*	1.465	1.196	1.336	1.818	2.226
3	*Energy*	4.520	4.968	5.537	6.082	7.147
4	*Energy Conversion and Management*	5.589	6.377	7.181	8.208	9.709
5	*Fluid Phase Equilibria*	2.437	2.197	2.514	2.838	2.775
6	*International Journal of Energy Research*	2.598	3.009	3.343	3.741	5.164
7	*International Journal of Refrigeration*	2.779	3.233	3.177	3.461	3.629
8	*International Journal of Thermophysics*	0.745	0.829	0.853	0.794	1.608
9	*Journal of Chemical and Engineering Data*	2.323	2.196	2.298	2.369	2.694
10	*Journal of Energy Resources Technology—Transactions of the ASME*	1.674	2.197	2.759	3.183	2.903

续表

序号	期刊名称	2016 年	2017 年	2018 年	2019 年	2020 年
11	*Proceedings of the Institution of Mechanical Engineers Part A—Journal of Power and Energy*	0.939	1.022	1.694	1.563	1.882
12	*Journal of Non-Equilibrium Thermodynamics*	1.714	1.633	2.083	2.157	3.328

表 2.2　2011～2020 年工程热力学与能源系统领域 12 种国际学术期刊的主要国家论文发表情况

国家	论文数/篇	排名
中国	18697	1
美国	5255	2
印度	2958	3
意大利	2281	4
西班牙	2189	5
英国	2036	6
德国	1952	7
法国	1829	8
加拿大	1788	9
日本	1618	10
俄罗斯	634	11

2. 国际学术期刊逐年论文发表及 ESI 高被引论文情况分析

表 2.3 为 2011～2020 年我国研究者在工程热力学与能源系统领域 12 种国际学术期刊的逐年论文发表数量及 ESI 高被引论文数量。可以看出，经过十年的发展，我国研究者论文发表总数从 2011 年的 859 篇快速增长到 2020 年的 3708 篇，论文总数占比相应地从 23.6% 增长到 45.4%，表明我国的科研工作者正在迅速发展成为一支重要的科研队伍，在国际学术界有着日益重要的地位，在论文的发表数量方面已稳居国际第一。

表 2.3　2011～2020 年我国研究者在工程热力学与能源系统领域 12 种国际学术期刊的逐年论文发表数量及 ESI 高被引论文数量

年份	论文总数/篇	论文总数占比 /%	ESI 高被引论文数/篇	ESI 高被引论文数占比 /%
2011	859	23.6	4	9.52
2012	897	24.9	8	18.2
2013	798	23.6	13	31.7
2014	1082	25.4	7	15.9
2015	1439	27.0	11	18.3
2016	1785	32.2	18	34.6
2017	2172	32.7	23	28.8
2018	2685	37.6	35	43.2
2019	3012	41.1	43	50.6
2020	3708	45.4	67	68.4

在 ESI 高被引论文方面，我国研究者的论文入选篇数从 2011 年的 4 篇增长到 2020 年的 67 篇，ESI 高被引论文数占比相应地从 9.52% 增长到 68.4%，表明我国的科研工作不仅在论文总数方面有了显著增长，在论文的质量方面也得到了显著提升，ESI 高被引论文数的提高幅度高于论文发表总数的增长速度，说明我国研究者近年来在论文发表方面由原来的重视数量已逐步转变为重视质量，为未来 10 年工程热力学与能源系统学科的高质量转型发展奠定了较好的基础。

表 2.4 为 2011～2020 年工程热力学与能源系统领域 12 种国际学术期刊发表 ESI 高被引论文的主要国家情况。可以看出，中国研究者发表的 ESI 高被引论文数量遥遥领先其他国家，是排名第二的美国的 5 倍之多，约是美国、印度、英国、意大利、德国、西班牙、法国、日本、俄罗斯发表 ESI 高被引论文数量的总和。中国发表的 ESI 高被引论文数约占论文总数的 54%，美国发表的 ESI 高被引论文数约占论文总数的 9%、英国和印度发表的 ESI 高被引论文数约占论文总数的 7%、德国发表的 ESI 高被引论文数约占论文总数的 4%、法国和日本发表的 ESI 高被引论文数约占论文总数的 2%，说明中国研究者在传统工程热力学与能源系统领域 12 种国际学术期刊的论文发表质量相对其他国家研究者的论文已具有显著优势，呈现出良好的发展趋势。

表 2.4　2011～2020 年工程热力学与能源系统领域 12 种国际学术期刊发表 ESI 高被引论文的主要国家情况

国家	ESI 高被引论文数/篇	排名
中国	229	1
美国	42	2
印度	34	3
英国	34	4
意大利	28	5
加拿大	23	6
德国	20	7
西班牙	18	8
法国	8	9
日本	7	10
俄罗斯	1	11

综上所述，2011～2020 年工程热力学与能源系统领域相关度最大的 12 种国际学术期刊的 SCI 影响因子稳步上升，我国研究者在上述 12 种国际学术期刊的论文发表总数为 17767 篇，排在国际第一位，占期刊总论文数量的比例超过 43%；我国研究者在这些期刊共发表 ESI 高被引论文 229 篇，占总 ESI 高被引论文数的 49%，排名国际第一。近 10 年来发表的论文总数和 ESI 高被引论文数均遥遥领先排名第二的美国，我国研究者在提高能效的新型热力循环和能源系统，以及低品位热能利用等方面的研究无论在数量还是质量方面均得到迅速发展与提高，在国际学术界具有日益重要的地位。但从单篇论文引用情况来看，我国论文发表的单篇引用次数还低于美国，尚与发达国家有一定差距。

另外，通过文献的进一步检索分析发现我国研究者在工程热力学与能源系统相关的交叉学科研究方面比较欠缺，亟待加强多学科多领域（如材料、化学、化工、物理等）的交叉探究；另一方面在国际顶级综合学术期刊发表的论文数量很少，期待未来 10 年我国工程热力学与能源系统领域的研究者在 *Science*、*Nature*、*Nature Energy* 等子刊系列和 *Joule*、*Energy & Environmental Science*、*Advanced Energy Materials* 等国际顶级学术期刊的论文发表数量取得显著增长，实现“从 0 到 1”的系列基础研究突破，取得更多具有原创性和重大影响力的基础理论和关键技术。

2.3　学科发展布局与科学问题

2.3.1　非平衡态热力学及统计热力学

1. 非平衡态热力学

如前所述，创建一个简便可行的能适应工程实践需要的工程非平衡热动力学理论具有重要的意义，是一个值得研究的课题。物理学家们就理论本身的完善进行探讨，而工程领域的研究者更多的是从实践课题的研究出发，从实践中提炼丰富充实理论，二者殊途同归，相辅相成，互相促进这一新学科的完善。在这方面，研究者已做了不少工作，但继续深入研究仍是不容懈怠的。

在理论研究中，首先要解决的一个最基本的问题是远离平衡系统的状态和行为的热力学描述问题。由于常用的热力学状态参数（p、T、u、s、…）都是在宏观系统平衡状态下定义的，在非平衡条件下，只有在线性区当局域平衡假定得到满足时才能顺利地利用它们。为描述远离平衡系统的状态，提出了不少建议，如引入内变量、定义“伴随温度”及“相伴平衡态”、引入“条件熵”或“相对熵”的概念等。

另外，根据耗散结构理论，当系统远离平衡时，其热力学和动力学行为方式会与平衡区和近平衡区截然不同。在一定的外部条件作用支持下，可能出现从无序到有序的转变，形成有序化的耗散结构。这已有许多实际例子，如生物韵律现象、化学振荡、Benard 对流花样、热流体波等。近年来，有研究者在研究半导体等单晶体生长过程中，在不同条件下，当雷诺数、瑞利数、马赫数足够大时会出现各种花样的流动态势，这会直接影响到晶体的质量，需要有效控制。这一研究由于其在理论上的价值及其在工程应用上的重要性，引起广泛关注。从热力学观点看，这是十分典型的系统在远离平衡时的自组织现象和耗散结构，但如何对此现象的分析提供更多的定量依据，如失稳的条件和判据、准确的阈值的确定等都是值得探索的问题。

20 世纪 80 年代以后，随着微电子、人工超晶格、纳材料、微电子机械系统、生物芯片等技术的诞生和飞速发展，亚微结构的微电子器件、光电器件等不断出现。计算机的高速化还使芯片受超高频率冲击，大功率短脉冲激光加工技术的进展也同样使时间微尺度化，即以纳秒、皮秒甚至飞秒来计算引起所传输的能量与物质之间的相互作用。除时间和空间的微尺度外，在航天技术中会遇到重力微尺度，需要探索在地面模拟重力微尺度化的有效技术。目前，已经形成了介观物理学、细观力学、纳材料科学、微尺度传热学、纳电子学等一系列崭新的科学体系。这些学科的共同特点是其研究对象都表现出微尺度下的一些“超常”现象，或者说都是以“微尺度效应”为出发点。尽管这些学科还处于刚刚建立阶段，许多现象还需要长期深入的研究探索，但已经展现出良好的理论发展前景和孕育高新技术产品的巨大潜力，引起了人们广泛的关注和极大的研究热情。因此，掌握微尺度条件下热现象的特有规律成为非常迫切的任务。

应用研究是多方面的且尚在不断发展，这里仅阐述一些涉及的主要问题。

1）相转变及界面现象

相转变是工程上极为常见的现象，任何实际的相转变都是在一定的势差推动下产生的非平衡态不可逆过程。因此，在研究相转变问题时广义热力学驱动力（$\Delta\mu$）与热力学流（质量转化率）之间的关系是一个最基本的研究课题。在气-液相转变中流体的极限过热度、过冷度的确定，汽化和凝结核心的形成，核化率的预测，气泡（液滴）成长的规律及其对换热强度的影响，沸腾换热中临界热负荷的推算，结晶过程中主组元与杂质共晶的热力学驱动力及最终各自的分布、混合及分离过程，高湿度空气的物性等的研究无不与相转变过程有关，特别是在极端或特殊条件下的相转变（超临界状态下的汽化、微通道中的沸腾和凝结等）更是一些值得研究的新课题。再如，熔化和结晶过程、玻璃态转变、在结晶中物质的物性改变及控制、分子设计等均存在不少关键性的热力学问题。特别是对多组分混合物或化合物的相转变的研究对新的相变材料的开发具有十分重要的意义。

界面现象是一种常见的物理现象，在工程上具有重要意义。例如，加热壁面上气泡生长过程及脱离，在相转变中不可避免地涉及界面问题；电化学器件（如超级电容和锂离子电池）的能量存储有赖于多孔电极材料与电解液离子的化学反应和静电吸附，与电势梯度驱动下界面区域能量载子的微观排布与运动密切相关。界面现象的研究涉及诸多方面，如界面热力学、界面统计力学、表面张力、浸润性、吸附与脱附、胶体与流体的相互作用、表面汽化以及非平衡系统中的界面动力学、界面热质交换、界面波、由界面温度梯度引发的热毛细对流，以及由固液界面电势梯度引起的静电吸附和双电层效应等。因此，无论从静力学还是动力学的角度看，界面现象的研究都是十分重要的。近年来，它在许多领域（如化工、生物、制冷、热能工程、储能等）均有许多成功应用的例子，还需要理论研究的支持和应用研究的扩大。

2）非平衡非稳定系统中的声传播

在非平衡系统中波的传播是一个伴有热传导、流体黏滞运动、弛豫现象（可视为一种化学反应）的含有标量、矢量及张量热力学力共同作用的复杂的不可逆过程，特别是对于多相系统或者过程中涉及相转变，则问题更加复杂。例如，最近提出的“冷喷涂”新工艺，粒子在中温运载流体的携带下，在流道中进行跨声速流动，高速击打喷涂材料的基板，使之黏结于基板上，可以获得高致密度、高硬度、高黏着强度（可达 90MPa）的高质量涂层。该工艺避免了高温，可不改变材料原有的物性，它被用在燃料电池电极材料等的喷涂上，得到了较好的效果。又如，变声速增压高效换热器的研制中，利用气液两相流中的低声速及声速与相变率的关系，利用激波达到流体增压和强化换热的双重效果。理论计算与试验的结果表明，在一定汽水参数下，超声速气液两相流升压装置的极限升压能力计算值可达进气压力的 14 倍，试验值可达进气压力的 2.6 倍。再如，利用热声效应的"热声制冷（或发动）机"等。在这些对象的研究中，声波的传播规律、声速的确定都是至关重要的。由于声波是疏密波（纵波），波的极化、色散、声弛豫及其衰变规律都甚为复杂，且会对过程产生重要影响，因此这是值得研究的课题，有必要对此进行专项研究。目前，对气-液两相流中声速的确定已有一些研究，但对气-固介质中的声速研究仍然不足，除试验外，非平衡热力学对此的理论研究已有所涉及，但需进一步深化。

3）热动力学系统的稳定性分析

热动力学系统的稳定性分析是非平衡热力学中一个很重要的内容。研究系统的稳定性有不同的方法，其中线性稳定性分析用得较多。线性稳定性分析首先要求得到所研究问题的定态解析解，由于动力学系统的复杂性，获取解析解有一定的困难，所以现在大多利用定态的数值解进行稳定性分析。即便如此，在分析中还需要求解高阶广义特征值问题，从而带来一定难度和大的机时消耗，有时还得不到较为精确的结果。在非平衡热力学中，根据 Lyapounov 稳定性理论，可利用 Lyapounov V 函数和通过系统得到的 $\dot{V}(=\mathrm{d}V/\mathrm{d}t)$ 函数符号的异同来进行稳定性判断。这一方法的实施在数学上遇到的困难是找寻一对合理的易于判定符号的 V 及 $\dot{V}$ 函数，不过这一问题在热力学系统中可以得到很好的解决，因为有的函数符号可以通过其物理性质得到判断。这样，可以选择它们为 V（或 $\dot{V}$）函数进行稳定性分析，找出失稳条件和临界参数，而无须求解高阶特征值等。这一方法已成功地应用在一些工程实际问题分析中，如热流体流动和传热传质耦合过程中的应用。在微重力条件下熔体自由表面上由温度梯度导致的表面张力梯度会诱发马兰戈尼（Marangoni）对流，且在某些参量超过阈值时，由于系统处于远离热力平衡的状态会出现自组织现象，呈现典型的耗散结构，从而影响产品的材质。由于这一现象在材料制备中的特殊重要性，它已成为工程热物理与材料学科结合的极具研究前景的学科结合点和研究热点。

4）混沌运动及分形

人们对运动的描述有两种类型：一是确定性描述，二是随机性描述。但在对确定性非线性系统的研究中，人们却发现输入的激励是确定性的，而得到的却是随机性的响应。这样，人们发现自然界中除平衡、周期、概周期运动状态外，还存在着一种貌似随机的始终有限的定常运动,称为混沌运动。在非线性力学中,混沌运动早已是人们颇为关注的课题,代表性的有热学领域研究中 Lorentz 系统及 Benard 对流中的混沌运动。例如,在 Benard 对流中,无运动向有运动的转化、有序的流动花样向混沌的转化、混沌运动向湍流的转化使人们似乎看到了这种转化的内在机制。混沌是关于过程的科学而不是关于状态的科学,是关于演化的科学而不是关于存在的科学。当系统热过程向非平衡态演化时,混沌的研究常常是不可避免的。至于混沌运动理论的引入会对热科学带来什么样的影响,暂时还是难以估量的。

分形与混沌的起源不同,发展过程也不相同,但这两门学科的本质与内涵注定了它们必然会紧密地联系在一起,它们的研究内容从本质上讲有极大的相似性。

与欧氏几何不同的是,在分形几何中最基本的元素(如欧氏几何中的点、线、面、体)却不能直接观察到。应该说,分形首先是一种"几何语言",它是由算法及数学程序而不是由什么原始形状来描述的。这些算法借助于一些计算机程序被转化成一些几何形态。但所有的分形不论如何繁杂多样,都具有一个重要特征,即可通过一个特征数,也就是分形维数去测量其不平整度、复杂度或卷积度。分形维数的微小变化可以引起形状的急剧变化。在热学领域,有许多分形的例子,如气液界面具有分形特性,多孔介质可用不同维数的分形体来描述,利用分形理论研究土壤的导热系数、沸腾换热等。又如,具有重量轻、导热系数高、比表面积大等优点的石墨泡沫材料,是一种很具有发展前景的材料,它也是一种典型的分形体。再如,在分子模拟中的分子运动,其运动轨迹是典型分形的,布朗粒子运动的分形维数为2。而在不同情况下,粒子运动的分形维数及对热过程的影响还是一个值得研究的课题。

5)广义热力学优化

将传统的热机有限时间热力学研究思路和方法拓广到机械、电、磁、化学、气动、生命、经济等过程和装置的各种广义热力学系统中,强调热力学、传热学、流体力学和机械、电、磁、化学反应动力学、生物学、经济学等专门领域知识的类比、交叉研究,寻求各种装置和过程最优性能和优化途径,即为广义热力学优化理论。

6)构形热力学

构形理论可以解释自然界和社会领域中各种流动结构演化的根本原因。自然构形演化所涉及的内容覆盖了从自然界中的生命体及其组织和器官,再到自然界和社会领域中的非生命系统,如河岸地貌、社会动力学、安全与可持续性问题等。

生命系统自然构形演化研究包括:飞鸟、走兽、游鱼的最佳运动速度、最佳运动频率与身体质量之间的关系,发现它们在运动学上的统一;珊瑚群和细菌群的形成,植物树冠、树枝、叶脉和根的演化,树木分布、动物分布、动物食物链、栖息空间和迁徙的形成以及皮肤温度预测等有关生命系统的各个方面。

非生命系统自然构形演化研究包括：船舶和客机演变的过程、气候预测、有机体聚集、地球板块构造、海岸沙滩和三角洲形态、雪花、裂缝和闪电等非生命系统的研究，也包括社会系统、GDP 评估、空中交通系统、能源系统分布、地下开采管网、车轮结构、公共政策制定、城市流动结构与人民安全、文字演变、年龄增长、全球财富分配、大学排名、篮球排名、人类运动、黄金比例演化、战争策略、经济决策、城市标度律、人类活动轨迹、全球安全与可持续性以及核废料区域规划等社会动力学、安全与可持续性问题研究的各个方面。

基于构形定律，在有限尺寸约束条件下对工程界各种传递过程和系统传输结构进行优化设计的过程称为工程构形设计，主要有导热体优化、流体流动、对流传热传质及其他传输优化(内流流道、冷却空腔、伸展体布置、热源分布、气固反应、空气净化、电力、运输和交通网络等)，各类装置和部件优化(换热器、绝热壁、支撑梁、燃料电池、电磁体、热声制冷装置、太阳能利用装置、热化学储能装置、微生物反应器、蒸汽发生器、流体分配器和混合器、飞机机翼、热电装置等)，动力循环系统优化(蒸发器、冷凝器、透平、整体系统)、钢铁生产流程优化(烧结、高炉炼铁、转炉炼钢、连铸连轧、整体流程)、多孔介质、纳米流体、纳米材料、自冷却和自修复智能材料、3D 堆叠芯片和集成电路设计等新兴问题以及广义流动和传递过程等普适问题。

构形热力学是基于构形定律将热力学优化与工程设计和自然演化相结合，在有限尺寸约束条件下，以为内部的“流”提供越来越容易通过的路径为主要目标，通过寻求最佳结构参数和热力学参数实现优化存在传热、流体流动、传质和热功转换不可逆性的各种传统与类热力过程和系统性能的学科。

2. 计算统计热力学及微观检测

在分子计算模拟和微观检测中，主要应解决四个方面的问题：一是计算模型的选取(主要是确定势函数模型)；二是模拟方法(包括一些简化、假定、技术法则及运算方法)；三是统计方法(需要借助统计理论从大量统计样本中提取所需信息)；四是高精度原位/在线检测手段的研究。

1) 关于势函数问题

势函数的确定是进行分子模拟的前提，虽然对不同的对象已提出了不少势函数模型，但对大量的物质，特别是较为复杂的物质尚缺乏适当的势函数。从宏观热力学知道，物质在一定程度上存在着物性的相似性，因而可以用一些近似的通用方程(如通用状态方程等)来对某一类物质的特性进行描述。因此，是否存在某一类物质的近似的通用势函数，如何将宏观的热力学相似性与微观相似性结合起来，从已有的宏观相似性规律得到微观相似性规律，充分利用在宏观研究中所得到的知识再探索、推断相应的微观信息和规律，是分子模拟研究中亟待解决的问题。其实，对于两参量状态方程，如宏观的 van der Waals 状态方程与微观的伦纳德-琼斯势函数之间的相互联系已有研究结果，证明其通用对比参数 p_{cr}、V_{cr}、T_{cr} 与 ε、σ 之间可以建立一些普遍的关系式。但对复杂流体又如何呢？这一推断应不是毫无根据的。因此，需要发展适用于高浓度、多粒子交互体系的多体势函数，并在复杂/极端条件下针对性优化势能参数，如强电场作用、纳米限域空间、高温和高压等。

2）混合物及多相、多尺度系统的分子模拟

混合物的分子模拟涉及混合法则的制定。而多相、多尺度系统（如纳米流体、沸腾和凝结）的分子模拟尚处于初期阶段，特别是涉及多相系或存在相变则问题更复杂，这些问题在工程上亟待解决，如工程中常见的沸腾和凝结问题、涉及不同尺度问题。连续介质模型的控制方程无法模拟蒸汽如何变成液体的过程，必须采用分子动力学模拟的方法。

3）关于输运系数的研究

金属有机骨架材料是一大类纳米多孔材料，具有极大的比表面积和可控的孔径，为气体分子的吸附应用提供了极好的基础，在吸附和化学分离技术方面比传统的纳米材料具有更多的潜在优势，近年作为新型的储氢和甲烷材料，得到研究者的广泛关注。然而。气体在金属有机多孔材料中吸附行为的微观机理仍不清晰。利用分子动力学模拟方法研究气体在多孔材料中的选择性吸附特性是一个行之有效的方法，特别是对新开发的材料特性研究上，该方法提供了一个较为简而易行的手段。但不可否认的是，在模拟过程中，许多细节问题存在不同的处理方法，所得到的数据尚比较分散，同时与实测值的偏差也比较大，因此尚有较大的研究和探索空间。

4）流体分子与固体表面和功能材料间相互关系

这一问题的研究在工程应用上具有重要意义，如在催化反应、表面吸附与脱附、冷喷涂、沉积现象、微通道等多孔介质内的流动、混合、分离、沸腾与凝结相变、燃烧等热过程的分子动力学模拟中均有涉及，特别是具有不同功能的微通道表面性质、表面几何特征对流动、混合、分离、沸腾与凝结相变、燃烧等热过程的影响更值得关注。

5）受限空间内生物或高分子的热行为

对受限空间内生物或高分子的热行为的研究在医学和生物质能的开发利用上具有重要意义。例如，在生物芯片技术应用中，生物细胞的分离等。在外部能量作用下，从微观角度研究生物质高分子链的分子结构热稳定性，分子链结构失稳、分解和破坏机理，这方面的研究仍有较大的探索空间。

6）量子效应的考虑

在纳米尺度上，量子效应已不能不考虑。从头计算法即是从第一性原理出发来考虑分子间的相互作用,其目标是利用薛定谔方程来确定分子的特性。特别是在势函数中与多极矩和极比率相关的系数的确定,可望得到更为精确的势函数。量子效应在研究许多热物理过程(如热传导、热辐射、化学反应等)中是不可避免的。新型发展起来的目标隐身技术涉及吸波材料热电磁量子特性的研究。

7)模拟方法及统计方法的研究

模拟过程包含许多细节,如势函数的截断、周期及非周期边界条件的设定、系统的选择及约束条件的调控等均对模拟结果产生影响。研究者希望模拟系统尽量接近实际的情况,模拟系统尺度的增加,必然要求计算机性能的提升,开展有效的计算机并行计算方法十分必要。同时,对模拟结果(大量样本)的处理和利用,即如何从中获取尽可能多的信息,也即统计方法的拟定,都是一些值得研究的问题。虽然现有文献中也有不少论述,但尚需进一步研究。另外,通过结合量子化学计算、分子模拟与有限元理论,开展跨尺度/多尺度耦合模拟计算,可有效地解决单一尺度方法的局限性,并通过结合机器学习和大数据处理,更为精确地描述体系的热力学性质和非平衡传递过程,最终实现计算模拟与试验数据的统一,这是计算模拟的重要发展方向和未来趋势。

8)高精度微观检测手段

相比以平衡状态和可逆过程为基本内容的经典热力学,非平衡热力学过程表现出强烈的动态特性,同时涉及空间、时间的变化和外场作用,对关键参数的微观检测尤为重要。石英晶体微天平是基于压电效应的原位表征技术,能够直接检测能量载子吸附/脱附引起的质量变化,精度高达 $0.5ng/cm^2$。国内外研究已证实,石英晶体微天平为检测纳米通道内微观传递提供了可能。另外,核磁共振技术可以在线获得多种载能粒子在界面区域的强/弱吸附状态和分布规律,为提高检测选择性提供重要补充。通过结合多种原位检测手段,可直接获得非平衡热力学过程中流与力的关系,更为准确地描述热力学广义通量和广义推动力之间的关系,为构建非平衡传递模型、改进经典理论以及考察其线性关系提供关键技术支撑。

2.3.2 工质热物性

热物性学主要研究流体和固体材料在各种温度压力范围下的基础热物理性质,包括流体(含纯工质和混合工质)的 *PVTx* 性质、饱和性质、焓、熵、临界参数、比热容、声速、表面张力等热力学性质;流体及固体材料的导热系数、黏度、扩散系数、热辐射率、吸收率等输运特性;生成焓等热化学性质;分子间力、势能函数、偶极矩等分子参数,以及建立宏观性质与微观特性的联系等。研究方法包括试验测试、理论探析和计算机模拟等。试验测试是热物性研究的基础,理论探析可从总体上把握一类物质的共同特性,利用计算机模拟的方法来获取物性数据是随着计算机技术的发展而产生的,虽然整体还处于起步阶段,但已表现出了很好的应用前景。三种方法各具优势和特点,可以实现互补。

热物性学的主要学科内容包括以下几方面。

1. 新工质热物性研究

全球气候系统变化是国际社会普遍关注的热点,气候变化深刻地影响人类社会的发展与进步。提高能源利用率,减少温室气体排放,研究环境友好型新技术,发展新型动力循环与制冷循环以及研究可再生能源等清洁能源是当前解决气候变化的主要途径,而在这些途径中必不可少的是对工质热物理性质的全面认识和掌握。目前,关于新工质的热物性研究在保护臭氧层及减小全球变暖的过程中起到了显著而积极的作用,然而已有的部分替代工质仍具有相对较高的全球变暖潜值,有些物质在应用中也面临着安全性、技术性或环境相容性等方面的问题。因此,新工质的研究不仅是科学进步、社会发展的基础,也是一个长期过程,研究环境友好、能效高的新型工质,获取可靠、精确的热物性数据,探索新型工质在技术应用中的科学问题与物理规律,是当前热物性研究领域需要继续关注的重要内容。

2. 热物性试验方法

试验方法是热物性研究的重要手段,精确的试验数据是理论研究和计算机模拟的基础,试验也推动了重要的科学发现和理论的创新。发展精确的试验测量方法和技术是热物性学科发展的内在需求,精确的试验数据也是热物性理论发展和深化的重要基础,亦是能源动力领域的有效工具。

不断发展新的高精度的热力学性质和输运性质测试方法是热物性学研究的内在要求,混合工质热物性的测试提出了很多不同于纯净物的新的科学问题,需要深入探索和提出新的解决思路。依靠声学、光学、电学测量发展的新技术也不断在热物性测量中得到应用并完善,如声-热、光-热测量流体热物性包括热力学温度测量、热物性测量自动化及虚拟仪器技术的应用、在线测量系统的开发等。现代科学技术的发展对热物性提出了很多新的要求,发展复杂和极端条件下的热物性测试技术需求也很迫切。

3. 热物性理论研究和计算机模拟

基础理论的新发现对热物性学科发展具有重要的推动作用,热物性学的理论中也在不断引入其他学科的最新理论和发现。工质热物性理论推算方法可让我们从整体上把握某一类物质热物性的总体规律,依据已知推算未知,深化对微观物质结构和分子间相互作用的认识。

热物性理论推算方法主要有两类：一是根据分子结构特征，如分子中碳原子数、官能团、氢键等计算纯物质的某些参数；二是以对应态理论为基础，从物质的相似性出发，找出各种物质共性和个性关系的对比态方法。结合理论物理学、量子力学等学科的最新进展，进一步提高理论推算方法的精度和适应范围，特别是发展适用于混合物热物性预测的新理论估算方法，仍是摆在热物性研究者面前的挑战。作为关联和描述工质热力学性质的重要手段，状态方程的研究已成为一个相对独立的研究方向，高精度、解析型状态方程、经验型状态方程（特别是立方型状态方程）、理论状态方程等是近期的研究热点。

流体物性计算机模拟通过计算电子结构和分子间相互作用力，利用统计分析方法获得流体物性，代表性的模拟方法主要有分子动力学模拟方法，蒙特卡罗随机模拟方法和从头计算法（或称第一性原理）。用流体物性的模拟还可以起到检验理论的正确性，模拟极端状态和条件下的热物性数据，填补如极高温、极低温、极高压或剧毒等极端条件下热物性数据的作用。

4. 工程热物理与能源利用学科发展对热物性研究的需求

适应能源、环境与经济的协调、可持续发展的高效洁净能源转换利用技术和系统包括能量梯级利用方式、新型热力循环、热力系统热经济性评价及性能优化等，都对热物性研究提出了新的要求，急需提供各种热力性质的精确热物性数据和计算方法。煤基能源多联产系统作为一种多输出的能源资源环境一体化系统，往往复合了甲醇、二甲醚合成等复杂的煤基化工过程，化学反应、合成、分离等流程往往是多组分、多相的复杂系统，热物性正是进行理论分析、工程设计、设备选用、流程优化等必不可少的基础，也是系统构建的关键基础问题之一。CO_2 捕集及储存技术作为未来温室气体减排的有效途径，准确的 CO_2 及其混合物的热物性数据及理论方法已成为重要的基础问题之一。热物性研究也是许多制冷循环效率提升的关键基础问题之一，如跨临界的 CO_2 制冷循环、混合工质制冷、超声速制冷、吸收式制冷等。在氢能利用中，如超临界水生物质制氢、人工酶制氢、光催化制氢等；蓄冷蓄热技术，如混合盐蓄热、气体水合物蓄冷、液化空气储能等；太阳能热利用，如纳米流体光热性质等；不依赖空气动力装置的潜艇系统尾气处理；航空发动机燃油冷却中亚/超临界燃油热物性；CO_2 捕集中利用离子溶液吸收 CO_2；功能流体强化传热；纳米生物热物理研究等领域，均涉及新工质（包括生物质）和混合工质的基础热物性问题。

2.3.3 动力循环

热力循环及总能系统的发展战略目标是:① 继续加强基础理论研究,注重学科交叉和领域渗透,争取在若干有相对优势的方向跻身于世界先进行列;② 基于节能优先的国策,注重能源发展和应用中的关键问题,以解决阻碍社会、经济发展的长期瓶颈问题,发展与开拓科学用能的途径与方法,推进化石能源清洁、高效、安全及低碳利用并逐步降低化石能源在我国一次能源消费中的比例;③大力推动可再生能源发展及其关键过程的研究,以不断提高可再生能源在我国能源消费结构中的比例,加快能源结构多元化发展,建立可持续发展能源系统;④加强能源转换的物理化学生物学基础研究,为走新时代能源高质量发展之路、全面推进能源消费方式变革、建设多元清洁的能源供应体系奠定科学基础。

面向可持续发展的绿色能源战略背景,热力循环研究的总目标定位在解决能源利用与环境相容协调难题,即大幅度提高能源利用率和减少有害污染上,主要核心科学问题为:一是将梯级利用的概念引入化学能及化学能向物理能转化,实现化学能与物理能的综合梯级利用;二是多能互补与多功能综合新思路,试图打破独立循环系统各自发展形成的提升热力与环保性能的障碍,实现多能互补以及多种用能形式的循环系统有机联合;三是寻求关键技术、材料、工质等突破,实现更高层次的循环系统集成。例如,创新的燃料化学能与物理能综合梯级利用的方法以及高性能的关键器件研制,多能源品位互补新方法及关键技术,实现低能耗 CO_2 捕集的能量转化功能材料与介质等。

学科发展的核心科学问题包括以下几个方面。

1. 能量的梯级利用与热力循环创新

热力循环是能源动力系统的基础框架。较为典型的是把适合较高温区运行的布雷顿循环与适合较低温区运行的兰金循环联合匹配形成的燃气-蒸汽联合循环,其最高发电效率已达到62.7%。但常规联合循环的顶底两循环之间平均传热温差较大,降低了发电效率。对此提出进一步改进建议,如卡林那循环、湿空气透平循环、有机兰金循环、超临界 CO_2 布雷顿循环以及与非热力学转功过程(燃料电池电化学过程)集成的复合动力循环等,还应加强相关理论研究,以强化创新基础。

2. 能量释放的新机理

传统的化石能源动力系统中,燃料化学能是借助燃烧技术以热的形式释放出来,再通过热力学循环实现热转功、输出有用功。对化石燃料燃烧能量释放方式的研究进程相应也可分为三个阶段:第一个阶段是能烧完就行而无视污染;第二个阶段是主要解决燃料化学能高强度、高效率释放的问题；第三个阶段是近年来对环保问题的重视，推动了对清洁燃烧及其他能源洁净利用措施的研究。传统火焰燃烧方式不仅造成巨大的可用能品位损失，还是系统有害排放物的主要产生源。因此，打破传统火焰燃烧方式，寻求新的燃料能量释放机理或更富创新意义的途径，将成为同时解决能源效率和环境污染两大问题的一个科技关键。第三个阶段正在积极探索研究的新型能量释放机理主要有无火焰燃烧、部分氧化、高温空气燃烧、新型化学链反应燃烧、水蒸煤等，这些都有可能降低化学能释放侧的品位，减少燃烧过程能量的品位损失和有害物质量。

3. 中低温能源转换利用与正、逆向耦合循环

中低温工业余热和可再生能源（太阳能、地热能等）转换利用过程中，热源的温度都比较低（100～400℃），中低温能源高效、低污染利用的热力循环也受到特别的重视。鉴于热力学循环固有特性，中低温热源热功转换效率很难提高，其中的关键科学问题有：① 中低温热源热能品位的提升（将较低温度的热能转变成较高温度的热能，从而提高利用价值）；② 特殊工质（混合工质对、共沸工质对、非共沸工质对）循环匹配特性；③ 循环系统的集成原理，如改进的正、逆向耦合循环系统等。

正、逆向耦合循环的应用表现在三个方面：一是利用正循环中的中低温余热驱动吸收式逆循环制冷，组成冷热电联供分布式能源系统；二是将余热产生的冷用于混合工质动力系统的冷凝过程，提高系统的热效率；三是利用正循环中的中低温余热驱动吸收式逆循环制冷，用来冷凝部分 CO_2 工质。这种正、逆向耦合循环与液化 CO_2 过程的结合会减少压缩耗功，实现冷能与 CO_2 分离的一体化。

4. 热力系统的建模和仿真

在经济快速增长、化石资源日益短缺、能源安全问题突出的今天，热力系统本身的内涵和特性正在发生变化。传统意义上的热力系统日益演变为具有新内涵的现代热力系统。传统热力系统的主要特点是：以化石燃料为原料，以动力和热能为产品，内部过程以热力循环为核心，主要涉及物理能的转化。相对于传统系统，现代热力系统的新特征及其涉及的主要研究内容包括如下方面：

（1）在能源来源方面，可再生能源（风能、生物质、太阳能等）正在成为新的、快速增长的一次能源；传统化石燃料（煤、油、气）和可再生能源之间由以往的单独利用方式向交叉和综合互补利用方式发展。

（2）在系统输出产品方面，多产品、多联产成为发展趋势。这种多产品不仅是传统热力产品（动力、热能等）和冷能、灰渣等易得产品的简单联供，而且向多联产

的方向(燃料和化工产品的集成联合生产)发展。在温室气体日益成为关注热点的情况下,高浓度 CO_2 也成为各种热力系统的重要产品。

(3)在内部过程和学科内容方面,物理能的高效转换过程不再是唯一的核心内容,化学能和物理能的综合梯级利用以及热力过程和化工过程的耦合与集成正成为主要的研究内容。此外,与热力系统运行、维护、可靠性、可用率等相关的科学问题,以及关联的技术性能、投资造价成本、最终产品成本的经济性评价方法也是现代热力系统研究中的重要内容。

(4)在研究对象的层次和规模方面,现代热力系统的规模日趋扩大,成为复杂巨系统。传统热力系统一般包括过程、设备和系统三个层次,出于提高能源利用效率和实现循环经济的目的,现代热力系统的规模向纵向和横向两个方向扩展。纵向是以能源梯级利用为特征的单厂生产过程的延长和扩展(如整体煤气化联合循环扩展为多联产),横向是单个工厂向生态工业园区的演变。

(5)在适应经济和社会发展方面,开始在更广阔的地域、更长的时间尺度以及国民经济层面上探讨能源的合理、高效利用问题。传统热力系统的研究范围往往局限于"厂"的层次,在一个小的技术系统内探讨提高能源效率和综合优化的问题。然而,在快速工业化和城镇化背景下,能源面临的最大挑战是如何利用有限的资源,在需求不断增长、能源系统不断扩大的新局面下,为社会和经济发展提供充足而经济的动力、燃料和热能供应。这实质上是在更宏观的层次上考虑能源系统如何规划、设计、运行和发展,来满足社会、经济协调发展要求的问题。现代热力系统是构成整个能源系统且穿插在其各个组成环节内部的重要组成部分。因此,现代热力系统的研究范围不仅包括单一技术系统,而且必须扩展到城市、区域甚至国家层面上,从技术角度探讨能源系统的综合优化问题。

(6)在学科基础和研究方法方面,在热科学理论尤其是工程热力学作为基本理论和方法论的基础上,需要融合系统工程、控制工程以及信息技术的理论、手段和方法来进行系统的分析。

结合上述特征和研究内容,热力系统建模和仿真需要加强研究的科学问题主要包括以下几个方面。

(1)各种新型热力过程和设备的机理、特性知识和规律认识。这项工作的探索需要相关专业领域的研究者协同进行,但从复杂和繁多的子过程特性规律中简化和提炼出系统层次研究需要的主要规律和特性,并将其按照重要程度、因果关系和先后次序组合成满足系统特性研究需要的过程和部件模型,则是热力系统建模和仿真研究的科学问题。

(2)复杂热力巨系统的抽象理论和方法的研究。包括:适合系统描述、求解、分析和优化的、以多输入多输出形式表达的热力系统模型架构的建立方法;对象系统的“研究-开发-建设-运行和维护-退役”全生命周期的多产品、多准则、多目标的评价方法和指标体系；多目标和多情景的比较及优化的理论与方法；以改进系统性能为目的、关联评价指标和系统及部件技术和流程选择、设计和运行参数选取的特性规律的认识等问题。

(3)除上述谈到的部件层次和系统层次的建模、分析、评价和优化的一般科学问题外，动态特性研究的科学问题还包括：动态模型的特殊建模方法，描述热工质压力和流量耦合特性的热工流体网络建模和求解方法，为满足实时或快速仿真或控制方案研究要求的模型简化和实时化、快速求解方法；非线性、大延迟、非同性复杂热力系统的全工况描述方法等。

5. 热力系统的控制

热力系统的控制是确保热力系统按预定方式运行的重要手段，也是保证热力系统安全、经济及环保运行的重要途径之一。随着热力系统向大型化和复杂化方向发展，热力系统的滞后性、时变性及非线性等因素影响着热力系统的控制质量。如何有效提高热力系统的控制品质，有许多基础性的热工控制理论问题值得研究，如适用于热力系统大滞后特性的先进控制理论与策略的研究、热力系统的全工况自适应控制理论与策略的研究、基于热力系统整体非线性模型的全局优化控制理论与策略的研究、热力系统的智能控制理论与策略的研究、新型热力对象的基础性控制理论问题的研究等，对这些热工控制理论问题的解决是有效提高热力系统控制品质的关键。除此以外，以往的热力系统控制主要是追求控制系统本身的技术指标，随着国家对环境保护的日益重视，融合控制技术指标和低排放环保指标的新型热工控制系统及其相关的基础控制理论也是重要的研究方向。

2.3.4　制冷与低温

制冷与低温工程学的研究主要包括两个方面：首先是研究低温的获得方法，其次是研究低温应用中的科学问题。其中，低温的获得是制冷与低温工程学的首要任务，也是本学科的研究重心所在。制冷方法多种多样，其工作原理不尽相同，主要包括蒸气压缩制冷技术、气体制冷技术、热驱动制冷技术、固体制冷技术等。这些制冷方法中，部分方法已得到广泛应用，但也逐渐面临着新的问题和挑战，另外有一些由于技术问题方面的认识不成熟而缺乏准确定量的设计理论，从而尚未得到应用。

根据制冷与低温工程学国内外的研究现状、发展趋势，并结合我国国民经济发展和国家安全对本学科提出的需求，本学科涉及的主要研究内容和科学问题包括以下几个方面。

1. 环保替代工质及蒸气压缩制冷新循环的基础研究

(1)新的替代工质(包括自然工质、混合工质等)的寻找、热物性及其热力特性研究。

(2)高效 CO_2 制冷循环的热力循环理论以及特殊流动传热研究。

(3)高效蒸气压缩式制冷循环(如压缩/喷射制冷循环)、热泵循环的创新及其热力循环工作理论;自然工质热泵循环与系统;大温升高效热泵技术。

(4)各类低 GWP 工质和自然工质用制冷/热泵压缩机设计方法;面向超低温热源吸热的大温升热泵压缩机设计;高温供热的大温升热泵压缩机技术。

(5)深冷混合工质节流制冷技术的新工质热物性、热力循环理论(如内复叠制冷循环、分凝分离制冷循环等)及其涉及的大温区多组元流动冷凝和流动沸腾特性研究。

(6)蒸气压缩式制冷技术分析和设计方法的发展,建立可考虑动态特性和分布特性的制冷系统热动力学设计理论。

(7)环保介质超声速制冷热力学机理和新循环构建研究。

2. 气体制冷和热声制冷技术的基础研究

(1)热能与声能相互转换及能量输运过程的基础理论(热声学理论、气体微循环热力学理论、热声网络理论等)。

(2)可压缩流体在不同动结构中(多孔介质回热器流道、微细通道换热器、突变截面等)、不同运行条件(宽频率范围、高低温环境等)下的交变流动特性及传热特性的研究。

(3)气体制冷新循环、新原理的研究和创新,建立和发展定量的热力学设计新理论,开展高频低温脉冲管制冷、行波热声制冷、自由活塞热声斯特林的工作机理、热声压缩机的热声动力学理论等方面的研究。

(4)气体透平制冷技术的发展和创新研究,重点研究两相透平膨胀制冷、重载氦/氢气体轴承透平膨胀关键技术以及微型逆布雷顿循环的热力基础。

(5)低温超声速膨胀制冷热力循环构建及热力学基础研究。

3. 热驱动制冷/热泵技术基础研究

(1)新型、高效吸收制冷循环(如多效/变效吸收制冷循环、发生-吸收热交换器吸收制冷循环、变温分馏发生吸收式制冷/热泵循环、吸收/喷射制冷循环等)的热力基础。

(2) 高效吸附制冷新循环(如连续回热循环、热波及对流热波循环等)、新材料(如新的吸附工质对)和新原理(如物理吸附与化学吸附复合循环)的基础研究。

(3) 低品位余热驱动气液环路行波热声制冷系统和相变热声系统的热声转换机理及高效制冷循环研究。

4. 固体制冷技术基础

(1) 利用微纳米技术、量子效应的半导体制冷技术的物理基础及热力学基础。
(2) 高效室温磁制冷及极低温磁制冷技术中的新材料及热力循环的基础。
(3) 固态制冷(弹卡、压卡、电卡等)热力学循环机理及流程优化。
(4) 反斯托克斯效应激光制冷技术的材料及制冷循环的机理研究。

5. 制冷与低温技术应用基础及学科交叉等

(1) 天然气、煤层气液化、储运及其应用技术基础。
(2) 材料低温改性机理。
(3) 新型空调制冷、蓄冷技术基础。
(4) 低温生物、医疗中的热理论和热技术基础。
(5) 大尺度器官和生命活体在深低温作用下的相变机理和调控方法。
(6) 2～4K 超大型氦低温制冷系统和大型氢液化系统流程及优化。
(7) 肿瘤微创多模式低温冷冻精准治疗机制。
(8) 大规模高效氢气液化工艺流程开发和优化。
(9) 大规模液态空气储能热力学机理及应用基础研究。
(10) 低温超导和高温超导应用热物理问题研究。
(11) 基于玻尔兹曼常数定义开尔文的温度量子基准研究。

2.3.5　总能系统

面对可持续发展的绿色能源战略背景,加深总能系统理论研究,将为有效地解决能源利用与环境相容协调等挑战提供支撑。在本领域内,基于节能和低碳发展优先的国家发展战略,继续强化基础理论研究,注重学科交叉和领域渗透,以解决阻碍社会、经济发展的“卡脖子”问题,开拓科学用能的新途径与新方法,实现常规化石能源,特别是煤炭的高效洁净利用,并推动可再生能源和分布式能源利用技术发展及其关键过程的研究,以不断改善我国能源消费结构和加快能源结构多元化,建立清洁低碳、安全高效的可持续能源体系。

1. 能的梯级利用与总能系统集成创新

长期以来,能源动力循环的研究主要关注卡诺循环效率曲线的下方,即物理能的综合利用部分,然而热力系统中㶲损失最大之处在于燃料化学能转化为物理能的燃料燃烧过程。在能源转化源头实现燃料化学能的梯级利用,强调了燃料化学能品位与卡诺循环效率之间的品位差是可利用的,打破了通过提高循环初温来提高物理能接收品位的单一思路。通过控制燃料品位的热化学反应逐级利用了燃料化学能,将突破燃料化学能通过直接燃烧方式单纯转化为物理能的传统利用模式,如燃料重整和化学链无火焰燃烧等,将降低化学能与最终要转化的能量之间的品位损失,也成为提升系统循环性能潜力的关键所在。在提升燃料化学释能过程高效性的同时,可继续结合不同能量转换环节的品位差异,集成化工动力和吸收式制冷等热力学循环,实现化学㶲与物理㶲的综合梯级利用,然而其重点与难点在于建立燃烧前热化学反应与燃烧后热力循环耦合后的化学能释放不可逆性减小的基本原理,探索能够实现燃料化学能与物理能的综合梯级利用的新方法,在此研究领域有望获得突破的技术途径包括:

(1)热力循环与化工等其他生产过程的有机结合,探讨热能(工质的内能)与化学能有机结合、综合高效利用,即不仅注重了温度对口的热能梯级利用,而且有机地结合了化学能的梯级利用,争取突破传统的联合循环的概念,以实现交叉领域的系统创新。

(2)热力学循环与非热力学动力系统有机结合,例如,将燃料化学能通过电化学反应直接转化为电能的过程(燃料电池)和热转功热力学循环有机结合,实现化学能与热能综合梯级利用等。

(3)化石燃料的热化学反应与热力循环的有机结合,例如,将甲醇、二甲醚等重整、裂解等化学反应与热力循环结合,以实现替代燃料化学能与热能的综合梯级利用等。

(4)多功能的能源转换利用系统,是指在完成发电供热等动力功能的同时,利用化石燃料生产出甲醇、二甲醚等重要清洁燃料,还可分离出理想的清洁燃料氢气,进一步对 CO_2 进行有效的分离、回收和利用,或者更进一步与各种化工生产过程紧密联产,使动力系统既达到合理利用能源和低污染或零污染,又能提供高效清洁能源,从而协调兼顾动力与化工、环境等诸方面问题。

2. CO_2 与污染物减排控制

化石燃料具有较高的能量品位,通过传统的燃料燃烧等简单手段,即可将其所蕴含的化学能转化为热能,进而以热或功的形式加以利用,是人类社会发展的主要推动力之一。然而，简单的燃料化学能燃烧释放过程产生很大的不可逆损失，同时也是各类污染物和 CO_2 等温室气体排放的源头，释放的大量 CO_2 将对全球气候和未来世界格局变化产生重大影响。因 CO_2 的化学性质稳定，燃烧排烟 CO_2 浓度低，简单沿用“先高效后清洁再低碳链式串联”的传统模式，会导致惊人的能源消耗和资源浪费，最终造成过低的能源利用率和不可容忍的环境污染。面对未来高质量经济和低碳式社会发展需求，应对创新引领，探寻能源资源环境、高效清洁低碳一体化协同的发展新道路，才能够解决控制温室气体的关键科技难题。

面对这一挑战，新兴的代表性研究方向之一即为“化学能梯级利用和含碳组分定向迁移一体化的温室气体控制研究”，其突破口在于如何通过系统集成协调能量利用与 CO_2 的分离，实现能量转化利用与 CO_2 分离一体化。基于品位对口、梯级利用原则，一体化系统力图实现燃料化学能的有效利用；基于成分对口、分级转化原则，一体化系统力图实现碳组分的定向迁移以降低甚至避免 CO_2 分离功，代表性技术主要包括化学链燃烧循环、控制 CO_2 的多联产系统、CO_2 及多种气体分离一体化系统等。这一研究领域的关键科学问题可以概括为：① 化学能转化释放过程中能的品位变化规律与碳组分迁移转化机理；② 碳组分定向迁移与化学能梯级利用一体化原理；③ 组分分级转化、化学能梯级利用与 CO_2 及多种气体低能耗分离一体化的能源动力系统集成。

3. 多能源互补与分布式能源系统

随着能源高效利用与环境相容发展的迫切要求，单一高品位能源输入和单一低品位能源输出的常规利用方式无法满足多元化的能源发展需求，尤其是可再生能源（风能、生物质、太阳能等）正在成为新的、快速增长的一次能源，传统化石燃料（煤、油、气）和可再生能源之间由以往的单独利用方式向交叉和综合互补利用方式发展，并呈现出多产品和多联产的发展趋势。综合考虑不同能源资源的独特属性，除保障不同能源系统之间的物理能在“数量”和“品位”层面满足“对口互补”外，也要兼顾化学能利用过程的能量品位互补，基于能的综合梯级利用原理，通过多能互补的利用方式能够充分发挥各自优势，扬长避短，从而提高能源利用效率和降低污染物排放，进一步深化总能系统的发展内涵，也为实现可再生能源的高效及低成本推广应用提供了全新思路。

面对新时期节能减排的国家重大需求，现有的能源动力系统发展面临着新挑战，应当继续从学科交叉与领域渗透出发，以能的综合梯级利用理论研究为主线，结合可再生能源高效利用，以多能互补的能势匹配为突破口，探索研究多能互补能源系统中能的综合梯级利用、高效动力转换、余热利用和变工况调控的理论与方法，具体的关键科学问题包括：① 不同品质的多能源互补过程的能势匹配、释放新机理及新方法，特别是太阳热能与化石燃料热化学互补的能量释放机理；② 多种能源互补的总能系统的能的综合梯级利用规律，多能源品位互补的热力学分析新方法，多能源互补的能量转化与温室气体控制一体化协调机制，创新的多能源综合互补的分布式能源动力系统，如中低温太阳能驱动替代燃料重整的发电系统等；③ 多能源互补总能系统的全工况动态特性与主动调控的理论，多能互补分布式能源系统的源网荷匹配重构与移动灵活方式。

4. 全工况特性的总能系统集成机理

传统能源动力系统特性的研究多局限于热力特性和设计工况，系统优化集成的主要目标是提高热力性能。随着总能系统向复杂化、多样化发展，传统的热力系统特性研究的思路和方法面临着新的挑战。由于运行条件和外界负荷等不断变化，总能系统中热机与热力系统总是在偏离设计基准的变工况下运行，尤其是对于分布式冷-热-电等联产系统，传统的单纯热力性能指标已不能全面描述系统的特性。同时，为了与风能、太阳能等时变特性强烈的新能源实现互补供能，灵活性成为热力系统新的迫切需求，热力系统需长时间处于变工况及瞬态调节过程。因此，亟须深入研究系统全工况高效、经济可靠、灵活运行的特性规律，提出能够科学描述总能系统全息特性的评价方法；认识和揭示冷-热-电联供系统设计集成下能的综合梯级利用与变工况特性的关联耦合现象、演变规律，创新的蓄能机制与方法对冷-热-电联产变工况特性的影响；从过程、设备、系统等多个层面认识瞬态过程能量传递与转化规律，揭示物质流与能量流在瞬态过程中的耦合匹配机制，实现瞬态过程中的能势匹配；提出基于全工况特性的系统模拟分析新方法等，都是总能系统集成的关键科学问题，这些问题的解决对总能系统集成理论和应用的发展均起到关键性的作用。

2.3.6 学科交叉与拓展

1. 化学能与物理能综合梯级利用原理

传统联合循环中能源有效利用的基本原理，即能（物理能）的梯级利用原理，奠定了传统的燃气轮机总能系统的集成理论基础。迄今为止，总能系统的研究仍局限于物理能梯级利用范围（物理能的梯级利用大多是指稳流工质热的梯级利用），不涉及化学反应过程中化学能的能量转化利用问题。很久以来，直接燃烧几乎成为主要方式，存在的诸多弊端（如燃烧品位损失大、易产生环境污染物等）与能源环境相容协调发展相悖。随着能源科学和与其密切相关的环境、化工等学科的交叉与渗透，以及所涉及体系的复杂化，尤其是对于可包容多种能源输入，并具有多种产出功能(如化工过程与热力循环整合)的能源与环境相容的多功能总能系统,传统的物理能梯级利用原理已不足以解决能源、化工、环境交叉领域内超出热力循环范围的科学问题,探索建立能够突破物理能梯级利用范畴的能量转化利用新原理已迫在眉睫。

与传统能源动力系统相比,燃料化学能与物理能综合梯级利用新概念突破了直接燃烧将化学能粗放转化为热能的传统能量释放模式,而是从燃料化学能做功能力的有序释放、定向转化出发,将燃烧前化学能做功能力的利用与热力循环有机耦合。首先在燃烧前,通过不同的燃料转化反应,使燃料适度转化为二次燃料或化工产品,依据化学反应做功能力品位高低,进行燃料化学能逐级、有序转化,进而降低过程不可逆损失,实现化学能梯级利用;然后,难以转化的组分再燃烧完成热能的梯级利用。这种燃烧前热化学反应与燃烧后热力循环的耦合是实现燃料化学能与物理能的综合梯级利用的重要途径。图 2.1 为燃料化学能与物理能综合梯级利用概念示意图[17]。如前所述,重点与难点在于建立这种燃烧前热化学反应与燃烧后热力循环耦合后的化学能释放不可逆性减小的基本原理,寻求和发现能够实现燃料化学能与物理能综合梯级利用的新方法。

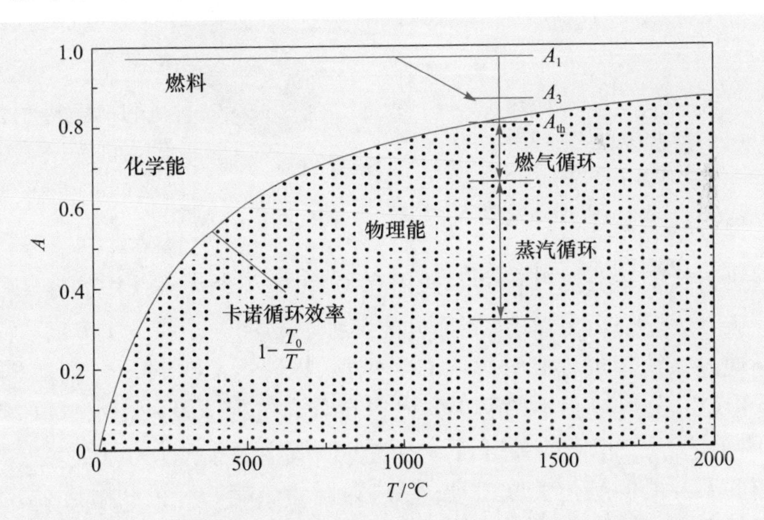

图 2.1 燃料化学能与物理能综合梯级利用概念示意图[17]

A. 能的品位;A_1. 燃料化学反应前化学能的品位;

A_3. 燃料化学反应后化学能的品位;A_{th}. 燃料物理能的品位

2. 热力学与温室气体控制

化石燃料中的主要成分之一为碳,直接燃烧将释放大量的 CO_2 而导致大气

CO_2 浓度升高,进而引发温室效应。由于其对人类社会威胁的全球性和严重性,温室气体 CO_2 的减排控制已经成为一个能够对未来世界格局变化产生影响的重大国际问题。

CO_2 不同于传统的污染物,由于量大且化学性质稳定,简单沿用传统污染物控制的“先污染后治理”方法回收 CO_2 将导致不可接受的能耗,最终造成奢侈的资源浪费、过低的能源利用率和不可容忍的环境污染。只有创新性地探讨和开拓,既能够提高能源利用,同时又能够解决环境生态问题的新型能源与环境系统,摒弃传统的“链式串联”模式,走出一条资源、能源与环境有机结合的发展新模式,才能够解决控制温室气体的关键科技难题。图 2.2 为资源、能源、环境一体化新模式示意图。

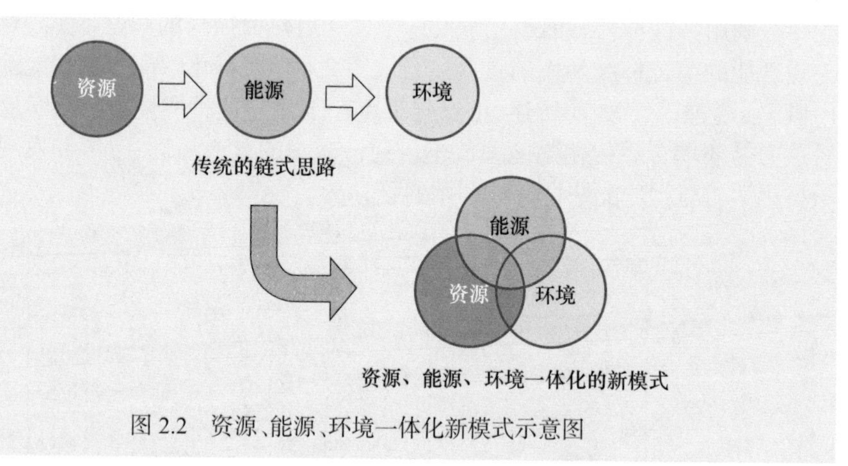

图 2.2　资源、能源、环境一体化新模式示意图

根据热力系统与分离过程之间的相互关系,能源动力系统中的温室气体控制研究往往被分为燃烧后分离、燃烧前分离与纯氧燃烧等主要技术方向。热点研究领域包括通过系统集成提高分离前 CO_2 浓度,以降低 CO_2 理想分离功(烟气再循环),或降低 CO_2 分离过程不可逆损失以提高分离过程能量利用水平(如开发新型吸收、吸附工艺等)。相应的关键科学问题可以概括为:① 动力系统与分离过程的相互影响关系及能的品位关联机理;② 热力循环热能的梯级利用与 CO_2 生成、分离过程不可逆性减小的耦合机制;③ 非常规燃烧(富氧、富氢、富 CO_2 等)的燃烧稳定性、高效性与污染物协同脱除机理。

但是,上述研究方向的共同特征在于,热力循环与分离过程(CO_2 分离过程或 O_2 分离过程)相对独立,通过能量与物质交换将热力循环与分离过程集成为一个系统,这种方式难以从根本上克服分离能耗对能量利用效率的影响,仍然没有完全摆脱传统“先污染后分离”的方法。

为了克服这一缺陷，新兴的代表性研究方向之一为化学能梯级利用和含碳组分定向迁移一体化的温室气体控制研究。能源动力系统温室气体控制研究的突破口在于，如何通过系统集成协调能量利用与 CO_2 的分离。燃料化学能的转化释放是能源动力系统中可用能损失最大的过程，也是潜力最大的过程，同时还是 CO_2 的生成过程。能量转化利用与 CO_2 分离一体化研究方向是将化学能利用潜力与降低 CO_2 分离能耗结合在一起，寻找实现能量利用与组分控制协调耦合的突破口。这一研究方向的代表性技术包括化学链燃烧循环、控制 CO_2 的多联产系统、CO_2 及多种气体分离一体化系统等。

从化工工艺革新的角度出发，能源动力系统控制 CO_2 研究领域的另一热点方向为“反应分离耦合过程为核心的温室气体控制”。通过化学反应与分离的耦合，化学反应能够通过改变组分分压影响组分扩散，同时分离过程能够改变反应物或生成物的构成以控制反应平衡的移动。利用这一基本特性，反应分离耦合过程正逐渐成为能源动力系统温室气体控制研究领域的新兴热点之一。通过物理和化学分离手段，以反应分离耦合过程为核心的温室气体控制，研究能够同时实现燃料转化与 CO_2 分离的系统。这一研究领域的关键科学问题包括：① 反应、分离与化学能释放过程之间的物理化学作用机制；② 反应分离耦合过程不可逆性与燃料化学能梯级利用的协调原理；③ 反应分离耦合过程与热力循环整合的系统集成。

综上所述，能源动力系统 CO_2 控制研究正逐步向资源、能源与环境一体化的可持续方向发展，涉及工程热力学、化学热力学与环境化学的交叉学科。

3. 多能源综合互补系统

鉴于化石能源资源的有限性及其利用过程产生污染的严重性，开拓新的洁净能源资源特别是可再生能源总能系统，如太阳能热发电系统、生物质能源发电系统、风能发电系统等，是保证可持续发展的一个重要方面，也是可再生能源发展的一个重要研究方向。但多数可再生能源动力系统不稳定、不连续，随时间、季节以及气候等变化而变化，因此研究可再生能源与化石能源或水能等多种能源的综合互补，特别是太阳能、生物质能、风能等与化石能源互补的利用系统，就成为解决能源利用与环境相容难题的一个重要途径。

然而，可再生能源与化石能源互补能量系统的研究仍处于起步阶段，无论是在关键技术应用基础方面还是互补系统构建体系的理论方面，尚有诸多亟待解决的关键科学问题。主要包括以下几个方面：不同品质的多能源互补过程的能量转化、释放新机理及新方法，特别是太阳热能与化石燃料热化学互补的能量释放机理；多种能源互补的总能系统的能的综合梯级利用特殊规律；多能源品位互补的热力学分析新方法；多能源互补的能量转化与温室气体控制一体化协调机制，如控制 CO_2

的太阳能与化石燃料互补理论等;创新的多能源综合互补的能源动力系统,如中低温太阳能驱动替代燃料重整的发电系统、燃料电池与太阳能联合发电系统、微型燃气轮机与风力发电联合系统等。由于多能源综合互补系统的复杂性与非线性更为突出,多能源互补总能系统的全工况动态特性的研究也更为重要。另外,围绕相关新原理、新机理的关键核心技术的探索和研究与多能源综合互补的能量转化利用技术的发展也紧密相关。

4. 热化学耦合吸附热动力学及太阳能综合能源利用

热化学吸附过程中对基元反应机理、热力吸附滞后、动力吸附特性、热力吸附循环、多相传热传质的研究是相互耦合的。研究中涉及的热化学动力学模型分为三类:局部模型、整体模型与分析模型。局部模型认为其局部变量在小体积的范围内是均布的,其求解需要同时在时间和空间范围内对一系列守恒方程进行差分处理。整体模型认为渗透率、热导率、比热容这些参数在反应器尺度是均布的常量,因此只需求解时间尺度的差分方程。分析模型将变量在反应时间范围内取均值,使得特征变量只与空间变量有关,只需求解局部的热质转化方程。同时,另外,将热化学吸附动力学模型分为两类:唯象模型与类比模型。唯象模型可以将表观现象和材料物化特性联系在一起,需要对反应物进行仔细表征,使动力学的分析转化为一系列纯化学反应与传质机理方程。类比模型试图对全局现象进行再现,它不包括对基础反应机理的分析,因此反应物被认为是全局均质的材料,其动力学将不依赖于反应物的结构与物化特性。求解唯象模型的复杂性限制了其广泛应用,导致其数量远小于类比模型。然而,绝大部分的类比模型试验参数都是在反应器的尺度测得的,这就意味着当反应器结构发生变化时,这些动力学参数将失去参考意义。

解释吸附滞后的说法分为两类。第一类认为络合物的稳定常数与非稳定常数并不一致,导致在相同温度下合成反应与分解反应速率的差别,因此等压吸附、解吸线中会出现滞后区。第二类则认为解吸活化能远大于吸附活化能,使得吸附过程和解吸过程的阈值反应温度有较大差异。在微观层面,内部吸附剂颗粒和周围气体之间的温差、卤化物配合物中氨分子量的变化、吸附解吸过程中晶格的收缩与膨胀都对滞后有影响。根据耦合滞后效应的热化学吸附动力学模型,在结合具体传热过程与热力循环后可以应用在热化学反应器上,完成了材料到器件层面的有效衔接。但关于多物理场、跨尺度的热化学吸附研究方面还处于起步状态,尚有诸多亟待解决的基础科学问题,主要包括最优吸附位点/路径机理、晶体材料到块材的性能衰减、微纳材料(如金属有机框架材料基复合材料)大尺度应用等。

在应用层面,以太阳能为热源构建单一功能的吸附式能源利用系统很常见,可同时满足取水、制冷等需求。但是,实际应用中往往受季节、气候等因素制约,如何以太阳能利用为基础,进行基于吸附技术的各分立能源系统的整合仍然是未被很好解决的重大科学问题,其技术难点总结如下:

(1)不同地区太阳能的有效能量密度差异巨大,同一地区太阳能的波动性问题突出。与此相对应,人们对取水、取热/冷的需求也处于交变状态。进行单一需求的匹配、优化本身就是技术难点,而进行太阳能综合能源利用的多输出系统需要各能源利用循环的耦合分析、网络化利用的构建,要求全面掌握吸附技术与太阳能利用技术。

(2)吸附技术可供使用的工质对繁多,每种工质对有各自最优的适用区间。在多输出需求的条件下,各工质对的运行需要依靠热力特性进行热流匹配,并依靠综合能量利用效率指标进行寻优设计,以完成工质对优化体系的构建。

(3)太阳能集热端输出温度不稳定与吸附系统交变的工作状态,使系统整体处于非平衡工况,而吸附材料又为内部结构复杂的多孔介质,在材料与系统层面的变热源、不同热质传递条件下传热传质强化与吸附性能提高的统一规律都尚待揭示。

(4)关于吸附系统的科学研究大多只是对所搭建的样机系统进行定热源模拟测试,并不匹配实际复杂的运行工况,也未从工业需求的角度去考虑所搭建系统的可操作性,这就使得基于太阳能利用的吸附技术可靠性难以得到有效论证。

因此,还需对多种吸附工质对进行寻优分析,建立多孔介质下各工质对吸附、传热、传质的通用模型,并针对各工质对分别进行制冷、制热、储热、热变温、空气取水、海水淡化耦合循环分析,以综合能量利用效率为指标进行网络化热流构建与集成优化,提出太阳能综合利用解决方案。

5. 新型高效率能源材料

构建绿色、低碳、清洁、高效、安全的能源体系是世界能源发展理念和主要方向。我国传统能源结构以煤炭等化石能源为主,对环境污染大,亟须转型升级,减少对传统能源的依赖,大力发展太阳能、风能等清洁能源,并提高能源利用率。能源产业结构的革命和清洁能源的高效利用需要新型能源材料的支持和发展。能源材料主要可以分为光电、热电、光热等能源转换材料以及储能材料、热界面材料等。传统的热力循环往往需要将化石能源的化学能转换为循环工质的热能,再将热能转换为汽轮机等部件的动能,最后将动能转换成电能。与传统能源利用方式不同,光电、热电、光热等能源转换材料不经过中间介质的转换,可以直接将太阳光的光能或热能转换成电能(或热能),这类材料提供了一个利用清洁能源的新方向。在利用太阳能、风能等清洁能源过程中,无法避免的一个问题是自然环境的影响造成能量输出不稳定。为了解决这一难题,储能技术作为一个辅助手段被引入。储能的一个重要目的在于削峰填谷、平滑输出,除提高清洁能源的输出稳定性外,还可以解决现有能源在时间和空间上的不匹配性,提高能源利用效率。

另外,除在大规模能源转换方面需要提高能源利用率外,在微电子发展方面也需要解决大功率器件散热问题,以保障微电子行业的发展,延续摩尔定律。两个电子元器件粗糙的固体表面接触时,会形成很多充满空气的空隙,降低界面之间的热输运能力。为了减少界面接触热阻,需要在两个粗糙表面之间填充一层热界面材料,提高微电子器件散热能力。

针对上述能源材料领域,需要解决的主要问题如下:

(1)以钙钛矿为代表的新型高效率光电、热电、光热材料的研制,根据机理对其性能的解释,稳定性的提高和大规模制备技术的突破。

(2)不同技术之间的耦合互补最优化研究,如将光电、热电、储电集于一体,以实现对太阳光的全光谱利用以及电量的平稳输出。

(3)以石墨烯、碳纳米管为代表的新型热界面材料的研制,性能预测模型的建立,性能的调控和大规模制备技术的突破。

6. 新型化学-物理耦合吸附储氢材料及系统

新型化学-物理耦合吸附储氢材料的开发研制是促进氢燃料汽车规模化应用的关键,已出现大量微孔材料、间隙金属氢化物和复杂氢化物等潜在的储氢材料,并得到研究者的关注。对于微孔材料的研究目标是寻找和开发一种能在低压和接近室温的条件下吸附大量氢分子态的材料,而对于未经处理的金属氢化物的吸放氢过程并不能在实际应用的合适温度和压力下发生,由于金属母体质量大,表现出较低的储氢密度。此外,许多间隙氢化物则表现出优异的吸放氢动力学、操作温度和压力以及抗气体杂质的性能,寻找保持上述优异吸放氢性能,但同时具有足够轻的储氢密度的储氢材料,这对于实际应用非常重要。与间隙氢化物相比,复杂氢化物体系需要在催化剂存在的前提下实现较快速率的可逆化学反应,这类材料的优势在于较高的潜在储氢容量,但是也存在较差的吸放氢动力学以及对空气和水的高敏感性。基于此,通过对现有储氢材料的改性和新吸附储氢材料的开发以获得更优吸放氢性能的储氢材料是氢燃料汽车突破核心技术的重要方向。

新型化学-物理耦合吸附储氢材料的物理和化学性能的评价是判断一种材料是否适合储氢的重要标准,其中最重要的是材料可吸收和释放的氢气量、吸放氢速率、吸放氢所需的温度和压力、长期循环稳定性以及过程的可逆性(氢化物形成焓、分解焓或吸附焓等)等,通过以上特性的测试和评价,采用物理或化学方法来提高和改善储氢性能以获得高性能的化学-物理耦合吸附储氢材料用于氢燃料汽车的储氢系统。

对新型化学-物理耦合吸附储氢材料的试验开发前，首先需借助第一性原理计算方法对材料的基态性质进行考量，运用VASP等软件对低温、室温和高温等不同温区范围内的上述关键性能和晶格动力学特性进行微观机理研究，包括缺陷的形成以获取吸放氢反应过程中产生的主要缺陷类型及催化剂的催化机理。对储氢材料中缺陷的扩散过程进行分析，能够得到组分原子的迁移路径及能垒，并寻找影响吸放氢效率的关键因子。进一步分析缺陷产生后的晶格弛豫以便获取吸放氢过程中会生成的中间体或副产物，从而通过综合多种尺度的模拟手段得到金属或合金的氢化及吸放氢过程的微观机理。

由于储氢材料仍存在许多问题，结合分子模拟和吸放氢微观机理，对储氢材料进行改性来提高储氢能力的同时，希望通过氢溢流作用来提高氢气的吸附性能。采用溶剂热、模板法等化学合成方法制备新型化学-物理耦合吸附储氢材料，并对该材料添加其他金属元素对材料的稳定性能及吸附性能的影响进行研究，从而得到不同的金属元素对氢溢流作用的影响，最终对各影响因素筛选寻优以获得综合性能最佳的化学-物理耦合吸附储氢材料。

2.4　学科优先发展领域及重点支持方向

工程热力学与能源系统学科的优先发展领域重点考虑节能潜力大、能源资源丰富、能量高效收集与转换、能源利用“卡脖子”共性关键技术的相关学科领域，以期实现原创性基础理论的构建和关键技术瓶颈问题的突破。优先发展领域的选择应强调：① 紧密围绕我国社会、经济和能源科学自身发展的重大需求，解决关系全局的能源结构、效率、环境、安全四大问题的基础研究；② 瞄准工程热力学与能源系统学科前沿重大问题、发挥我国的优势与特色，体现学科深化和交叉、综合发展趋势，或能在国际能源科学前沿占有一席之地的基础研究；③ 有比较明确的目标，支持能源高技术发展中的新概念、新构思、新途径等探索性研究，以利于相关高新技术产业形成和发展。

根据工程热力学与能源系统的国内外研究现状、发展趋势，并结合我国的国民经济发展需求、学科研究基础和优势，与国家“十四五”总体战略规划相适应，为相关学科发展提供必要的基础和支撑。

2.4.1　学科优先发展领域

优先发展领域：热力系统节能与储能的基础理论及关键技术。

1. 科学意义与国家战略需求

节能减排是我国能源领域的重大战略需求，随着我国经济建设的高速发展，能源消费量持续上升、能源短缺问题日益凸显，成为制约国民经济可持续发展的主要瓶颈之一，我国工业领域能源消耗量约占全国能源消耗总量的65%，随着近年来国家经济结构的调整和产业升级的需求，节能减排已成为工业领域的优先发展课题。相比发达国家的能源利用水平，我国的能源利用效率较低，大量的低品位工业余热/余能没有得到合理利用而被直接排放到环境中成为无用的废热，如果得到合理利用，这些工业余热/余能将变为"有用资源"，开展热力系统节能领域的基础理论和关键技术研究对缓解我国能源短缺压力及促进社会经济的可持续发展具有十分重要的意义。

根据国家能源局统计数据，2020年我国风电新增装机容量7167万kW，同比增长178.7%；太阳能发电新增装机容量4820万kW，同比增长81.7%。近年来，我国可再生能源技术发展迅猛，风电和太阳能发电装机容量世界第一，但由于缺乏先进的能量调节和配置技术，弃光弃风现象导致的能源浪费相当严重。可再生能源利用过程中面临的亟待攻克的共性难题是如何有效调配能量供需的间歇性、分散性及不稳定性的时空差矛盾，为了实现可再生能源的规模化应用，在提高能量收集效率、降低产业成本的同时，实施高效储能技术是解决能量供给与能量需求时空差矛盾的必要手段，因此发展低成本、规模化的先进储能（储热、储电）技术已成为支撑我国可再生能源技术发展的战略性基础产业。

2. 国际发展态势与我国发展优势

以燃煤动力循环系统和天然气发电系统为主的化石能源动力系统仍是我国实现能量生产过程满足国民经济和社会发展能量需求的主体。燃煤动力系统已由早期的超高压、亚临界机组发展到目前的超临界、超超临界机组，主蒸汽温度和压力进一步提升，热力循环形式、汽轮机与锅炉系统耦合也日趋复杂，已由原来的一次再热循环发展到了二次再热循环，机组效率进一步提升。我国超超临界燃煤发电装机总量已成为世界第一，已具有自主开发和制造高参数、大容量、二次再热超超临界机组的能力，且其技术水平与国际先进水平相当，但与国外相比，在机组系统设计和运行控制技术方面的积累经验不足。目前，燃煤动力循环系统的发展方向仍然是继续提高初温、初压，未来燃煤机组主蒸汽温度将达到700℃，主蒸汽压力也将进一步提升。天然气发电系统主要基于燃气轮机布雷顿循环与蒸汽兰金循环整合形成的燃气-蒸汽联合循环来实现天然气的高效梯级利用。我国天然气发电装机容量在我国发电总装机容量中占的比例仍然不高，截至2018年底，我国天然气发电装机容量达到 8330 万 kW，而天然气分布式能源总装机容量仅为 500 万 kW，缺口很大。

随着可再生能源利用不断增加，多能源互补系统已成为未来能源系统发展的一个重要方向。多能源互补系统可克服可再生能源不稳定和波动特性等固有缺陷，极大地提高可再生能源利用率，同时减少化石燃料利用和环境污染，多能互补综合能源系统由于具备经济、环保、高效等优点，在发达国家已经得到成熟的应用。太阳能与其他能源互补应用是欧洲供热和制冷的有效方式之一，欧美研究者提出了太阳能与化石燃料互补系统，以提高太阳能热发电系统的热力性能并减少单纯太阳能热发电成本。太阳能与燃煤发电系统互补集成的研究主要聚焦在系统建模、集成机理与特性、系统性能分析方法、太阳能贡献度评价、典型机组示范等方面，许多欧美国家在燃煤与生物质互补系统发展和示范方面都有较多应用。我国多能互补系统类型主要有风能-水能互补系统、风能-太阳能互补系统、太阳能-水能互补系统以及太阳能与化石燃料互补系统等多种类型，正积极开展基础研究和示范项目。燃煤与生物质耦合发电被国家列为“十三五”能源重点发展方向，燃煤与污泥耦合发电示范项目、燃煤与光热耦合发电示范项目也已开始布局。

我国是全球最大的制冷空调产品生产、消费和出口大国，制冷空调产业是我国制造业的重要组成部分，年产值达 8000 亿元，吸纳就业超过 300 万人，家用空调产量全球占比超过 80%，电冰箱全球占比超过 60%。2019 年 6 月，国家发展改革委等部门联合发布了《绿色高效制冷行动方案》，明确提出积极履行《联合国气候变化框架公约》和《巴黎协定》，实施绿色高效制冷行动促进节能减排，应对气候变化和加快生态文明建设，推动制冷空调行业高质量发展，落实国际减排承诺，深度参与全球环境治理。制冷空调能耗总量高、增速快、节能减排潜力大，其耗电量占全社会耗电总量的 15% 以上，且年均增速近 20%，其中大中城市空调用电负荷约占夏季高峰负荷的 60%，主要制冷产品节能空间达 30%～50%。根据《绿色高效制冷行动方案》，到 2022 年制冷产品的市场能效水平提升 30% 以上，实现年节电约 1000 亿 kW·h，到 2030 年大型公共建筑制冷能效提升 30%，制冷总体能效水平提升 25% 以上，实现年节电 4000 亿 kW·h。为了实现上述目标，需重点开展低能耗高效制冷空调系统的先进热力循环、绿色环保制冷剂、高效压缩机、高精度温湿度控制、电机变频控制、制冷部件数字化设计、制冷系统智能化调控等方面的基础理论和关键共性技术研究。

节能与储能技术是国际能源科技的研究热点，由于全球能源价格的激升和环境保护的双重压力，各国政府高度重视节能减排工作，许多国家都提出了能源高效利用的战略，如美国和欧盟将储热技术列为太阳能热发电的重要支撑技术；而在与民生直接相关的制冷空调、热水供应等方面，日本的超级热泵计划中提出采用相变储热以提高热水箱的储能密度；美国能源部在新发布的热科学工程领域攻关课题中，将储能提升为未来能源领域的重大创新项目。我国政府于 2017 年 9 月由国家发展改革委、国家能源局等五部门联合颁布了《关于促进储能技术与产业发展的指导意见》，确立了储电/储热技术的发展战略规划，旨在加快我国高密度储电/储热技术的发展，开发先进节能技术和高密度储能技术已成为提高我国能源工业总体发展水平的一个重要方向。

3. 发展目标

构建化石能源与可再生能源高效转换利用的热力系统节能与储能的基础理论和关键技术体系，发展先进节能技术和高密度储能技术，实现化石能源动力系统、可再生能源热力系统、多能源互补系统、制冷空调与供热、高能耗能源产业及新兴能源产业等领域的节能减排。

4. 研究方向和核心科学问题

（1）化石能源动力系统方向：研究超高参数动力系统动态响应特性及控制原理，建立动力系统变负荷运行动态特性分析方法，完善动力系统参数监测和数据分析；开展超高参数关键部件能量传递转化机理研究和超高参数动力循环新型工质筛选，探索新型循环形式的创新构建与协同优化，构建高效联合循环系统；提出化学能与物理能综合梯级利用新原理，发展新型燃烧方式进一步克服燃烧过程㶲损失，通过新型循环集成实现燃料化学能与物理能综合梯级利用；研究超高参数 CO_2 动力系统热力学基础，推动超临界 CO_2 布雷顿循环等热力循环在化石能源动力系统中的高效集成；提出以节能减排为目标的化石能源动力系统的热学优化理论；开展化石能源动力系统的深度调峰及灵活性研究；加快高效率、高可靠性关键部件的设计研发；形成高能效-低排放-智能型化石能源动力系统理论体系。

（2）多能源互补系统方向：多能源互补发电系统的集成机制、多能源互补系统中子系统的静态与动态理论模型、多能源互补系统高效热功转换、协同优化原理及关键技术开发；多能源互补系统用户负荷预测方法、能流分配、管理理论与智能控制运行策略、全工况多目标耦合多能源互补系统协同优化评价方法；储能系统与多能源互补系统的耦合机理与协同强化原理、多能流耦合下的分布式能源综合利用集成原理；包括储能系统在内的冷、热、电、气、油等多能流一体化模型，发展快速响应的运行控制技术，完善多能流高效综合利用理论，结合多能流耦合技术，设计构建耦合新能源系统的多能流网络，发展可再生能源与化石能源和储能相结合的智慧能源系统。

(3) 制冷空调与供热方向：低温室效应的环保制冷剂研发及热物性研究、高效换热部件的优化设计及换热性能评价、先进制冷热力循环构建、低能耗制冷空调机组研发、高精度温湿度控制、大温升高温新型热泵的循环理论及关键技术、清洁供热和低品位热能利用的高密度储热/储冷技术、智能化调控及电机变频技术、新能源汽车和轨道交通的空气调节和热调控方法等。

(4) 高效物理/化学储能方向：压缩空气储能内部流动/传热/能量转换机理、相变储热储冷材料/器件/系统特性及机理、热化学储能材料/器件/系统的基础理论和关键技术、超高密度多形态热化学储能及能质调控、热化学储热器热质耦合传递调控、电化学储能材料/器件/系统的基础理论和关键技术、抽水蓄能变速调节与智能控制技术、储热系统性能调控及与动力系统的耦合特性、兼顾部件性能和系统拓扑结构的储能系统整体输运和储存模型、储能系统/动力循环/热泵循环的综合规划评价准则和耦合优化设计方法、新型热泵储电系统动态特性与系统优化。

(5) 高能耗能源产业方向：高能耗产业能源系统的优化配置利用和调控机制、大数据驱动的工业气体流程设计方法与综合评价、半导体等高科技产业用高纯气体制备与检测机理、极端条件下新型能量转换介质物理化学性质测定、关键机组中的低品位能量高效回收方法、空分系统核心部件性能优化和装备流程变工况控制优化方法、空分流程工艺参数优化方法、低温型跨临界 CO_2 空气源热泵的热力循环优化和控制方法。

(6) 新兴产业方向：城市及机场等大型建筑能源供应与环境污染控制系统、数据中心等高效冷却方法与人工智能的交叉研究、数据中心冷却循环形式和工质的选取准则、复杂变负荷条件下高效冷却技术和快速故障诊断方法。

2.4.2 跨学科交叉优先发展领域

跨学科交叉优先发展领域：高效、智能仿生热力系统基础理论及关键技术。

1. 科学意义与国家战略需求

长期以来，传统热力循环系统受制于现有科学技术水平，其工作性能系数远低于卡诺循环理论值，其过程的不可逆性使得热力学完善度较低，为了实现热力系统的高效节能，需从多尺度热质传递强化机制与热力学基础方面进行创新研究。面对传统热力系统向高效化、紧凑化、智能化发展的趋势，进行“热力学-生命科学-传热学”的深度融合交叉，人体生命是最有效的典型开放式热力系统，其 Gibbs 自由能远大于其各种组成成分的自由能之和，人体通过神经感知与控制采用增加或降低心脏局部血供调节换热量、自动调节微小动脉血管尺寸增加或降低流阻、迅速开启或关闭动静脉阀瓣改变血液流态、出汗蒸发散热或冷颤主动产热等方式应对周围环境变化。通过借鉴生命系统的传热传质基础理论，探索工程热物理与能源利用学科微纳尺度的热质传递、节能、储能机理，指导传统热力系统的部件优化和系统构架，结合微尺度热质传递强化理论，采用仿生手段建立起高效、节能的热力系统，开辟仿生热力系统基础研究，最终突破现有热力系统的性能瓶颈问题，为我国节能减排、微电子装备、生物医疗和可再生能源利用做出重要贡献。

2. 国际发展态势与我国发展优势

仿生学是出现于20世纪中期模仿生物的科学，把生物学和其他学科交叉结合起来的一门综合性的边缘科学，它涵盖了生物电子学、生物仿真材料、生物物理学和生物传感器等，受到世界各国的重视和发展。在美国，有一项长期研究计划与仿生科技紧密相关，其优先发展先进制造(如模拟与仿真、生物技术)、先进材料和先进军事装备。在德国，其研究与技术部已就“21世纪的技术”为题在自适应电子技术、仿生材料、生物传感器等投入相当大的人力和财力。此外，英、日、俄等国都制订了相应的中长期规划，准备在仿生学研究领域展开源头创新竞争。通过全世界科研人员的努力，仿生学已为科学研究和社会发展开拓了独特的技术道路，在结构仿生、功能仿生、材料仿生、控制仿生、群体仿生等方面取得突出的进展，显示出鲜明的创新性和应用性以及强大的生命力。

我国的仿生学研究工作始于1964年，1975年中国科学院在北京主持召开了我国第一次仿生学座谈会，1977年全国自然科学学科规划会议上正式、全面地制定了我国的仿生学研究规划。自此，仿生学已普遍引起了国内许多学科和部门的关注，并陆续开展了研究工作。2003年，中国科学院香山会议从国家战略高度再次聚焦仿生技术的前沿和未来，进一步带动和促进了我国仿生技术的发展，尤其在基于仿生的传热传质及高效换热器设计方面获得了诸多进展，提出新型仿生翅片换热器、微通道换热器仿生设计新思路，冷凝传热仿生界面材料以及仿生隔热保温系统材料等，为未来高效、智能仿生热力系统基本理论和关键技术奠定了坚实的基础。热力学与仿生学的交叉融合也为未来新型智能高效热力系统设计提供新思路。

3. 发展目标

紧密围绕国内外热科学与能源利用领域的研究热点与学术前沿，结合我国可再生能源等方面的重大需求，借鉴生命科学的相关理论与技术，开辟仿生热力系统研究方向，加强理论探索、深化理论与实际应用，构建出新一代智能仿生高效热力系统，产生有国际重要影响的原创性学术思想、研究成果和理论体系。

4. 研究方向和核心科学问题

(1) 多尺度热质传递强化与节能储能机制研究：借鉴生命系统所特有的高效传递过程和规律，探索多尺度热质传递强化机理和方法，通过仿生生命系统中血管动/静脉-毛细血管的高效物质输送交换机制，提出多尺度热质传递强化的新方法，构建多孔介质吸附剂内部的多尺度热质耦合传递强化新理论；考虑热质传递过程中界面效应的影响，通过微纳表面结构亲/疏水特性的调节与控制，探索仿生传热表面的蒸发/冷凝特性和机理，为应用于热力系统的传热控制和调节提供基础。

(2) 生物热质传递微观机制与热物理调节研究：通过工程热物理与能源利用学科与生命学科的深度交叉研究，合作探索生物大分子、细胞对于微小温度差异的响应规律与机制，研究生物系统热调节所需的各神经递质（大分子）高效传递机制，探索生物组织的纳米气泡传输途径及其在热调节方面的重要作用，开展人体的多种热调节联动机制与方式，以及生物组织多孔介质宏/微观热调节与热质传递机制融合的多尺度研究，从而发展出全新的微纳尺度生物热物理理论，揭示细胞水平、人体整体系统热调节的微观与宏观机制，为开创新的仿生热力系统提供必要的理论与技术支撑。

(3) 仿生热力系统构建基础研究：基于多尺度热质传递强化和生物热质传递微观机制与热物理调节，深入开展仿生热力系统的基础研究，研究仿生热力系统的部件构建与优化，通过仿生热质传递机理提出不同应用条件下的部件优化准则及数学物理描述方法。设计新型仿生材料进行智能温度/湿度检测，同时通过部件优化构建仿生热力系统，将仿生学与生物遥感原理应用于热力系统的构建和热力循环分析。利用仿生学方法改善热力系统性能，建立热力系统性能与结构、运行参数间的直接数学解析关系，根据热力系统进出口参数建立不同运行条件下各结构的优化方程组，实现系统的优化构建与优化运行，进而实现仿生热力系统的自主智能化设计。

2.4.3　国际合作优先发展领域

国际合作优先发展领域：基于先进热力循环的新型低碳能源利用系统。

1. 科学意义与战略价值

能源-经济-社会-环境之间的相互影响日益彰显，为应对能源危机和全球环境变化，高效能量转换与低碳能源利用系统在世界各国受到高度重视，特别是发达国家,将能源转换与利用问题提高到国家安全和解决气候变化问题的高度。许多发达国家依靠科技创新将能源效率作为国家能源政策的基本工具,其根本目的是大幅度提高一次能源的利用效率,降低污染排放,发展循环经济和低碳经济,甚至是非碳经济,使得经济增长、能源消费增长与碳排放或者温室气体排放逐步脱钩,实现社会经济的低碳可持续发展。

以清洁高效可持续为目标的低碳能源技术将引发全球能源变革,利用好此历史性机遇,推动我国能源科技领域的变革,将对我国能源安全的提升、生态环境的改善、社会经济的可持续发展具有重要意义。我国正处在向低碳能源转型的关键时期,亟须提高传统能源利用效率和可再生能源在能源结构中的占比。能效的提升依赖于先进热力系统循环及节能技术,需针对不同形式的热力系统开展节能理论与创新研究,探索和建立先进热力循环模式及新循环热力系统热学优化原理,掌握新型热力系统动态响应特性及控制机制,发展化学能与物理能综合梯级利用新原理和新型复合热力循环,实现多能源梯级高效利用。多能源互补系统的发展需要多种能源转换和储存的设备与系统关键技术的突破,也需要包括系统智能控制、储能、集成优化、运行管理等诸多关键技术支撑;我国多能互补系统集成机制、动态特性等基础问题研究仍然不足,亟须开展多能互补系统的高效热-功转换和热-热(冷)转换、协同优化原理及关键技术研究,构建高效多能互补系统,显著提升多能互补系统的实际运行效率。

近年来,美国、英国、德国、日本、以色列、澳大利亚等国在先进动力和制冷循环、高效能量转换与利用、低碳能源利用系统、热能的储存和品位提升等领域发展迅速。我国需重点加强与这些国家的国际合作与交流,及时把握国际能源转换利用的新动向、新趋势,将合作单位的先进经验为我所用,并为我发展提高奠定基础,为我国低碳能源科技事业和新兴战略产业的发展做出贡献。

2. 核心科学问题

先进动力循环与系统构建;新型热泵与制冷热力循环及环保工质;中低温热能的高效储存与转换新方法;物理储能与化学储能系统设计优化;多能互补能量转换的耦合机理与相互作用特性;新型低碳能源利用系统设计基础、动态模拟与仿真;热力系统的精细化智能控制。

参 考 文 献

[1] 国务院关于加快培育和发展战略性新兴产业的决定. 国发〔2010〕32 号,2010.

[2] Suryanarayana C. Recent developments in nanostructured materials. Advanced Engineering

Materials, 2005, 7(11): 983-992.

[3] Schmidt J W, Gavioso R, May E, et al. Polarizability of helium and gas metrology. Physical Review Letters, 2007, 98: 25404.

[4] Dohrn R, Peper S, Fonseca J M S. High-pressure fluid phase equilibria-experimental methods and systems investigated (2000—2004). Fluid Phase Equilibria, 2010, 288(1-2): 1-54.

[5] Metropolis N, Rosenbluth A W, Rosenbluth M N, et al. Equation of state calculations by fast computing machines. The Journal of Chemical Physics, 1953, 21(6): 1087-1092.

[6] Fonseca J M S, Dohrn R, Peper S. High-pressure fluid-phase equilibria: Experimental methods and systems investigated (2005—2008). Fluid Phase Equilibria, 2011, 300(1-2): 1-69.

[7] Schrödinger E. Quantisierung als eigenwertproblem. Annalen der Physik, 1926, 79: 361-376.

[8] Hartree D R. The wave mechanics of an atom with a non-coulomb central field. Part I. Theory and methods. Mathematical Proceedings of the Cambridge Philosophical Society, 1928, 24(1): 89-110.

[9] Fock V. Self-consistent-field mit austausch für natrium. Zeitschrift Für Physik, 1930, 62: 795-805.

[10] Mulliken R S. Electronic structures of polyatomic molecules and valence. Physical Review Letters, 1932, 40: 55-62.

[11] Hohenberg P, Kohn W. Inhomogeneous electron gas. Physical Review, 1964, 136(3): B864-B871.

[12] Kohn W, Sham L J. Self-consistent equations including exchange and correlation effects. Physical Review, 1965, 140(4A): A1133-A1138.

[13] Mills I M, Mohr P J, Quinn T J, et al. Redefinition of the kilogram, Ampere, kelvin and mole: A proposed approach to implementing CIPM recommendation 1(CI-2005). Metrologia, 2006, 43(3): 227-246.

[14] Fellmuth B, Gaiser C, Fischer J. Determination of the Boltzmann constant-status and prospects. Measurement Science and Technology, 2006, 17(10): R145-R159.

[15] 金红光，林汝谋. 能的综合梯级利用与燃气轮机总能系统. 北京：科学出版社，2008.

[16] 吴仲华. 能的梯级利用与燃气轮机总能系统. 北京：机械工业出版社，1988.

[17] 金红光，洪慧，王宝群，等. 化学能与物理能综合梯级利用原理. 中国科学(E 辑)，2005，35(3)：299-313.

第 3 章　气动热力学与流体机械

Chapter 3　Aerothermodynamics and Fluid Machinery

3.1　学科内涵与应用背景

气动热力学与流体机械是工程热物理与能源利用学科的重要分支,主要研究各种推进与动力装置、流体机械中的功能转化规律及内流流体力学,其应用背景主要包括航空发动机、燃气轮机、蒸汽轮机以及工业过程中的各类流体机械。

3.2　国内外研究现状与发展趋势

3.2.1　黏性流动与湍流

湍流问题是经典物理留下的世纪难题,被诺贝尔奖获得者海森堡称为"上帝也不知道答案的问题",一直是研究热点和难点问题。由于强压力梯度、高速旋转、空间狭小等特点,叶轮机内存在强非平衡湍流边界层、多模态转捩、尾迹、泄漏流动、三维分离流动、其他关键二次流动(如马蹄涡、通道涡)、激波/边界层干扰(跨音级)等,以及这些大尺度流动结构之间的相互作用[1]。其中,轴流叶轮机内部湍流流动是所有流动装置中最为复杂的[2]。这些湍流流动具有强非定常性、强非线性、多尺度等特点,不但制约着气动性能,还严重影响着气动稳定性、气动弹性、传热、噪声等,对叶轮机乃至整个两机性能有关键影响,与两机研制和使用过程中出现的各种问题和故障息息相关。因此,深入研究叶轮机内复杂湍流理论、机理、预测及控制,不但是学术前沿科学问题,也是支撑国家重大工程技术难题的科学问题。

在湍流理论和机理方面,尽管研究者借助先进试验测量技术和高精度模拟技术已开展了大量机理研究,并尝试发展一些适用于复杂湍流的理论,但近 20 年进展比较缓慢。传统湍流理论大多是基于湍动能产生和耗散之间的平衡关系,但实际复杂流动中的湍流通常是强非平衡,然而当前对非平衡湍流的物理现象和演化机理的认识缺乏共识,基础湍流界对湍流非平衡性仍然缺乏系统性的研究。近年来,高精度数值模拟开始用于非平衡湍流的研究,积极促进了非平衡湍流的发展。例如,北京航空航天大学团队近年尝试发展了非平衡湍流理论模型、复杂湍流中的非平衡性定量描述方法,并初步分析了压气机三维角区分离流动中的非平衡湍流现象[3]。但总体说来,在湍流机理及湍流理论方面依然缺少本质性的突破和进展。

在湍流预测方面,直接数值模拟(direct numerical simulation,DNS)、大涡模拟(large eddy simulation,LES)和雷诺平均-大涡混合模拟(Reynolds average Navter-Stokes-large eddy simulation,RANS-LES),如分离涡模拟(detached eddy simulation,DES)、延迟分离涡模拟(delayed detached eddy simulation,DDES)、尺度自适应模拟(scale-adaptive simulation,SAS)等不同层面的高精度湍流模拟技术已经开始应用于一些复杂流动的模型流动的机理研究,如低压涡轮中的周期性尾迹与叶片边界层相互作用、叶栅内边界层转捩现象、叶顶间隙模型流动、三维角区分离流动等。受计算成本和计算周期等因素限制,基于湍流模型求解 RANS 方程的计算流体力学方法仍然是工程应用唯一可行的方法。湍流模型是 RANS 方法的核心问题,由于没有附加的物理定律,湍流模型问题是非常复杂的。现有湍流模型主要分为三大类:一类是以 Boussinesq 涡黏性假设为基础的线性涡黏模型;一类是雷诺应力模型(Reynolds stress model,RSM);一类是非线性涡黏模型。叶轮机中广泛应用的仍然是涡黏模型,其他湍流模型几乎无法准确预测叶轮机内所有复杂流动,对于高负荷、非设计工况预测偏差往往很大,难以指导叶轮机实现可靠设计。因此,一方面大力发展高精度湍流模拟技术,用于湍流机理研究;另一方面大力发展湍流模型,直接面向工程应用研究。

针对叶轮机复杂湍流问题,无论是常用于复杂流动机理研究的湍流模拟方法(LES、DES、DDES、SAS 等)还是工程设计中广泛采用的湍流模型(SA 模型、$k\varepsilon$ 模型、$k\omega$ 模型、SST 模型等),基本上无一例外是国外研究者提出来的。因此,国内至少亟须开展以下研究工作:① 针对内流真实复杂几何,结合先进试验测量技术,发展自适应 RANS/LES、LES、DNS 等快速、高精度湍流模拟方法,建立内流湍流数据库并深入挖掘机理;② 准确反映湍流输运形式、结构、机理的湍流输运理论、转捩、旋涡与分离等现象和机制的湍流模型;③ 发展适用于叶轮机复杂内流模拟的新技术和软件,揭示其内部湍流的非平衡输运特性和能量耗散机制,发展基于高性能湍流流动模拟的内流设计方法。

3.2.2 动力装置内部流动

更高马赫数下的动力装置内部流动现象和机理是发展趋势。源于冲压发动机越来越快的发展目标和需求,冲压发动机内部气体的流动速度也越来越快向着更高马赫数方向发展。但是在更高马赫数下的流动与一般的超声速流动还有着明显特征和区别。

(1)气动加热与高温效应,即经过激波减速加热或壁面摩擦减速加热,空气温度增加,引起分子振动能的激化、化学反应、电离和辐射。这些化学反应主要是吸热反应,使得空气温度比单纯激波与摩擦加热引起的温度要低不少。化学反应改变了气体特性,如比热比和声速等,反过来影响流动规律。

(2)薄激波层效应,即脱体激波贴近物面,一方面与边界层外缘等可能直接接触,另一方面可能更容易打在突起物上或与下游突起物产生的激波膨胀波等结构发生强干扰。

(3)强黏性效应,即边界层由于其厚度近似正比于马赫数平方,对无黏流特性的影响不像低速流动一样只是一个小的位移厚度修正,而是有较大的影响。

(4)低密度和低雷诺数效应,这导致可能产生稀薄效应,以及由于雷诺数较低,引起摩擦阻力太高(因为摩擦阻力随雷诺数降低而增加)或层流向湍流转接的不确定性。

高超声速组合动力装置内部流动是发展趋势。作为宇航动力的重要成员,组合动力是未来重复使用航天运输系统的理想动力装置,具有便捷水平起降、自由进出空间、灵活机动等特征,可大幅降低发射成本,支撑国家大规模空间开发及自由进入、利用和控制空间的能力,承载着建设空天安全体系、实现富国强军的崇高使命,是推动我国建设航天强国、维护国家战略安全的大国重器。吸气式组合发动机由涡轮、冲压、火箭发动机中的两种或两种以上类型通过结构、热力循环、工作过程有机组合而成,能够发挥不同类型发动机的优势,兼具工作包线宽、经济性好的特点,是水平起降临近空间高超声速飞行器及空天飞行器的理想动力。未来重复使用航天运输系统对动力系统提出水平起降、极宽速域和极宽空域工作、高比冲、大推力、结构紧凑、重量轻、可重复使用等极高要求,传统的涡轮、冲压和火箭发动机等单一动力无法满足,吸气式组合发动机是必然趋势。综合不同组合发动机特点,组合发动机的主要共性特征包括:① 极宽范围,工作速域从零速、超声速、高超声速直到入轨速度,工作空域从地面、稠密大气、临近空间直到外层空间,其中吸气式空域范围从地面到临近空间;② 极高性能,全包线推力满足飞行器加速需求,结构紧凑、单位迎面推力大,推重比高,全包线燃油经济性好,加速段有效比冲越高越好,巡航段比冲越高越好。当前,组合动力中各型动力之间的融合程度不够,压缩、燃烧及膨胀等多过程存在优化空间,组合性能尚未充分挖掘,此外,组合动力种类多样,缺乏有效的综合性能评估方法,难以判别最优组合形式,需要在热力循环分析与优化设计层面就设计方法、内在流动机理、行为规律等方面开展深入研究。

3.2.3　流体机械内部流动

我国流体机械行业自 20 世纪 70 年代引进吸收意大利新比隆、日本日立、瑞士苏尔寿等国外公司的先进技术、积极采用国际标准，自力更生地提升了国内技术水平。但在 80 年代后期，国外将大型流体机械等关键技术作为战略高技术对中国实施禁运，在大型石化等行业对我国形成“卡脖子”态势。国内流体机械 80% 以上的产品设计效率比国际先进水平低 2%～4%，而实际运行效率比最高效率点低 20%～30% 的情况更是不胜枚举，成为制约我国过程工业高质量发展的瓶颈。流体机械主要包括压缩机、鼓风机、通风机、泵及各类水力和风力机械等，按照流体介质功能转换过程及设计方法，可分为可压缩和不可压缩两大类。

1. 可压缩流体机械

(1) 透平式压缩机。轴流透平式压缩机面向大型化高压比宽工况极端环境等高参数方向发展。陕西省鼓风机有限公司成功制造了全球工业用轴流压缩机的最大机组，机组运行风量为每分钟 25000m^3、压比为 8～9。目前，多级非定常流动机理研究，掌握多级次可调导叶的控制规律，提高非设计工况下压缩机效率，是工业流程压缩机面临的新问题。此外，压比在 10 以上的机组国内尚无设计经验。

(2) 容积式压缩机。它是依靠改变工作腔容积来提高气体压力的增压装备，研究大多是针对新的压缩机结构形式、新应用和性能提升等方面展开。压缩机工作过程中，内部工作介质的流动和热力状态研究始终贯穿整个压缩机技术的发展。当前，关于压缩机腔内工质流动已具备成熟的稳态模拟技术，可较为准确地模拟压缩机稳态工况下的性能参数；计算流体力学和先进试验手段的引入，在压缩机内工质瞬态流动与热力学特性方面也取得了进展，如腔内工质流动的动网格计算流体力学数值模拟、压缩机内间隙流动的仿真与试验测量、腔内工质气体和润滑油气液混合物的两相流动特性研究、压缩机系统流道内压力脉动下的气体流动仿真等。

国内在压缩机基础理论、设计制造等方面与世界先进水平差距明显。在信息和大数据时代背景下，容积式压缩机技术呈现出向智能化、绿色化和高附加值方向发展的趋势，最为突出的方向是精密制造、压缩机的无油化设计与运行、超高压工况压缩机、油气混输、氢能利用中增压装备以及压缩机智能互联与维护。具体来讲，关于容积式压缩机内部流动的研究则结合以上发展趋势，顺应新应用领域与行业要求，朝着高精度预测模型、注重机理与学科交叉方向突破，着重解决无油或超高压工况下压缩机腔内瞬态流固耦合模拟、油气混输增压过程中压缩机内气液流动与相分布、压缩机工作腔型面无参数优化、液驱氢气压缩机流体流动与热力过程研究等基础性问题。

涡轮增压技术于20世纪60年代开始在车用内燃机上应用,几乎所有的柴油机和40%以上的汽油机均已采用,不断提高增压比是涡轮增压技术发展的主要趋势。通过高增压离心压气机和涡轮内部非定常流动机理与扩稳增效方法研究,已基本解决单级高增压离心压气机稳定工作范围急剧变窄和高增压涡轮在脉冲排气条件下效率大幅下降问题,突破了单级压比大于4的高增压关键技术。针对两级涡轮增压系统的压气机和涡轮级间流动耦合问题开展研究将是未来涡轮高增压技术研究的重点。

涡轮增压技术与电机技术结合形成的涡轮电动增压技术是涡轮增压技术发展的新趋势。涡轮电动增压技术发展面临的主要问题是压缩机、涡轮和电机一体化设计的流动-传热-电磁-结构多场耦合机制与多学科优化设计方法,相关研究仍需完善。

闭式循环涡轮动力是涡轮增压技术发展的新领域。目前,已建立了一些采用超临界 CO_2 和氦氙等工质的闭式循环涡轮动力系统试验台架,对新型工质压缩机和涡轮性能进行了研究,但对于非理想气体工质热物性对压缩机和涡轮流动特性的影响机理的研究还不够充分,特别是对近临界点运行的超临界 CO_2 压缩机流动稳定性影响机制及扩稳流动控制方法亟须开展深入研究。

2. 不可压缩流体机械

(1)泵以水或各种化工液体作为主要工质,主要包括离心泵、混流泵、轴流泵、长轴深井泵、潜水电泵、水轮泵、泵喷或喷水推进器等。泵的口径从16mm到6m,流量从 $2m^3/h$ 到 $100m^3/s$,扬程从1.5m到600m,单泵配套功率从0.1kW到22.5MW。尺寸最大的水泵安装在南水北调东线工程皂河泵站,叶轮直径5.7m,单泵流量 $100m^3/s$。功率最大的水泵安装在牛栏江-滇池补水工程干河泵站,单机功率22.5MW。这些大型水泵都是我国自行研制的,国际上也是少有的。

由于泵的类型多、使用环境复杂,部分特殊应用场景下的泵型在水力性能及结构性能等方面与荏原、安德里茨和福伊特等国际顶尖制造商相比还有一定差距。例如,核主泵的运行稳定性、铅铋等液态金属介质泵内流特性、水沙混输离心泵的轴封、气液混输泵的空化与稳定性、空蚀与磨蚀联合作用下的过流部件抗磨问题等是急需解决的关键技术难题。受管网水锤特性影响,因长距离输水水泵机组启动停机过程持续时间较长,泵在小流量工况下运行时间较长,泵的失速与振动问题较为突出。

泵正在向着高速化、智能化、大型化/微型化的趋势发展,泵的空化机理及抗空化技术、泥沙与空化联合作用下的磨损机理与防护、小流量工况下的非定常激振、流体动力学噪声、变工况下的效率提升,以及基于智能化和信息化的泵及其系统的节能安康运行等问题是重要研究课题。

(2) 通风机的发展对高效宽工况和低噪体积小提出更高要求。大型离心通风机为了降低尺寸，去掉扩压器，叶轮出口气体直接输入突扩的蜗壳内，蜗壳内的流动极其复杂。小型轴流风机叶顶间隙较大，常有明显的叶顶分离流动，工作介质为两相甚至三相。风机内部流动属于高负荷、多相流动、有分离流且要求高效低噪运行的产品种类。

3.2.4　流体噪声与流固耦合

1. 流体噪声

1952 年 Lighthill 正式创立气动声学学科，通过对可压缩 Navier-Stokes 方程的重新整理完善了声类比理论，进而得到声源与传播解耦的波动方程形式[4,5]。Lele[6]提出的高阶紧致格式和 Tam 等[7]提出的频散相关保持格式对声传播的反作用、非线性效应等以及非均匀流动的影响计算更加精确，获得超声速喷流的啸音现象、微孔共振腔吸声、翼型绕流小攻角下纯音噪声以及翼型宽频噪声机理。数值模拟是气动声学研究的有力工具，但工程实际中仍困难重重，如声波幅值小、数值格式精度影响大；数值格式的相速度和群速度需与实际物理足够接近；多尺度效应需平衡声波和主流流动对数值方法要求的差异性；多物理场耦合等。

气动声学学科发展与工程实际应用的挑战包括以下几个方面：

(1) 面对实际问题时，相对于计算流体力学来讲，其流动物理模型一般研究较少，如何参考计算流体力学发展适合计算气动声学的流动物理模型，尤其是有分离流动的情景（DES、LES、WMLES 或者 DES）或者各种有效的非定常负荷计算方法是气动声学基础研究领域极其重要的环节。

(2) 运动界面的高精度气动声学模拟发展缓慢，对于旋转声源依旧依赖 Lighthill 的声类比理论，如何发展相应的数值方法及数值与解析工具相结合的混合方法，是解决运动声源发声问题的难点之一。

(3) 激波噪声是涉及超声速飞机音爆、风扇多重纯音问题的重要声源[8]。现有商业系统软件仍缺乏足够的计算能力，而且研究工作主要集中在传播方面，实际应用中核心问题是激波噪声与机翼几何形状的相互关系，这是解决声源控制问题的关键，也是计算气动声学面临的挑战。

因此，未来短期时间内，纯粹数值方法在完善自身工具的同时，依然需要等待计算能力的提升。解析方法和数值方法的发展虽然促进了学科的发展，但在解决实际工程问题中都存在一定的局限性，很难适应航空工业的发展。因此，尝试解析与数值相结合的方法仍是未来十年指导工程实际的主要技术途径。

2. 流固耦合

流固耦合在叶轮机械气动设计初始阶段,通常假设叶片是刚体,忽略其变形。针对叶轮机械叶片和绕流之间的热功交换,形成了系统和完善的理论体系。但在实际情况中,叶片是弹性体,流动与叶片相互作用随时间演化有三种结果:① 相互作用随时间趋于静态稳定,即不随时间变化;② 相互作用随时间趋于动态稳定,即呈现周期性变化,且幅值和频率恒定;③ 相互作用随时间增强,很快导致叶片发生大变形而断裂。

第一种流固耦合形式属于静气弹,涉及叶片结构强度。在叶轮机叶片气动设计中,气动力引起的变形较小,通常不考虑不同工况下的叶型几何差异。第二种和第三种流固耦合形式属于动气弹,第二种包括强迫振动和非同步振动,第三种也叫气弹稳定性问题,如颤振,这两种是叶轮机械流固耦合热点问题。叶片振动会引发高周疲劳从而产生过早失效断裂、振动噪声等一系列问题。航空发动机推重比的提高提升了叶轮机负荷,轻质材料的使用和轴向尺寸的减小使得气动弹性问题更加突出。20 世纪 80～90 年代,欧美等航空发达国家经历过气弹问题带来的一系列安全问题,我国也遇到了类似叶片断裂事故。应对气弹问题首先需要在叶轮机设计阶段尽力规避气弹问题;其次是一旦遇到,需明确其发作机理;最后是根据气弹问题发作机理对症下药采取抑制或者消除措施。

叶轮机气弹问题数值分析分为降阶高效数值计算方法和全阶高精度数值计算方法。降阶高效数值计算方法通过降低数值计算的部分精度来获得计算效率的大幅度提升,可用于设计筛选。通过流固解耦顺序求解结构动力学方程和流动控制方程,发展了线性谐波方法、非线性谐波方法、时域谐波平衡方法等,尚需对鲁棒性、适用范围和计算精度进一步完善。全阶高精度数值计算方法则侧重用于气弹问题机理的研究。复杂非设计工况分离、漩涡等流动特征的准确捕捉需要高保真度物理模型(如湍流模型)和高精度数值格式,在相当长时间内将是叶轮机气弹问题全阶高精度数值计算方法研究的重点。

部件试验以及使用过程中都需要对叶片振动予以监测,转子高速转动须发展非接触式测量手段。此外,数据的后处理也极为重要,国内和欧美国家的差距更多是在后处理算法上。针对机匣上脉动压力测量及数据处理,获取所需要的流动信息并与振动数据进行关联是气弹问题试验测量研究的重点。

3.2.5 学科交叉与拓展

发动机气动热力学与飞机空气动力学交叉。随着飞机技术的快速发展,更高机动性、更高隐身性和更远航程等飞机设计要求被提出,由于发动机与飞机系统间强关联衍生出的一体化设计问题凸显，如发动机与飞机进气道流量和流场匹配对发动机推力和飞机升/阻力存在耦合影响问题、发动机进/排气设计与飞机气动外形的一致性匹配设计问题。因此，传统飞机与发动机独立或协调设计的思路和体系必须从飞/发一体化设计的角度进行提升。对于大涵道比民用发动机，飞/发一体化主要涉及发动机短舱与机体/机翼的相互影响以及喷流对飞机的影响等问题。对于军用航空发动机，飞/发一体化主要涉及进气道与发动机、发动机配管与飞机后体相互作用，而对于新型战机的超声速巡航、高隐身性以及非常规机动等特点，又会给飞/发一体化设计带来新的挑战。对于未来高超声速飞行器动力装置，飞/发一体化技术主要涉及组合动力与飞行器外气动构型的一体化技术和飞/发一体化的热/能量综合管理技术。

气动优化设计与几何结构设计交叉。通过在叶片表面引入鲨鱼皮等特殊结构，可获得较为显著的流动控制效果，在热机与流体力学领域有着一定的应用前景，而结构参数的设计需与气动设计进行融合，以达到流动控制的目的。已有研究表明，不同部位的几何型面对叶轮机械气动性能的敏感性存在差异，需要在气动设计阶段明确不同部位几何型面的制造精度需求。机匣处理等流动控制技术通过改变叶轮机械几何构型可提升其稳定工作裕度，而将流动控制技术与气动设计分开考虑，很难在全工况范围内取得较优的流动控制效果。

气动热力学与人工智能交叉。人工智能近年来发展快速，将其应用于计算流体力学，通过提高网格划分友好度、减少人工干预、提高湍流预测精度、快速数据可视化分析等，可为计算流体力学带来诸多技术变革；将其应用于流体试验，通过对试验数据的深度学习，可帮助提取出更多的流场信息，揭示内在的流动机理。

气动热力学与等离子体物理交叉。等离子体是物质的第四态，通过在流场中布置等离子体激励器进行气体放电产生等离子体，可将电能转化为流体的机械能和热能，达到流动控制的目的。已有研究表明，将等离子体激励布置于叶片可有效抑制流动分离；将等离子体激励布置于压气机机匣可控制叶尖泄漏流动，抑制失稳；将等离子体激励布置于超声速流场中可对复杂激波系及其余附面层干扰进行调控[9]。

3.2.6 学科发展与比较分析

1. 国际学术期刊论文发表情况分析

表3.1为2016～2020年气动热力学与流体机械领域15种国际学术期刊的SCI影响因子变化情况。其中*ASME Journal of Turbomachinery*、*ASME Journal of Engineering for Gas Turbines and Power*、*ASME Journal of Fluids Engineering*与

AIAA Journal of Propulsion and Power 这 4 种期刊和气动热力学与流体机械领域关系较为紧密，在相关领域中是公认的国际核心期刊。*AIAA Journal*、*Journal of Fluid Mechanics*、*Physics of Fluids*、*Journal of Fluids and Structures*、*Journal of Thermal Science*、*Aerospace Science and Technology*、*Journal of Sound and Vibration*、*Journal of the Acoustical Society of America*、*Journal of Computational Physics*、*Computers & Fluids* 和 *Experiments in Fluids* 这 11 种期刊和气动热力学与流体机械领域有一定的相关性，但是覆盖范围较广，涉及流体力学、航空宇航、气动弹性、气动声学、计算流体力学以及实验流体力学等领域。其中 *Journal of Thermal Science* 为中国科学院工程热物理研究所于 1992 年创刊的期刊，其影响因子由 2016 年的 0.678 逐渐增长到 2020 年的 2.438，取得了较为明显的进步。

表 3.1　2016～2020 年气动热力学与流体机械领域 15 种国际学术期刊的 SCI 影响因子变化情况

序号	期刊名称	2016 年	2017 年	2018 年	2019 年	2020 年
1	*ASME Journal of Turbomachinery*	1.731	2.453	2.592	2.713	1.688
2	*ASME Journal of Engineering for Gas Turbines and Power*	1.534	1.740	1.653	1.804	1.209
3	*ASME Journal of Fluids Engineering*	1.437	1.915	1.720	2.056	1.995
4	*AIAA Journal of Propulsion and Power*	1.144	1.362	1.803	1.940	1.500
5	*AIAA Journal*	1.638	1.556	1.951	2.108	2.127
6	*Journal of Fluid Mechanics*	2.821	2.893	3.137	3.333	3.627
7	*Physics of Fluids*	2.232	2.279	2.627	3.514	3.521
8	*Journal of Fluids and Structures*	2.021	2.434	3.070	2.840	2.917
9	*Journal of Thermal Science*	0.678	0.678	1.228	1.972	2.438
10	*Aerospace Science and Technology*	2.057	2.228	2.829	4.499	5.107
11	*Journal of Sound and Vibration*	2.593	2.618	3.123	3.429	3.655
12	*Journal of the Acoustical Society of America*	1.547	1.605	1.819	1.780	1.840
13	*Journal of Computational Physics*	2.746	2.864	2.845	2.985	3.553
14	*Computers & Fluids*	2.313	2.221	2.223	2.399	3.013
15	*Experiments in Fluids*	1.832	2.195	2.433	2.335	2.480

为了进一步了解我国在气动热力学与流体机械领域的国际研究地位，表 3.2 给出了 15 种国际学术期刊 2016～2020 年的论文发表情况，并附 2011～2015 年

我国研究者论文发表数占比作为对比。可以看出,我国已经逐渐成为气动热力学与流体机械领域的重要国家,展现出较强的科研实力与发展潜力。在2016～2020年,我国研究者在这15种国际学术期刊的论文发表数比例均高于2011～2015年,而在中国科学院工程热物理研究所创刊的期刊*Journal of Thermal Science*,我国研究者论文发表数的比例有了明显的增长,这说明我国科研工作者对该期刊的认可程度不断提高,同时也表明需要进一步提升我国期刊的国际影响力。

表3.2　2011～2020年我国研究者在气动热力学与流体机械领域15种国际学术期刊的论文发表情况

序号	期刊名称	2016～2020年			2011～2015年
		我国研究者论文数/篇	论文总数/篇	论文数占比/%	论文数占比/%
1	*ASME Journal of Turbomachinery*	68	588	11.6	6.5
2	*ASME Journal of Engineering for Gas Turbines and Power*	174	1401	12.4	11.1
3	*ASME Journal of Fluids Engineering*	193	922	20.9	12.5
4	*AIAA Journal of Propulsion and Power*	108	644	16.8	12.3
5	*AIAA Journal*	402	2036	19.7	10.1
6	*Journal of Fluid Mechanics*	482	4419	10.9	4.7
7	*Physics of Fluids*	975	3799	25.7	6.7
8	*Journal of Fluids and Structures*	215	883	24.3	18.0
9	*Journal of Thermal Science*	391	538	72.7	50.7
10	*Aerospace Science and Technology*	1508	2660	56.7	29.8
11	*Journal of Sound and Vibration*	971	2836	34.2	23.8
12	*Journal of the Acoustical Society of America*	581	4072	14.3	6.7
13	*Journal of Computational Physics*	650	3412	19.1	14.3
14	*Computers & Fluids*	337	1528	22.1	13.5
15	*Experiments in Fluids*	126	987	12.8	5.4

2. ASME Turbo Expo 国际会议论文统计与分析

美国机械工程师学会燃气轮机分会(ASME-GT)每年召开一次学术交流与技术展览国际会议(ASME Turbo Expo),该会议是全世界气动热力学与流体机械相关领域的企业与科研院校最重要的交流平台,会议论文覆盖了航空发动机、燃气轮机、汽轮机、涡轮机、压气机、风扇、风力机、电机等研究对象,代表着气动热力学与流体机械相关学科的最新研究进展及未来技术发展趋势。表 3.3 为 2016～2020 年主要国家在 ASME Turbo Expo 国际会议上的论文发表情况。可以看出,在 2016～2020 年,中国在 ASME Turbo Expo 国际会议上发表的论文总数已经超越英国,稳居前三,且与德国的差距不断缩小。随着基金对国际交流合作支持力度的不断加大,更多的中国研究者将更为深入地参与到重要国际学术会议与交流中,相信在未来的 10 年,我国研究者将会在气动热力学与流体机械领域发挥更加深远的国际影响力。

表 3.3　2016～2020 年主要国家在 ASME Turbo Expo 国际会议上的论文发表情况

国家	2016 年	2017 年	2018 年	2019 年	2020 年	总计
中国	222	186	195	128	215	946
美国	252	306	275	334	244	1411
德国	188	184	201	147	163	883
英国	139	113	121	126	127	626
意大利	104	71	102	94	104	475
法国	46	51	37	40	42	216
日本	38	28	48	34	26	174
韩国	30	14	33	18	11	106

3.3　学科发展布局与科学问题

3.3.1　黏性流动与湍流

在湍流理论、湍流机理及湍流模拟方法等方面,国外研究起步早、投入大,取得了很多原创性的成果,尤其美国、英国等国一直处于引领地位。国内起步较晚、投入少,尽管在基础湍流研究方面已取得了较大的进展,但大多为跟踪性研究,鲜有支撑叶轮机湍流模拟的原创性成果。因此,建议通过政策性引导,吸引更多研究者投入相关研究中,开展有组织的研究,并且进行持续性的支持。针对叶轮机湍流,建议开展:

(1)建立高精度叶轮机湍流数据库。针对叶轮机复杂流动及其模型流动,结合先进实验测量技术和高精度数值模拟方法,建立高精度的叶轮机典型复杂流动的湍流数据库，一方面用于湍流机理研究，另一方面用于发展湍流模拟技术。

(2) 研究叶轮机复杂湍流机理及湍流理论。针对叶轮机内流特点，发展湍流非平衡输运和各向异性等理论方法，揭示叶轮机复杂内流中湍流多尺度非平衡输运和各向异性等湍流机理，构造叶轮机复杂内流湍流机理的数理描述，支撑湍流模拟技术。

(3) 发展高精度湍流模拟技术。发展大规模并行计算技术、自适应复杂网格和高精度/高鲁棒性数值格式等算法，并开发相应的程序；LES 方法方面，针对湍流非平衡和各向异性，发展高保真的 SGS 模型；RANS/LES 混合方法方面，大力发展"自适应分区"方法及与之协同使用的湍流模型，最终实现基础研究/应用基础研究/应用研究等不同层次的高精度/高保真模拟。

(4) 发展高保真湍流模型。内化非平衡输运和各向异性等湍流机理，发展适用于强非平衡湍流的涡黏模型，发展高鲁棒性的强非平衡和各向异性的非线性涡黏模型或雷诺应力模型，发展适用于叶轮机多模态转捩的转捩模型，最终发展可靠预测内流旋涡、分离、复杂掺混、旋转、转捩等的湍流模型(含转捩模型)。

3.3.2 动力装置内部流动

把握动力装置大发展的战略机遇，进一步加强我国在对转冲压、非定常涡升力增压气动布局、(高)超声速流动机理等方面的引领性基础研究，深入开展高负荷/高效率/宽适应性叶轮机械流动/传热机理、流动控制和优化设计方法，流/热/声/固多场耦合机理与调控，内流复杂湍流流动模型、高性能计算与高分辨测试技术，宽速域航空动力等极端与特殊条件下的关键内流问题，宽域高效进排气系统的波系配置及其流动机理，高超声速激波附面层相互作用、多种工作模式转换机理等研究，并探索发展革命性、颠覆性的功能转换方法及装置。

(1) 高负荷/高效率/宽适应性压气机流动机理、流动控制和优化设计方法。对转冲压、对转吸附、非定常涡升力等新型气动布局的流动机理、设计理论和方法；涉及复杂真实几何、真实运行环境、多工质或含相变工质的压气机流动机理；等离子体、吹吸气等自适应/智能化流动控制方法与机理；流-热-声-固耦合多场、多学科预测与调控方法；变循环发动机压气机流动机理与优化方法。

(2) 高负荷/高效率/宽适应性涡轮流动/传热机理与优化设计方法。涡轮级非定常流动及其与冷气射流的干涉机制和调控方法；非定常流热环境下的涡轮对流-辐射-导热耦合传热机理；过渡态下涡轮流-热-固耦合设计与调控方法；涡轮高效冷却结构设计及优化的新理论和新方法；高效超紧凑对转涡轮、变几何涡轮非定常流动机理与优化设计方法。

(3) 内流复杂湍流流动模型、高性能计算与高分辨测试。合理反映内流湍流输运形式、结构、机理的湍流输运理论;适用于内流非平衡输运、复杂掺混、旋转、强间断、多尺度、局部湍流斑、转捩、旋涡分离与脱落等现象及其与换热间作用关系的湍流模型;适用于内流真实复杂几何、内流空化、化工介质相变等复杂现象的高效、高精度湍流模拟方法;叶轮机械模拟新技术和自主软件;内流高精度高时空分辨率测试诊断技术。

(4)宽域高效进排气系统的波系配置及其流动机理。发展宽域带强约束下的进气系统高效压缩方式和尾喷管膨胀方式,掌握几何调节下的进排气系统内部波系组织方法和流动机理,研究通过等离子体流动控制、附面层管理等手段提高压缩系统的起动边界和流量捕获能力。

(5)高超声速组合发动机多模式转换机理及其监控方法。深入研究高超声速组合发动机多种工作模式(涡轮、冲压、火箭等)转换过程的非线性动力学行为,从流场结构参数变化等视角掌握不同工作模式的非定常转换特征,发现发动机多模式转换过程的新现象,提出新的复杂流场感知和监测手段,发展鲁棒稳健的发动机多模式智能控制方法。

3.3.3 流体机械内部流动

(1)高效离心叶轮模型级数据库。基于人工神经网络等算法的离心叶轮模型级的优化;基于负载分布的反命题与混合型优化命题的理论研究与数值计算;考虑不均匀的进口条件、多工况点的模型级设计技术的研究。建立以现代最优控制理论为基础的包括各种有效损失模型的离心叶轮模型级的设计准则。

叶片颤振预测与抑制的多学科耦合设计及试验测试方法。流体机械内的叶片颤振是指弹性系统在非共振强迫振动下产生的自激振动,开发先进的、适用于离心压缩机的流场计算、强度计算的网格以及网格变形算法(如浸入边界法、无网格法),解决叶片变形给网格划分及计算带来的困难。采用先进的叶片表面压力测试技术(如采用压敏涂料)开展叶片的颤振试验技术研究。

高负荷离心压缩机非稳定性运行测试与分析。利用多相位压力测试,可以对不同工况下压气机内部(尤其是转子通道内)不同位置处的动态压力进行同步提取与分析。动态压力作为反映真实流场信息的重要参数,由于受到非稳定流动现象的影响而具有一定的变化规律,通过压力测点的多相位布置,捕捉通道内部不稳定流动现象发展与传播的全过程,得到失速团周向传播速度和旋涡尺度等细节信息,获得旋转压缩通道内流动失稳现象产生的机理。

(2)扩稳是工业轴流压缩机的核心研究任务,基于多级多排的非定常流动模拟技术,研究多排叶片可调扩稳的机制。应用多级非定常设计方法,使国内流体机械80%以上的产品设计效率提高2%~4%,达到国际先进水平;极端环境条件下压缩机内部流动的计算方法；透平膨胀机内有机工质（重密度工质）的流动规律，尤其是低温小焓降的跨声速膨胀流动，掌握真实气体的激波作用机理；重密度工质跨声速膨胀凝结流动的问题。

（3）涡轮增压技术发展的主要方向是涡轮高增压、涡轮电动增压和闭式循环涡轮增压。重点解决两级涡轮增压系统压气机和涡轮级间非定常流动耦合机理及流动控制问题[10]；压缩机、涡轮和电机的流动-传热-电磁-结构多场耦合机制与多学科优化设计问题以及基于转速控制的压缩机和涡轮主动流动控制扩稳增效问题；非理想气体工质热物性对压缩机和涡轮流动影响机理问题以及超临界 CO_2 压缩机近临界点工作的流动稳定性影响机制与扩稳问题。重视人工智能技术与涡轮增压技术基础理论研究结合，开展基于人工智能的压缩机和涡轮智能设计理论、智能流动控制方法以及智能运行维护技术等创新理论与技术研究。

（4）容积式压缩机内部工质流动的高精度流固耦合数值模拟，工作腔部件型面的无参数优化；压缩机系统内工质流动和状态参数的智能控制，以实现系统中压缩机高效运行；无油压缩机间隙流动、传热特性与内泄漏抑制机理；氢气压缩机增压过程中流动、热力学特性和可靠性；油气混输增压过程中气液两相流体相分布、热力学特性；具有相变的压缩和膨胀过程中工质流动与热力学特性；波流互动诱发压缩机管路气流脉动的机理与抑制。

（5）在风机方面，需开展针对大间隙高负荷轴流风机的叶顶分离流动的高精度数值仿真和分析诊断技术研究。开展低速气动噪声、复杂多相流动的机理研究，对湍流与涡结构进行精细化研究，揭示风机内部湍流流动的发声机理。

（6）在学科布局方面，加大对高端泵（如核主泵、气液混输泵、深海开采泵、大功率高扬程离心泵、微小型心脏泵）的支持力度，重点求解叶片荷载分布与水力特性之间的关系；泵内二次流的产生机理及控制途径；泵的空化机理及抑制方法；泥沙、气、汽、水的联合作用机制；泵的水力激振、致声机理；泵及其系统的高效安全运行。为了尽早在泵的基础理论及“卡脖子”技术方面取得突破，需要进一步开展并加强基础理论及关键技术研究，重点开展以下研究工作：泵的内部流动测量与数值计算模型；极端条件下泵的非定常流动理论及控制；泵的多学科优化设计方法与流固耦合；泵的振动与噪声预测理论及控制；泵的空蚀与磨蚀机理及控制方法；基于智能化及信息化的泵及其系统的节能安全运行。

3.3.4　流体噪声与流固耦合

（1）运动边界计算技术及旋转声源的数值模拟和验证。在拟声源的构架下发展高可靠性、高计算精度的非定常气动负荷计算方法，发展适用于运动物体发声问题的气动噪声预测模型。或基于对运动边界问题的直接高精度模拟方法，发展运动物体发声的直接模拟方法。

(2)高速运动中激波噪声的产生与传播数值预测方法研究。建立研究超声速气流与物体边界相互作用形成激波噪声的产生与传播方法。与超临界翼型,特别是前缘可变曲率的翼型结合起来,实现控制激波源强度的目的。

(3)气动噪声源与壁面声衬相互作用的模型和数值预测方法研究。从不同简化方式的基本方程出发,发展适合从基本流动、简单几何特征到复杂流体、复杂几何形状的气动声传播的多层级软件系统,包括壁面阻抗的耗散控制模型与构型方式。

(4)基于流固声耦合的壁面阻抗控制叶栅振荡方法研究。在小扰动假设以及包含复杂的流动条件、进出口边界条件等复杂因素条件下,研究壁面边界耗散对叶栅振荡的抑制效果,支撑航机级间振动、声共振以及叶尖泄漏诱导的叶栅振荡问题的控制方法探索。

(5)阻抗边界对燃烧稳定性控制方法研究。以广义 Lighthill 方程为基础,应用 Green 函数方法,在拟热源假设及复杂流动假设条件下,讨论进出口边界、壁面边界等燃烧稳定性的影响,并以此为基础发展有效的被动控制方法。该理论研究工作可以支撑航机和燃机主燃烧室、航机加力燃烧室燃烧振荡现象抑制方法的探索。

(6)针对叶轮机流固耦合的学科布局,需要从叶轮机设计中气弹问题的规避、气弹问题的机理研究和气弹问题抑制或者消除三个方面来展开。需要高度重视高效降阶数值计算方法的发展,进一步挖掘叶轮机中结构和流动的特点,甚至结合新兴的方法(如机器学习等),进一步完善和提升现有的方法,为叶轮机设计中设计方案的快速评估和筛选及优化设计提供使能方法和工具。为了进行透彻的流固耦合机理研究,需要注重发展全阶高精度数值计算方法,同时需要发展高效率的数值计算方法,使得全阶高精度数值计算方法能够真正为现实问题的解决提供服务。最后也需要发展有效的非定常流动和振动测量手段及配套的测量数据分析算法,为气弹问题的监测和诊断提供使能工具,为气弹问题的机理研究提供流动和振动特征数据。

3.3.5 学科交叉与拓展

飞/发一体化方面,针对大涵道比涡扇发动机,进一步对紧凑短舱的优化设计展开研究,揭示其气动噪声与流场畸变特性,发展高效的流场调控方法,完成短舱进气道与压缩系统的耦合设计;针对军用发动机,揭示先进“S”弯隐身进气道的进气畸变特性,分析其对压缩系统的影响,完善航空发动机稳定性评定方法,发展新型流动控制手段。

几何结构与气动设计一体化方面,通过深入分析不同几何构型对流动的调控机理,发展流动控制技术与气动设计的一体化方法,通过对叶轮机械内部流动的精细化研究，明确不同部位几何型面对叶片气动性能的敏感性，在气动设计阶段制定叶片几何加工方案。

进一步将人工智能与计算和实验流体力学相结合，探索利用人工智能研究叶轮机械以及进气道等动力装置流动问题的技术路径，实现内部流动的高精度解析。在新概念流动控制手段方面，进一步发展以等离子体为代表的新型主动流动控制技术，提升其流动控制能力，探索调控叶轮机械以及进气道等动力装置内部流动的新原理。

3.4　学科优先发展领域及重点支持方向

3.4.1　学科优先发展领域

学科优先发展领域：叶轮机械非定常流动机理、预测及先进控制方法。

1. 科学意义与国家战略需求

叶轮机械是现代工业中最重要的动力机械，随着国家“两机”重大专项的启动实施，以及重大装备节能减排和低碳经济发展模式的推进，大型叶轮机械的战略地位愈发凸显。高温、高压、高转速同时要求高可靠性、长寿命、轻重量、宽工况，是高性能叶轮机械的基本技术特点。随着动力装置的指标不断攀升，工作环境不断拓展，叶轮机械必须能够在宽工况范围、极限条件和参数突变情况下高效稳定工作。压气机高负荷、高效率与流动稳定性及涡轮高负荷、高效率与长寿命等矛盾日益突出，高负荷增压原理与流动控制机理、强掺混与强温度梯度下的流动及流热耦合机理等认识愈显不足。因此，受限空间内、大曲率变化、强压力梯度、强温度梯度、强掺混、黏性全三维环境下，高效稳定可控的热功转换过程中叶轮机械非定常流动的机理、预测及其高效组织调控，既具有重要的科学意义，也具有重大的战略需求。

2. 国际发展态势与我国发展优势

叶轮机械气动性能的提升，很大程度上依赖于内流流体力学基础研究的持续进展。20世纪80年代以来，内流流体力学学科取得了长足发展。鉴于叶轮机械对航空发动机和燃气轮机发展的极端重要性，美欧等航空大国持续投入巨资，实施了综合高性能涡轮发动机技术、先进核心军用发动机、多用途和经济可承受的先进涡轮发动机、支持经济可承受任务能力的先进涡轮技术等计划，鼓励高校与工业部门深入合作，一方面进行内流流体力学基础研究，另一方面建立了成熟的叶轮机械设计体系，开发了 TFLO、Turbo、TRACE、elsA 等叶轮机械数值模拟软件，建设了一批基础研究和型号研发试验台，发展了高负荷、高效率叶轮机械数据库，湍流及动态涡系结构等机理研究不断深化，支撑了轻重量抗畸变风扇、高功量超冷高温涡轮等先进技术的发展。国外真正具有工程实用价值的高性能叶轮机械基础研究极少公开细节，设计技术更是严密封锁。

我国在欧美和俄罗斯常规负荷叶轮机械数据库和设计分析软件的基础上，结合设计经验和试验数据，初步构建了基于全三维定常流动分析与优化方法的叶轮机械气动设计体系，有力支撑了先进动力装置的研发，但对强压力/温度梯度下流-热-固-声多场耦合、多部件匹配、非设计工况运行特性等关键科学问题的认识还不够系统深入，难以满足“两机”等重大装备创新研发的长远要求。针对这些问题，我国实施了“两机”重大专项等研究计划，为高性能叶轮机械基础研究和型号发展提供了历史性机遇。尽管我国高性能叶轮机械的工程研发与国外有较大差距，但是在对转冲压、非定常涡升力新型增压布局等方面取得了重要的原创性成果，在叶轮机械基础理论、涡轮旋转流动与传热特性、高速进排气系统气动设计、内流湍流模型改进与 CFD、等离子体流动控制等方面也形成了研究特色，为深入开展具有我国特色的高水平内流流体力学研究打下了扎实基础。

3. 发展目标

探索新型叶轮机械热功转换原理和设计方法，实现气动布局的变革和气动性能的跃升，发展叶轮机械非定常流动数学物理模型、数值计算方法与优化设计理论，发展近真实工况下高精度高分辨率非定常流场/温度场测试诊断方法，揭示强压力/温度梯度、强掺混等复杂环境下非定常流-热-固-声多场耦合机理，发展新型气动布局叶轮机械内部复杂非定常流动高效组织和优化调控方法，为构建宽域、极端条件下全工况叶轮机械多部件匹配气动设计体系提供理论和方法支撑。

4. 研究方向和核心科学问题

(1)新型叶轮机械增压气动布局与原理方向。聚焦对转冲压、非定常涡升力等自主创新的叶轮机械增压气动布局，揭示低熵增激波压缩流动组织、对转条件下尾迹与冲压转子通道激波系非定常干涉、高雷诺数可压条件下非对称涡对产生及耗散、可控静子相位调制与时序效应对载荷脉动影响等机理，发展吸附、等离子体等先进流动控制方法并揭示其调控新型增压布局流动的机理。

(2)叶轮机械内部非定常流动机理与模型方向。揭示变循环、变工况、变几何、强压力/温度梯度、强掺混、进气畸变等复杂环境下强激波、强三维、强耦合流动特性,激波及激波附面层相互作用、叶端/转静间隙泄漏、角区分离、气膜冷却掺混、冷却流流态对冷却性能和主流影响、相变和多相流动掺混输运、流-热-固-声耦合等机理;发展内流复杂湍流输运理论和高精度湍流模型,关键气动问题低维物理模型,宽域条件下气动失稳演化过程、强各向异性非定常流动掺混的数学物理模型,非定常内流非线性谐波方程、通道平均方程、伴随方程及边界条件。

(3) 内流多变多场非定常流热固声耦合机理、高效组织和优化调控方向。揭示高温升、低排放燃烧室出口气流条件下的涡轮叶栅通道涡系时空演化特性,跨声速高负荷涡轮级非定常流动机理及其与冷气射流的干涉机制,非定常流热环境下的涡轮对流-辐射-导热耦合传热机理,气动失稳、气动噪声、气动密封失效、气流激振机理;发展非定常流-热-固-声发生及演化的高精度耦合模拟方法,涡轮非定常流热环境及非定常冷却流动调控方法,等离子体、智能结构等主动/被动流动控制方法与机理,失速/颤振自适应控制、叶尖间隙主动控制、动密封增稳抑振、噪声/热声抑制、流体激振控制方法,实现对超高负荷环境下的非定常流动自适应控制。

(4) 全工况多部件匹配先进设计方法与准则方向。发展适用于强激波间断和变循环多涵道复杂构型的气动/稳定性一体化设计方法,考虑非定常效应的涡轮高效冷却结构正向设计及优化方法,过渡态下涡轮气热固构耦合设计方法,高效超紧凑对转涡轮、变几何涡轮等优化设计方法,叶轮机械气动失谐、结构失谐的不确定性分析模型,多源不确定性影响下的气动热力特性分析方法,考虑时序效应等影响的多学科鲁棒优化设计方法,非设计工况条件下全三维、黏性、非定常、多部件匹配环境下气动设计方法。

(5) 内流高性能计算与高时空分辨率实验方向。发展适用于内流真实复杂几何的自适应 RANS/LES、LES、DNS 等高精度模拟方法,内流空化、化工介质相变等多相湍流模拟方法,近真实工况下高时空分辨率的流场和温度场测量诊断方法及数据处理方法,为机理揭示与优化设计提供数据库。

3.4.2　跨学科交叉优先发展领域

跨学科交叉优先发展领域:涡轮/透平叶片流-热-固耦合及其与材料制造一体化理论和方法。

1. 科学意义与国家战略需求

涡轮/透平叶片是航空发动机和燃气轮机(“两机”)的热端核心部件。涡轮/透平叶片工作在超过其自身材料熔点以上的高温环境下,作为高温、高载荷、结构复杂的典型热端部件,其性能和可靠性直接关系到“两机”的性能、耐久性、可靠性和寿命。涡轮/透平叶片的设计集中体现出高可靠性、长寿命和轻量化的特征。国外将涡轮/透平叶片设计技术视为最核心机密,对我国严格封锁。涡轮/透平叶片的自主设计和研发是我国“两机”领域的一大难点,成为制约“两机”研发的瓶颈。

涡轮/透平叶片设计过程中需要综合考虑气动、传热、强度、寿命、材料及加工工艺等多方面的性能指标,以及各学科之间的耦合效应。因此,涡轮/透平叶片流-热-固耦合及其与材料制造一体化理论和方法是必须突破的科学问题。需要以叶片工作的高温、交变载荷环境为牵引,系统深入地开展涡轮/透平叶片流-热-固耦合机理、复杂交变载荷下材料失效及其对传热影响机理、复杂交变载荷及气动环境影响的涡轮叶片冷却失效机制与寿命预测方法、复杂环境下高精度数值计算与先进试验测试方法等研究,为我国“两机”涡轮/透平叶片的自主设计和研发提供理论和方法支撑。

2. 国际发展态势与我国发展优势

世界发达国家一直将“两机”高温部件设计技术作为最核心的机密,对我国严格封锁。航空大国均投巨资,在国家层面设立各类计划,长期专注于高效冷却结构设计与布局、高温材料及高端制造的基础理论和应用基础科学问题的研究,不断提高性能和效率。我国“两机”专项确立了“突破两机关键技术,初步建立航空发动机及燃气轮机自主创新的基础研究、技术与产品研发和产业体系”的发展战略规划,也在气动、传热、材料、制造等方向安排了相应的涡轮/透平基础研究项目,但是跨学科交叉的基础研究还很不足。

3. 发展目标

以提高涡轮/透平叶片耐温能力、做功能力、寿命及经济性为目标,构建具有我国自主知识产权的涡轮/透平叶片流-热-固耦合及其与材料制造一体化理论和方法,揭示高温、复杂流动、旋转等极端环境影响下的叶片流-热-固耦合机理,形成先进的涡轮/透平叶片冷却理论与方法,发展基于温度急剧变化的过渡态涡轮强度及寿命判断准则,突破高温部件冷却结构设计及材料加工制造等关键基础问题,为实现我国涡轮/透平叶片冷却与材料制造一体化自主研发提供理论和方法支撑。

4. 研究方向和核心科学问题

(1)过渡态及稳态下的流-热-固耦合机理。重点研究考虑燃气透平复杂流动条件下的掺混、冷气与高温主流作用机制及其冷却特性,燃气透平热端部件高温失效机理,研究考虑瞬态变化、冷气掺混等条件下复杂结构的流-热-固耦合机理,过渡态及稳态复杂流动条件下热端部件的流-热-固耦合特性，构建复杂环境下燃气透平热端部件冷却性能数据库。

(2) 复杂高温交变载荷下材料性能变化对传热的影响与失效机理。重点研究高温交变载荷下的材料组织演化规律，高温交变载荷下的材料微纳组织结构和性能的演变、失效行为及规律，高温环境、主流燃气及旋转对材料性能的影响规律，材料性能变化对于叶片传热性能的影响机理，构建复杂载荷下的材料性能变化对传热的影响数据库。

(3) 考虑交变载荷、加工工艺影响的叶片寿命预测与设计优化方法。重点研究考虑温度载荷、气动载荷、离心载荷等影响下的叶片寿命预估方法，高温环境、主流燃气、旋转等因素对叶片温度场、应力场及寿命的影响机理，考虑加工制造工艺的复杂冷却结构流-热-固耦合机理，加工误差对异形气膜孔、内冷结构等复杂冷却结构流动与换热影响机理。

3.4.3 国际合作优先发展领域

国际合作优先发展领域：流体机械复杂内流现象及其控制机理。

1. 科学意义与战略价值

提升流体机械的设计水平与设计效率是我国建设清洁低碳和安全高效现代能源体系的重大需求。随着数次工业革命的更迭，社会经济对流体机械的要求已从前工业时代的“可以用”发展到工业时代的“安全高效”并逐渐过渡到后工业时代适应复杂环境的“多尺度、宽工况”。随着设计参数不断提升，实际流体进口来流的非均质性及相变等复杂流动现象以及不同尺度下流体展现的特殊性对流体机械性能及稳定性的影响增加了设计及试验的难度，偏工况下流动的稳定性和可靠性显著降低，流体机械复杂内流数值模拟不断面临新的挑战。尽管流体机械内流的测量手段不断革新，非接触、可视化等先进测量手段日趋成熟，但相关参数测量尚难摆脱统计均值的局限性，流体机械内流测量中的微尺度热流耦合问题是制约微流体机械发展的瓶颈之一。对流体机械各类复杂内流现象的精细化数值模拟方法与试验测量技术的欠缺是认识内流特征机理的瓶颈，成为制约我国流体机械气动安全与可靠性的问题之一，也是我国叶轮机械设计系统中的薄弱环节。

自 20 世纪 50 年代吴仲华[11]提出“两类相对流面”理论到随后非正交曲线坐标技术和非定常计算技术在 RANS 数值理论框架下的应用，面对实际复杂流动，传统模拟方法的解决思路多为采用简化/假设或近似模型的工程化途径，一些流动本质细节被忽略。在方法层面，转子冻结法/混合平面法等多种近似假设和湍流经验模型广泛应用；在理论层面，计算降低了动静干涉和复杂现象等重要流动机理的影响；在技术层面，网格剖分质量和湍流参数选取的经验性仍较明显，动静界面信息传递对计算精度提出挑战。

长期以来，以麻省理工学院、普渡大学、圣母大学、剑桥大学、牛津大学和帝国理工大学、亚琛大学和汉诺威大学等为代表的叶轮机械科研机构与美国通用电气（GE）公司、美国普特拉·惠特尼（PW）公司、英国罗尔斯·罗伊斯（RR）公司等合作开展研究，日本、以色列等国在微尺度流动和换热的测量长足发展，涌现出一批先进的精细化数值模拟方法和试验测量技术。最近，美国、英国、德国和日本等国兴起了复杂叶轮机械金属增材制造研究，并开展了增材制造结构流热固耦合研究。针对流体机械复杂内流现象及其控制机理的高精度数值与试验技术逐步成为研究热点之一，开展潜在的国际合作、切实提升基础研究水平、夯实我国流体机械的研究基础对原始创新具有重要意义和促进作用。

2. 核心科学问题

旋转流场中复杂相界面捕捉及能质转换机理研究的精细化数值模拟；流体机械内流全三维复杂流场的精细化数值模拟、测量及分析；压气机稳定性先进测量手段与失稳预测分析；微型流体机械中微尺度流动和换热的高精度测量；增材制造叶轮机械表面结构调控及其对流动、传热及冷却性能的影响机理。

参考文献

[1] Tucker P G. Trends in turbomachinery turbulence treatments. Progress in Aerospace Sciences, 2013, 63: 1-32.

[2] Spalart P R. Philosophies and fallacies in turbulence modeling. Progress in Aerospace Sciences, 2015, 74: 1-15.

[3] Liu Y W, Tang Y M, Scillitoe A D, et al. Modification of SST turbulence model using helicity for predicting corner separation flow in a linear compressor cascade. Journal of Turbomachinery, 2019, 142: 1-58.

[4] Lighthill M J. On sound generated aerodynamically Ⅰ. General theory. Proceedings of the Royal Society of London Series A: Mathematical and Physical Sciences, 1952, 211: 564-587.

[5] Lighthill M J. On Sound generated aerodynamically. Ⅱ. Turbulence as a Source of Sound. Proceedings of the Royal Society A: Mathematical Physical & Engineering Sciences, 1954, 222: 1-32.

[6] Lele S K. Compact finite difference schemes with spectral-like resolution. Journal of

Computational Physics, 1992, 103: 16-42.

[7] Tam C K W, Webb J C. Dispersion-relation-preserving finite difference schemes for computational acoustics. Journal of Computational Physics, 1993, 107: 262-281.

[8] Envia E. Fan Noise reduction: An overview. International Journal of Aeroacoustics, 2001, 1(1): 43-64.

[9] 李应红,吴云. 等离子体激励调控流动与燃烧的研究进展与展望. 中国科学:技术科学, 2020,50(10):1252-1273.

[10] Hall K, Ekici K. Multistage coupling for unsteady flows in turbomachinery. AIAA Journal, 2005, 43(3): 624-632.

[11] Wu C H. A general theory of three-dimensional flow in subsonic and supersonic turbomachines of axial-, radial-, and mixed-flow types. Journal of Fluids Engineering, 1952, 74(8): 1363-1380.

第 4 章　传热传质学

Chapter 4　Heat and Mass Transfer

4.1　学科内涵与应用背景

4.1.1　概述

传热传质学是研究由温差和物质组分浓度差引起的能量传递和物质迁移过程的科学。在形成相对独立学科体系近 100 年后，传热传质学几乎渗透到现代工程技术各个领域。热、质传递过程作为物质运动的一种普遍形式，有着无所不在的广泛应用背景，其内涵在与各个行业和学科广泛融合、相互促进发展的历史中不断得到丰富，范畴持续迅速拓展。传热传质学与现代产业和高科技的发展紧密交叉，在许多相关学科和高新科技领域中扮演着重要角色，甚至起着关键性作用。传热传质学基础理论与应用研究一直呈现出勃勃生机，是国内外工程热物理与热流体科学领域中十分活跃、发展迅速且与其他学科方向形成普遍深层次交叉融合的重要分支。

传热传质学以统计微观粒子随机行为的热学理论为基础，针对导热（扩散）、对流（传质）和辐射的基本热、质传递形式，以及基本形式的耦合和衍生产生的传递现象和过程进行研究，反映或揭示其中的能量与物质传输的宏观唯象规律，并融入了相关工程技术领域产生的应用科学和经验关系。上述研究方向共同构成传热传质学的基本学科体系。传热传质学的研究可总结为两个大类问题：第一类是能量转换过程中的传热传质问题，这类传热传质问题可能直接影响能量转换的效率，如循环中冷源热源与工质之间的传热问题；第二类是不存在能量转换的传热传质问题，如高温高压环境下的热防护设计。随着人类对自然世界与基本现象的进一步认识，基础科学的理论突破日新月异，认识和改造自然世界技术理念与工具持续创新，传热传质学科的理论基础、技术应用理念以及探讨和认识规律的思维方式也需要进一步延伸、拓展、更新。当我们站在现代科技发展前沿，以新的视角审视和分析这一学科研究的基本态势、演变和未来趋向时，需要认真考虑综合发展的背景、动机、现状、可依赖的基础和因人类的好奇所带来的新发现。

4.1.2 学科内涵

1. 传热

热的传递有三种基本方式:导热、对流传热和辐射传热。

导热是温差驱动下、在介质内部或介质之间无相对宏观位移时,通过接触,基于微观粒子(包括分子、原子、电子、声子、光子及其他微观粒子)运动和相互作用传递能量的一种传热形式。导热的研究内容主要包括介质的导热机理、导热传输热物理性质、导热传递过程特性、导热正反问题求解、界面与接触导热、耦合导热等。当前的发展趋向有:导热微观过程与机理、新材料(介质)传输热物性、界面与接触热阻、微纳尺度与极端条件导热理论与微观机理、经典理论的局限与新拓展、多过程多相耦合导热、非均匀介质导热、加工与工艺过程中的导热等。

对流传热是存在温差的介质(通常为流体与固体)间由流体流经另一介质表面进行能量交换的一种传热形式,显然对流传热过程中必然伴随着导热甚至热辐射。对流传热十分复杂,不仅受介质间界面几何形态、热物理条件、相对关系等因素的影响,还与流体的流动起因、流体的热物理性质、流体流动的状态,尤其是复杂的湍流结构等因素有关,相对于另外两种传热形式(导热和辐射传热),其更具有经验性和不确定性。对流传热的研究内容非常广泛,主要包括自然对流传热、强迫对流传热、混合与耦合对流传热、射流冲击传热、外场作用下的对流传热、微对流传热、多相多组分流动与反应传热、换热器理论与技术、对流传热强化、相似理论与试验方法等,每项研究内容又各自蕴含着丰富的内涵和难以预测的外延。在保留了经典方向的深化、再认识和拓展等内容外,研究逐渐趋向于复杂和交叉领域,如极端和复杂条件下的对流传热、多场(多因素)驱动与非线性耦合的对流传热、界面和边界区微细对流结构与传热、多相反应对流传热、传热强化理论与应用、复杂多相流对流传热、高科技交叉领域对流传热(如微尺度对流传热、生物流动与传热、纳米通道选择性流动与传质)等。

辐射传热通常用来描述由电磁波引起的热量传输。在工程上常遇到的温度范围内,热辐射引起的电磁波主要集中在0.1～1000μm波长,可分为紫外线(0.1～0.38μm)、可见光(0.38～0.76μm)和红外线(0.76～1000μm)三部分。通常,3000K以下的红外辐射在国防科技、动力、化工、材料等工程领域具有更广的应用。热辐射按研究内容可分为表面辐射、粒子辐射、介质(气体、半透明固体或流体)辐射、耦合换热、辐射热物性、热辐射反问题、微尺度辐射换热等,主要可归纳为两大类:热辐射特性和热辐射传输。

2. 传质

质量传递有两种基本方式:扩散传质和对流传质。

扩散传质是浓度差驱动下在介质内部或介质之间以基本粒子运动进行物质迁移的过程。扩散传质的研究内容主要包括:介质的扩散传质机理、扩散传质的热物理性质测定和预测、介质界面吸附和传递特性等。当前的发展趋向有:扩散传质机理的介观和微观诠释、新材料(介质)扩散传质特性的设计和控制、多孔介质多组分复杂扩散等。

对流传质与对流换热存在类似之处,是描述流体流过一个相界面时,由于流体微团的对流和掺混作用而产生的质量转移现象。对流传质可以发生在两种流体之间,也可以发生在流体和固体之间。对流传质的过程不是孤立的,既包括流体位移所产生的对流,也包括介质内和介质间的扩散传质。对流传质的主要研究内容包括:湍流、涡流、层流等多种流动形式作用下的对流传质规律,多相流对流传质规律,涉及流固耦合问题的对流传质规律,复杂多孔介质中的介观和微观传质特性,对流传质模型建立和系数描述,对流传质阻力特性等。

3. 热质耦合传递

质量传递和热量传递往往相伴发生,只要涉及质量传递的介质内或介质间存在温度梯度,势必同时会产生热量传递;相变传热过程中,两相之间势必存在质量传递。因此,在工程实际中,往往需要解决热质耦合传递问题。热质耦合传递的研究方法主要包括:对流传热(传质)中的热质耦合问题、多孔介质热质传递耦合、多物理场耦合驱动热质传递、吸附换热、相变传热、相变界面机理、微重力相变与对流传热等。随着科技的发展和研究的深入,一些过程中化学反应的影响已不可忽略,而伴随着化学反应产生的热量交换和质量交换也会对热质耦合传递产生影响。因此,考虑化学反应的热质耦合传递也成为未来重要的研究方向,需要进一步研究复杂条件下多组分吸附和催化反应机理。

4. 交叉领域

传热传质学研究中最基本的物理参量是温度和浓度,传热发生的前提是存在温度梯度,传质发生的前提是存在浓度梯度。因此,温度及浓度变化引起的各种物理化学过程都涉及传热传质,探究热质传递现象、规律以及对过程影响作用等均属于传热学范畴。从这种意义上讲,传热传质交叉学科可用 heat and mass transfer-X 加以概括,其中 X 代表各种可能的情况。当前几乎所有重大科学研究领域,如生命、能源、环境、信息等科学中都能找到与传热传质学千丝万缕的联系。客观地说,要完整地描绘出传热传质学交叉领域的全貌相当困难，也正因为如此，更凸显出该学科所具有的巨大发展空间和潜力。传热传质学领域内典型的交叉研究均可归结到三大类方向：与生命科学相结合而产生的生物传热传质学，由微/纳米科技催生出的微纳尺度传热学，以及与其他一些高新技术领域（如新能源）相融合而提炼出的新兴学术方向。从所涉及的共同基础科学问题看，这三个交叉学科方向均涉及多尺度、多相传热传质学，这使得其在近年来的发展十分迅速，已成为整个学科极具前景的新生长点。

4.1.3 前沿背景与动机的演变

传热传质学科的发展背景和推进动机主要体现在关注和服务于五个方面的基础现象和能量转换传输规律，包括能源系统、生物医学、公共安全、信息光电技术和纳米科技。然而，随着社会经济的进一步发展，除以上五个方面外，通信技术、人工智能、航空航天、化工冶金等领域也面临着与传热传质问题相关的巨大挑战。为了更清晰地梳理前沿研究背景，传热传质学亟待解决的问题被归纳为下述四类：能源系统面临的传热传质问题、信息功能器件及系统面临的热科学问题、极端条件下面临的热管理与热防护问题、生命健康中的热科学问题。针对能源和能源系统的传递现象研究，不仅要开发能量高效传递和清洁利用的方法，更要深刻理解传热传质对能量转换效率影响的本质因素。

随着通信、信息、人工智能等技术的快速发展，高功率高性能半导体芯片、宽禁带半导体器件等现代信息功能器件成为国家重要战略部署中的核心电子功能器件。随着芯片中晶体管集成度成倍提高，单位面积芯片的发热量显著提升，芯片局部热流密度已经超过 $1000W/cm^2$，散热问题开始成为制约电子信息产业发展的瓶颈。此外，随着大型集中式数据中心和海量分散式边缘数据中心的迅速发展，数据中心的能耗巨大，这也成为限制数据中心发展的核心问题。电子器件不断提升的可靠性要求、进一步的高集成、小尺度和轻量化趋势与许可温度和均温性要求形成尖锐的矛盾，同时面临低成本、低能耗和生态环境友好的压力，这些问题都极大地挑战着能量消耗转化、传输、回收和利用等经典理论，期盼开发高转化率、低耗损、快速散热、有效回收或新的转换利用基础概念和技术理论。同时，纳米材料有望广泛应用于信息功能器件，纳米尺度存在的特殊的界面传递现象、微观能量载子性质、传热传质等微观传递机理等都是崭新的科学问题，而测量和试验技术、从纳米性质和纳米尺度过渡到宏观集成、产品器件的纳米加工等则是解决实际应用的关键。因此，信息功能器件及相关系统的热控制、热管理及原位无损测试技术具有重要的研究意义，亟须提出更有效的技术思路和研究方法。

在能源动力、航空航天、化工冶金等技术领域，燃烧、气动、激波等极端条件下引起的高温、高压、高热流将大大超过材料耐受极限,“热障”引起的安全性和可靠性等问题已成为制约先进技术发展的核心瓶颈,开发高温、高压热防护技术和换热装备具有重大战略意义和经济社会价值。同时,飞行器等系统的能源需求巨大,将热能、电能、机械能进行统筹考虑的综合热(能量)管理方法面临着巨大的技术挑战。从多学科交叉的角度对极端条件下的热防护与热(能量)管理基础问题进行深入探索,揭示极端条件、紧凑复杂结构以及多尺度耦合作用下的物质与能量输运机制,是保证极端条件下系统安全、高效运行的关键,具有重大的理论和工程意义。同时,极端高温高压条件下容易发生化学反应,这会使传热传质过程进一步复杂化,必须革新研究理念,探索可能存在的不同于常规环境的能量传递规律。

生命健康是人类最基本的权益,21 世纪是生命医学蓬勃发展的时代,这赋予了传热传质学科一个有可能用于揭示生命本质与能量之间关系的机遇,进而产生极富挑战的崭新研究方向及重要的基础理论和技术原理等。在生命体中,细胞、组织和器官的生理过程都和温度密切相关,热刺激和热疗法在生命医学领域具有重要的应用。因此,生命健康中的热物理科学与技术主要研究生命体中物质和能量的定量输运规律,揭示温度影响生命过程的复杂机制,发展基于热物理调控的个性化智能化精准化疾病诊疗方法,推动高新治疗技术和仪器的创新发展,对生命健康具有重要的科学研究意义和战略价值。然而,这一方向也面临着巨大的挑战:有跨学科的语言表述、思想方法和理论基础等方面的极大差异;还有生物医学研究对象和方法(生命现象、过程与规律的微、介观认识及研究)与传统传热传质学研究对象和方法(机械体间宏观、唯象认识和研究)之间的冲突,以及复杂生命体要求建立不同空间和时间尺度上的系统集成等。

4.1.4 机遇与挑战

基于近年学科前沿背景和需求的演变,传热传质学的研究深度和广度需要进一步拓展,各研究方向遇到的共性问题与挑战也需要重新认识和明确。结合前述研究背景,传热传质学面临的突出的机遇与挑战可归纳为如下几个方面:

(1)能源问题是人类始终面临的共性问题,实现碳中和目标,研究可再生新型能源的转换、开发、利用,完成能源系统从传统能源向新型可再生能源的转型,是工程热物理研究面临的最重要的挑战。在这一过程中,传热传质过程会对可再生能源制备、存储及能量转换效率产生复杂的影响,而针对新能源系统,全新的能量转换及传递现象已成为传热传质学亟待研究的内容。这里包含了区别于经典热功转换形式或途径,如热电、电化学、电磁光热等转换形式和过程中粒子传输和相互作用等。

(2)针对信息功能器件及系统面临的热科学问题,学科面临传热传质机理研究、特殊界面传递现象,以及器件、系统整体设计的挑战。在传热传质机理研究方面,需研究信息功能器件内多尺度热输运理论及计算方法、微纳结构能量载子的输运与相互作用机理、纳米器件散热性能、热点温度高分辨原位测试等方法等。在特殊界面传递现象方面,需改变经典理论认识,不仅要以界面结构、能量载子状态来探讨界面传递现象,更在不同时空尺度条件下研究信息功能器件中不同物理场的相互作用,尽可能优化界面结构设计。在器件、系统整体设计方面,针对当前信息功能器件存在的局部热量集中问题,研究纳米热管和高效离子热电制冷等新型高效主动热管理技术以及微通道冷却优化设计技术,从封装、测试、系统开发全流程智能化热设计方法,针对数据中心发展问题,需开发服务器级冷却和综合能源利用等技术,建立绿色柔性数据中心。

(3)针对极端条件下面临的热管理与热防护问题,极端条件下的热防护与热管理一体化是必由之路。超声速、强扰动、强瞬变、高温高热流、超临界流体强变物性等极端条件下,热防护冷却技术的基础理论、试验测量和数值模拟方法等成为重要研究课题,需要进一步重点认识极端条件下各类冷却技术的应用边界与复合方法、高超声速复杂热环境耦合传热传质机理及强扰动条件下热防护调控机理和规律。高超声速航空飞行器的动态特性很强,子系统之间、子系统与主机之间存在热/质的相互耦合作用,子系统的热惯量各不相同,影响热/质的动态匹配过程。亟待从整机层面阐明热量产生、收集传输、储存利用和排散的耦合机制,对热/质实施优化分配和动态管理,有效提升发动机的能量利用效率。高超声速飞行器组合动力的高焓流动现象、高级负荷涡轮的跨音激波现象、新型旋转爆震发动机中的燃烧爆震波等,以及复杂极端条件下的航空发动机热管理和热防护理论与技术亟待发展。

(4)针对生命健康中的热科学问题,需从生物最小功能单位——细胞的热生理过程出发,提出能够精确测量外部热环境影响单细胞生理特性的试验方法和技术;从系统生物学角度出发,建立生命体中多尺度多场协同下流动与传热传质的理论研究体系和测量方法,加强医工交叉,发展精准诊疗技术并着力于仪器创新,推动其在临床诊疗中的转化和应用。同时,生物体中可能出现的特殊能量输运机理和可能面临的复杂多因素影响也亟待研究。

多学科交叉传递理论和实践。传热传质学具体研究内容的原始驱动可归纳为:社会经济发展产生的新需求;高科技迅速崛起衍生出的新学科方向;面向装置小型微型化与巨型化的两个极端和结构条件复杂化创新的学科内涵延伸;生态环境压力赋予的新机遇;认识和探求事物和生命本源微观化的必然趋势;培养造就人才应具备新知识体系和崭新科学理念的迫切性。

4.2　国内外研究现状与发展趋势

4.2.1　热传导

1. 微观机理再认识和描述

近年来,导热基础理论研究主要集中在微观机理的认识和直接理论描述方面。随着超快速激光加热技术以及 MEMS/NEMS 等微纳科技的发展,导热过程在时间尺度、空间尺度、环境温度以及热流密度等方面都在向极端状况扩展。微纳尺度下能量载流子的迁移和导热规律研究是传热学发展的重要研究方向,在极小的空间和时间尺度下,输运系数凸显出强烈的尺度相关性,如纳米颗粒、薄膜等材料的导热过程呈现各向异性或非均匀性规律。相界面和接触界面热阻逐渐成为焦点,许多研究者采用分子动力学模拟、第一性原理、直接求解玻尔兹曼方程等方法揭示界面导热规律和相关输运特性,提出应用量子和凝聚态物理最新成果,引入微观物理和电子试验观测现象和过程特性。

2. 非傅里叶效应和耦合问题

在非傅里叶效应研究方面,从事导热研究的人们一直非常关注经典傅里叶理论在面对日益广阔的实际应用和日新月异的高科技发展时所呈现的局限性,试图探索突破经典理论局限的新科学思维和相关基础理论,除前面所提到的微观乃至量子化新理论外,研究者主要从快速作用的时间尺度和微纳米化的空间尺度考虑非傅里叶效应,认识、揭示热滞后与波动性影响的导热新现象和新规律,发展基于非傅里叶效应考虑的宏观理论。

在耦合效应研究方面,针对饱和、非饱和含湿多孔介质(包括纳米结构材料)、含电渗及反应溶液多孔材料(燃料电池电极)、冻融土壤、活性组织生物体等复杂特殊导热问题展开研究,尤其是考虑在孔隙尺度上揭示孔隙结构内部现象及松散性骨架与内部现象耦合的导热问题,非常具有挑战性、学术创新性和实用性。除前面提到的用分子动力学模拟等微观方法模拟外,输运物性及热导率与热扩散系数的测试从常规材料主要转向特殊性介质和材料,如生物组织、软物质材料、微纳米复合材料、纳米流体等方面。对这些热物理性质和传递规律的描述正是基于不同过程行为和因素耦合的结果,集中体现在多过程多相的非线性耦合和非均匀性。

3. 界面热阻与接触热阻

两个物体表面在机械载荷作用下相互接触的情况随处可见,如大规模集成电路芯片冷却、卫星中大热流密度换热器等都是通过接触式换热器完成的。当热量流过两个相接触的固体界面时,界面本身对热流呈现出明显的接触热阻(界面热阻)。在过去二三十年中,接触界面传热及界面热阻一直是传热学中的一个活跃问题,同时也日渐成为科学研究和工程应用中一个不可忽视的因素。对于它产生的机理,广大研究者进行了大量的理论与试验研究,普遍认为界面热阻的产生是由于粗糙表面间不完全接触所造成的热流线收缩而导致的。两固体材料接触时,影响其界面传热的因素有接触界面几何形貌、载荷情况、温度条件、材料特性、界面接触情况等。然而,热流从两个物体的接触界面通过的行为及其机理迄今还没有被完全了解。

4. 热学新概念及其应用

在各种能量的利用中,80% 要经过热量的传递与交换,因此提高热量传递的能力、减小传递过程的损失是提高能源利用效率的关键问题。但是,现有的传热强化理论与技术不能适应提高能源利用效率要求,因为在现有的传热理论中,只有热量传递"速率"的概念而没有热量传递"效率"的概念,从而使得传热过程只有强化的概念而没有优化的概念。由于传热学缺乏传热优化的理论和方法,现有的传热强化技术不可避免地带有一定的试验性和盲目性,研究结果也缺乏通用性,更重要的是不利于提高能源利用效率。另外,近年来随着高新技术的发展,经典的傅里叶导热定律受到了质疑。例如,在一些激光加工技术中,激光脉冲宽度可达到飞秒(10^{-15}s)量级,这种超快速的瞬态加热过程使得傅里叶导热定律不再适用。近年来还发现,在纳米材料的稳态导热过程中,如果热流密度足够高,对于碳纳米管和其他低维材料中的导热,傅里叶导热定律也不适用。这些问题促使人们思考,出现上述现象的原因是否是热学中的基本概念有不足之处,或是缺乏某些基本物理量,这就需要对热学中最基本的概念和规律进行讨论和研究,所以就有必要对热量的本质进行进一步的探索,在此基础上扩展和发展现有的热学理论体系。

5. 新兴应用的导热分析

在激光焊接融凝传热特性与加工质量控制、大型钢铁生产急淬冷基础理论与技术、复合材料激光成型与处理的热过程、工艺加热冷却基础与技术等随着现代工业发展起来的微机电、激光加工与材料制备等高科技应用和产业中,导热依然扮演着越来越重要的角色,在这些行业热量传递的突出特点是与工艺过程相关。这些传递过程中不但需要应用导热方面的技术基础和成果,而且需要将对流传热和辐射传热传递方式耦合起来一起考虑,往往还需要考虑微纳尺度效应和微时间效应。围绕着微机电高效运行和安全保障,尤其是微电子、光电子和高能密度激光器件冷却的导热分析与实际应用,无论是工业界、用户还是科研技术人员,都给予极高的重视并进行了大量且富有成效的研究工作,包括复杂几何形状的导热,与对流和辐射的耦合,各元部件、散热块之间的接触热阻,对这些现象的理论认识、分析方法与技术应用都有创新性的发展和进步。

4.2.2 辐射换热

1. 宏观辐射换热新理论

辐射传递方程是进行辐射传输过程分析的基本控制方程,描述了考虑热辐射发射、吸收及散射等传输过程的辐射能守恒,广泛应用于气体、颗粒弥散介质、半透明固体材料内的辐射传输、辐射换热及多模式耦合换热分析,如航空发动机燃烧室传热、炉膛传热、火焰传热、大气辐射传输、容积式太阳能吸热器等。辐射传递方程的物性参数包括吸收系数、散射系数及散射相函数,这些物性参数通过试验或光散射理论获得。以辐射传递方程为核心的辐射传递理论已经拓展到偏振辐射传输、梯度折射率介质辐射传输的分析。经典辐射传递理论成立的两个重要条件是介质独立散射及辐射衰减满足指数衰减特性(比尔定律)。介质独立散射一般要求散射体呈稀疏分布,指数衰减特性一般要求散射体随机分布,然而在一些实际应用中,该假设条件并不总是成立,如在稠密多孔介质及颗粒堆积介质中,散射体会呈近规则分布且散射体分布稠密,独立散射及指数衰减特性都可能得不到满足,从而使得经典辐射传递理论的可用性面临挑战。在这些特殊条件下,经典辐射传递理论的准确性评估还有待进一步研究。对于非独立散射介质及非指数衰减介质辐射传递的研究还很有限,相关理论还有待进一步研究,需要改进或发展新的宏观辐射换热分析理论。

2. 微纳尺度及超快辐射传热

传统的辐射传输理论建立在几何光学假设的基础上,并依赖于以下三大基本假设:① 物体的空间尺度远大于辐射的峰值波长;② 物体间热辐射传播所需的时间远大于物体分子热激发的弛豫时间;③ 辐射能与热能之间的转化是瞬间完成的。随着新技术的发展,在许多领域遇到了大量不满足这些基本假设的科学问题和现象。在空间尺度上,现有研究表明,当两个辐射源之间的距离从常规尺度减小到纳米量级(或热辐射特征长度)时,由于光子隧穿效应,辐射换热量会比斯特藩-

玻尔兹曼公式的计算结果增大几个数量级。当物体间距离达到接近或小于热辐射的特征波长时,热辐射会与材料表面结构产生复杂作用,如近场干涉效应、表面波共振及近场隧穿效应。此外,在时间尺度上,如在超快激光加热下,辐射传热的时间尺度会短于材料热平衡的弛豫时间,此时材料会处于局部非平衡态,介质中的电子和原子核可处于不同的温度。在微小空间和时间尺度下的特殊传热机制都是传统辐射传热理论无法考虑和解决的问题,使得以辐射传递方程为核心的经典辐射传递理论已不再适用。微纳尺度辐射传热由于其独特的物理机制和特性,在光电探测器、光电转换、超短脉冲激光加工等领域有重要应用价值,并提供了多个新应用方向,如近场热光伏、热逻辑器件、微纳尺度加热/测温、近场光学显微镜等。

基于涨落电磁理论的近场辐射换热分析理论在1个纳米及亚纳米尺度的准确性还不明确,在亚纳米尺度下的热辐射、电子、声子耦合传热特性及机理还有待研究。已有近场辐射换热的理论和试验研究主要集中于两个物体的辐射换热,对于多个物体之间的近场辐射换热机制还有待揭示。当多个物体处于近场区域时,将产生复杂的多体作用,已有研究表明,多体作用会使得近场辐射换热得到显著增强或抑制。在理论研究方面,已有的近场辐射换热分析主要针对简单几何形状物体,如平板和圆球,而针对复杂结构近场辐射换热的分析还较少,复杂结构对近场换热的调制机制还不明晰,对热辐射超材料设计相关的分析理论和数值模拟方法还不完善,有待进一步发展。

3. 高温气体辐射换热

极高温多组元气体非平衡辐射和一些极端过程联系起来,如高超声速飞行、等离子体加热与驱动、激光与物质相互作用、核爆炸等。在高温(3000K以上)、高焓、高速等极端条件下,气体组元产生多种形式的内能级激发、离解、电离、复合等物理化学过程,致使多组元化学反应气体流内分子能级数密度分布偏离玻尔兹曼分布,导致辐射强度偏离普朗克定律,从而构成极为复杂的非平衡耦合传递问题。围绕先进推进技术、战略防御技术、等离子体技术和光谱诊断等技术的发展,近年来的研究主要集中在探寻高温非平衡态多组元气体辐射的微观机制和规律。

4. 粒子系辐射换热

粒子的辐射能力远强于气体,其广泛存在于动力、化工、大气等过程中。目前与动力工程有关的煤、灰、炭黑粒子辐射特性的研究较多,而与其他领域(如火箭发动机)有关的金属与氧化物粒子研究较少,尤其高温情况。金属与金属氧化物粒子复折射率数据品种单一,温度谱和光谱不全。粒子的光学常数(复折射率)属于基本物性参数,与其组分、温度、表面状况有关。粒子的比表面积比其块状物质大得多,且高温粒子易聚集成团,导致粒子表面状况复杂,光学常数并不等同于体材光学常数,须由试验测定其他量,然后结合相应的理论模型反求。常温下粒子复折射率的研究较多,因试验困难,高温光学常数的研究较少。此外,传统的粒子辐射特性理论忽略介质的吸收性,然而大部分实际宿主介质,如水、大气、玻璃及陶瓷等,在特定波段均呈现一定吸收性。宿主介质吸收性对其中颗粒散射特性影响的了解尚不清晰。

传统含粒子介质的辐射换热基于辐射传递方程进行求解和分析,然而对于稠密粒子系统,特别是当粒子间距接近或小于热辐射波长时,传统的辐射传递理论可能失效。对于一般稠密粒子介质辐射换热的分析还缺乏行之有效的理论。对于稠密粒子系辐射换热的研究主要集中于对非独立散射的研究,通过非独立散射修正,可以在经典辐射传递理论框架下对稠密粒子系的辐射换热问题进行修正。通过非独立散射修正,可以提高辐射传递理论的适用范围,但是非独立散射修正仍不能有效考虑粒子间的近场辐射换热,需进一步发展能够考虑近场效应的处理稠密粒子系辐射换热的新理论。

5. 极端条件下热辐射参数

材料的辐射特性参数是进行辐射计算和分析的前提。在工程应用和科学研究中,高精度的红外热辐射模拟分析常常面临与之相关的超高温和超低温等极端条件下材料辐射热物性数据缺乏的问题。超高温和超低温等极端条件下固态物质的基本热辐射参数的试验测量所需设备复杂、试验困难,且难以获得波长连续的数据。研究已公开的高温热辐射参数数据较为缺乏,限制了极端条件下红外热辐射的模拟精度。热辐射过程涉及材料分子和原子内部微观能级的跃迁。研究物质的微观结构、宏观辐射特性以及两者间的联系是材料热辐射特性研究中的重要课题。原则上利用材料的分子和原子结构参数,求解薛定谔方程得到系统的波函数后,系统的全部物理性质都可以由波函数导出。随着计算机技术的迅猛发展,计算机模拟已成为辐射热物性研究的重要手段。

6. 新兴应用中的热辐射问题

近年来,随着热辐射机理研究的深入,特别是对微纳尺度热辐射认识的深入以及学科交叉研究的发展,催生了一些新的热辐射应用方向,应用于新能源、热管理、红外隐身/伪装及装备制造等工程领域,如近场热光伏技术、基于热辐射超材料的热辐射特性调控技术、智能热控皮肤、微纳尺度加热/测温、近场光学显微镜、光子纳米流体、容积式太阳能吸热器、激光增材制造、光子动力学医学诊疗等。这些热辐射的新兴应用方向有望在国民经济、航空航天、军事国防等领域发挥重要作用，并产生一批自主知识产权的技术成果。其中，涉及大量热辐射相关科学和技术问题仍有待研究，这些问题呈现多学科交叉、多物理场耦合的特点。

4.2.3 对流传热传质

1. 多场耦合复杂对流传热

随着工程热物理与材料、化学、微系统以及生命科学等学科深入交叉融合，对流传热的研究范畴超越经典的自然对流和受迫对流传热，已逐渐从常规宏观条件下牛顿流体的复杂几何流动过渡到极端条件、多尺度耦合、多物理场驱动、复杂流体工质的对流换热。主要包括极端条件下的对流换热（如高温条件下热等离子体对流换热）、超高速条件下高温稀薄流体对流换热、高温条件下熔融金属对流换热等；多尺度耦合对流换热如微纳多尺度功能材料表面对流换热、梯级多孔介质内对流传热等；多物理场驱动对流换热，如电场、磁场及重力场耦合条件下对流换热等；复杂流体工质对流换热，包括热等离子体、超临界流体以及非牛顿流体、磁流体对流换热等。

常规条件下通常被忽略的微弱势差包括温差、浓度差、张力差、电势差等在微小尺度空间、超薄界面、多物理场等特殊场合下会得到强化甚至主导化，成为影响对流换热的重要因素，从而引起新的传热机理。空间微重力对流传热、界面张力驱动的马兰戈尼对流传热、电子器件冷却通道内多物理场耦合对流传热、高马赫数空天飞行器表面对流换热、超临界流体混合对流传热以及非牛顿流体对流传热等已成为与航空航天、微电子技术、生命科学等现代高新技术紧密关联的热点领域，这些领域的流动、传热和传质具有与经典对流传热和传质不同的物理规律，也是对流传热领域最富挑战和创新性的前沿。

2. 相变对流传热

气液相变在微细层面的相过渡与核化、气泡动力学、界面传递与驱动流动现象，气液相变系统内在强非线性作用和所产生的多样性特征等研究呈现出前所未有的新气象，不断有新现象和新规律提出，如爆发性、射流和云雾状核化，非线性和非平衡气泡动力学演化与相互作用、竞争核化，界面及三相接触线流动以及多样性射流等。固液相变界面区的团聚溶胶态、枝晶竞争、微细流动等新现象在传热传质中扮演了关键性角色，非线性和非平衡相互作用是诱因也是结果。结霜、固气相变现象和传递规律也有新的发现，蒸气的传递与局部温度场在相变过程影响下产生的非平衡性和非线性相互作用，导致同时出现升华和凝华过程，二者之间还有着强烈竞争关系，展现出丰富多彩的物理图景。微小尺度沸腾与凝结、薄液膜稳定性与蒸发凝结、接触角、液滴特性、界面现象和特性，以及其他方面的研究都非常富有成效和特色。

3. 界面效应与微细现象

贴近表面、界面区的流动和传热特性一直被人们所重视。微流动、微对流传热传质、微反应等正逐步成为研究的“主战场”，光电子器件冷却、生物芯片流动和传热设计与测量控制、生命过程微细结构能量与物质交换、新（纳米）材料成型工艺过程热质传输控制等迫切需要解决复杂流动和传热、传质的联系。近年来，壁面效应、界面效应和尺度效应对微细流动结构形成机理和在对流传热中的作用有广泛的理论和试验探索。流体中双电层、物性变化、组分浓度差异、微观聚团性结构，固体界面表面的吸附特性和表面粗糙度、人工微纳结构以及界面表面的电场力、磁场力变化或者可响应外部电场、磁场变化的界面表面等，均会引起临近界面区的流动变异和微细流动结构的变化，进而极大地改变了对流传热机制。

微纳尺度传递现象、污泥处理中传递过程、相变微细观机理、燃料电池电极传递现象、生物材料低温处理等研究中都发现，流道几何结构和尺度尤其结构动态变化会使流体中微观粒子（分子、原子、离子等）或者加入的纳米颗粒等产生不同程度和形态的聚集，极大地改变流体、固体结构和粒子间的相互作用，实质性影响内部和界面区流动和传递现象物理过程，包括含有微观粒子团聚体的运（转）动、大小与性质演化、界面和粒子诱发运动等全新的物理机制。这些已不能用经典流动与传递理论分析解释，不仅要与表面物理化学、分子物理、胶体化学、生物基础、弹塑性流体、渗流力学、流固耦合分析、现代数理最新进展与理论等密切结合，还要考虑多相、多尺度、多过程非线性耦合，对基础理论研究和试验技术等都提出了前所未有的新挑战。

4. 传质

传质是涉及物质质量传递和扩散的过程，广泛存在于植物蒸腾、物料干燥、加湿、精馏、烟气净化、污染物减排、电厂冷却塔、海水淡化以及污水处理等与人类生产生活紧密相关的领域。在诸如枸杞、香菇、人参等食用物料干燥过程中，传质是水分从细胞内跨越到细胞间隙再到外部空间的多尺度物理过程，烟气净化和污染物减排系统中的传质则大多涉及多组分并伴有化学反应的传质过程；在太阳能海水淡化系统中，通过海水蒸发制取淡水的传质过程是解决沿海及海岛淡水短缺的主要技术之一。在污水处理工程中，通过污水闪蒸的传质工艺过程可实现污水的浓缩，节约污水处理成本和能耗。此外，液流电池、锂离子电池以及动电发电等新型储发电技术作为储能领域的研究热点，其运行过程中的离子传质过程也逐渐受到关注。

(1)先进传质强化原理与方法。热质耦合传递、伴有化学反应的多组分传质过程、复杂多尺度结构表面与内部的传质过程以及传质过程强化原理与方法是研究的焦点。通过温度和压力等参数控制来改变参与传质的物相相变点温度或溶解度、通过采用多尺度微结构增大比表面积、纳米流体等功能流体是强化传质的研究热点。近年来，在太阳能海水淡化领域，采用等离激元纳米流体强化光热吸收从而促进传质过程已成为较为活跃的前沿研究领域。

(2)复杂多孔介质中的介观和微观传质特性。传质还广泛存在于室内污染物扩散等人居环境控制中，无论人居环境的各种复合材料还是人体本身都可在微观上视为多孔介质，大量复合材料会释放对人体有害的物质，这些污染物的空间扩散规律及其在人体中的迁移和对人体细胞作用致病机理尚不清晰，其中很多问题需从介观甚至微观角度(如分子生物学角度)进行研究。此外，在人居环境空气质量控制过程中，高性能复合净化材料在不同环境条件(如温度、湿度)下的竞争吸附和催化反应机理需深入探讨，成为传质领域的新兴交叉性研究方向。

(3)复杂多孔介质中多物理场耦合下的传质过程。一般情况下，液流电池等新型储发电技术的传质过程是在多孔电极中并且在对流、扩散以及电迁移的共同作用下发生的。现阶段对于电极内部传质过程的研究是在很多简化假设的基础上进行的(如多孔电极均质化假设、忽略电迁移作用、电解液与电极反应界面附近的扩散层假设等)，但是随着电极生产、加工以及复杂预处理技术的突飞猛进(特别是3D打印技术、电极表面微孔尺度精确控制等)，多孔电极中传质机理的厘清以及电极微孔结构和表面微观结构对传质过程的影响规律都成为亟待解决的问题，以指导新一代电极材料的生产与加工。此外，多种新型电解液的出现(如非水系有机电解液、悬浮态电解液等)也为液流电池中的传质研究带来了新的挑战，如高黏度电解液运行下的流道设计和电极设计以及悬浮态电解液粒子团聚问题。

(4)多过程耦合的动态传质现象。室内降尘可作为一种标志物对室内环境有害污染物进行暴露评估及来源解析，此后，室内降尘中化学污染物浓度被广泛用于评估室内环境的化学污染状况。室内降尘中污染物含量的累积过程耦合了多个动力学过程，如悬浮颗粒物对气态污染物的吸附、悬浮颗粒物的沉降、降尘对气态污染物的吸附、污染物在降尘及表面间的分配等。这些动力学过程涉及宏观至微观的多尺度动态传质，国内外对该传质现象鲜有研究，认识尚不清晰，对室内环境化学污染状况的评估结果严重偏离实际，难以实现有效控制。如何对这些动力学过程进行解耦分析,进而明晰典型室内污染物的人体暴露量(或健康风险)与其在室内降尘中含量间的关系,将成为国际传热传质与环境健康交叉领域的研究热点。

(5)具有外部电场或磁场响应特性的净化材料界面介观和微观传质特性。颗粒物(包括病毒、细菌等微生物)在复杂纤维材料界面接触与黏着机理,特别是当存在外部电场或磁场时,纤维表/界面能形成机理需要深入研究。增强净化材料的外部电场或磁场响应特性是调控表面传质的关键,认识在外部复杂受力下的材料界面行为,不仅强化污染物传质,还促进具备外部作用力响应特性的新型材料的研发。这些问题需要从气-固、液-固和固-固的介质界面行为及界面外部多场耦合规律等方面进行深入探索,并结合微观、介观和宏观的观测手段,进行理论突破与规律揭示。

5. 传热传质应用基础和技术

新型能源系统和环境保护中,燃烧、燃煤 SO_2、NO_x、飘尘等污染控制、建筑节能与冷热储存技术、除湿与空气洁净技术、建筑挥发性有机化合物监测、地水源热泵、燃料电池、电子冷却、各种联合循环系统等所涉及的复杂单相、多相、多组分、反应吸附传递现象和过程都得到高度重视,形成了各具特色的许多独立研究方向和课题,取得多方面的技术基础和应用技术成果。仅针对环境污染控制给换热器这一个方面带来的新问题、新机遇就已对传热,尤其换热器理论和技术产生观念和研究思路的创新。用于各种情况下的特殊换热器包括单相、相变和物理化学吸附与反应过程,例如:① 气体排放污染控制和挥发性有机化合物减排;② 污水处理与热污染;③ 固体废弃物和工业有害废弃物焚化装置与能源回收系统;④ 其他环境环保相关的加热、冷却、浓缩和分离过程等。

单相与相变传热强化技术与应用近年主要围绕系统、全方位节能开展了卓有成效的工作,国外在诸多强化技术尤其具体结构设计理论和技术实现上显现出强劲上升趋势和领先水平。国内则提出场协同论的思想,试图用协同理论总结和发展强化传热技术,无论是理论分析和数值模拟论证还是试验工作都相当广泛,也有一些实际技术应用实例[1]。针对应用于各种新型能源系统的换热技术和换热设备(换热器),如微型燃气轮机回热器、空调制冷系统中的紧凑式蒸发与冷凝换热器、石油化工中的大型热交换器和反应蒸馏器等,从过程性能设计和分析到技术和应用推进踏踏实实地向前推进。各种传统和新型热管越发成为实际应用的热门强化手段,理论和技术日新月异。

航空航天热管理与电子器件冷却技术、大型和高温设备、装置与部器件(像燃气轮机系统、航空发动机燃烧室、动静高温叶片等)冷却原理和技术基础、物料与生物食品干燥、低温制冷与环保工质传热传质、自然生态与地质资源中的传热传质技术基础研究和技术应用，建筑能源系统与节能，各种工艺加热与冷却、工业系统与工艺过程传递转换效率提高，不但涉及学科、工业技术背景和行业等全方位的交叉，就本学科的研究而言，也都是非常前瞻和热门的方向，成为理论技术成果和进展很集中的领域，还包括叶轮机械两相流传热传质，核反应堆热工水力及安全传热，低温、新型制冷技术传热，超临界流体传热，磁流体传热，以及管束、螺旋管、弯头等复杂结构内多相流动传热等。

4.2.4　相变传递

1. 沸腾

沸腾是指液体温度高于其饱和温度时，在液体内部和表面发生的剧烈汽化现象，并伴随有大量的热质传递过程。沸腾相变传递除受液体性质、壁面特性（亲疏水特性、粗糙度、微观形貌等）、各种力场（压力、重力、电场力、磁场力等）等因素影响外，还与沸腾相变发生空间有关。通常沸腾相变可分为池沸腾（大容器沸腾）和管内流动沸腾（受限空间沸腾）。池沸腾过程中流体运动主要由温差和气泡扰动引起，而管内流动沸腾主要依靠外加力场作用来维持。池沸腾和管内流动沸腾传递的热量比传统单相流动高 1～2 个数量级，因而被视为传热界研究关注的热点。

池沸腾是发生在大空间内并呈现复杂气泡动力学行为的经典热质传递过程，表现出非线性混沌特征并受多因素耦合作用影响。研究者通过试验和理论研究，探索池沸腾过程中的气泡动力学行为及其相变传热机制，发展了均相和非均相成核理论，绘制池沸腾曲线并提出相关池沸腾传热和临界热流试验关联式。近年来，通过引入各种功能表面、仿生表面来强化池沸腾传热性能并对其进行调控的研究，成为研究者关注的热点。管内流动沸腾在微电子冷却、航空航天器热管理、能源系统热质输运等领域都有重要应用。受限空间内的管内流动沸腾呈现出比池沸腾更为复杂的特点，尺度效应、界面效应、非稳定特性在这一领域表现得尤为突出。管内流动沸腾两相流型演变规律、稳态流动沸腾模式下沸腾传热准则方程构建、临界热流密度预测等一直成为该领域研究的主题。近年来，随着微电子器件集成度的提高和热流密度的攀升，对于更小尺度下微通道中两相流动沸腾传热特性、两相非稳定振荡机制及抑制方法、微通道表/界面特性及其强化沸腾传热机理、多物理场耦合作用下的微通道沸腾传热特性，以及流-固-热-力-电多场耦合的高效微通道沸腾相变传热协同优化理论和方法成为业界关注的热点。

核态沸腾模式一直被认为是池沸腾和管内流动沸腾中一种理想的高效相变换热模式。核态沸腾涉及从分子尺度的热波动到宏观尺度的热质输运的跨尺度传递机制，其涉及的科学研究引起广泛关注。沸腾成核机制是核态沸腾研究的核心问题，研究者相继提出了均相核化、异相核化、伪经典核化、非经典核化等多种成核机制，但尚缺乏对实际物理场景下成核过程的全面深入研究。由于现有试验手段难以对跨尺度成核现象进行精细观察和描绘，发展精确高效的数理模型对核态沸腾成核机理及传热机制进行精细刻画和揭示，亦成为富有挑战性和创新性的学术研究方向。沸腾传递研究包括池沸腾传递和受限空间流动沸腾传递的研究，不仅对先进高效热质传递系统开发具有重要现实意义，其涉及的宏微观尺度相变热质传递机制及规律的探寻亦对传统传热理论和试验技术的发展提出了迫切需求。

2. *冷凝*

蒸气冷凝作为高效的热质传递过程被广泛应用于各种动力系统、工业生产以及航空航天等领域，是国内外学术研究的前沿。蒸气冷凝在非常小的温差条件下可以释放大量的相变潜热，成倍地增加换热表面的传热通量和传热系数，显著地提高整个系统能量传递和转换效率，在电力能源、石油化工、电子工业、建筑节能、余热回收利用等领域均发挥着关键作用。同时，冷凝过程作为有效的相变分离和资源回收手段，也被广泛应用于海水淡化、湿气回收、产品纯化、环境湿度控制等领域。开发高效的冷凝传热技术对解决高热流散热、降低能源消耗以及实现能源系统的高效化与集成化同样具有重要意义。

冷凝过程通常涉及复杂的多尺度界面演化与相间传递机制。从热质传递的角度，冷凝过程可以描述为气相内蒸气分子的迁移、在气液界面发生相变释放潜热、热量经凝液层传递到固体壁面。其中，涉及的主要物理过程包括蒸气分子扩散、分子团簇、异相核化、凝液润湿铺展、凝液层导热以及凝液输运与移除。与膜状冷凝相比，滴状冷凝具有更复杂的界面现象和更高的传热效率，是近年来蒸气冷凝传热领域研究的聚焦点。这主要归因于滴状冷凝独特的过程特征：① 冷凝液滴行为具有明显的周期性和动态特征，即液滴从核化、生长、合并到脱落，这些分散的液滴可以显著加快表面凝液的更新频率，降低从气液界面到固液界面的传递热阻，并且液滴的动态行为会加大气液界面的扰动，有利于蒸气分子向气液界面输运，特别是对于含不凝气的蒸气冷凝过程尤为重要；② 液滴的生长过程具有多尺度特征，即从初始核化的纳米尺度到最终脱离的毫米尺度，其中 90% 以上的冷凝潜热是通过尺寸小于 10μm 的小液滴传递的，所以滴状冷凝传热强化手段主要集中在加快液滴移除来降低凝液传递热阻；③ 各阶段冷凝液滴对表面物化性能有差异化的需求，例如，具有高表面能的亲水表面可以降低蒸气成核能垒促进液滴核化，而低表面能的疏水表面可以有效降低表面黏附有利于液滴脱落。因此，从冷凝过程特性出发，通过合理的表面结构设计和化学改性来调控凝液行为是实现冷凝热质传递强化的关键。

近年来，冷凝传热的研究范围和内涵得到明显拓展和延伸，展示了学科交叉促发展的蓬勃气象。一方面从新材料与界面科学角度，用新科学理念再认识传统内涵，发现新现象、新规律、新机理，拓展和深化冷凝过程中热质传递的基础理论体系；另一方面探索和开拓新的冷凝模式，结合微纳尺度流动和热量传递特性，发展了基于界面多尺度调控的全新冷凝传热强化策略和技术。具体来说，冷凝过程微细层面的分子团簇理论、竞争性异相核化、微纳尺度液滴和液膜动力学、极端条件下凝结热质传递、非平衡非对称相界面以及多尺度效应产生的多样化特征等方面的研究呈现出前所未有的生机，不断有新现象和新规律发现，如纳米核化液滴的精确调控、纳米通道冷凝的限域效应、微液滴自发弹跳和定向迁移、超薄液膜快速输运以及液滴-液膜多样化耦合和相互作用等。特别是，复杂的微细固液界面区内的三相接触线动态迁移、多因素下界面润湿状态动态演变、微细相界面非连续和非对称输运等现象都将极大深化冷凝传热的基础理论和微纳冷凝传热强化机制，也展现出丰富多彩的热物理图景。

新兴的研究方法与先进的试验手段不断丰富，相关学科的基础理论和技术不断渗透交叉，也拓展出崭新的思路和方向。高速高分辨率可视化、激光粒子成像、核磁共振、无损计算机断层扫描层析、扫描电镜技术、原子力镜表面与表层分析、隧道显微成像、数字化信息处理等已成为冷凝传热研究中观察显示物理特性和探究微观机理的强有力手段。在数值模拟方面，随着大型集成化、超容量、超快速计算技术的兴起，先进的数值模拟方法结合现代高科技显示测量极大地促进了对冷凝传热研究内涵的延展和深化。

3. 蒸发

蒸发是由相对低的温度驱动力或者相对低的热流量驱动在液体表面发生的典型汽化过程。在液相蒸发为气相的过程中，伴随着热和质的传递。作为一个普遍存在的过程，蒸发无时无刻不在发生，它可以在任意温度下进行，理论上只有在绝对零度条件下才可以完全避免。蒸发传递不仅受到液体性质、液体温度、表面面积等因素的影响，还与表面附近的流体流动状态甚至固体界面属性密切相关。作为蒸发传递的两个主要形式，液膜和液滴蒸发的热质传递一直被人们重视，降膜蒸发、太阳能驱动蒸发和液滴蒸发成为当前蒸发传递研究的关键主题。

降膜蒸发借助传热管侧的膜状流动促进气相和液相的快速分离，铺展的薄液膜增加气液接触面积并降低通过液膜的热阻，进而有效地增加热质传递效率。研究者通过试验和理论研究，发展降膜蒸发的传热传质经验关联式，认识、揭示其内在的热质传递机理，并已经取得了巨大的成功。近年来，不同流型下气液的两相流动以及热质传递特征规律、优化操作条件和固体界面属性实现流型转变的操控和优化增强热质传递效率成为重点研究的方向。

太阳能驱动蒸发借助光热转换材料和蒸发实现太阳能到热能的转换,其较低的操作温度能有效地减少系统能量向周围环境的耗散,较高的太阳能转换效率和工业应用潜力引起了巨大的关注。近年来提出的太阳能驱动的界面蒸发和低温蒸发等高效利用方式成为该领域研究新的生长点。在保留了经典方向的深化和再认识拓展等内容外,研究者围绕光热转换系统、界面蒸发结构和隔热体的材料选择、微/纳米结构设计和表面化学对动态蒸发行为和平衡蒸发性能的影响开展了富有成效的研究。

液滴蒸发是一个普通的生活现象,在喷墨打印、3D 打印、微电子器件制备、新材料制备、生物医学等高新领域扮演着重要角色。液滴蒸发内在强非线性作用和跨尺度特征使得它成为研究复杂科学问题的理想模型,为探索分形、分叉、混沌等非线性现象提供了理想的试验平台。小小的液滴蒸发吸引了不同学科的研究者揭示其中的奥秘,相关研究展现出丰富多彩的物理图景,"咖啡环效应"及其调控、液滴失稳现象、汽化驱动液滴内部的相分离和流动、跨尺度下主导作用力的变迁和相互作用机制、多组分液滴蒸发、非均匀蒸发和表面张力协同诱导液滴运动的物理机制、多场(声场、电磁场、微重力)耦合作用下液滴内部流动及热质传递特征、接触线动力学等方面的研究都非常富有特色和成效。此外,在接触线动力学、液滴内部流动、热质传递、失稳、多场、非线性特征等多种因素共同作用下,液滴蒸发后在衬底上形成复杂的沉积图案,蕴含着丰富的科学内涵,图案形成机制和调控策略已经发展成为富有挑战和创新性的研究前沿。

蒸发传递,尤其是太阳能驱动蒸发和液滴蒸发,不仅对新能源利用及诸多高新技术具有重大的现实意义,而且蕴含着丰富的科学内涵并有望取得创新性的突破。深入认识太阳能驱动蒸发和液滴蒸发,需要热力学、材料科学、表面科学、力学等多学科的协作和交叉融合,对基础理论研究和试验技术等都提出了前所未有的新挑战。

4. 固液相变和固气相变传递

固液相变和固气相变传递是典型的多尺度结构多相多场驱动的耦合传热传质过程,航空航天热管理、新能源利用、相变储能、强化传热等领域都对该领域提出了新的需求和挑战。固液相变界面区的团聚溶胶态、枝晶竞争、微细流动等新现象在传热传质中扮演了关键性角色,形成固液两相内在的时空非均匀性、非线性相互作用。微纳尺度下的相变材料在表面效应、尺度效应等作用下异于宏观的相变行为,相变复合材料主-客体中两者由于相互激发的相变机理和热物理机制的变异,表现出非同寻常的相变传储热特性,迫切需要开展固液相变复合储热材料热传输特性和相变机理的研究，突破相变储能材料研发因反复试制导致的周期长且成本高昂的瓶颈。微纳尺度相变和导热机理及试验测量方法，相变材料尺度效应、界面效应及结构效应与能质协同输运规律，相变复合材料多尺度热物性等已取得非常有意义的进展，揭示出固液相变传递新机理和新规律，为相变储能领域的探索以及相变储能材料结构设计与性能调控提供理论支撑。固气相变现象和传递规律也有新的发现，蒸气的传递与局部温度场在相变过程影响下产生的非平衡性和非线性相互作用，导致同时出现升华和凝华过程，二者之间还有着强烈竞争关系，展现出丰富多彩的物理图景，涉及固气界面相变物理化学吸附与反应过程、固气相变制冷过程等，其中紧密结合的传递现象包括相与相之间的扩散、弥散、毛细吸附、相体系变化和相态转变特性，对于这些复杂相变热流体系的理论认识、分析方法和技术应用都有创新性的发展与进步。

4.2.5　微纳尺度传递

微纳尺度传递是工程热物理与能源利用学科的一个重要分支，着重研究微纳尺度下能量转换、传递和利用过程中的基本规律及其应用技术理论基础。微纳尺度传递在基础理论研究以及实际工程应用中均扮演着重要角色，对微纳尺度导热、辐射、相变等能量传递深层次作用机制的深入研究促进了声子散射、光子相干等物理学科理论的发展，同时相关理论在电子芯片散热、航空航天热防护与管理、节能减排等关键工程应用领域中起到强有力的理论支撑作用。近年来，微纳尺度传递与生命、化学、材料、环境、信息等学科的交叉、融合趋势也越来越明显，促进了固态热电、辐射制冷、热光伏电池等电磁光热转换器件、生物传热传质、能源互联网与智慧能源等研究领域的发展和变革。

1. 微纳尺度热辐射

微纳尺度热辐射是探究微纳尺度下（主要范围为 1nm～100μm）热辐射电磁波的传输规律、调控机制及其实际应用的学科，属于传热传质学科与物理学、材料学的交叉技术学科范畴。当前，微纳尺度热辐射学主要采用理论与数值分析和试验测量等方式开展研究。理论上通常运用半经典的工具探究介质物性（介电常数与磁导率）、微纳结构与热辐射的相互作用规律，主要方法包括涨落耗散定理、计算电磁学方法（如时域有限差分法、严格耦合波分析法、多球转换矩阵方法）等[2]，也有研究者采用完全基于量子力学的第一性原理方法对材料热辐射特性及辐射传热进行理论与数值预测[3]。试验方法主要包括测量辐射远场特性的光谱仪、椭偏仪和测量辐射近场特性的扫描近场显微镜系统等。

近年来,随着微纳加工制造工艺和微机电技术的飞速发展,具有特定辐射特性的微纳结构的制造甚至批量生产成为可能,超高空间与时间分辨的测量表征方法的发展也使得高精度微纳尺度热辐射测量成为可能,这些技术为微纳尺度热辐射的进一步发展带来了机遇。近场辐射传热的理论与试验研究,高性能热辐射吸收器和发射器设计,辐射热流调制器、整流器与传感器的设计,纳米尺度热成像与热加工等逐渐成为研究热点。应用上也逐渐拓展到太阳能热光伏发电、太阳能热化学储能、太阳能光催化反应、辐射制冷以及光生物和光化学等能源相关的工程应用领域,同时也应用到高集成度红外探测与传感器件、固态能量收集与转换器件、可穿戴热管理器件、深空与深海探测等领域。

极限尺度下(＜10nm)的近场辐射机理及试验测试、近场热光伏系统和近场电致发光制冷系统等器件的效率提升、热二极管等热辐射电路器件的制备与实现、高温环境及非平衡条件下的热辐射特性是微纳尺度热辐射研究中亟待解决的难点问题。同时,与等离激元学、纳米光子学、纳米材料学、激光技术、量子物理等光学、物理领域方向的相互融合与渗透进一步推进了微纳尺度热辐射的深度与广度,引发了表面等离激元/声子极化激元近场辐射传热、超表面与超材料的辐射传热调制、热辐射的相干性与方向性控制、非互易性热辐射、新型拓扑材料与二维材料的近场与远场热辐射特性、相变材料、电控/磁控材料等可重构材料辐射特性等交叉领域的研究,有着广阔的科学探索空间与工程应用前景。

2. 微纳尺度导热

微纳尺度导热是探究微纳尺度下声子、电子等载能粒子的传输规律、调控机制及其实际应用的学科,属于传热传质学科与物理学、材料学的交叉技术学科范畴。当微纳材料、结构、器件的尺度小于或可比于载能粒子的特征尺度(如平均自由程、波长、相干长度)或者所关心时间尺度可比于载能粒子弛豫时间时,宏观导热定律将不再成立,而尺度效应将起到重要作用。这取决于结构尺度与平均自由程、波长的相对大小,微纳尺度导热将表现为经典的扩散输运、弹道输运、波动效应为主导的输运过程。此外,由于界面的存在,载能粒子的热输运也受到其与界面相互作用的影响。当原子结构具有非周期性时,热输运还将表现出局域化等特征。这些丰富的物理现象对微纳结构的热管理提出了挑战,同时也带来了构建具有优异隔热、导热特性的新型功能材料/结构的可能。

微纳尺度导热理论在过去十年间得到了充分的发展。通过固体理论与第一性原理计算相结合的方法已经可以实现对晶体材料中多类载能粒子散射作用的计算。在声子方面,从过去的单纯考虑三声子散射过程拓展到四声子散射过程,进一步丰富和发展了声子导热理论。此外,声子与电子、磁子、光子等载能粒子的相互作用对导热的影响及作用机理也被广泛关注,并逐渐取得研究突破,声子拓扑、声子手性等前沿理论有所发展。在界面导热研究方面,建立了从第一性原理、原子格林函数、波包模拟、分子动力学模拟等角度、多手段的跨尺度研究方法,研究体系从简单金属、无机晶体体系界面的研究逐步扩展到高分子、液体等构成的复杂界面,并揭示了分子化学、键合作用、简谐及非简谐声子作用、非平衡声子等对多界面导热的影响及作用机制。对于表现为扩散输运和弹道输运的微纳结构,已可以通过玻尔兹曼输运方程、非平衡格林函数等跨尺度方法进行导热特性的预测。

在石墨烯高导热特性的激励下,对大量新型纳米材料自身及其界面的导热特性进行了试验研究。T型法、基于微电子机械系统的热桥法、飞秒激光时域热反射法、拉曼光谱法等新型导热测量方法不断发展,纳米材料特殊的尺度(长度、厚度、宽度)效应及界面效应也被理论与试验揭示。国内外多个课题组已发展并实现了基于飞秒激光热反射法的高分辨率声子平均自由程分布测量。可以利用隧穿效应与界面散射等机制调控超晶格等纳米结构的导热特性。这些理论与试验的进步加深了对以晶体为主要成分的纳米结构中热输运特性的认识。

有机材料具有易加工、成本低等优点,但通常具有较低的热导率。通过施加拉伸应力等方法实现导热能力两个数量级的提升,成为进行高效热管理的可选方案。此外,有机无机复合材料结合了两方面的优点,对由采用共价键、离子键、范德瓦耳斯力构成的有机无机晶体、层状材料、复合材料的理论计算和试验研究表明,这些复合材料的导热特性具有丰富的可调特性,与其他优异的物理化学特性的耦合可在热电、光伏方面发挥重要作用。

与此同时,大数据、机器学习、人工智能在微纳尺度传热领域也得到了一定推进和探索,在高精度分子动力学势函数模拟、极限导热材料/结构设计、多自由度、多物理耦合以及多目标优化等方面具有效率低、成本高等独特优势。尽管微纳尺度导热取得长足的进步,但针对有机无机纳米复合材料、聚合物、无序材料的导热机理认识尚不清晰,缺乏精准的计算模型。针对不同时间、空间尺度,建立和发展多尺度计算方法势在必行。

研究的发展趋势包括:研究载能粒子(声子、电子等)之间及其与界面相互作用对微纳尺度导热的影响规律,揭示极端温度和超高热流密度等极端条件下微纳尺度导热机理和物理规律,发展高时间、空间分辨原位测量不同工作状态(悬架、有基底支撑)纳米材料导热性质的原理和方法,进行微纳尺度材料导热性质的高通量测量和数值模拟,建立集测量、数据库、计算为一体的微纳尺度材料热物性大数据平台,预测和挖掘具有优异隔热、导热特性的新型功能材料/结构,开展微纳尺度导热的主动调控研究。

3. 微纳尺度相变传热传质

微纳尺度相变传热传质是探究微纳尺度下材料物相(气、液、固、超临界等)变化和物质输运所引起的传热规律、调控机制及其实际应用的学科,属于传热传质学科与物理、化学、材料学科的交叉技术学科范畴。该学科在新型电子器件散热等领域有着重要应用,以芯片为例,先进的芯片工艺已达5nm的量级,未来将进一步向3nm工艺迈进。例如,华为麒麟990的5G版芯片已经含有103亿晶体管,iPhone11采用的A13芯片含有85亿晶体管。微电子器件和高功率设备(激光、雷达等)集成度的不断提高无疑将带来热流密度的进一步跃升。随着热流密度上升到数百瓦/cm^2至千瓦/cm^2的量级,并考虑器件微型化和集成化导致的散热空间急剧减小,微纳尺度气液相变传热技术,包括小空间的池沸腾、微通道流动沸腾、纳米薄膜蒸发、超薄液膜沸腾、微型/超薄热管、微纳多孔涂层等,将受到越来越多的关注。基于仿生学等的微纳结构相变传热强化表面设计及其强化机理也是该领域关注的热点。在高度集成化的空间内,将强化传热微纳结构表面与芯片等发热器件进行集成是潜在的散热解决方案。

此外,对于日益发展的可穿戴设备,其对散热的需求也在日益增加甚至可能成为其发展的瓶颈问题。如何在柔性基底表面进行微纳结构的制备以及利用相变传热实现高效率的散热器件的构建也成为关注点。由于基底的限制,其结构的制备以及器件的构建成为难点,同时在保证柔性的基础上实现高效的传热也成为研究的重点。该方向融合了先进材料、创新的微纳结构技术以及相变传热传质等多个层面,然而目前对柔性散热器件的研发仍集中在传统的材料,未能实现完全的柔性化。

另一方面,尽管基于微纳结构设计的超疏水冷凝强化表面在过去十年得到了飞速发展,但仍普遍存在寿命短、结合力弱等问题,且对工程上常用的低表面张力流体很难起到强化作用。发展高效、长寿命甚至可以实现低表面张力流体滴状冷凝的微纳强化表面是值得关注的问题。该研究方向已与表界面科学、表面化学工程、先进增材制造等材料化学研究领域交叉融合,呈现出以应用需求为导向、多领域积极合作的局面。

此外,固-液-气之间的两相界面厚度本身就在纳米量级,而高时空分辨率、非接触式光学测量技术(如微拉曼光谱技术等)的飞速发展,使得微纳尺度下的相界面传热传质直接测量成为可能。在此基础上,结合描述粒子运动基本规律的分子动力学模拟、玻尔兹曼方程、动力学蒙特卡罗模拟、相场模型等数值仿真方法将为揭示微纳尺度下的相界面热、质传输基本原理带来新的契机。其中相变传热传质的跨尺度模拟技术正在与电学、电化学、磁学、力学等其他模拟技术进行耦合,并已经围绕重要的应用基础问题开发新的多物理因素模拟框架。

具有极端润湿特性的微纳结构电极可以显著提升电化学析气反应(如氯碱工业、碱水电解制氢等)的传质效率。在全世界大力发展氢能产业的背景下,析气反应中涉及的微纳尺度传质强化机理同样值得关注。同样的原理也适用于微纳尺度下金属离子电池电解质、电极-电解质界面的相变传热传质研究上,而且对离子电池的热管理、稳定性和安全性也有影响,其中由于离子嵌入电极、在电极-电解质界面重结晶、金属枝晶生长等微纳尺度相变过程所带来的传热传质问题值得关注。

随着压卡、电卡、磁卡、光致相变等新型固态能源转换方式的涌现,晶格/晶畴相变、合金相分离、多形体转换等固-固相变特性的研究从单一的材料领域向相变传热传质领域扩展。虽然没有气-液-固相中的跨尺度相变过程复杂,固-固相变容易呈现出能量壁垒高、迟滞现象明显、动力学缓慢、外场耦合复杂等特点,导致第一性原理计算、分子动力学模拟等方法在描述固-固相变中传热传质问题困难。此外,将高时空分辨率、非接触式光学和射线测量技术引入微纳尺度固-固相变传热传质的研究也在快速启动和逐步发展中。

4.2.6 耦合传递

1. 导热/对流/辐射耦合传热

在实际工程设备和系统中,导热/对流/辐射通常相互耦合,对系统传热特性、热管理、结构设计产生重要影响。以航空发动机为例,随着涡轮进口温度进一步提高到2200～2400K,热辐射效应日益突出,导热/对流/辐射呈现出非线性强耦合特征。尤其对于位于燃烧室出口的涡轮一级导向叶片,其处于整个发动机热流密度最高的部位,明确热辐射对导向叶片的作用机制,掌握导热/对流/辐射耦合传热规律对叶片冷却结构设计和工作稳定性的提高都具有非常重大的意义。

此外,生物传热是以一种非常复杂的囊括了导热、对流和辐射三种传热规律的方式进行的。举例来说,体表温度是由皮肤下的组织导热、血液循环(对流)、局部代谢率及皮肤与环境之间的热交换(辐射)决定的,这些参数中发生的任何改变均有可能导致体表温度或热流范围与正常值发生偏离,这代表了人体的某种生理或病理状态。例如,一个血管高度密集化的皮下肿瘤会在体表引起比周围正常组织明显高的局部温度,有时甚至可达数摄氏度之高。在发热过程中,局部感染诱发出的较高代谢率将导致皮肤温度升高。人体表面温度受皮下血液循环、局部组织的新陈代谢、皮肤热传导性、皮肤与环境间的温度与湿度交换等制约,因而局部血流、组织改变、组织传热、神经反射、物理性压迫以及环境温度、湿度、气压、热传递状况、风速等都会影响表皮温度[4]。在过去十几年,以导热/对流/辐射耦合传递作为理论基础发展的热诊断技术,可以初步实现体表温度和各种疾病状态的内在联系。

人们对导热/对流/辐射耦合传热开展了大量研究,但由于问题的复杂性,研究关于耦合传热的机制特性的认识还不够深入、系统,尚缺少有效的分析、描述与合理评估。从研究手段看,由于导热/对流/辐射耦合传热过程复杂、高温试验条件苛刻,现有试验测量手段难以获得能反映耦合过程机制的数据。以多孔泡沫材料内部导热/对流/辐射耦合传热测试为例,泡沫多孔材料的骨架直径一般在亚毫米尺度,采用热电偶很难直接测量其温度。当前的试验研究中,热电偶作为测温元件直接布置于泡沫多孔材料内部,不能分辨其测量值所表征的对象温度,特别是在高温应用场合,缺乏相关研究。一方面,实际操作难度较大,泡沫多孔材料孔隙结构随机,热电偶难以在结构无损条件下插入内部,且在布置热电偶时很难避免热电偶结点与固体骨架的接触问题,骨架接触传热、辐射和气流对流换热同时作用于热电偶,分析难度较大;另一方面,泡沫多孔材料的辐射具有半透明性质,导致热电偶结点辐射换热复杂程度增加。因此,由于测量手段的限制和实际结构的复杂性,很难获得准确的耦合传热试验数据。

从数值模拟方法来看,热辐射传输计算方面已发展了多种计算性能和特点不同的求解方法,如蒙特卡罗法、有限元方法、有限体积法、离散坐标法、离散传递法、射线踪迹法等,大多采用辐射导热系数、Rosseland 扩散近似、P1 近似和二流法等简化的辐射传输求解方法。对于耦合传热数值模拟,大多采用 Fluent 和 CFX 等商业软件,但 CFX 软件不能进行考虑辐射效应的耦合传热模拟。Fluent 软件虽然可以处理耦合传热问题,但在参与性介质辐射参与、物体跨越多个尺度、流固两相处于局部非热平衡状态等条件时,耦合传热模型计算复杂,收敛困难,难以满足实际需求。因此,亟待发展精度高、计算速度快的导热/对流/辐射耦合传热的数值求解方法。

近年来,随着高超声速飞行器及太阳能利用技术的快速发展,导热、对流、热辐射传输进一步与化学反应相耦合,对传热传质、能量转换产生重要影响。以太阳辐射驱动热化学反应为例,基于综合考虑太阳辐射输运与热质输运方程,对太阳辐射下气固流动与传热规律开展了大量研究,但较少考虑颗粒化学反应、颗粒与颗粒相互作用,且对聚光辐射不均匀性等对温度场、速度场、浓度场的影响规律探讨较少,尚需进一步深入研究导热/对流/辐射耦合传热、传质、化学反应特性的相互耦合机制,探讨非稳态多物理场耦合下的能质传输与转换规律。

2. 热质耦合传递

温度和浓度是传热传质学研究中最基本的物理参量,传热发生的前提是存在温度梯度,传质发生的前提是存在浓度梯度。热质耦合传递是在温度梯度和浓度梯度同时存在的情况下,传热传质同时发生且相互影响所引起的热量和质量的耦合传输过程。客观地说,在诸多科学场景和实际应用中,普遍存在的热质耦合传递蕴含着丰富的内涵,探究热质耦合传递现象、规律以及对过程影响作用至关重要,甚至起着决定性作用。当前的研究主要围绕以下几个方面开展:燃料燃烧热质耦合传递、相变与界面驱动热质耦合传递、微细尺度热质耦合传递、极端条件下热质耦合传递和新材料和新能源系统热质耦合传递。

在常规能源系统如汽轮机、涡轮机、锅炉等中燃料的燃烧也会涉及热质耦合传递,燃料在燃烧的过程中,通过燃烧燃料传质的手段达到了释放高温传热的目的,燃烧的过程就是燃料和空气传热传质的过程,热质耦合传递在过程中十分重要。

在沸腾、蒸发和凝结等诸多相变过程中,相界面处相的变化以及所引起的潜热的释放能极大地增强了热质传递效率,因而引起了较多关注。在相变过程中,热质耦合传递扮演着决定性作用。此外,在诸多新型能源转换系统(如燃料电池系统、储能系统、太阳能利用系统、热控系统)中,相变与界面驱动的热质耦合传递同样扮演着关键性的作用。燃料电池系统中电解质电离及离子转移时,传热和传质同时存在且相互耦合,会共同影响电池的性能。相变和界面驱动的热质耦合传递还强烈耦合多相、多尺度、多过程非线性,对试验技术、基础理论研究和模拟技术提出了前所未有的挑战。相关研究围绕热质耦合传递的过程规律及其多因素多参数影响机理和强化耦合传递开展了卓有成效的研究。近年来,微纳加工技术、表面材料和仿生学的进步促进了新型界面材料的发展,促使了一些新现象、新机理的发现,极大地丰富了相变与界面驱动热质耦合传递的科学内涵。

随着研究的逐渐深入,微细尺度热质耦合传递正逐步成为该领域研究的"主战场",微纳尺度传递现象、相变微细观机理、微纳米材料和微纳米器件及系统中的传递现象、多孔介质中的介观和微观热质传递特性等相关方面的研究都非常富有特色和成效。当尺度微细化后,各种作用力的相对重要性发生了变化,出现时间及空间尺度效应;当尺度微细化至某种程度时,连续介质假设不再适用,甚至出现量子效应,这导致尺度微细化后,产生了诸多新现象、新规律和新机理,亟待人们去揭示。例如,晶体中热量的载体是声子,即晶格振动的传播,只有当声子的平均自由程远小于晶体的大小时,常用的扩散传热理论才有效,如果结晶固体的平均自由程与结晶固体的尺寸相当或大于结晶固体的尺寸,即纳米颗粒的热传导,则扩散传热机制不再有效,而弹道传热更符合实际。

随着科学技术的发展以及人类活动空间的极大拓宽,超高速、超高温、极低温、超高压力、超高速率传递等极端条件下的热质耦合传递成为进一步发展的制约,超高热流的热控成为电子器件进一步微型化的关键之一。极端条件使得热质传递出现了非经典的热质传递效应,而且不同的极端条件使得其热质传递呈现巨大的差异,相应的研究工作具有极大的科学价值和应用前景。

随着我国经济社会的高速发展和对能源需求的日益增加,各类新材料和新能源系统日益引起研究者的关注。这些新材料和新能源系统时常伴随着热质耦合传递,如储能系统中相变材料的相变就是典型的热质耦合传递过程。阻碍太阳能广泛应用的原因是其周期性,只能在白天使用,因此利用相变材料吸收和释放热量的潜热储能系统在太阳能系统中得到了广泛的应用。热能储存系统中的相变材料在系统吸收热量时熔化,在系统释放热量时凝固,在这个过程中,传热传质耦合就起了十分重要的作用。此外,以生物体系为研究对象的生物热物理学也需要系统研究生物体系内物质和能量的传递机理和变化规律,也可看成典型的热质耦合传递现象。在低温储藏利用液氮进行深冷冻,从而保存生物材料的过程中,热质耦合传递占主导地位。在传热方面,低温保存是将多组分物质凝固,在传质方面,近年来,学科的交叉和融合不仅对传热传质提出了新的要求,也极大地拓展了热质耦合传递的科学内涵和应用范畴,这使得交叉领域热质耦合传递成为包括传热传质学等诸多学科领域的最新科学前沿之一。

3. 多场耦合

在传热传质过程中会涉及许多场,如重力场、磁力场、温度场、应力场、湿度场、浓度场、结构场等,多场耦合是指在一个系统中,由两个或者两个以上的场相互作用而产生的一种现象。

对于一些研究情况所涉及的耦合关系复杂,传统的单场研究方法已不能满足现代多场分析的准确性要求。要深入研究多场耦合问题,首先需要对它们进行细化分类,以便针对不同的耦合关系和特征采用不同的求解方法。近年来,相关学科理论、数值算法、计算机模拟技术的快速发展促进了多场耦合研究和方法的不断完善。应用各物理场理论、矢量分析与场论等数学方法,可以建立温度场、结构场、电磁场等多场分析模型,但各单场数学模型一般均具有强非线性,考虑场间耦合关系的工程设计计算方法不易实现,需要在对多场耦联形式和机理分析的基础上,建立能表达耦合关系并适于计算机求解的多场耦合模型,并有效利用现有数值方法求解,以揭示耦合作用下多场情况的真实性能。而新兴的有限元法为多场多势分析提供了一个新的机遇,满足了研究者对真实物理系统的求解需要。

随着科学技术的发展,近年来关于多场耦合研究各领域内容专题越来越多。在多场耦合研究方面,针对饱和、非饱和含湿多孔介质(资源能源开采与加工)、含电渗及反应溶液多孔材料(燃料电池电极)、新型功能性材料(磁力机械、智能材料)、活性组织生物体等复杂特殊多场问题展开研究。特别是资源能源开采与加工中,涉及一系列复杂的多孔介质多场耦合作用的科学与工程问题,例如,油气储层的注热开采、核废料的处置、铀矿的原位化学溶浸开采、有色金属矿的化学溶浸开采、油页岩的原位热解开采、页岩油气资源开采、盐矿开采、高温岩体地热开采、CO_2 地质封存等都包括多孔介质中渗流、传热、传质和多孔介质骨架的变化，或质量的传输，涉及温度场、浓度场、应力场和结构场的耦合。

4.2.7　传热传质测试技术

1. 固体及界面热输运特性测量技术

热导率、比热容、界面热阻是微电子芯片散热、航空航天热防护、地球物理及建筑节能等领域的重要基础数据，其调控技术在这些领域具有重要需求。近年来，传热性质测试技术的发展主要体现在对新型微纳结构测量技术的不断完善，以及对极端条件下测试方法研究的不断深入。

传统的导热测量方法主要有保护热板法、热线法、平面热源法和热带法等。近 20～30 年是微纳材料应用和开发的迅速发展时期，多种测试方法不断涌现和发展。悬浮微器件法是一种稳态方法，主要用于测量低维结构的不接触衬底的热输运性质，包括硅纳米线、石墨烯、 MoS_2、氮化硼等，并基于聚焦电子束自加热技术，可以消除接触热阻，得到本征热导率。谐波探测（3ω）技术与传统的热线法和热带法紧密相关，只是应用周期性电加热，主要用于块体材料和薄膜的热导率、热扩散率测量，并可通过使用不同宽度的加热源，实现各向异性材料热导率及热导率张量测量。

T 型法可综合测量纳米线材多种输运参数，包括热导率、热扩散率、吸热系数、接触热阻、泽贝克系数、比热容、电导率、电阻温度系数和热电优值等。近年发展出直流加热-直流探测 T 型法、3ω-T 型法、交流加热-直流探测 T 型法和四探针 T 型法等多种改进型方法，可揭示纳米线材各物性参数间的联系并全面评价其性能。

基于超快脉冲激光抽运-探测技术的飞秒激光时域热反射法和频域热反射法作为纳米材料传热特性测试方法已被逐渐推广。飞秒激光时域热反射法最初用于研究非平衡电子-声子相互作用和相干声子输运等超快过程，经过后续改进，已可用于固体、液体[5]、各向异性材料、纳米线阵列、多孔结构、复合材料[6]等的热物性及界面热导（包括液-固界面、固-固界面、低维材料与衬底界面等）的测量。在飞秒激光时域热反射法基础之上衍生出的时间分辨磁光克尔效应技术对二维材料面内方向热导率具有更高的测量灵敏度和准确度。

拉曼光谱法分为稳态法和瞬态法。稳态拉曼光谱法原理是根据样品的拉曼峰位偏移测量光斑内的平均温度，进而通过稳态导热模型求得其热导率。该方法是非接触无损测量，样品制备简单，但测量结果不确定度较大。瞬态拉曼光谱法则是应用脉冲激光实现非稳态导热过程的测量,借助基底温度信息以及无量纲化方法消除了激光吸收率的影响,而最新的双波长改进设计可进一步消除激光吸收率的影响,从而减小测量不确定度,但测量系统较为复杂,建模难度也大于稳态拉曼光谱法。

扫描热显微镜是一种高空间分辨率温度传感器(热电偶、热电阻)与扫描探针显微镜(原子力显微镜、扫描隧道显微镜)相结合的接触测量方法,适合研究微纳尺度热物性分布,记录温度或热导率与表面形貌的关系。横向空间分辨率通常约为100nm,最高可达10nm。

2. 流场与温度场测量技术

可调谐半导体激光吸收光谱(tunable diode laser absorption spectroscopy,TDLAS)测试技术是利用可调谐二极管激光器发出特定波长的激光进入测量区域,扫描气体分子单根或多根完整的吸收线获得高分辨率的气体吸收光谱,通过对比被气体分子吸收前后的光谱信息,得出待测场的温度、压力、速度等参数。作为一种非接触式测量技术,它具有响应速度快、测量精度高、适用于高温高压高流速燃烧场的优势,且可靠性高、成本低,可实现燃烧场的实时、连续、原位测量,已经广泛应用于燃烧和推进流场的诊断研究中,可进行温度、压力、组分等参数的同时测量。

粒子图像测速技术充分利用了现代材料、激光、数字成像、计算机和图像分析等领域的最新发展成果,可以非接触式方式精确地测量平面内的二维或三维瞬态流场,为定性描述和定量研究流体运动提供数据基础。为应对不同的测试场景,已衍生出多种测量技术、实现多种场景的三维速度矢量场的测量以及微尺度流动的测量,如立体粒子图像测速技术、焦点粒子图像测速技术、全息粒子图像测速技术、层析粒子图像测速技术、微粒子图像测速技术等。不断进步的硬件设备和图像处理方法使得粒子图像测速技术在测量精度、动态范围和计算速度等方面显著提升,已广泛应用于多个领域,且新的应用领域仍在不断扩展,成为现代流体测量的重要方法。

电容层析成像技术根据被测物质各相具有不同的介电常数,利用相应的图像重建算法重建被测物场的介电分布图,已被应用于气液两相流空隙率测量及流型识别、流化床气固两相浓度分布可视化、气力输送、火焰可视化、冻土水分迁移过程的可视化等多个领域。

多孔介质传热传质测试技术的研究对象包括渗透率、扩散系数、导热系数等[7],研究内容逐步聚焦于对多孔介质内极端条件输运特性的认识上,如极小尺度、极高温度、极高压力等。X射线计算机断层扫描和核磁共振是常规测量手段。

X射线计算机断层扫描可以实现对多孔介质结构参数、渗透率、润湿性和气体扩散系数的测量，目前，实现微纳尺度孔隙内输运特性的原位测量正成为X射线计算机断层扫描技术的研究焦点。核磁共振可以实现对渗透率、扩散系数、润湿性等物性参数的同时测量，利用核磁共振技术直接测量超高温、超低温条件下多孔介质的输运特性正成为研究前沿。

3. 液滴、液膜、气泡测量技术

测定气泡参数（气泡密度、尺寸、形状、空间位置、运动速度等）是表征相变传热过程的重要参数之一。按照测量传感器与气液流体的空间关系，可以将测量方法归纳为接触式和非接触式两大类。非接触式测量方法在气泡参数测量领域获得广泛应用，逐渐替代了接触式测量方法，它是以电磁、光电等技术为基础，在不接触被测对象内部的情况下得到气泡表面及内部参数，包括电阻层析成像技术、激光多普勒测速技术、全息成像技术和图像测量法等。研究主要集中于中低温常压条件下宏观气泡（毫米尺度）参数的测量，微纳尺度气泡测量研究较少，其中最典型的有原子力显微镜、光学类显微镜，包括全息内反射荧光显微镜、高分辨荧光显微镜、扫描透射电子显微镜等。对于极端条件下（高温、高压、高流速）测量技术的实现，对现有技术提出了前所未有的新挑战。

液滴、液膜特性测量包括接触角、黏度、表面张力、尺寸、厚度、温度等，以及液滴碰撞、喷雾等过程的观测。接触角的测量包括量角法、长度法、测力法、透过法等。黏度的测量有毛细管法、落地式测量法、旋转法和振动法，其中毛细管法操作简单、精度高。表面张力的测量包括滴体积法、电磁悬浮法等，电磁悬浮法近年来发展迅速，它是一种非接触的表面张力测量技术。液滴尺寸的测量包括机械法、电学法和光学法，其中电学法包括带电电线法和热线法，光学法可以在不干扰被测流场的情况下进行测量。液膜厚度的测量主要有声波法、电导法和光学法，声波法基于超声波技术，利用其穿过不连续介质时发生衰减和反射来测量液膜厚度，缺点是不能测量波状液膜和超薄液膜；光学法是利用光线在液相和气相的吸收率不同，通过对折射光进行光谱分析得到界面液膜厚度。液滴、液膜温度的测量分为接触式和非接触式测量，直接接触会干扰被测物体的温度分布，非接触式测量包括辐射式、光谱式和激光干涉等技术。液滴、液膜碰撞现象的研究主要通过高速摄影技术。另外，可用高速X射线影像技术观察极快的气泡夹带、颈部射流等现象。相位多普勒风速仪可用于捕获次级液滴的大小和数量。喷雾过程的传统测量方法有液浸法、痕迹法、冷冻法等。液浸法是将一种液体喷入另一种互不相溶的液体中，喷雾液滴悬浮在液体中，通过拍照来统计液滴的大小和数量。冷冻法则是将液体喷射进入特定环境中能够迅速冷凝成冰粒沉积到相机底片上。近年来,随着激光测试技术的发展,各种先进的喷雾测量手段迅速发展,如激光多普勒测速技术、激光全息照相、三维粒子图像测速技术等。

4. 辐射测量技术

热辐射参数包括固体表面发射率、反射/散射特性、半透明材料与液体的介质辐射特性、气体辐射特性几个方面。

材料的发射率测量方法分为量热法、能量法和多波长法等。能量法测量原理包括定向光谱发射率、半球光谱发射率、全光谱发射率或某单光谱发射率的测量技术。研究者对发射率测量技术研究的主要区别在于加热方式、测温方法、辐射信号检测手段和光路设计以及对测试样品的设计和处理方面。高温测量技术的主要难点是加热方式,通过采用大功率激光可实现 3000K 的测量。低温测量技术的难点是如何保证待测样品仅与测试空腔发生辐射换热以及样品微小温度变化的准确热流量测量。

反射测量与透射测量的原理相似,仅是测量方向不同,包括多光谱测量和基于傅里叶变换红外光谱仪的红外连续光谱反射/散射特性测量等。

对半透明或吸收-散射性材料与工质,其热辐射属于介质辐射,描述其辐射特性的基本参数是介质光谱折射率、介质光谱吸收系数、光谱散射系数、光谱散射相函数。这些介质辐射特性参数不能直接测量,而是根据光谱透射率、光谱吸收比、光谱反射比等表观辐射特性参数的测量结果,通过辨识反演获得。

对气体辐射特性的测量主要针对高温非平衡辐射参数,普遍采用高温激波管或风洞产生高温平衡或非平衡辐射气体环境,利用光谱诊断和测量系统,测量其辐射特性参数,对试验装置、测试和光谱诊断技术的要求高。

除材料常温和中温辐射特性测量外,对各种功能材料的高温和低温辐射特性参数以及高温非平衡气体辐射特性的高精度测量技术研究,将是辐射测量技术的主要发展趋势。

4.2.8 学科交叉与拓展

从学科发展角度出发,传热传质学已经渗透到许多学科和新技术开发领域,包括能源、环境科学、材料学、仿生学、生物技术、医学等,是具有重要学术研究价值、对交叉学科发展与技术创新具有深远影响的一门学科。其中,生物传热传质、电化学能源转换中的能质传输以及仿生储热材料已经成为国内外前沿研究领域的热点内容。

1. 生物传热传质

生物传热传质学是基于生命科学与传热传质的深度融合而发展的一门学科，它是广泛交叉于工程热物理、生物学与临床医学等诸多领域的新兴前沿学科之一，其核心在于探索和研究各种时空尺度及温度范围内的生命最基本的特征之一——物质和热(能)量的输运规律，并据此发展相应的生物医学应用技术。近年来，生物传热传质学的研究和应用不仅拓宽了工程热物理学、医学、生物学等学科的研究领域，也在生命科学及临床医学领域中发挥了不可替代的关键性作用。

本学科研究领域涉及：生物体内多尺度传热传质理论研究，生命热现象的物理学作用机制研究，基于能量调控的生物热物理作用机制及技术研究，生物体热物性和生理特征参数测量方法的开发及测量仪器的研制等。生物传热传质学领域的研究相对集中在对于生物传热传质的应用基础研究，如热物理治疗，干细胞、血液、组织、器官、工程化组织的低温保存，药物输送，可穿戴设备监控健康等方面。

在生物体内多尺度传热与传质理论研究领域，由于生物体结构及血管网络的复杂性、热参数的特异性及热生理的波动特性等因素，如何建立多尺度下准确刻画生物体内传热传质过程的数学模型一直是面临的瓶颈问题。Pennes方程是最为常用的理论模型，尽管近几十年来多种改进的生物传热模型(如多孔介质模型、连续或离散血管化模型、波动模型等)及数值计算方法的建立丰富了生物传热理论基础，但由于引入更多难以测定的参数以及复杂的血管结构，其实际应用性被削弱。在生物传质理论模型方面，生物体内O_2、NO、水分、体外注入药物和功能材料的浓度场演化数学模型的建立和修正被广泛研究，如考虑了组织加热过程中水分蒸发的传热传质模型、考虑了在加热过程中组织收缩的力学-传热耦合模型等。这类模型的构建主要围绕如何准确刻画各尺度血管内以及生物多孔介质中的传热和传质效应展开研究。但生物组织的异质性、组织界面的多样性与血管系统的复杂性都使得基于数学模型的定量化研究变得非常困难。生物组织中传热和传质过程往往在不同空间和时间尺度上耦合发生。现有生物传热传质理论侧重于生物对象的局部单一温度场或浓度场演变规律，并简化了生命活动中机体主动调节作用。在此领域中，建议从系统生物学角度出发，在分子、细胞、组织、器官和生命个体等各尺度上构建多场协同下热量和质量输运的理论体系和仿真方法，以及不同层次生物组织之间物质与能量传输过渡和耦合的理论模型。建立基于真实人体解剖结构的传热传质理论与数值计算模型，将是今后生物传热传质基础理论核心问题。

在生命热现象的物理学机制研究领域，人体生理活动与热物理耦合的热生理过程是生命系统中最基本的生理过程，也是各种疾病的重要表征。人体热生理过程的基本任务在于通过调节人体温度，使体核温度始终保持在37℃左右，这是各种人体生化过程得以稳定执行的核心保证。人体对环境温度的响应主要通过皮肤上温度感受器对温度信号的接受,再通过神经信号传递至大脑,从而实现各种动作来调节与外界热量的交换。当前研究热点主要集中在各种生理过程中的热量产生、输运和耗散机理等方面,特别是传热传质过程在其中的重要作用机理研究。阐明人体重要器官及整个人体系统的热平衡乃至调控机制一直是热生理研究所面临的重大挑战,存在诸多谜题。热生理机制的解读对于脑卒中治疗和各种物理康复治疗具有关键性作用。现代功能性医学影像技术为体内热生理过程的定量化研究提供了重要的技术手段,该技术在人脑热生理方面的应用最为成熟。基于热红外成像技术的疾病无损诊断方法已在乳腺癌及各种皮肤病诊断方面显现出重要的临床价值,但其准确度和可靠性仍需进一步提升。在各类高低温特殊作业环境、战争及急救医学中均涉及大量烧伤、烫伤和冻伤问题,研究人体与环境温度相互作用过程中热量传递规律并寻求有效的热保护措施和康复技术具有重要的临床意义。在此研究领域,系统建立热诊断理论和方法,并发展快速准确的异常热生理过程监测技术,对于重大疾病的早期诊断具有至关重要的临床意义。

在基于能量调控的生物热物理作用机制及技术研究领域,针对心脑血管、肿瘤和皮肤等疾病的靶病灶能量治疗一直是生物传热传质领域的重大课题和研究热点。当前研究热点主要集中在各种物理场作用下的生物热效应机理、各种治疗方法中的冷热剂量产生及输送的精确控制技术、基于温度响应的治疗过程监控技术、治疗效果增强方法及崭新治疗模式的发展和探索。同时,对生物体经历高、低温作用所涉及的复杂生物传热传质机理及其最佳治疗温度窗口确定的研究也得到进一步加强。微波、射频、激光、超声等各种物理场与功能性纳米材料所诱发的热质传输效应具有显著的能量治疗增强作用,但在如何能实现适形消融靶区组织且尽可能少地损伤正常组织方面还有待进一步深入研究和不断探索。当前能量介入方式优化、能量准确控制、引入功能性纳米材料进行调控等已成为研究热点,但此方面研究仍处于发展阶段,如功能材料纳米颗粒在生物体内的传输、靶向吸附、在不同尺度上与生物系统相互作用机制以及生物安全性就是一个亟待解决的生物学、材料学与传热传质学高度交叉的课题。采用联合治疗方法(如热消融法与化学疗法联合)以攻克单一治疗瓶颈实现多模式治疗,逐渐引起研究者的广泛重视。在冷热交替治疗中,经过了大量的动物学以及细胞试验研究,证实了冷热交替疗法在肿瘤治疗中有免疫调节作用,并逐步推向临床试验。多模态治疗方法的联合不是简单的叠加,而是通过发挥各自优势和摒弃固有缺点,达到协同治疗的目的。因此,不仅在治疗机理上需要深入的研究,同时在治疗技术方面也需要较大革新。

其中,在低温生物医学领域,对器官组织和细胞冷冻保存方法已经被大量应用,客观而言,最近十几年来,低温冷冻保存深层次研究趋于平缓,在发展新一代冷冻保存技术方面的进步性成果不多,如利用微流控技术进行细胞冷冻保存,在复温方面,大量研究在冷冻液中纳米颗粒进行复温提高组织和细胞存活率。然而,目前对细胞、组织、器官乃至活体生命在深低温作用下损伤机制的认识仍存在严重不足,使得在攻克结构和组成更为复杂的生物学对象(如器官和活体生物体)的低温保存上面临重大挑战。可以看出,当代最先进的低温冷冻保存技术即使对稍显复杂的细胞的冷冻保存尚难以确保百分之百的成功率,更无法实现对蚂蚁这类小生命的冷冻保存。目前,对自然界低温环境中生命现象存在的机理认识仍然不够清晰,研究主要着重于各种抗冻剂的探索和测试验证,涉及的成果尚未突破冷冻保存技术的瓶颈。因此,未来研究需重点探索冷冻保存机理的深层次关键因素,而非仅是技术层面上的探索。深低温保存技术的核心在于低温与生物对象的相互作用机理的解读。由于生物体主要成分为水,无论是降温过程中的冻结行为还是复温过程中的解冻行为,低温与机体细胞相互作用主要体现在固液两相在相互转变过程中对细胞结构的作用。另外,玻璃化以及冷冻干燥技术的目的在于避免相变过程中冰晶的形成。因此,冷冻过程中细胞内外冰晶形成是细胞低温损伤的主要根源。含水生物学对象如细胞、组织等甚至是简单得多的水溶液相变是一个异常复杂的物理过程,不仅涉及冰水两相的转变,还包括两相中各种溶质的传输过程。同时,细胞结构参与会使上述过程变得更加复杂。细胞内外冰晶形成是造成细胞冷冻损伤的根源。因此,探索如何抑制水溶液成核以及冰晶生长与细胞内外冰晶的形成是低温生物学领域关注的研究焦点和难点;应用抑制冰晶生长的调控技术发展器官及活体的冷冻保存是该领域发展的重点。在此研究领域,基于高低温能量治疗的未来发展核心在于多模态治疗过程中生物组织复杂的传热传质机理的解读。尤为重要的是,开展器官及生命活体低温作用下的冷冻保护机理及调控方法研究具有重要科学意义和战略价值。

除此之外,在激光生物医学热疗领域,由于激光单色性好、方向性强、功率密度高,已广泛应用于生物医学领域。基于激光的选择性热效应的临床疗法具有靶向性强、出血少等优点,在心脑血管、肝脏、膀胱、皮肤、眼科、妇科、牙科等疾病治疗中发挥着越来越重要的作用。但是,光热转化效率低、缺乏高效精准的冷却技术等问题导致难以突破低治愈率的瓶颈,急需从生物组织中的光子传输与能量沉积、传热传质、损伤动力学等角度对这类问题开展深入研究。研究者先后构建了针对复杂生物组织的新型辐射传输模型、多尺度非平衡光热转化模型以及考虑生物组织力学破裂及热凝结的“二元”损伤理论,极大地丰富了激光生物医学传热传质基本理论。针对选择性光热效应导致特殊的组织冷却需求,开发了适用于黄种人高色素含量特点的高时间/空间选择性的制冷剂瞬态闪蒸喷雾表面冷却新技术。近年来,在单一光热效应研究的基础上,研究者基于纳米颗粒等离激元效应开发了激光纳米光热治疗增强技术,显著提高了生物组织内光热转化效率。通过上述工作,有效提高了激光热疗的临床治愈率。随着激光技术的飞速发展,高能量、窄脉宽、高频率的新型激光器越来越多地应用于临床治疗,纳秒、皮秒激光作用下的生物组织热凝结、气化、等离子体生成等复杂机制作用下的生物组织传热传质规律研究非常匮乏。此外,未来需要进一步拓展"细胞-生物机体"跨尺度生物传热理论,研发光声无创测量新方法、新型复合冷保护技术等以实施激光精准热疗。基于人体自身的物质输运和能-质平衡规律揭示激光热疗的基本原理,并开展新技术、新疗法和精准诊疗的探索,是未来研究的重要发展趋势。

在生物热物性参数测量技术研究领域,之前的研究主要集中在针对离体组织的稳态物性测量方法的开发以及对活体组织进行的热物性微创测量。已有研究者发展了柱状生物组织热导率、热扩散率、血液灌注率等基本物理参数的测量无损方法,以及动态电导率测量和微观物性表征方法。得益于相关基础理论与现代微纳测量技术发展,从纳米级到毫米级的物性测量都得到长足的发展,利用 3ω 法、激光脉冲法能够测量不同尺度的生物组织热导率,利用差式扫描量热法也获得了不同尺度的生物组织的比热容等性质。近些年,人与环境的热质交互也逐渐得到重视,在柔性材料加工技术的帮助下,大量可穿戴式设备研发出来,可用于监测人体在不同环境下的传热传质情况,用于生理情况的监测或者与外界空调等设备交互。在此研究领域,如何针对临床治疗中对疾病早期预测与诊断、能量与物质精准控制的要求,进行组织结构物性的原位无损测量,了解动态的能质传递特性及生物体界面相互作用特性是面临的主要问题。建立生物体热物性原位无损动态的测量方法,特别是结合新型功能材料(如纳米药物)后细胞-组织-器官不同层次活体组织内和界面上物质与能量传输特性的表征与测量方法,以及相关算法的建立及测量仪器的开发,对基于能量调控的热物理治疗技术在临床成功应用具有重要研究意义。同时,建立生物体解剖精细结构与物性信息数据库对定量研究至关重要。

2. 电化学能源转换中能质传输与反应耦合特性

电化学能源转换技术主要包括燃料电池、电解水产氢、电化学还原 CO_2、锂离子电池等,因其无须通过热机转换过程即可实现化学能与电能之间的高效转换,可广泛应用于氢能动力、电化学储能等国家战略新兴产业。以氢氧燃料电池为例,作为一种清洁高效的电化学能源转换装置,世界各国都制定了明确的燃料电池研究规划,并在移动交通端实现了商业化。燃料电池中存在典型的物质传输与电化学反应相耦合的过程,其内部的多尺度多元多相物质传输过程与电化学反应相互耦合,直接决定了电化学性能。随着材料科学的发展以及高性能催化剂的合理设计,与之相匹配的能质传输过程调控显得尤为重要,尤其是在燃料电池功率提升后,其内部的水热管理问题逐渐突出，研究证实良好的水热管理能够将燃料电池的性能提高 3 倍以上。另外，随着氢氧燃料电池集成度的提高，能够留给反应器的散热空间受到了巨大限制，内部的气体反应物的均匀分布也受到了严重约束，对气体传输流道以及反应器的合理设计提出了很高的要求，这也是燃料电池企业关注的重点。另一个典型技术是质子交换膜电解水制氢技术，单个反应器的电流密度达几 A/cm^2 甚至更高，而在极小的反应通道的受限空间内，对水与氢气的两相传输特性提出了极高的要求，随着高度集成化的发展，反应器内部的传输问题会变得尤为突出（如流道、气体扩散层、催化层等）。因此，深入研究电化学能源转换装置内部的能质传输与电化学反应的耦合特性以提高反应器性能及稳定性是国际传热传质界和电化学能源转换领域的研究热点。

在电化学能源转换中能质传输研究领域，由于其物质和能量输运过程发生在不同空间维度中，极具复杂性。例如，燃料电池及电解水反应器内部物质传输涉及催化层（纳米尺度）、微孔层及气体扩散层（微米尺度）、流道（毫米尺度）等多个尺度，多尺度的传输过程也必然带来诸多新现象和不同的解决方法，如描述流体运动的数值方法可以根据尺度不同分为基于牛顿方程的微观分子动力学模型、基于玻尔兹曼方程的介观粒子模型和基于 Navier-Stokes 方程的宏观连续模型。电化学能源转化过程中广泛涉及电极与电解质的固液界面问题、气体与液体的两相流动传输问题，因此对微观多相流动输运机制的揭示对于理解电极反应过程、提升反应速率至关重要。此外，电化学反应的发生伴随着复杂的物质转化与生成，例如，电化学 CO_2 转化过程会伴随着氢气、甲烷、CO 等不同气体组分的产生，并且电极界面处中间产物的浓度会对反应速率产生很大的影响，因此对于电化学反应过程中多组分物质传输过程的研究对揭示电化学反应机理、提高目标产物浓度具有至关重要的作用。

在电化学能质传输与反应耦合特性研究领域，随着仪器检测精度的不断提高，反应界面的能质传输与电化学反应的耦合特性逐渐受到人们的关注。在尺度达到微纳米级别后，流动与传热特性会展现出与宏观尺度下不同的物理现象，需要从微观粒子运动的角度并用统计的方法分析界面处的微纳尺度流动规律。同时，需要结合高精尖设备对反应界面的耦合特性进行原位检测，甄别真实的物理化学过程，提供理论依据。电化学能源转换涉及多尺度、多相、多组分的复杂物理过程，通过探究其传热传质机制，结合数值计算与试验探测提出优化设计方案，是解决其性能、寿命及成本的重要手段。具体来说，以燃料电池的流道和多孔电极内部的流动问题为例，一般在宏观结构的流道和较大孔隙结构的扩散层使用宏观连续模型，对于微纳尺度的微孔层和催化层，绝大部分研究都基于介观方法，而分子模拟受时空尺度的限制和跨尺度的耦合问题，仍较少应用于燃料电池流动问题和电化学机理的研究。随着材料科学及仪器测量技术的发展,合理表征测试及诊断分析应用会极力推动人们对电化学能源转换过程的认知。例如,电池电极材料的尺度一般为微米级甚至纳米级,普通光学显微镜已无法满足要求,此时需要扫描电子显微镜、原子力显微镜和透射电子显微镜等新型测试设备,可以更精确地观测电极内部结构。在可视化过程中,可以利用中子成像、X 射线扫描、核磁共振成像等在不破坏电池结构的情况下在线观测电化学反应过程中的物质传输与流动特性。

3. 仿生储热材料

基于相变材料的储热技术对解决可再生能源间歇性、波动性引起的时间、空间或强度上的供需失配,以及新能源开发利用关键技术攻坚、推进我国能源行业供给侧结构性改革、推动能源生产和利用方式变革具有重要战略意义。发展具有超强储释热能力的耐久性储热材料的挑战在于:借助微纳表界面技术的有效封装,以及储热量大与储热速率快的矛盾缓解。得益于生命科学的蓬勃发展,基于仿生学与传热传质的深度融合而发展的一门学科——仿生传热学应运而生,它立足于工程热物理与能源利用学科,借助材料学、仿生学、生物学等诸多领域的学科交叉,根据生物体的结构和功能特点,将某些动物、植物组织特殊的导热和阻力特性赋予热功能材料及装置。其核心在于探索和研究各种时空尺度及温度范围内的生命最基本的特征之一——物质和热(能)量的输运规律。开展相关研究既富有重大的现实意义,又具深刻的学术内涵,被国际学术界和产业界竞相关注。因此,对于热量储存、传输、释放的全链条研究,具有超常物理性质的热学超材料和仿生储热材料有望为储热、强化传热技术带来革新性的发展。同时,与多学科的相互关联、相互渗透亦有望推动传热学上升到新的高度。

仿生学诞生于 20 世纪 60 年代,是研究生物的特殊结构及运动机理,为科学技术提供新的设计理念和工作方式的一种技术科学。研究者基于自动控制、能量转换、信息处理、力学模式、精准医疗、材料结构等众多技术难题在生物界寻求新思路。例如,人工耳蜗和心脏支架等仿生技术极大地改善了人们的生活;仿造自然界的有机生物体,获得结构构件可活动的动态建筑充分发掘建筑物潜在的机械性能;借鉴鲨鱼非光滑减阻表皮研制出的战斗机表面材料可有效提高武器装备航程和航速。近年来,仿生学的积极融合也为传热传质领域带来了勃勃生机,最具代表性的是学习荷叶疏水的多级微纳结构开发减阻自清洁仿生表面,以及导湿导热的仿树叶针织物、抗热应力冲击的仿深海海螺微管阵列热防护结构、大功率密度仿树叶热管散热器、降流阻仿蜂巢分形微通道换热器等。

在仿生储热材料研究领域,国内外研究者均已注意到生物质产生特殊性能的功能结构特点及其绿色、可再生、可生物降解的天然优势。针对仿生储热材料的制备和应用已具有一定的经验和基础，也初步实现了光热转换、传热方面的性能提升，整体向着对环境友好的方向发展。但已有的研究大多只能够获得微米级孔的生物衍生多孔碳材料，其相对纳米孔毛细力弱，相变材料易在固-液转变过程中泄漏、失效。现有仿生多孔材料仍无法突破单一尺度对综合强化相变蓄传热性能的限制，对于固载、高导热、高储能密度的综合需求难以兼顾。此外，单从生物模板印拓的孔隙结构可重复性和可控性并不理想。已有研究表明，相对单一孔径多孔材料，多级孔结构在高扩散性（低传质阻力）和高存储能力等方面更具优势，在催化、吸附、储氢、储能、传感、涂层等领域极具发展潜力。类似于生物体内的物质迁移，多级梯度孔隙有利于建立高性能和快速的物质输运，可驱动熔融相变材料在孔空间内的微流动，既可破坏晶相分层、减少死料区，又可通过强化传质协同实现强化传热。因此，亟待开发具有兼并功能的微米-纳米超结构仿生型复合相变材料，并重点解决因特殊结构引入的多尺度梯级孔隙空间相变传热传质基础问题。

在仿生储热材料研究领域，除关注高存储能力外，储热速率也是关键特性之一。过去的研究多数将储热密度提升、传热能力改善单独研究，两者通常是相互矛盾的，造成高储能密度和高导热系数的兼顾始终难以突破。国内外已有研究使用高导热纳米材料（如碳纳米管、石墨烯纳米片、金属纳米颗粒等）作为导热增强材料提高复合材料热导率，但是仍没有一个完整的体系阐明异相异质导热增强材料对热导率的影响规律，对骨架-芯材-导热增强相的跨尺度热输运机理仍不明晰，该过程涉及多种材料、多相以及多尺度，十分复杂，因此在开发高储存能力的仿生等级孔材料的同时，还应重点研究多级热输运网络的作用机理，以期突破常规材料储热速率低的瓶颈。

4.2.9 学科发展与比较分析

国内传热传质学科呈现蓬勃发展的态势，深度参与了国家经济主战场和国防工业的建设。通过不断开拓创新，提出了热学新理论，进一步完善了传热传质学科的体系；与生物、材料、物理和化学等学科的交叉融合进一步加深，国内外交流合作也更加紧密，首次在中国承办了四年一届的 2018 年第十四届国际传热大会，提升了我国传热传质学科在国际上的影响力；同时，越来越多的青年科研工作者加入传热传质学科研究中，形成了年龄结构合理的学术梯队，有力支撑了我国传热传质学科的发展。

表 4.1 为 2011～2020 年传热传质学领域 19 种国际学术期刊的 SCI 影响因子变化情况。整体而言，相关国际学术期刊的 SCI 影响因子呈逐年递增的趋势，表明传热传质学科的发展态势良好。从 2016～2020 年，各国研究者在上述 19 种期刊共发表论文 29169 篇，2006～2010 年的论文发表数（11350 篇）增加了 157%。中国

研究者在此期间发表的论文达12440篇,占比达35.79%,已跃升为传热传质领域论文发表的第一大国,2016～2020年传热传质学领域19种国际学术期刊的主要国家ESI高被引论文数比较如表4.2所示,中国研究者在此期间发表的ESI高被引论文达89篇,占比达31.23%,同样位居世界前列。这些数据表明,我国在传热传质领域的研究工作在国际舞台上发挥着主导作用,已很好地融入国际学术界,成为最重要的基础研究队伍。但相比而言,虽然近年来我国研究者在国际学术期刊上发表的论文数量已占有最大比例,出席国外举行的国际会议和参与国际交流的人数逐年增多,但我国的整体水平与先进国家仍有一定差距,主要体现在:在国际上发表的论文依然比较集中在某些单位和个人;有国际影响力的原创性成果还偏少;在国际学术组织、重要的国际学术期刊和会议中知名研究者数量偏少;尚无传热传质领域的顶级国际学术期刊在国内出版发行;虽然我国研究者论文发表数量最大,但大部分文章被国际学术界同行引用的篇次仍然偏低,尤其是来自欧美发达国家研究者的正面引用还不足。

表4.1　2011～2020年传热传质学领域19种国际学术期刊的SCI影响因子变化情况

序号	期刊名称	2011年	2012年	2013年	2014年	2015年	2016年	2017年	2018年	2019年	2020年
1	*Applied Thermal Engineering*	2.064	2.127	2.624	2.739	3.043	3.444	3.771	4.026	4.725	5.295
2	*Experimental Heat Transfer*	0.537	0.927	0.400	0.979	1.288	1.522	1.687	2.000	2.543	4.058
3	*Experimental Thermal and Fluid Science*	1.414	1.595	2.080	1.990	2.128	2.830	3.204	3.493	3.444	3.232
4	*Heat and Mass Transfer*	0.896	0.840	0.929	0.946	1.044	1.233	1.494	1.551	1.867	2.464
5	*Heat Transfer Engineering*	0.892	0.694	0.898	0.814	1.016	1.235	1.216	1.703	1.693	2.172
6	*Heat Transfer Research*	0.181	0.277	0.250	0.477	0.930	0.868	0.404	0.398	1.199	2.443
7	*International Communications in Heat and Mass Transfer*	1.892	2.208	2.124	2.782	2.559	3.718	4.463	4.127	3.971	5.683

续表

序号	期刊名称	2011 年	2012 年	2013 年	2014 年	2015 年	2016 年	2017 年	2018 年	2019 年	2020 年
8	*International Journal of Heat and Fluid Flow*	1.927	1.581	1.777	1.596	1.737	1.873	2.103	2.000	2.073	2.789
9	*International Journal of Heat and Mass Transfer*	2.407	2.315	2.522	2.383	2.857	3.458	3.891	4.436	4.947	5.584
10	*International Journal of Multiphase Flow*	2.230	1.715	1.943	2.061	2.250	2.509	2.592	2.829	3.083	3.186
11	*International Journal of Numerical Methods for Heat & Fluid Flow*	0.752	1.093	0.919	1.399	1.457	1.713	2.450	1.958	2.871	4.170
12	*International Journal of Thermal Sciences*	2.142	2.470	2.563	2.629	2.769	3.615	3.361	3.488	3.476	3.744
13	*Journal of Enhanced Heat Transfer*	0.275	0.456	0.605	0.244	0.562	0.239	--	0.066	1.406	--
14	*Journal of Heat Transfer-Transactions of the ASME*	1.830	1.718	2.055	1.450	1.723	1.866	1.602	1.479	1.787	2.021
15	*Journal of Thermophysics and Heat Transfer*	0.739	0.881	0.871	0.833	1.035	1.315	1.085	1.051	1.307	1.711
16	*Numerical Heat Transfer Part A—Applications*	2.492	1.803	1.847	1.975	1.937	2.259	2.409	1.953	2.960	2.928

续表

序号	期刊名称	2011年	2012年	2013年	2014年	2015年	2016年	2017年	2018年	2019年	2020年
17	*Numerical Heat Transfer Part B—Fundamentals*	2.054	1.955	1.548	1.172	1.330	1.663	1.775	1.216	1.600	1.586
18	*Nanoscale and Microscale Thermophysical Engineering*	1.032	1.333	0.972	1.415	2.390	3.182	3.111	3.323	2.700	2.182
19	*Journal of Thermal Science*	0.310	0.302	0.348	0.401	0.543	0.678	0.678	1.228	1.972	2.438

表 4.2　2016～2020 年传热传质学领域 19 种国际学术期刊的主要国家 ESI 高被引论文数比较

国家	ESI 高被引论文数/篇	ESI 高被引论文数占比/%
中国	89	31.23
美国	43	15.09
印度	9	3.16
韩国	3	1.05
英国	13	4.56
法国	5	1.75
德国	1	0.35
日本	4	1.40
加拿大	8	2.80
意大利	5	1.75

注:上述所列中国 ESI 高被引论文数未计入港澳台地区论文,按照五年总数进行计算。

客观地认识我国传热传质学科研究水平及与国际学术界的差距将有益于思考和确定我国的学科发展战略。从研究体量上看,国内的研究已居于世界领先水平,但仍需加大融入世界学术大潮流的步伐,注重基础理论研究原创性、系统化和深广度,在保持量的同时,实现由量向质的转变,缩小与国际学术发展的差距,在国际学术界争取更多的话语权,加强与其他学科的交叉融合,拓宽传热传质学科的应用领域,关注直接服务于国家战略需求的高新技术行业并发挥关键性作用,开展具有变革性的研究工作。

4.3 学科发展布局与科学问题

4.3.1 热传导

1. 学科发展布局

1)热传导基础理论

热传导基础理论方面的研究延续了温差所引起的热能传导的传统范畴,但在两个方面凸显出研究内容的新变化,一是微纳尺度上经典的傅里叶导热定律不再成立,引进现代科学理论成果的微观机理再认识,二是考虑多种与特殊内外部条件的复杂耦合现象和强非线性非平衡作用导热过程,探讨基本现象的变异和经典理论的修正。因为这两方面的深化和创新,也势必诱导出跨越传统热传导定义的研究内容。除此之外,传统意义上尚待深入和细化的工作仍然还是学科的基本内容,生产实际应用尤其传统工业领域同样迫切需要。

2)热传导应用基础与技术

在能源、通信、航空航天、电子等高新技术领域,热传导仍是必须解决的主要传热方式之一,尤其以寻求强化导热和热防护途径为核心的热传导管理技术,特别是量大面广的新导热材料理论与技术,还将持续占据应用基础与技术研究的主导地位,不断要求多载流子热传导创新理论,朝着热物性调控、传热分析细微化和传热计算精确化发展,包括发现新的影响因素及其作用机理,以有利于实际技术需求。在实际应用中,研究必然包含热传导和其他传热方式的耦合传递、各种多场多相多组分多过程多因素的耦合传递现象。

3)热传导基础理论的新开拓

热传导的经典理论是基于热扩散机制的傅里叶导热定律,是一个局域的定律。当系统的尺寸与载热子的平均自由程相当、导热时间与载热子的弛豫时间相当、尺寸与波长相当时会出现典型的非傅里叶导热现象,此时载热子的微观热输运机理、热输运规律对尺寸的依赖性、热流-热导率-温度场之间的关系是研究关注的重点。出现非傅里叶导热也许说明非线性、非连续、非局域是自然的本质。像生态环境、生物体(介质)内的能量和质量传递,就有异于经典理论所考虑的范畴,需要新的本构方程加以描述;新的微细能质转换系统已然融合能与质的概念,传递现象认识和规律研究需要新的途径;微小时空尺度和纳米科技中展现的特殊局部与界面现象早就被人们所关注,呈现出非连续非均匀甚至竞争性传递过程特性,这些都富有挑战性,正在成为热点研究内容。

4)交叉学科与高科技应用热传导

如前所述,热传导包括整个传热传质学科正以出乎人想象的现实与诸多的学科和技术领域,尤其高科技发展形成广泛的交叉,衍生的新课题新方向层出不穷,热传导的内涵也不断得到丰富和拓展。典型的热传导交叉方向包括与芯片等电子器件交叉的半导体材料导热、与电子封装技术交叉的热界面材料导热、与航空航天交叉的高温材料导热及热防护、与生物和生命科学交叉的生物及软物质导热、与信息计算及人工智能技术交叉的数据驱动导热材料设计等,未来热传导研究和应用应该还会有更为广阔的天地,高科技中的技术应用和热传导本身的创新高技术更是备受研究人员和工程技术人员的重视。

5)导热性质和功能材料与介质

导热性质是材料的基本热物理性质之一,随着新的学科发展和应用需求,与热传导研究和技术应用相关的热物理性质,尤其是热输运性质越来越重要,其本身也是传热传质研究的重要内容。除新材料不断被引进应用到传热传质技术中外,导热性质的基础理论、导热性质的测试原理和方法、材料导热性质的调控机理和方法、基于现代方法和技术合成具有优异导热性能的先进材料、依据传热传质理论和需求发展新的导热功能材料和介质在学科发展和研究中同样占据着重要的地位,会成为新的方向。

6)研究方法和技术手段

热传导的发展和研究,无论是理论研究方法、分析手段还是试验与测试技术,都是研究内容中必不可少的组成部分。近些年,随着微纳米导热的发展,理论研究从经典的基于本构关系的模型研究发展到介观的输运理论研究,乃至微观的量子理论研究。计算方法从基于宏观守恒方程的计算流体力学计算方法,发展到热输运特性的分子动力学模拟和第一性原理计算方法、基于第一性原理计算的玻尔兹曼输运方程迭代求解方法、基于求解玻尔兹曼方程介观的蒙特卡罗模拟、离散坐标法、格子-玻尔兹曼方法[8]、基于声子谱能密度的热输运特性计算方法、基于机器学习势函数的热输运模拟方法,也出现了很多新型试验测试原理与技术,如T型热物性测试方法、飞秒激光泵浦热反射法、拉曼增强热测试方法等。

2. 科学问题

热传导方向内容可总体性概括为,探究和认识热传导过程中的基本现象、规律,发展基础理论并应用于解决实际技术问题,与现代产业和高科技的发展紧密交叉，诱导出诸多全新的物理现象和概念。对应的主要科学问题有以下几个。

1）微观能量载流子基本属性和能量传递

（1）量子化载能粒子的基本性质和载能特征。

（2）电子、声子、磁振子等载能粒子的输运规律和动力学。

（3）电子、声子、磁振子等载能粒子超快相互作用和基本性质交换特性。

（4）基于载能粒子性质和相互作用的热传递现象与规律。

（5）针对不同属性和能量转换过程的载能粒子能质传递理论。

（6）自旋动力学及自旋输运理论在磁性材料热输运过程研究中的应用。

（7）微尺度热传导理论与应用。

（8）热电转换微能源系统中的关键热物理问题与热物性调控。

（9）生物微纳机电系统中的热传导问题。

2）纳米材料和微纳米器件的热传导现象

（1）纳米材料和微纳米器件中的基本量子化粒子热传导。

（2）纳米材料和微纳米器件中粒子导热的物理机制与描述。

（3）材料中能量转换、聚集和耗散的传导机理与规律。

（4）纳米功能材料与流体的传递过程机理和基本传递性质。

（5）纳米材料和微纳米器件热传导本构关系。

（6）基于粒子传递的热传递理论和分析方法。

（7）复杂与特殊条件导热（热迟滞现象、非傅里叶效应、高频超高热流和复杂结构导热等）。

（8）复杂和特殊介质非平衡性输运性质。

（9）传质扩散导热。

（10）固体材料热物性的新理论与新方法。

（11）低维材料、先进碳材料和战略性半导体材料的特殊热传导现象。

3）多空间、时间尺度和界面导热现象

（1）以粒子性质刻画的界面传递特征和物理机制。

（2）声子-磁振子相互作用基本规律对自旋动力学过程的影响机制。

（3）界面热传导现象的时空尺度效应。

（4）界面导热基本理论和规律。

（5）多尺度界面的传递物理过程与模型。

（6）界面上电子、声子、磁振子等散射、透射效应及耦合规律。

（7）多空间和时间尺度传递现象基本理论和分析方法。

（8）多物理场耦合的强非线性导热问题。

4)新型能源转换系统中的热传导及耦合传递过程

(1)热电转换中的粒子传递现象及对热电转换的影响。

(2)燃料电池系统中多尺度多相多组分热传导与电化学反应耦合传递现象。

(3)其他新型能源转换利用形式中的热传导机理。

(4)先进电子设备及材料的热管理基础研究。

(5)化学储能的材料制备与热传导基础研究。

(6)建筑环境控制中的热物理基础研究。

5)生物介质和细胞、组织结构水平上的热传导机理

(1)细胞、组织、器官等内的热传递机理和各层结构间的传递相互作用融合。

(2)多重孔隙和组织结构的整个热传递现象及驱动机制。

(3)生物活性与热传导现象的耦合作用。

(4)无损测温的基础理论与技术开发。

(5)生物热传导现象宏观建模和分析方法。

(6)生物医学热技术基础。

6)热传导先进计算和测试方法

(1)热传导反问题计算方法。

(2)热传导量子理论第一性原理计算方法。

(3)基于求解多分子层吸附理论方程的介观模拟方法。

(4)微纳米导热的微观模拟方法。

(5)器件与系统热传导过程的多尺度模拟。

(6)纳米材料热物性先进测试原理和技术。

(7)界面热阻的表征和测试技术。

(8)人工智能和大数据驱动的热传导材料设计及其可解释性。

7)其他多学科交叉前沿性基础探索

(1)微观热传导物理机理认识与理论描述。

(2)复杂和耦合过程强非线性非平衡诱发的热传导效应与新机理。

(3)地球物质在极高压、高温条件下热物性与结构的相互关系及演化规律。

(4)生物生命与非经典势作用下的热传导物理过程、特性与机理。

(5)微纳尺度和界面效应下新的热传导机理与本构方程。

(6)聚合物溶胶等软物质体系下的热传导机理。

(7)高新科技中热传导应用基础与技术。

(8)高性能热智能材料的研发及其在热管理系统中的应用。

(9)热传导新概念、新理论及其应用。

4.3.2 辐射换热

1. 学科发展布局

宏观辐射传热的机制和理论已经进行了大量研究,对于工程应用中较简单的系统,宏观辐射换热的分析理论、方法和工具已趋成熟。然而,对于复杂具有介观结构的系统,如多孔材料、颗粒堆积材料,虽然其按特征尺度划分可能仍属于宏观辐射传热的范畴,但由于基于传统宏观辐射传热理论在孔隙尺度进行模拟分析具有巨大的计算量,需要进一步发展相关均匀化(等效连续介质)理论。

在介质辐射特性方向,极高温多组元气体非平衡辐射、高温粒子及其团聚物辐射特性、吸收性介质内粒子的光谱辐射特性及极端条件下材料的热辐射特性是亟待解决的科学问题。深入研究材料微观结构与宏观热辐射参数间的理论关系,发展极端条件下固体物质热辐射物性参数数值预测的第一性原理方法,是一个极端条件下热辐射特性研究的重要科学问题。

微纳尺度辐射传热及多种载流子耦合传热的物理机制认识还不够清晰和深入,相关分析理论发展欠缺或尚不成熟,还存在大量科学问题有待研究。近场辐射换热的研究主要以理论研究为主,这主要受限于试验上实现微纳尺度的间距控制难度较大。然而,试验研究对于支撑和检验已发展的近场辐射换热理论必不可少,近场辐射换热的试验研究还有待进一步加强。微纳尺度热辐射在能量收集与转换、热辐射传感与探测、红外隐身等领域取得重要应用,在能源、军事、遥感、测量技术方面有很高的发展前景,对国民经济与国家发展有促进作用。

微纳尺度辐射传热的发展趋势一是研究内容的深化,二是多趋向复杂和交叉领域,如浓相粒子群非独立散射、各向异性散射、热辐射与湍流相互作用、高温弥散介质内红外探测、气动光学、多场耦合下辐射传热、极端条件下辐射特性与传输、微尺度下辐射传热(包括纳米物体尺寸和飞秒时间尺度)、非平衡态气体辐射特性及传递、非均匀介质内的辐射传输、生物组织内的辐射传递等。

2. 科学问题

(1)具有复杂介观结构系统的辐射传热特性及其等效连续介质理论。

(2)极高温多组元气体非平衡辐射、高温粒子及其团聚物辐射特性、吸收性介质内粒子的光谱辐射特性及极端条件下材料的热辐射特性。

(3)发展极端条件下固体物质热辐射物性参数数值预测的第一性原理方法。

(4)多个物体之间的近场辐射换热机制。

(5)考虑近场效应的处理稠密粒子系辐射换热的新理论。

(6)热辐射超材料设计相关的分析理论和数值模拟方法。
(7)极限尺度下(＜10nm)的近场辐射机理及试验测试。
(8)近场热光伏系统、近场电致发光制冷系统等器件的效率提升。
(9)热二极管等热辐射电路器件的制备与实现。
(10)高温环境及非平衡条件下的热辐射特性。

4.3.3 对流传热传质

1. 学科发展布局

随着各学科不断深入交叉融合以及现代高技术产业发展,对流传热传质相关研究的广度和深度均得到了迅速拓展,并赋予了崭新的学科内涵。对流传热传质学科着眼于适应世界科学发展潮流以及满足国家可持续发展需求进行统筹规划,并围绕国家高技术产业发展中涉及的对流传热传质相关重大基础理论和技术需求进行学科布局,在解决核心科学问题的基础上发展自主可控核心技术。

在基础研究层面,从世界范围内的科学发展趋势来看,对流传热传质的研究内涵已经从传统的常规流体复杂几何流动拓展到特殊功能流体(如纳米流体、生物流体、磁流体、超临界流体、熔融盐、高温等离子体等)、极端运行条件(如超高/超低温、高压、超高热流等)、多尺度界面结构(微纳复合尺度、梯级孔隙尺度、异质润湿性等)以及多场耦合驱动(电场、磁场、各类微弱物理或化学势差等),这些新兴热点研究极大地丰富了对流传热传质的学科内涵,对解决现代高科技领域涉及的广义对流传热传质问题具有重要的普适指导意义。

在应用基础研究层面,瞄准新能源、节能环保、人居环境、航空航天、电子信息、新能源车、生物医药等涉及我国经济社会可持续发展的现代高科技对流传热传质基础理论和关键技术需求开展系统研究,对解决我国高技术领域的相关"卡脖子"问题、促进相关高技术产业发展均具有重要的科学和现实意义。

为促进对流传热传质学科发展,在学科布局上需兼顾系统布局和重点发展的有效结合,包括:① 不断加强相关基础研究,提高本学科的持续创新能力;② 鼓励创新性强的高风险研究,形成勇于探索和攀登科学高峰的氛围;③ 保持系统布局,既要兼顾本学科的研究热点方向,又要兼顾涉及国民经济发展的必要冷门方向,避免在关键领域产生空白而受制于人;④ 鼓励多学科交叉性集成应用研究,提高多学科集成创新能力;⑤ 培育和扶持特色研究,形成本学科的特色创新优势。

此外,对流传热传质在学科布局上还需注重加快与其他相关学科的交叉融合,对流传热传质与能源科学、生命科学、材料科学、环境科学、地球科学、建筑、化学工程等学科门类都有深度的交叉。例如,与环境科学相结合,研究多孔介质高效吸附/

催化挥发性有机化合物，促进挥发性有机化合物排放控制。与生命科学相结合，研究污染物在人体皮肤、血液、尿液中的传输与多相反应机理。与建筑相结合，研究在地下空间、特殊密闭空间（如深海舰船、航天空间站等）的污染物传质、控制机理以及对人体的健康效应，这些方面都亟待加快学科统筹布局。

2. 科学问题

对流传热传质领域相关研究近年发展十分迅速，所涉及的内容涵盖基础理论的方方面面，其应用场景也涉及经济建设和国防科技的各个行业与领域。对流传热传质学科的主要研究内容可总体性概括为：探究和认识对流传热传质过程中的基本现象、规律，发展基础技术理论并应用于解决实际工艺技术问题、保障系统和过程的运行安全等；本学科与现代产业和高科技的发展紧密交叉，引申出诸多全新的物理现象和概念，这些新现象和新概念在许多相关学科和高新科技领域的发展中扮演重要角色，某些条件下甚至起关键性主导作用。对应的主要科学问题归纳如下。

1）多场耦合复杂对流传热

多场（如电场、磁场、重力场等）耦合驱动条件下，由于不同势场对传热所造成的驱动势差相对大小不同，常规条件下的各种微弱势差（如温差、浓度差、张力差、电势差等）在多场耦合条件下的相对重要性发生改变，某些驱动势差会得到强化甚至主导化，成为影响对流换热的重要因素，从而引起新的传热机理，这种多场耦合驱动的对流传热问题与微电子、航空航天、生命科学等现代高新技术紧密关联，多场耦合条件下对流换热规律和机理研究是重要的新兴交叉研究前沿。

2）极端条件下的对流传热

极端条件包括超高/超低温、超高热流密度、超高速、失重或超重力等环境条件，这类问题与航空航天、军事国防、高温太阳能热利用、先进功能材料等现代高科技领域紧密关联，包括航天器返回舱及弹道导弹再入大气层时的超高温、超高速对流换热问题，高温太阳能吸热器以及储热系统中熔融盐对流换热问题，高马赫数航天飞行器表面稀薄流体的对流换热问题，空天失重或过载超重条件下的对流换热问题以及先进功能材料熔炼过程中的对流换热问题等，这些极端条件下的对流换热过程中需综合考虑稀薄气体效应、界面滑移效应、非牛顿效应以及壁面附近的强烈变物性效应等影响，研究这类典型极端条件下的对流换热规律，揭示其对流换热机理具有重大的科学和工程意义。

3）拓扑优化对流传热

传统对流传热结构的优化是基于枚举法以及个人经验，效率低下并且无法获得最优的对流换热结构。拓扑优化可以针对某一实际应用中的换热需求，非常高效地设计出最优的对流换热结构。拓扑优化对流换热是对流换热领域的一个新兴研究方向,主要问题有变物性条件下的拓扑优化方法、多目标拓扑优化方法、物性差值函数的协调性、拓扑优化换热结构的制造技术以及拓扑优化在高新技术热管理中的应用等。

4)功能流体对流换热

纳米流体、磁流体、超临界流体、等离子流体等功能流体的对流换热研究已成为对流换热的重要研究分支领域,该领域研究的科学问题主要集中在复杂功能流体热物性、变物性条件下的传热规律和机理,以及流体特殊热物性耦合电场、磁场等条件下的对流换热机理及换热强化原理等方面。另外,针对特定应用情境的功能流体对流换热性能的优化及其制备表征也是需要关注的问题。

5)相变对流传热

相变对流换热过程广泛存在于自然界及生活生产过程中,相变的潜热换热优势使之在强化传热、储热、高效冷却等领域具有独特优势。相变对流换热相关研究主要集中在气液相变和固液相变,气液相变关注的科学问题主要集中在微细层面的相过渡与核化机理、极小尺度纳米气泡/液滴动力学特性、气-液-固三相接触线的热量传递与流动机理、界面薄液膜流动与换热机理、气液相变系统在强烈非平衡和非线性条件下的换热机理、流动和换热不稳定性的产生以及抑制机理等。固液相变的科学问题主要集中在界面区的团聚溶胶态、枝晶竞争机制、微细流动以及界面演化机制等。

6)微纳尺度对流换热

微纳尺度下,动电效应、界面效应和尺度效应对流动和换热特性起主导作用。界面上的微弱势差(温差、组分浓度差、电势差等)或微细结构的变化均会引起临近界面区的流动变异和微细流动结构的变化,进而极大地改变了对流传热机制,并实质性影响内部与界面区流动和传递现象物理过程,这类科学问题对传统的对流换热基础理论研究和试验技术等都提出了前所未有的新挑战。此外,微纳尺度对流换热在众多新兴技术领域(如 5G、人工智能和储能)的热管理中发挥着日益重要的作用,也提出许多亟待解决的技术和科学问题。

7)对流传质

在诸多涉及物质质量传递和扩散的过程(如食品干燥、锂电池、海水淡化、人居环境控制)中,热质耦合传递、伴有化学反应的多组分传质过程、复杂多尺度结构表面与内部的传质过程、传质过程强化原理与方法是研究的焦点。在太阳能光热利用领域,采用等离激元纳米流体强化光热吸收从而促进传质已成为较为活跃的前沿研究领域;液流电池、锂离子电池以及动电发电等新型储发电系统运行过程中的离子传质机理和过程强化已成为新兴研究热点;在人居环境污染物治理过程中,污染物的竞争吸附和催化反应机理尚有待深入揭示；室内降尘中悬浮颗粒物对气态污染物的吸附特性、悬浮颗粒物的沉降规律、降尘对气态污染物的吸附特性、污染物在降尘及表面间的分配机制等，成为国际传热传质与环境健康交叉领域研究的主要科学问题。

4.3.4　相变传递

1. 学科发展布局

1）沸腾

随着沸腾传热由传统能源、化工领域的应用向微电子芯片冷却等前沿科技领域应用的迈进，跨尺度、多物理场、多因素耦合作用下的沸腾相变传热问题研究已成为热物理领域的前沿战略性研究方向。

对池沸腾而言，工质属性、加热面特性对池沸腾相变热质传递具有决定性影响。因此，进一步探究异质功能流体组合、新型微纳复合功能表面对池沸腾气泡动力学行为（生长、聚并、脱离）、沸腾传热系数及“沸腾危机”的影响机理和调控机制，探索多物理场耦合作用下的池沸腾换热特性及操控方法，对开发新型高效沸腾相变传热技术、推迟/抑制“池沸腾危机”的出现、完善现有大空间池沸腾理论具有重要的理论和科学意义。对管内流动沸腾而言，随着其在高热流密度微电子芯片散热等前沿科技领域的重要应用，探究更小尺度空间内的流动沸腾传热机理及稳定高效的热质传递理论和方法，提出并构建微尺度受限空间内流动沸腾过程的量化理论和数学描述，揭示流-固-热-力-电多物理场耦合作用下的微通道流动沸腾自适应调控方法，发展基于尺度和表界面效应耦合作用的强化微尺度流动沸腾传热机制和方法，是管内流动沸腾亟待解决的前沿基础科学问题。

2）冷凝

随着近年冷凝传热领域的研究前沿和需求演变，特别是微电子和光电子工业发展对高热流密度和小温差换热的要求，需要重新认识和明确冷凝过程中热质传递现象的挑战和机遇。对于实际工业系统应用，实现冷凝表面层面的传热强化是基础。同时，如何将强化表面耦合到换热装备中并发挥出高性能仍存在许多挑战，从强化表面到换热设备的放大过程需要多层面的技术突破和整合优化。

国内相关的研究紧跟世界学术潮流，不仅在基础研究层面取得了显著创新突破，同时积极与各种高新技术和现代产业相结合，为国家重大工程及基础攻关课题做出了重要贡献，也奠定了未来发展强有力的基础。经过多年努力，国内相关研究团队在不少基础创新研究点上取得了国际学术界所公认的成果，包括微纳尺度冷凝热质传递理论、界面多尺度冷凝特性及传热强化理论、复杂条件下冷凝机理和液滴动力学、热与流动及多场多因素耦合作用机制都做出了重要的突破。过去的十几年,在分子动力学、格子-玻尔兹曼、耗散动力学模拟等传递现象分析方面也取得了令人瞩目的成果,呈现出蓬勃发展的强劲势头。但总体上讲,基础理论研究的原创性、系统化和深广度与国际学术发展相比有明显的差距,应用基础和技术多停留在工艺层面,较少涉及直接服务于高新技术或直接在高科技发展中发挥关键性作用。

3)蒸发

目前,蒸发传递已经和其他多个学科形成深层次的交叉融合并向纵深发展,诱导出跨越传统热质传递概念的研究内容;考虑多场多因素的复杂耦合现象和强非线性非平衡作用过程,探讨蒸发传递基本现象的变异和改进具有极其重要的意义。

对于降膜蒸发,随着研究尺度的逐步深入,理解微纳尺度下薄液膜的流动与热质传递机制,分析表面材料、微纳结构及界面属性对流动与蒸发过程的影响,有助于寻求强化降膜蒸发效率的新途径。因此,微纳米薄液膜蒸发的流动与热质传递机理具有极其重要的学科内涵和科学意义。对于太阳能驱动蒸发,光热转换、能量传输、质量传输和蒸汽扩散动力学的耦合对太阳能转换效率有着至关重要的影响。因此,非常有必要系统地研究光热转换机制、界面蒸发结构和隔热体的材料选择、表面物化属性对蒸发界面处流体流动和热质传递的影响规律,进而提高太阳能驱动蒸发系统的能量转换效率并促进它的工业化应用。多因素相互作用下太阳能驱动蒸发的热质传递理论具有极其重要的研究价值。液滴蒸发是一个典型的跨尺度和非线性问题。微观尺度的热力学驱动会引发宏观尺度的力学效应,引起液滴的毛细流动或马兰戈尼流动。同时,蒸发过程中的凝胶化转变和结晶等相变过程与作用力耦合会使得液滴出现一系列失稳现象。液滴蒸发过程受到多场多因素的共同作用,最终诱导液滴形成丰富的蒸发图案,蕴含着丰富的科学内涵并在诸多高新领域扮演着极其重要的角色。目前,关于液滴蒸发所引起的热质传递过程及其图案形成机制仍缺乏深刻的理论描述,亟待开展相关的基础研究。

2. 科学问题

1)沸腾

(1)基于功能流体和表界面改性的大空间高效池沸腾传热理论与方法。

(2)微小尺度空间内流动沸腾传热机理与多物理场耦合传递机制。

(3)跨尺度沸腾成核机制的介观数理模型和方法构建。

2)冷凝

(1)微纳空间尺度效应和快速时间尺度下冷凝传热的新现象、新规律和新特性。

(2)多级固体结构与冷凝液接触的复合界面内复杂热质传递机理。

(3)相界面间的非平衡热量传输及与多场多介质耦合作用下的传热强化理论。

(4)冷凝传热强化表面与先进导热材料及界面材料集成开发高热通量功能器件和系统。

3)蒸发

(1)微纳米薄液膜蒸发的流动与热质传递机理。

(2)太阳能驱动蒸发的热质传递理论。

(3)液滴蒸发所引起的热质传递过程及其图案形成机制。

4)固液和固气相变

(1)相变材料界面效应和结构效应与能质协同输运。

(2)微纳尺度下相变热输运过程新效应、新现象和新规律。

4.3.5 微纳尺度传递

1. 学科发展布局

1)微纳尺度热辐射

随着热光伏发电、热化学储能、光催化反应、辐射制冷等微纳科技的发展,微纳尺度热辐射表现出近场辐射、等离子激元、耦合极化激元等量子力学效应。为进一步发挥微纳尺度热辐射在上述领域的应用,需在以下几方面发展布局。

(1)微纳尺度热辐射特性与传输的近远场调控机理研究。

深入地揭示微纳尺度热辐射近远场调控机制,构建统一的、系统化的微纳尺度热辐射传输设计、调控理论方法,能够处理各类新结构、新材料、新物理机制。从电磁波理论和量子力学理论出发,建立精确考虑微纳结构与热辐射波相互作用机制的热辐射调控理论,发展计算效率高、能处理复杂微纳结构、新型材料和物理机制的辐射特性与辐射传输计算方法。重点包括:① 周期性微结构、超材料、二维材料、各向异性材料、拓扑材料、相变材料等近远场热辐射特性与传输的机理及其调控方法;② 无序多体微纳结构中的近远场热辐射特性与传输的机理及其调控方法;③ 微纳尺度下热辐射与电子、声子、原子等相互作用的微观机理及其对热辐射特性与传输的影响机制。

(2)微纳尺度热辐射特性与传输的试验测试方法研究。

研究高精度、高空间、时间与光谱分辨率的微纳尺度近场和远场光谱热辐射特性与传输测试方法。研究高温、低温、非平衡、非互易、极近场等极端条件下的微纳尺度热辐射特性测试方法及其与导热相耦合的测试方法。研究微纳尺度热辐射材料与器件(如热光伏、热成像、热化学储能、热离子能量转换、电致发光制冷、热整流、辐射制冷、隔热等)的辐射特性测试与表征方法。

(3)微纳尺度热辐射的器件开发与应用研究。

深入探索微纳尺度热辐射器件的高精度制造、封装、集成、试验技术，解决实际应用中的工程问题，包括先进制造工艺、高电热性能的封装工艺、实际工程场景下的性能试验与检测、性能稳定性与寿命等，形成系统性的微纳尺度热辐射器件研发技术，实现微纳尺度热辐射器件在深海深空探测、国防军事、可穿戴设备、电子器件散热等领域广泛应用，并替代现有技术。

2)微纳尺度导热

随着5G通信、超快速激光加热、MEMS/NEMS等微纳科技的发展，导热过程在时间尺度、空间尺度、环境温度及热流密度等方面都在向极端状况扩展。为进一步发挥微纳尺度导热在上述领域的应用，需在以下几方面发展布局。

(1)复杂体系导热的基础理论。

需进一步建立和发展高阶声子散射、界面导热调控机理、声子-电子、声子-磁子等载能粒子相互作用相关理论，建立和发展针对无序材料、聚合物材料、有机-无机复合材料体系导热特性计算理论及方法。针对不同时间、空间尺度，建立和发展多尺度计算方法势在必行，在此基础上构建多级次结构中跨尺度能量、物质输运与储存现象的计算模型，深入揭示纳米复合材料多级次结构、异相异质界面中的热质输运/储存机理。

(2)极端条件下的纳米结构导热特性。

在“两机”重大专项问题中，材料常处于高温高压等极端条件下，而高温工况下很多材料会发生相变，从而使结构产生缺陷或形成一定的无序性。因此，在高温情况下，载能粒子的高温输运特性将与微结构发生耦合。在这个过程中，高阶声子散射、声子重整化、电子的双极效应等都将影响载能粒子本身的输运；而界面和缺陷处，声子、电子间的耦合也将改变界面热输运。这些问题亟须理论的进一步发展。同时载能粒子的微观特性(如平均自由程)测量也需要拓展到高温高压条件下，以获取必需的信息用于高温高压材料的设计优化。

(3)数据驱动下的导热材料设计。

进一步加强微纳尺度导热的多学科融合交叉研究。微纳加工与制备技术的发展使得精确控制材料的空间分布成为可能，由此带来了声子相干性、声子局域化、声子水动力学等多种微纳尺度导热效应的发现。如何快速筛选、主动学习和优化材料微纳结构，实现微纳尺度导热效应的精准控制，需要数据驱动下的导热材料设计。例如，如何融合大数据、机器学习以及人工智能等新兴学科来促进微纳尺度导热研究与应用也值得进一步尝试及探索。

3)微纳尺度相变

为进一步发挥微纳尺度相变传热传质在上述领域的应用，需在以下几方面发展布局：

(1)微纳尺度相变传热传质的基础理论和测试技术研究。

微纳尺度气液相变过程的理论描述仍广泛依赖于平衡热力学相关理论。作为一种典型的输运现象，对相变过程的微纳尺度理论描述应合理考虑非平衡作用过程。对应相变传热传质模拟方法上，应考虑发展耦合分子动力学模拟、玻尔兹曼方程、动力学蒙特卡罗模拟、相场模拟等的跨尺度数值仿真方法，以提高模拟精确度及对过程和系统描述的完整性。此外，应考虑发展非接触式高精度光学测量技术以及微纳尺度器件和传感器技术，使微纳尺度界面热质传递直接探测成为可能，为现有理论的验证和新理论的提出创造条件。

(2)微纳尺度相变传热传质的应用基础与技术研究。

微纳尺度气液相变传热的应用将紧扣国家在高热流密度冷却、能源高效转换、能源高效储存和利用领域的需求，微通道流动沸腾、纳米薄膜蒸发、微型热管、微纳多孔涂层等微纳尺度气液相变传热强化技术在这些领域具有广阔的应用前景。应考虑提出针对传统相变传热传质过程的变革性科学问题和研究技术，侧重对微纳尺度相变传热传质效应的深入理解、精确预测和有效调控。

(3)微纳尺度相变传热传质与高科技应用的交叉研究。

微纳尺度相变传热是一个涉及界面化学、非平衡热力学、材料科学等诸多领域的交叉学科问题，其内涵也在与诸多学科的交叉中不断得到丰富和拓展。未来将广泛应用于微电子芯片、高功率激光、雷达、核反应堆冷却、电/热化学储能、相变储能、航空航天等高科技领域。应考虑从材料化学和物理机制上理清上述交叉学科中的瓶颈问题，重点布局相变传热传质交叉学科领域，利用跨尺度理论模拟和先进试验手段引导该学科快速发展。

2. 科学问题

1)微纳尺度热辐射

微纳尺度热辐射理论和试验技术的发展与成熟为研究和利用复杂纳米、拓扑、相变和复合材料结构调控热辐射输运和能量转换性质，协同提高材料的综合性能打下了基础。对应的主要科学问题包括以下几个方面。

(1)微纳尺度热辐射特性与传输的调控机理。

微纳尺度热辐射的理论研究主要集中在数值计算上，缺乏对其调控机制的深入考虑，难以从机理上揭示热辐射传输机制。尤其是新材料层出不穷，如超材料、各向异性材料、低维材料、拓扑材料、相变材料等具有优异可调的热辐射特性，拥有广阔的应用前景，同时其中的各类新物理机制的出现也为机理的分析带来了理论上的挑战。因此，微纳尺度热辐射特性机理有待深入探究。

(2)微纳尺度热辐射特性与传输的试验测试方法。

微纳尺度热辐射特性与传输的试验测量对材料加工和仪器的精度要求很高,存在技术难度,同时各类新材料、新纳米结构与新的物理机制的出现也为试验精密测量带来了更大的挑战。然而,国内外对其热辐射特性的研究主要集中在分析与计算方面,大部分计算结果得不到试验验证,更是缺乏相关的深入试验研究。因此,亟须大力发展微纳尺度热辐射特性与传输的试验测试方法和仪器。

2)微纳尺度导热

微纳尺度导热理论与试验技术的发展与成熟为研究和利用复杂纳米结构调控导热性能,协同提高各类工程材料的综合性能打下了基础。对应的主要科学问题包括以下几个方面。

(1)含有多尺度结构的多孔及复合材料的导热理论与设计。

微纳导热理论的研究集中在以晶体、非晶体为主的单一凝聚态体系结构上,而对具有复杂结构材料的研究仍较为缺乏,如多孔及复合材料等。在这些材料中,微纳米结构涉及多个尺度并跨越多个界面,因此声子的弹道输运、局域化、异质界面透射/散射等效应相互耦合,使得现有导热模型很难被直接应用在多孔及复合材料导热模拟中。因此,如何建立高效、准确的预测与优化模型是研究多孔及复合材料导热的关键科学问题。

(2)多物理耦合的热功能纳米材料综合设计与开发。

在热电、热化学/相变储热、压卡、电卡、磁卡等新型能源转换方式中,对材料的导热特性和其他能量转换、输运性质同时提出了要求,而过去的微纳尺度导热研究大多集中在单一热物性的表征、预测及设计中,电子输运、原子扩散、电/磁场、应力场等多物理因素已凸显出对热功能纳米材料微纳导热的影响。因此,如何实现包含热传导特性的多物理耦合材料的理论模拟与设计开发是微纳尺度导热研究的重要科学问题之一。

(3)具有极高、极低导热率的材料设计、制备与表征。

在导热理论飞速发展的同时,如何利用理论指导设计高性能热功能材料与界面已取得一定成果,但大部分研究仍集中在较为简单的结构体系。如何根据理论结果精准制备相应的材料及微纳结构,是需要通过材料学家和工程热物理研究者合作解决的挑战,其中如何在声子理论极限的约束下设计和制备极高、极低导热率材料是难点之一。此外,如何利用或扩展现有的导热率或热扩散率表征技术实现对微纳尺度材料导热率的高时空分辨测量也是该领域的重要科学问题,如超快激光闪射、拉曼光谱、时域或频域热反射、热桥、扫描探针显微镜等方法。

3)微纳尺度相变

微纳尺度相变传热传质研究方兴未艾,新的试验、理论研究技术的不断出现以及与诸多学科的交叉融合诱导出诸多全新的物理现象和概念。对应的主要科学问题包括以下几个方面。

(1) 微纳尺度下相界面能质转换与传递基本现象、特性和理论。

对于相变过程，界面传热传质的微观描述尚缺乏满意的理论。以气液相变为例，基于热力学平衡假设的 Hertz-Knudsen 公式尽管存在很多问题，但仍被频繁使用。相界面能质转换的精确微观描述及其传递基本现象、特性仍是该领域的基础科学问题。此外，随着物理卡等新型固态能源转换方式的涌现，晶格/晶畴相变、合金相分离、多形体转换等材料固-固相变机理和传热特性的研究仍然缺乏。

(2) 极端润湿特性对微纳尺度相界面能质转换的影响机理。

具有极端润湿特性的微纳尺度表面对相变传热过程及电化学反应传质过程存在显著的影响，该领域涉及的基础科学问题包括微纳尺度接触线动力学、基于仿生学的微纳结构设计理论、薄液膜/接触线蒸发理论等。如何利用跨尺度数值模拟和微观试验手段观测极端润湿特性对微纳尺度相界面能质转换的影响机理是该领域的重要科学问题之一。

(3) 受限空间对微纳尺度能质转换的影响机理。

器件的高度集成化带来的散热空间的减小使得散热器件大幅度缩小，在受限空间内，微纳尺度界面的相变传热过程也将受到影响，其中涉及不同结构表面的沸腾、蒸发、冷凝等气液热质传递机理。另外，如何根据需求对其微纳表面进行定向化设计（如结构、润湿性梯度化等），将微纳结构设计制备过程涉及的传递过程与相变过程进行耦合，也为相变传热性能的提高及器件的应用提供了解决方案，同时也是该领域需解决的科学问题之一。

4.3.6 耦合传递

1. 学科发展布局

1) 导热/对流/辐射耦合传热

随着航空航天、微纳器件、太阳能利用技术、生物传热的快速发展，导热/对流/辐射耦合传热特性进一步受高温高压极端条件、跨尺度效应、化学反应的影响，因此需要重点布局和思考以下几个方面的科学问题。

(1) 极端条件下导热/对流/辐射耦合传热规律研究。

高温高压等极端环境下，固体、气体本身热导率、比热容、固体表面发射率、气体辐射特性等热物性随温度呈现非线性变化，反过来对耦合传热过程产生重要影响。此外，高温高压环境下发射率、温度、压力、速度等参数难以准确测试，给深入理解导热/对流/辐射耦合传热规律带来了巨大挑战。因此,需要综合考虑热物性随温度的变化规律,建立收敛速度快、精度高的耦合传热模型,揭示极端条件下耦合传热规律;发展非接触式高精度温度和流场等测试手段,为验证理论模型和揭示极端条件下的耦合传热规律奠定必要支撑。

(2)跨尺度导热/对流/辐射耦合传热机理研究。

随着微纳制造技术快速发展,越来越多的传热器件同时具有微观尺度、介观尺度、宏观尺度等跨尺度特征。当器件最小单元与声子平均自由程、热辐射特征波长等相当时,弹道效应、波动效应等尺度效应凸显,宏观的导热定律、热辐射定律、对流传热能量方程不再成立。需要基于格子-玻尔兹曼、分子动力学、波动耗散理论等建立微介观尺度导热/对流/辐射耦合传热模型,并与宏观尺度流动传热模型相耦合,揭示跨尺度声子、辐射光子波、流体分子传递规律与相互作用机制,阐明跨尺度耦合传热机理。

(3)导热/对流/辐射/化学反应耦合热量传递与转换规律研究。

高超声速飞行器气动传热、聚光太阳能热化学转化等过程均涉及复杂的热量传递、气体扩散、化学反应等过程,这些过程相互耦合,并对热防护与能量转换效率产生重要影响,而相关研究才开始起步。需要重点探究非均匀热辐射条件下热质输运-化学反应耦合能量转换数值计算模型,研究热辐射场、温度场、流场、浓度场的非均匀时空分布特征,揭示流体、固体热物性参数与流场、浓度场、温度场的相互耦合作用机制,阐明热质输运-化学反应耦合能量传递与转换机理。

(4)生物传热中的导热/对流/辐射耦合传递规律研究。

人体生理活动与热物理耦合的热生理过程是生命系统中最基本的生理过程,也是各种疾病的重要表征。在生物热物理领域,疾病诊断与治疗中所涉及的各种微观、介观和宏观热生理机理、生命热现象物理本质、重要器官和整个人体系统的导热/对流/辐射热平衡及调控机制等需加以热学解读、阐明和定量化数理描述,系统建立热诊断理论和方法。在极端特殊作业环境中,研究人体与环境温度相互作用过程中导热/对流/辐射耦合传递规律对寻求有效的热保护措施具有重要意义。

2)热质耦合传递

随着新材料、新能源系统、微纳器件、太阳能利用以及生物传热的快速发展,传热传质学与其他学科领域形成深层次的交叉融合并向纵深发展,诱导出跨越传统热质耦合传递概念的研究内容,因此需要重点布局和思考以下几个方面的科学问题。

(1)相变与界面驱动热质耦合传递机理。

尽管围绕该领域的研究,研究者已经取得了很大进展。然而,相变现象和界面传递仍是一个极其复杂的物理过程,热质传递在其中又扮演着决定性作用。热质耦合传递同复杂、多相、多尺度流动和非线性的多过程形成更深层次的耦合，使得揭示相变与界面驱动热质耦合传递机理仍然富有挑战性。此外，相关的数值和理论研究涉及相间界面捕捉及拓扑结构变化、强非线性的三相线动力学处理、多尺度耦合等问题，因此相变与界面驱动热质耦合传递的数值和理论研究依然面临着诸多挑战。

(2)微细尺度热质耦合传递机理。

在微细尺度下，连续介质假设不再适用，流道几何结构和尺度尤其结构动态变化会使流体中微观粒子(分子、原子、离子等)或者加入的纳米颗粒等产生不同程度和形态的聚集，极大地改变流体、固体结构和粒子间的相互作用，实质性影响内部和界面区流动及热质传递现象物理过程，包括含有微观粒子团聚体的运(转)动、大小与性质演化、界面和粒子诱发运动等全新的物理机制。此时，热质耦合传递机理和规律已经跨越传统范畴，相关研究不仅要与多个学科密切结合，还要考虑多相、多尺度、多过程非线性耦合，进而揭示微细尺度下热质耦合传递的新机理。

(3)新材料和新能源系统中热质耦合传递现象和过程特性。

燃料电池系统、储能系统、多孔介质系统、先进热管理系统、新型相变材料、太阳能热利用等系统中均涉及热质耦合传递，并且它们又各具特色，各种物理问题相互耦合，使得热质耦合传递更为复杂。需要开展针对性的系统研究，研究热质耦合传递和其他物理问题的相互耦合作用机制，并阐明其多因素多参数影响机理。

(4)生物体中的热质耦合传递与机理。

生物体中的热质耦合传递往往涉及众多热物理、工程、生物学、临床医学等问题，研究的复杂程度高，往往需要多学科协同攻关。生物热质耦合传递理论模型的构建对如何准确刻画各尺度血管网络的传热和传质效应具有重要作用，但血管网络本身的复杂性使其数学模型的定量化变得异常困难。此外，生物组织中传热和传质过程往往发生在不同空间和时间尺度上，因此两者之间的定量化耦合关系也常被弱化。现有生物热质传递理论着眼于生物对象的局部单一温度场或质量场演变规律，过于简化机体主动调节作用，缺乏对生物体结构复杂性、热参数特异性及热生理波动特性的准确刻画方法，这些是生物体热量和质量输运过程定量化研究的难点。因此，建立生物体解剖精细结构与物性信息数据库对定量研究至关重要，需要从系统生物学角度出发，构建细胞、组织器官和生命个体等各尺度上多场协同的热质耦合传递理论体系和仿真方法。

(5)极端条件下的热质耦合传递与机理。

在极端条件下，热质耦合传递受极端条件影响和制约，其过程具有高度复杂、强非线性等特点，而且不同的极端条件往往呈现不同的独特特点。极端条件对试验研究提出巨大的挑战，其高度复杂及强非线性也给数值和理论研究带来诸多挑战。需要开展针对性的极端条件系统研究,研究热质耦合传递和其他物理问题耦合机制,并阐明不同极端条件的影响机理。

3)多场耦合

在自然界或者工程应用中,多个物理场之间的耦合问题得到了广泛的认可,已成为各领域研究的热点和难点。2007 年英国创刊的 *International Journal of Multiphysics* 杂志每年召开多场耦合会议,重点关注学科理论发展、数值模型、试验调查,范围涉及理论发展和工业应用等。

(1)多场耦合基础理论。

早期的多场耦合理论多关注应力和传质之间的关系,后续研究从宏观场论和混合物理论出发探索热场、力场、扩散场、结构场等之间的耦合问题,非常具有挑战性、学术创新性和实用性。多场耦合作用理论为上述广泛的工程域问题提供了一种统一有效的解决方法,其发展必将进一步促进相关领域新技术与新工艺的发展。

(2)多场耦合数值模型。

考虑多种与特殊内外部条件的复杂物理场耦合现象和强非线性非平衡作用过程,探讨针对不同的耦合关系和特征采用不同的求解方法。需要在对多场耦合形式和机理分析的基础上,建立能表达耦合关系并适用于计算机求解的多场耦合模型,并有效利用现有数值方法求解,以揭示耦合作用下多场情况的真实性能。因为多场耦合研究的深化和创新,也势必诱导出跨越传统传热传质定义的研究内容。

(3)多场耦合与多孔介质。

从一般意义上讲,多孔介质研究是探究温度场、应力场、渗流场和浓度场等多场耦合作用下,气体、液体、气液两相流体或化学流体在孔隙裂隙中传输、固体骨架和流体中的温度分布及其骨架变形与破坏规律的一门科学。多孔介质的经典理论最初只涉及流体和固体的耦合作用,没有考虑热、电、化等复杂物理场的耦合效应,出于实际问题的需要,将现有理论模型加以扩展以考虑其他复杂场的耦合作用将会成为解决多场耦合与多孔介质的新方向。

在资源能源开采与加工中,涉及一系列复杂的多孔介质多场耦合作用的科学与工程命题,需要探究结构场、温度场、浓度场、应力场、渗流场等复杂多场的耦合特性对渗流、传热、传质和多孔介质骨架变形或质量传输的影响,研究多场数值模拟求解策略以及该类工程面临的深刻的理论与技术难题。

在燃料电池研究领域,对电池传热模型化的研究正在向着多维度、多尺度、多种电极材料的方向发展,通过充分考虑电化学反应、电场、浓度场、温度场、结构场等多个物理场之间的复杂耦合关系,探究多场耦合对电池性能的影响,建立多场耦合数学模型,进行电池单体跨尺度电化学和多场耦合问题及热特性的研究是热点。

(4) 多场耦合与新型功能材料。

随着新的学科发展和应用需求，与传热传质研究和技术应用相关的一些新型功能材料的发展为多场耦合提出了新的挑战与机遇。铁电材料、铁磁材料和形状记忆合金等功能材料在传感器、激励器、变压器及智能结构等多个领域得到了广泛的应用，日益成为科技界、产业界和军事界等部门的研究热点，这些功能材料通常在电-力-磁-热等复杂场耦合载荷环境下工作。多场耦合作用与功能性材料在实际应用中所发生的变形、断裂、接触、振动、失稳等关系是重要的研究方向，也是国内外十分关注的问题。

2. 科学问题

(1) 多场耦合作用的数学模型及模型的求解策略。

(2) 多孔介质结构场、温度场、浓度场、应力场、渗流场等多场耦合特性对渗流、传热、传质和多孔介质骨架变形或质量传输的影响规律。

(3) 燃料电池内部电化学反应场、电场、浓度场和热场等多个物理场的复杂耦合与电池内部的微观工作机理以及热稳定性之间的关系。

(4) 多场耦合作用与功能性材料在实际应用中所发生的变形、断裂、接触、振动、失稳之间的关系。

4.3.7　传热传质测试技术

1. 学科发展布局

1) 固体及界面热输运特性测量技术

准确表征或预测各种材料与环境下的热物理特性，对于解决微电子芯片、航空航天等诸多工业领域中的热管理等问题至关重要。开拓测试手段的适用范围，提升测试技术的能力，以及认清各种方法自身发展的局限性是进一步完善相关领域研究与应用的关键。

2) 流场与温度场测量技术

随着能源开采、转化、利用和隔/绝热材料领域的发展，多孔介质内的输运过程在时间尺度、空间尺度、环境温度以及热流密度上都在向极端状况扩展。在流体的物理场综合测试方面，TDLAS 测试技术可以实现多场多参数的同时测量，是非接触流体状态测量综合测试技术的主要发展方向之一，但该方法对于各物理场的分布成像以及多物理场同时测量的技术还不成熟，仍需进一步开发。

3) 液滴、液膜、气泡测量技术

气泡、液膜、液滴是气液相变的重要组成对象，决定了气液相接触面积及相间的传热传质,因此测定气泡参数(气泡密度、尺寸、形状、空间位置、运动速度等)、液滴液膜特性对控制气液相变具有重要意义。极端条件下气泡参数和微纳尺度气泡参数在线测量技术、非接触式精准测量技术是学科发展的重点。

4)辐射测量技术

材料与工质的热辐射特性参数是各种热过程设计、控制与仿真分析的基础数据,在能源动力、航空航天、精密仪器、光学与红外信息技术领域有广泛而重要的应用需求。因此,热辐射测量技术是工程热物理与能源利用学科整体创新发展的基础。长期以来,国内对热辐射测量技术的基础研究重视不够,与国际领先水平相比还有较大差距。

2. 科学问题

1)固体及界面热输运特性测量技术

(1)多物理参数/场综合测试。一般的测量方法只能进行单一参数的表征,但是对于具有多种物理参数的复杂过程或状态的研究中,往往要求多物理参数的综合测试。在物性参数测量方面,飞秒激光时域热反射测试技术具有对反射率、吸收率、介电常数、热导率、界面热阻、样式模量、声速甚至热膨胀系数等多种物理参数的测量能力,而其进一步结合外磁场衍生出的时间分辨磁光克尔效应可以利用光激励探测高频自旋振荡。而对于这类方法,同时获得多物理参数会极大增加试验系统的复杂性,如何实现测量的稳定性及各种测试原理间的整合是其进一步研究开发的关键。

(2)极端条件测量。极端条件主要包括超快时间、微纳尺度空间、极高/低温、超高压力、超高流速、超大热流密度、超大磁场/电场等。对于微纳尺度材料的热物性测量,虽然已发展出多种测试方法,但还存在一些测试的灰色地带,需要实现一些重要的原理、技术或工艺上的突破。悬浮微器件法在测量悬浮的无聚合物二维纳米材料时面临着挑战,同时,从入射电子与样品原子之间有限的相互作用形成的有限能量吸收中提取合理的信号和数据也存在难度;3ω 方法涉及金属加热器/传感器的微细加工,同时由于引入额外的绝缘层,对导电和半导体材料测量的灵敏度与测量精度提出更高要求;飞秒激光时域热反射法很难测量小于 5W/(m·K)的面内导热系数以及单层或几层二维材料的导热系数,同时由于金属传感层与样品热容的限制,在低于 30K 的低温及高于 600K 的高温下,飞秒激光时域热反射法测量通常具有挑战性。

(3)如何与各工业领域相关应用实现深度连接。对航空航天器件热防护以及纳米级器件的热设计,可利用改进的飞秒激光时域热反射法研究高温、高压下材料的传热特性;由大量微纳尺度磁性结构组成的自旋电子器件在计算机存储、数据存储和自旋电子学方面具有广阔的应用前景。对具有磁各向异性材料的自旋动力学与自旋输运特性参数及电子-声子-磁振子耦合过程的准确观测，是未来 10 年工程热物理与能源利用学科与微电子、自旋电子、信息存储等学科领域和应用行业的一个具有重要研究及应用价值的交叉点。

2）流场与温度场测量技术

（1）发展复杂流动、复杂场景应用的精准粒子图像测速技术，重点发展高时空分辨率测量的新原理和新方法，解决在一些特殊且复杂的测试场景中（如湍流、多相流及微尺度流动等）制约复杂流动复杂场景的粒子图像测速技术的关键问题。

（2）发展更为先进的示踪粒子和处理技术，重点发展高效微尺度示踪技术，解决布朗运动带来的系统误差，实现流速较大、非定常流的准确测量。

（3）发展后处理技术，重点发展基于人工智能技术的后处理技术，解决粒子图像测速技术后处理中布朗运动影响及噪声大的问题。

（4）面向能源开采领域，解决低温、高压条件下动态渗流特性的原位表征问题。

（5）面向能源转化与利用领域，解决非介入式多尺度温度场、流场的原位表征问题。

（6）面向隔/绝热材料领域，解决高温高压、强磁场与辐射等极端条件下多孔介质结构参数与热物性参数的原位测量问题。

（7）作为一维测量方法，TDLAS 测试技术一般是得到测量路径上温度和浓度的平均值，而实际燃烧场中温度和气流速度等参数的分布并不均匀，因此开发高效可靠的扫描成像型 TDLAS 测试技术是未来的一个重要研究方向。

（8）在 TDLAS 测试技术中光谱数据的提取和处理、算法软件的优化与开发中，将 TDLAS 测试技术与计算机断层扫描重建技术结合起来，形成可调谐半导体激光吸收光谱层析成像技术，进行空间分辨率更高的二维测量，设计实现数据库的调用及吸收谱线模拟是急需解决的问题。

（9）另外，可开发对气体温度和流体速度等多参数同步测量的 TDLAS 测试技术，进一步将其应用于高速流场，如超燃冲压发动机、燃气轮机以及风洞等的温度场、速度场测试中。

3）液滴、液膜、气泡测量技术

（1）发展多物理场（声场、电磁场等）气泡参数在线测量技术，重点发展多传感器的信息融合技术以及先进的信号分析方法，解决具有复杂性和不确定性的多物理场气泡参数测试问题。

（2）发展极端条件下气泡参数在线测量技术，重点发展非透明工质（液态金属）高温、高压、高流速等极端条件下气泡参数精准测量新技术，解决制约工质种类以及复杂极端条件难以实现的难题。

(3) 发展多尺度气泡精准测量技术，重点发展微纳尺度气泡参数测量的新原理和新方法，解决现有技术测试空间受限以及时空分辨率低、重建精度低等问题。

(4) 液滴、液膜特性的测量，发展非接触式的精准测量技术，发展能够在复杂工况下精准测量的技术，发展具有更大空间和时间响应能力的测量技术以适应某些极端条件下液滴、液膜特性的巨大变化，重点发展极端条件下的液滴和液膜、纳米级超小液滴和超薄液膜、超快流动液膜的测量，解决液滴、液膜在极端条件下的精准测量问题。

4) 辐射测量技术

(1) 材料表面辐射特性测量技术，发展光谱和方向辐射特性的精准测量技术，重点发展高温和低温两类极端条件的非接触测温、连续光谱发射率、光谱方向反射率精准测量的新原理和新方法研究，解决制约高温和低温表面辐射特性测量技术的关键科学问题。

(2) 介质辐射特性测量技术，发展半透明固体材料的连续光谱介质辐射性质精准测量技术，重点发展散射性材料的高温介质光谱辐射特性参数精准测量的新原理和新方法研究，解决制约相关复合材料和微孔隙材料高温辐射吸收和散射特性参数测量技术的科学问题。

(3) 气体辐射特性测量技术，发展高温气体非平衡热辐射试验测量技术研究，重点发展高温非平衡气体光谱诊断新方法和新技术研究，解决高温气体温度及非平衡辐射特性参数的精准测量问题。

4.3.8 学科交叉与拓展

1. 学科发展布局

1) 生物传热传质

我国在生物传热传质学方面的研究虽起步稍晚，但与国际相比具有并不落后的基础和研究条件，特别是近年来在许多环节上做出了一批有重要意义和影响的创新性贡献。通过梳理近年来生物传热领域重点发展的项目信息不难发现，生物体传热传质基础理论、疾病诊疗生物热物理技术、生物热物性测量方法与技术及生物热现象的生物热物理机制在国家项目资助下均取得了长足进步。然而，有诸多研究至今仍与医学需求之间存在较大距离，对应的应用基础探索仍面临巨大挑战。

与光学、材料、化学、计算机等学科的开创性交叉、融合，深层次探索生物体不同尺度间的跨尺度能量传输过程，从而进一步拓展研究手段，深化机理认知，创新治疗方法。构建多尺度上多场协同的热量和质量输运理论体系与仿真方法及分子、细胞、组织和器官不同层次生物传热模型之间过渡与耦合的理论模型，建立基于真实人体解剖结构的传热传质理论与数值计算模型，解读多模态治疗过程中生物组织复杂的传热传质机理。

2）电化学能源转换

电化学能源转换技术广泛应用于新能源技术及电化学储能技术中，涉及材料科学、化学工程、动力工程及工程热物理等多个学科，其中的传热传质过程与电极电化学反应相互耦合，研究意义重大。研究电化学能源转换系统中电极界面微观能质传输机理，明晰局部反应物浓度对电化学反应速率的影响规律，阐明电极反应动力学和多尺度多组分物质传输耦合机制，调控电极界面/电解质/反应气体三相界面结构，实现电极动力学和传热传质及电荷传递过程的高效协同。

3）仿生储热材料

仿生储热材料的探索局限于乏善可陈的试验制备和简单测量，即使实现了部分性能的提升，也缺乏对机理和规律的掌握，对后续该类材料的研发指导意义甚微，而且过去多数研究局限于储热材料本身热物性的改性，还要考虑如何实现材料、单元、系统之间精准耦合匹配。建议以仿生复合相变材料及储热系统为研究对象，重点研究仿生储热材料的结构特性、热物性调控、多尺度热质传输机理、界面效应作用机理、应用尺度蓄传热性能的综合评估以及储热系统的匹配开发。

2. 科学问题

1）生物传热传质

（1）从生命体系统视角出发，基于人体真实组织结构，在细胞、组织、器官和生命个体的生物层面，研究能量场-功能材料/器件-生物活性协同作用下生物体内流动与传热传质机制以及跨尺度、多场耦合下的数学建模基础理论与计算方法。

（2）热物理疾病治疗和低温冷冻保存/复苏中以及人与环境的热质交互作用下，生物体系统的热平衡调控、非平衡动力学以及热物理调控与生物响应机制、大尺度生物样本低温或相变过程能质的有效传递与调控机理。

（3）高能量、强脉冲纳秒、皮秒激光作用下生物组织光热力耦合效应的多尺度研究、瞬态激光照射下的光热参数无创测量以及高生物相容性纳米功能团辅助下的激光热疗新方法。

（4）能量场及功能材料/器件作用下，分子-细胞-组织-器官-个体不同层次生物体组织内和界面上物质与能量传输特性的原位动态表征与测量方法。

（5）发展新的热物理调控精准诊断与治疗方法和技术，以及监控健康的可穿戴设备，结合丰富的临床信息资源以及大数据技术，开展高新技术的临床转化研究和治疗仪器的创新研制。

2)电化学能源转换

(1)燃料电池系统中多尺度多相多组分热质传输现象及机理。

(2)电化学还原CO_2电极反应动力学及与系统中多组分多尺度多相能质传输耦合机理。

(3)电化学产氢系统电极微观界面多相传输机理。

(4)液流电池系统中电化学反应与多尺度多组分能质传输耦合作用机理。

3)仿生储热材料

(1)热特异性能材料的超级结构设计。

(2)仿生储热材料的可控合成。

(3)储热密度大、响应快、可靠性高的相变材料体系设计。

(4)多尺度热质传递、储存机制。

(5)储热单元、系统优化设计方法与运行调控。

4.4 学科优先发展领域及重点支持方向

4.4.1 学科优先发展领域

传热传质学研究温差引起的热量传递现象、浓度差引起的物质组分迁移现象、压力差引起的流体耗功现象,探究多物理场的耦合与协同机理,寻求传热传质强化和削弱的方法与途径,揭示微观输运对宏观过程的影响机制,发展热流科学的基础理论并应用于解决实际工程技术问题,保障工业能质输运设备及系统的安全运行。

1)导热

(1)导热的微观机理。

(2)接触热阻与界面热阻。

(3)复杂工艺与特殊条件下的导热及其控制。

(4)非傅里叶效应、高频超高热流和复杂结构导热。

2)对流传热

(1)复杂与多驱动对流传热。

(2)界面与电渗驱动对流传热。

(3)对外力场与旋转作用下的对流传热。

(4)冲击射流与振荡流对流传热。

(5)多相流动对流传热。

(6)交叉混合流动与特殊条件对流传热。

(7)多孔介质中热质双扩散与对流传热。

3）微纳尺度对流传热

（1）界面流动与微细结构内对流传热。
（2）边壁和界面微细流动结构、传热机理和边壁与界面对流换热尺度效应。
（3）微弱势差作用下的壁面和界面区流动与传热。
（4）微纳结构内流动形态与传热机理。
（5）功能流体边壁区流体结构及对传热的影响。
（6）极低雷诺数下异质界面对流传热机理。

4）相变对流传热

（1）复杂与特殊相互作用下的相变现象与传热。
（2）非线性非平衡界面微细结构特性。
（3）薄液膜稳定性与蒸发凝结特性。
（4）急速和爆发性相变。
（5）非共沸工质相变传热。
（6）气泡动力特征和界面微细流动。
（7）竞争性相变过程与传热。
（8）滴状冷凝传热的界面多尺度现象。
（9）极端条件下的凝结换热机理。

5）传热和传质强化

（1）创新强化技术措施和机理分析。
（2）新型换热器基础理论与技术。
（3）相变传热强化。
（4）高热流散热技术基础。
（5）热管及相关技术与理论基础。
（6）微尺度换热器中的流动和传热基础研究。
（7）高温换热设备基础理论与技术。
（8）超高温气流工程应用中的传热学问题。
（9）扩散和对流传质强化原理与技术。

6）辐射传热

（1）高温、部分电离气体光谱线参数数据库的研发。
（2）粒子辐射特性的理论和试验。
（3）极端条件下热辐射物性的测量方法。
（4）稠密体系辐射换热模型和分析方法。
（5）高超声速环境下非平衡辐射机制及其预测方法。
（6）多场耦合下的热辐射传递。

(7)近场辐射换热机理及试验检验。
(8)局部非平衡体系的辐射换热。
(9)各向异性介质或各向异性结构的辐射换热机理。
(10)基于近场热辐射的超高换热增益效果的新型高效余热回收与利用。
(11)基于近场辐射换热的高效热控技术。
7)多孔介质热-流-固耦合输运
(1)离散系统的热-流-固模拟方法。
(2)多孔介质热-流-固多物理耦合机制。
(3)多孔介质热-流-固多尺度分析。
(4)复杂力场下多孔介质热-流-固耦合输运。
8)对流传质
(1)扩散传质理论的微观机理。
(2)具有传质界面的界面质阻。
(3)复杂和特殊介质非平衡性输运性质。
(4)扩散传质及其控制和优化理论。
9)微观能量载子基本属性和能量传递
(1)量子化载能粒子的基本性质和载能特征。
(2)载能粒子的输运规律和动力学。
(3)载能粒子相互作用和基本性质交换特性。
(4)基于粒子性质和相互作用的能质传递现象与规律。
(5)针对不同属性和能量转换过程的载能粒子能质传递理论。
(6)微尺度流体流动与传热传质。
(7)热电转换微能源系统中的关键热物理问题。
(8)生物微纳机电系统中的热物理问题。
10)多空间和时间尺度界面传递现象
(1)以粒子性质刻画的界面传递特征和物理机制。
(2)界面传递现象的时空尺度效应。
(3)界面传递基本理论和规律。
(4)多尺度界面的传递物理过程与模型。
(5)多空间和时间尺度界面传递现象基本理论和分析方法。
(6)多物理场耦合的强非线性传热传质问题。
11)极端及复杂条件下热质传递强化与调控理论
(1)极端及复杂条件下热质传递与转化机理和理论研究。
(2)极端环境条件下材料及工质热物性参数数据库的建立。

(3) 复杂组分、变物性、传递与转化共存的多组分流体多相传输和界面流固耦合机制。

(4) 热质传递与转化过程的理论预测方法及协同强化理论。

(5) 极端及复杂条件下多场多尺度传递调控理论及产物定向调控。

12) 热学新理论与创新

(1) 经典传热理论的热学基础修正和拓展。

(2) 粒子随机统计规律失效的理论方向和方法。

(3) 量子化的粒子性质描述传递现象和理论。

(4) 热学新概念及其应用。

本领域的重点支持方向如下：

(1) 基于能量载子能质传递的物理特征与传递理论。

(2) 多空间和时间尺度界面传递现象及理论。

(3) 变革性传热理论和技术基础理论。

(4) 先进高效热工转换设备设计理论。

(5) 太阳能利用中的传热传质基础理论。

(6) 大气气溶胶系统的热质输运特性。

(7) 高超声速条件下的热质传递。

(8) 超高热流密度电子器件热控制理论与方法。

(9) 极端条件下固态物质的基本辐射热物性。

(10) 近场辐射机理与基础理论。

(11) 传热传质过程的调控理论和方法。

(12) 传热传质的微观传递物理机理。

(13) 创新的换热器与热管理技术应用基础理论。

4.4.2　跨学科交叉优先发展领域

研究传热传质学与高科技及现代产业紧密交叉后产生新现象、新概念，探究传热传质学在相关学科和高新科技领域中所发挥的重要作用以及衍生的新理论、新技术，为动力工程与工程热物理与能源利用学科提供新的理论和技术支撑。

1) 生物介质和细胞、组织结构水平上的能质传递

(1) 细胞、组织、器官等内的传递机理和各层结构间的传递相互作用融合。

(2) 多重孔隙和组织结构的整个能质传递现象和驱动机制。

(3) 生物活性与传递现象的耦合作用。

(4) 无损测温的基础理论与技术开发。

(5) 生物系统与环境间的热质相互作用。

（6）生物传递现象宏观建模和分析方法。
（7）生物体内有害物质内暴露途径和程度确定。
（8）生物体内有害物质传递及致病机理。
（9）肿瘤热物理治疗中的基础热学及免疫调控机制。
（10）生物材料的低温冻存技术与低温损伤机理。
（11）生物传热传质基础理论分析与计算方法。
（12）生命正常与非正常状态的基本热现象的定量化和系统化研究。
（13）微纳尺度生物传热传质机理。
（14）污染物在人体中的传递和作用机理。
（15）激光临床手术中的多尺度传热过程。
2）纳米材料和微纳米器件的传递现象
（1）纳米材料和微纳米器件中基本量子化粒子能质传递现象的基本形态。
（2）纳米材料和微纳米器件中粒子能质传递形态的物理机制与描述。
（3）材料中能量转换、聚集和耗散的传递本质。
（4）纳米功能材料和流体的传递过程机理与基本传递性质。
（5）纳米结构内流体流动和物质选择性输运动力学行为与特征。
（6）纳米材料体相和微纳米器件传递规律。
（7）基于粒子传递现象的能质传递理论和分析方法。
3）新型能源转换系统中的能质传递现象和过程特性
（1）燃料电池系统中多尺度多相多组分热质传输与电化学反应耦合传递现象。
（2）可持续能源和清洁燃料系统中的传热传质基础。
（3）其他新型能源转换利用形式中的传热传质机理。
（4）先进电子设备热管理的基础研究。
（5）电子芯片冷却中的流-固-热-力-电耦合能质传递机理。
（6）化学储能的材料制备与热物理基础研究。
4）信息功能器件及系统的能量转换与管理
（1）LED/LD 封装的电光热调控理论和器件集成。
（2）电-声-光耦合调控和利用技术。
（3）芯片级高效热量转移和器件实现。
（4）超薄平板热管/蒸汽腔/回路热管的理论、设计和实现。
5）热超构材料及功能器件
（1）先进热超构材料设计理论和制备方法。
（2）动态功能器件和多功能集成器件。
（3）辐射热超构材料的基础研究。

(4) 热超构材料和器件的实际应用。
(5) 热超构材料基复合传热控制理论、试验和应用。
6) 功能高分子复合相变材料热物理基础问题
(1) 高导热复合相变储热材料及其规模化制备。
(2) 复合相变储热材料的多功能化。
(3) 复合相变材料的高效阻燃及其应用。
7) 物质及能量传递与转化过程仿生理论
(1) 自然生物系统物质及能量传递与转化过程仿生理论。
(2) 物质及能量传递与转化过程仿生人工装备构建理论与方法。
(3) 高效自然模式生物系统物质及能量传递与转化过程仿生理论体系的建立。
本领域的重点支持方向如下：
(1) 纳米材料和器件的粒子传递特性与传热传质理论。
(2) 纳米体系流体流动和物质选择性输运动力学行为与理论。
(3) 微电子冷却中的流-固-热-力-电耦合传递理论与方法。
(4) 下一代通信基站的高效热管理理论、设计方法和实现。
(5) 数据中心多尺度高效热管理理论、设计方法和系统实现。
(6) 细胞、组织和生命系统水平上的能质传递机理与理论。
(7) 高新医学技术中的基础热学问题。
(8) 生化快速检测传感技术中的微纳尺度传热传质理论。
(9) 水/气杂质净化体系中新型纳米半透膜中的物质输运理论。
(10) 清洁与低碳能源技术中的能质传输和存储技术基础。
(11) 新的物质储释能、载能、输能和能质转化传递现象与理论。

4.4.3 国际合作优先发展领域

与国际研究机构及优秀科研团队在传热传质学的基础理论、变革技术和交叉前沿等方面开展合作，发现新现象、新规律，提出新理论、新方法，发明新结构、新材料，逐步实现本学科前沿与热点研究从跟跑、并跑到领跑的跨越。

1) 声子热输运理论
(1) 微纳尺度传热的声子物理基础及其宏观数学描述。
(2) 考虑声子热传递的粒子效应和在纳米尺度的波动效应，统一声子输运理论。
(3) 涉及声电耦合热输运的物理机制及半导体与金属的耦合设计。
(4) 微纳尺度非平衡热力学基础。
(5) 调控声子输运解决纳米芯片发热问题。
(6) 机器学习在声子导热研究中的应用。

2）微纳尺度热辐射特性与传输的近远场调控机理

（1）周期性微结构、超材料、二维材料、各向异性材料、拓扑材料、相变材料等近远场热辐射特性与传输的机理及其调控方法。

（2）无序多体微纳结构中的近远场热辐射特性与传输的机理及其调控方法。

（3）微纳尺度下热辐射与电子、声子、原子等相互作用的微观机理及其对热辐射特性与传输的影响机制。

3）微纳尺度热辐射特性与传输的试验测试

（1）高精度与光谱分辨率的微纳尺度近场和远场光谱热辐射特性与传输测试。

（2）极端条件下微纳尺度热辐射特性测试方法及其与导热相耦合的测试。

（3）微纳尺度热辐射材料与器件辐射特性测试与表征方法。

4）微纳尺度热辐射的器件开发与应用研究

（1）微纳尺度热辐射器件的高精度制造、封装、集成、试验技术。

（2）微纳尺度热辐射器件在深海深空探测、国防军事、电子器件散热等领域的应用。

5）新型能源转换系统中的能质传递现象和过程特性

（1）热电转换中的粒子传递现象及对热电转换的影响。

（2）温室气体控制和储存处理中的能质传递。

（3）建筑环境控制中的热物理基础研究。

6）微纳尺度相变传热

（1）沸腾传热的多尺度现象。

（2）微纳结构对液滴动态行为的影响及其调控机制。

7）热学新理论与创新

（1）时空尺度效应所致经典传热理论的热学基础偏差以及物理描述。

（2）空间和时间尺度上粒子随机统计规律失效物理机理和判据。

8）微反应流动及传热传质理论

（1）微纳槽道内含化学和生化反应的多相流动与能质传递机理和特性。

（2）槽道表面物化特性和微纳多孔结构等对传递与转化的影响规律。

（3）跨尺度多元多相流动与能质传递理论模型。

（4）多相流传递与反应的多场结合微流控方法。

（5）构建微流器件能质传递调控理论。

本领域的重点支持方向如下：

（1）微纳结构与热辐射波相互作用机制的热辐射调控理论。

（2）适合复杂微纳结构和新型材料的辐射特性与辐射传输计算方法。

（3）复杂多体系统的多体耦合效应及倏逝波热量远距离输运新机制。

(4)非平衡条件下瞬态近场辐射换热机理。

(5)超近距下声子-光子-电子耦合热输运机理。

(6)新型能源转换系统中的能质传递现象和过程特性。

(7)信息功能器件芯片内能量载流子输运及相互作用。

(8)建筑环境控制中的重要热物理问题。

(9)热电转换过程中的重要热物理问题。

(10)固体材料热物性的新理论与新方法。

参考文献

[1] 过增元,黄素逸. 场协同原理与强化传热新技术. 北京:中国电力出版社,2004.

[2] 宣益民,李强. 纳米流体能量传递理论与应用. 北京:科学出版社,2010.

[3] 段文晖,张刚. 纳米材料热传导. 北京:科学出版社,2017.

[4] 刘静,邓中山. 肿瘤热疗物理学. 北京:科学出版社,2008.

[5] Zheng K, Sun F, Zhu J, et al. Enhancing the thermal conductance of polymer and sapphire interface via self-assembled monolayer. ACS Nano, 2016, 10(8): 7792-7798.

[6] Shukla N C, Liao H H, Abiade J T, et al. Thermal transport in composites of self-assembled nickel nanoparticles embedded in yttria stabilized zirconia. Applied Physics Letters, 2009, 94(15): 151913.

[7] 刘伟,范爱武,黄晓明. 多孔介质传热传质理论与应用. 北京:科学出版社,2006.

[8] 何雅玲,李庆,王勇,等. 格子 Boltzmann 方法的理论及应用. 北京:高等教育出版社,2023.

第5章 燃 烧 学

Chapter 5 Combustion

5.1 学科内涵与应用背景

燃烧是指燃料与氧化剂发生强烈化学反应，并伴有发光发热的现象，是化学反应、流动、传热传质相互作用的十分复杂的物理化学现象。燃烧学是研究燃烧的发生、发展和熄灭过程的学科，涉及工程热物理与能源利用学科的很多领域，如热力学、传热传质、流体力学等，并与数理、化学和工程学科紧密相关。研究内容通常包括燃烧过程热力学，热力循环，燃烧反应动力学，着火和熄火理论，预混燃烧，扩散燃烧，气体、液体和固体燃料燃烧，超声速燃烧，爆震燃烧，微尺度燃烧，微重力燃烧，燃烧诊断等，具体对象涉及锅炉燃烧、发动机燃烧、推进器燃烧、火灾和一些特殊特定装置中的燃烧等。

燃烧领域的前沿问题主要是传统燃料先进高效清洁的燃烧理论、方法和新技术，新型燃烧方式的探索和燃烧理论的发展，特殊环境和微型装置中的燃烧，燃料化学反应机理和反应动力学模型的发展，燃烧过程和中间产物的诊断，燃烧数值模拟方法，火灾防治中的燃烧理论等。

1. 燃烧反应动力学

燃烧本质上是伴有流动的快速放热的化学反应。从能量转化的角度，燃烧的过程是将燃料中存储的化学能转化成热能的过程。燃烧反应动力学主要关注复杂燃烧体系中的化学问题，通过把物理过程适当简化或理想化处理，将其中的化学问题解耦出来。燃烧反应动力学在燃烧研究中发挥着重要作用，主要包含三个不同的层面。第一个层面是热力学和反应动力学研究，主要利用电子结构计算和统计理论的方法，获得反应的焓变、熵变、热容等热力学参数和基元反应速率常数等动力学参数；第二个层面是燃料分子结构和基础燃烧特性的研究，主要通过模型构建和试验验证，实现对宽泛工况下的燃烧反应动力学进行准确预测；第三个层面是根据目标工况对详细燃烧反应动力学模型进行规定尺度的简化，以满足复杂的流体力学计算需求，从而指导实际燃烧器的优化和设计。

燃烧反应动力学研究主要包含基础燃烧试验、理论计算和动力学模型等方面，其中的核心是燃烧反应动力学模型，它描述了燃烧过程的复杂反应网络，包括燃烧中各组分的生成和消耗反应，定义了各组分的热力学性质，非均相情况下还需要考虑各组分的输运性质。燃烧反应动力学模型对深入理解燃烧本质、预测燃烧中关键参数以及揭示污染物生成机制起到十分重要的作用，许多实际工程问题都与之息息相关。因此，燃烧反应动力学在国家自然科学基金委员会“面向发动机的湍流燃烧基础研究”重大研究计划、航空发动机与燃气轮机重大科技专项中均被列为主要研究方向之一。

2. *层流与湍流燃烧*

层流与湍流燃烧主要研究点火、火焰传播、燃烧稳定、熄火等基础燃烧过程及各种气体、液体和固体燃料的火焰动力学特性。层流燃烧研究主要基于经典火焰模型探索火焰本身的结构与特性，包括层流预混火焰、扩散火焰及部分预混火焰的理论、模拟与试验，以及点火、火焰传播、火焰稳定性、熄火等层流火焰动力学研究，是揭示燃烧过程中涉及的物理与化学机理的主要途径。湍流燃烧是湍流与化学反应耦合的燃烧现象，湍流通过局部剪切改变火焰面结构、温度场、组分小尺度混合，从而影响化学反应进程及相关燃烧现象，同时化学反应的瞬态剧烈放热改变局部密度与黏性，从而影响流场和湍流结构。湍流燃烧研究包括湍流预混火焰、扩散火焰及部分预混火焰的理论、模拟与试验，以及湍流燃烧模型、湍流火焰动力学等，是各类燃烧装置设计优化的重要理论基础。层流与湍流燃烧研究的主要任务为：建立并发展受流动、传热传质和化学反应相互作用控制的燃烧过程的理论描述方法与数学物理模型，发现并揭示控制且有可能改善燃烧特性的基本燃烧现象的本质与规律，发展相应的定量预测模型和算法，为燃烧技术与装备的发展提供基础理论和基本方法。

由于燃烧现象与过程的复杂性及影响因素的多样性，层流与湍流燃烧基础研究在国际上一直受到高度重视，其研究水平在某种程度上反映出一个国家燃烧学研究的水平和能力，起到风向标的作用。随着燃烧技术的发展和广泛应用，层流与湍流燃烧研究更加关注对实际复杂燃烧反应系统与极端条件燃烧过程的描述，迫切需要建立可定量预测实际工程中的复杂燃烧现象和极端条件下燃烧过程的模型与方法，为先进燃烧技术的发展提供理论支撑和科学指导。

3. *空天动力燃烧*

空天动力燃烧主要指飞机、火箭、临近空间飞行器等空天飞行器的动力装置中的燃烧过程。通过燃烧将化学能转变成热能,再通过喷管或涡轮将热能转变为对外界做功。根据动力装置的不同类型,空天动力燃烧可以大致划分为航空发动机燃烧、火箭发动机燃烧、爆震发动机燃烧和超燃冲压发动机燃烧。新一代空天动力燃烧技术——超临界燃烧技术可与不同类型的空天动力装置结合,优化和提升空天动力装置性能,有望得到广泛应用。

不同类型的动力装置呈现出不同的燃烧特征。航空发动机燃烧过程包括液相燃油的破碎蒸发与混合、点火及火焰稳定等多物理过程,在受限空间内完成高效高性能化学能释放。面向高性能动力及环境保护的需求,航空发动机燃烧技术主要集中在高温升高性能燃烧和低污染燃烧两个方向。火箭发动机燃烧通过自带液体或固体推进剂,在燃烧室内组织推进剂混合并燃烧,其中涉及的多物理过程的耦合问题及其所导致的燃烧稳定性问题是火箭发动机燃烧的重要研究方向之一。爆震发动机燃烧是在燃烧室内直接起爆可爆混合物,利用爆震燃烧产生的爆震波使工质的压力和温度迅速升高。已发展出与传统燃烧截然不同的多种爆震燃烧组织形式,对此,需进一步研究各类爆震形式的起爆机理、稳定机制、传播特性、能量提取等问题。超燃冲压发动机燃烧涉及激波/膨胀波系及其与边界层的相互作用、高雷诺数下的强湍流脉动、化学反应的非平衡效应等多种因素,在较短的时间内完成燃料的喷注、雾化、蒸发、掺混、点火、稳定燃烧等一系列复杂物理化学过程。未来研究的重点仍然是如何实现稳定高效燃烧。对超临界燃烧技术来说,处于超临界状态的燃油进入燃烧室后无须传统的雾化与液滴蒸发过程,而直接与空气掺混并燃烧,从而提高燃烧效率与燃烧速率。完善超临界燃烧基本特征数据库,发展反应机理与数值计算方法,将是超临界燃烧基础研究的重中之重。

军/民用航空对我国自主研制航空发动机的需求越发迫切,火箭与邻近空间飞行器等战略战术武器的发展也不断提出新的需求,亟须在空天动力燃烧的新概念、新理论、新技术等方面取得新的突破与创新。空天动力系统高效、稳定、低污染的燃烧对促进国民经济发展、保障国家安全具有重要意义。

4. 动力装置燃烧

内燃机的发明和使用是现代工业文明的重要标志,其基本工作原理是:燃料与空气(氧化剂)在燃烧室内发生快速氧化与燃烧,其放出的热能显著提高缸内混合气的压力和温度,从而通过热力循环方式驱动活塞对外输出功。内燃机燃烧过程包括燃油蒸发及其与空气的混合、着火、燃烧、火焰发展等,包含流动、相变、传热传质和化学反应等复杂的物理化学过程,具有空间受限和周期性、间歇性的特征。内燃机的燃烧组织有预混合点燃式(如汽油机、天然气发动机)、喷雾混合压燃式(如柴油机)和均质预混合压燃式(如均质压燃发动机)。

内燃机热效率高、功率密度大、使用方便，广泛应用于汽车、轮船、工程机械、农业机械等国民经济和国防安全各个领域，是国民经济和国防建设的基础产业。然而，内燃机消耗全球2/3的石油资源，产生的CO_2占全球总排放量的1/4以上，是城市大气污染物和雾霾现象的主要来源之一。因此，提高能源利用效率和降低有害污染物排放是内燃机燃烧关注的两个重要方面。经过100多年的发展，内燃机技术已经相当成熟，但随着石油资源的日趋耗尽、温室效应的日渐显著、环境污染的日益严重，以及新型动力装置的挑战，内燃机面临着进一步提升热效率、降低碳排放和实现近零排放的时代要求，迫切要求在内燃机新理论、新机制、新技术等方面取得创新和突破。内燃机的高效、低碳和零有害排放，对保障我国国民经济可持续发展、国家安全和提升我国在气候变化中的国际话语权具有重大和深远意义。

5. 燃烧诊断

燃烧诊断是采用先进的光学、电学、声学、热学等各种测量技术，对高温、高压、高速、高湍流度、气液固多相等复杂、严苛燃烧场进行测量，获取准确的流动、温度、组分、火焰结构等关键信息。燃烧诊断技术对于深刻理解燃烧物理化学现象，发展燃烧基础理论，验证燃烧化学反应动力学机理和湍流燃烧模型，进一步提高动力装置的燃烧效率和安全性、降低污染物排放等具有至关重要的作用。

自20世纪80年代，国际上开始大力发展燃烧诊断技术，包括接触式燃烧诊断技术、非接触式燃烧诊断技术等。目前，主要有光电离质谱、吸收光谱、发射光谱、散射光谱等技术，具体包括用于温度测量的瑞利散射技术、相干反斯托克斯拉曼光谱（coherent anti-Stokes Raman spectroscopy，CARS）技术、TDLAS技术、原子荧光光谱技术，用于组分测量的激光诱导荧光技术、拉曼光谱技术、简并四波混频技术、腔衰荡光谱技术、偏振光谱技术、激光诱导热光栅光谱技术、激光诱导击穿光谱技术、基于同步辐射的光电离质谱技术，用于碳烟测量的激光诱导炽光技术，用于流场测量的粒子图像测速技术、激光相位多普勒技术、激光多普勒测速技术等。燃烧诊断技术极大地推动了燃烧学基础理论和先进燃烧技术的发展，而燃烧科学与技术的发展又对燃烧诊断技术不断提出新的要求，如要求实现对真实燃烧环境的温度、速度、主要反应物、生成物和关键中间产物的多场、多组分、较高空间分辨率、时间分辨率的测量。

先进燃烧诊断技术飞速发展，新的测试方法、仪器设备不断涌现，如飞秒、皮秒、超高重频突发模式激光器、高分辨高速CMOS/CCD相机等，已可实现100kHz、三维、瞬态、高速、高湍流火焰结构的测量和重建。国内燃烧诊断技术起步较晚，21世纪以来快速发展，但关键的激光器设备及光电探测相机等设备严重依赖国外进口，大多数研究团队采用国外成套测试系统和已有的测试方法，总体处于技术跟踪阶段,在测试方法和系统设备的创新方面与国外先进水平存在一定差距。燃烧诊断技术的薄弱严重制约了燃烧基础研究和工业应用研究的发展,已成为我国燃烧科学发展的瓶颈,需要重点扶持。

6. 燃烧数值仿真

科学技术研究在近一两百年发展过程中,逐渐形成了理论研究、试验研究及数值模拟三种基本的研究方法。数值模拟作为重要的研究手段,与理论研究发展紧密相连,与试验研究相辅相成,对众多学科的发展具有重要的推动作用。

燃烧数值模拟是融合燃烧基本理论、数值计算方法、计算机科学等学科而形成的交叉研究领域,其主要过程是首先将层流及湍流燃烧体系中涉及的燃烧学、流体力学、传热学等数学物理控制方程的微分形式通过离散化方法转化为代数方程组,然后基于特定的算法,应用计算机程序实现对代数方程组的求解,从而得到燃烧控制方程组的数值解,形成燃烧物理过程的数字化描述。燃烧数值模拟研究包括层流及湍流燃烧体系中涉及的众多数学物理模型(如湍流燃烧模型、化学反应机理模型、混合模型、多相流模型、雾化蒸发模型等)、燃烧过程及物理机制分析、数值求解算法、计算软件开发、大规模并行计算等。燃烧数值模拟的主要任务是利用现代计算机技术和计算方法实现对不同层面燃烧基本控制方程组的高效、高精度求解,对燃烧涉及的众多物理化学机制及其演化过程进行多维度描述,提高人们对燃烧过程的理解和认识,指导燃烧过程的工程应用和燃烧新技术新装备的开发。

随着计算机技术和计算方法的飞速发展,燃烧数值模拟得到了快速发展,在国家重大战略装备(如航空发动机和燃气轮机)、能源环保(煤电、锅炉等)、国防安全(火箭、航天飞行器、船舶动力等)等国家安全及经济发展领域的核心设备研制中发挥越来越重要的作用,是解决我国被"卡脖子"问题的重要研究手段,也是燃烧学需要重点发展的方向之一。

7. 煤燃烧与生物质利用

我国能源资源禀赋以煤为主,2020 年在一次能源生产和消费中分别占 67.6% 和 56.8%,是支撑我国经济社会发展的主体能源。据预测,2030 年前我国能源消费需求仍将持续稳定增长,能源消费增量部分主要靠清洁与可再生能源提供,但风电和太阳能发电存在利用小时数偏低、随机性和间歇性等特点,煤炭消费量仍将保持在 30 亿～35 亿 t。因此,在今后较长时期内,煤炭仍是保障我国能源安全稳定供应的基石,一方面煤炭将为可再生能源大比例消纳提供灵活调峰服务,另一方面迫切要求煤燃烧和转化过程高效、清洁、低碳的协同实现。此外,随着国际形势的变化,能源的自主安全可控越来越成为能源工作的重点,煤炭承担我国能源安全压舱石的作用将更为突出。因此,煤炭的高效和清洁低碳利用是我国可持续发展与能源安全的重大需求,而提高煤的燃烧效率、控制污染物生成与排放、减少温室气体排放则是解决问题的关键所在。煤燃烧过程是一个流动、化学反应、传热传质相互耦合的复杂物理、化学过程。煤燃烧技术的发展与湍流理论、多相流体力学、辐射传热学、燃料合成与制备、复杂反应的化学反应动力学等学科的发展相互渗透、相互促进。

生物质能是世界第四大能源,仅次于煤炭、石油和天然气,是唯一含碳的可再生能源资源,具有储量大、污染低、碳中性的特点,在应对全球气候变化、能源供需调整、生态环境保护等方面发挥着重要作用。一般来说,生物质能包括各种速生的林作物、农作物、城市和工业有机废弃物等。中国是世界上最大的农业国,具有丰富的农林废弃物和城市/工业固废。据估计,我国每年仅农林废弃纤维类生物质产量高达 9 亿 t,折合标准煤 4 亿 t,而超过 30% 的资源被直接焚烧、废弃,不但造成资源浪费,而且带来严重的环境污染。推动我国资源量丰富的生物质的高效转化和利用,将有助于我国碳中和进程的如期实现,同时也有助于我国富煤贫油缺气能源结构的优化调整及生态环境的保护。

煤燃烧和生物质利用技术涉及工程热物理与能源利用、物理化学、化学工程、微生物学、农学、信息科学等多个学科,具有鲜明的跨领域与多学科交叉特性。深入研究煤燃烧与生物质利用相关基础理论和技术开发,是推动能源生产消费转型升级的重要内容,是促进多元发展能源供给的重要措施,也是保障我国经济快速持续发展和建设美丽中国迫切需要解决的重大问题之一。

8. 火灾科学

火灾的孕育、发生和发展包含着流动、相变、传热传质和化学反应等复杂的物理化学变化,涉及质量、动量、能量和化学组分在复杂多变的环境条件下相互作用的三维、多相、多尺度、非定常、非线性、非平衡态的动力学过程[1]。从公共安全各分支领域看,火灾安全是生产安全、社会安全、反恐防恐、防灾减灾、核安全、爆炸安全及大型舰船与航空航天安全等领域共有的公共安全问题,具有鲜明的跨领域特征。

与工程燃烧相比,火灾可燃中间产物更为复杂多样,燃烧模式涉及预混燃烧、扩散燃烧和多相燃烧,燃烧与环境条件的复杂耦合可诱发轰燃、回燃、阴燃、飞火和火旋风等特殊火现象,这些特殊火现象常常是诱发重大火灾的重要原因;火灾体系的边界条件多样,开放空间的火灾更受到复杂环境与气象条件的影响,使得火灾现象具有确定性和随机性的双重性规律。火灾科学有自己的学术思想、理论体系和研究方法,一方面需要用统计的方法研究火灾的随机性,归纳出火灾发生的统计规律,另一方面需要探索火灾自身发展规律,即研究火灾的确定性规律。深刻认识火灾现象,大力发展火灾科学,并拓展研究火灾衍生公共灾害,实现科技防灾(减灾)目标,已成为保障我国社会经济可持续发展的重大需求,是全面构建社会主义和谐社会必须解决的重大战略问题。立足科技减轻火灾危害,将是我国火灾科学研究在今后相当长时期内的重大任务之一。

9. 学科交叉与拓展

燃烧包含复杂的物理化学过程,涉及热力学、流体力学、传热传质和化学反应动力学等多学科的知识交叉。随着新一代信息技术为主导,以人工智能、先进制造、材料科学、电力电子、能源环境等技术群体突破为特征的新一轮技术变革蓬勃兴起,燃烧学又与这些变革性新兴学科发生进一步更深层次的交叉融合,其学科内涵甚至能拓展到工程学科的绝大部分领域。燃烧学与人工智能、材料科学、空间科学、催化科学、环境科学、光学和电学等领域交叉,产生了智能燃烧与数字发动机、火焰合成纳米材料、催化燃烧、等离子体辅助燃烧、微重力燃烧和微尺度燃烧等新的学科方向增长点。

在应用需求方面,一方面,能源向着清洁、安全、高效、低碳和环保方向发展。传统化石能源清洁利用、可再生能源开发和先进储能技术等的发展到了将引发我国能源结构转型乃至世界能源变革的关键时期,作为最成熟的能量转化和利用的途径之一(具体是化学能到热能的转化),燃烧与其他学科的交叉所带来的技术革命性发展或颠覆性突破有望成为解决能源短缺问题的重要可行性途径之一。另一方面,从先进动力的角度来看,陆地上,采用传统的内燃机(柴油机或汽油机)和电动机作为动力源的油电混合动力汽车在节能方面具有一定的技术优势;水面上,舰艇采用传统的柴燃和混合动力,也逐渐与综合电力推进系统相结合;在空天领域,电推进和高能密度燃料燃烧化学推进组合的多模式推进已成为未来空天和深空探测最主流技术选择之一,这都将依赖于传统燃烧学科与其他学科的深度交叉和融合。因此,大力促进以燃烧为内核的学科交叉和拓展,对满足国家节能减排及空天动力的重大需求具有重要的科学意义。

5.2 国内外研究现状与发展趋势

5.2.1 燃烧反应动力学

近年来,燃烧反应动力学研究在理论计算、基础燃烧试验及燃烧反应动力学模型发展等方面都取得了显著进展。

早期,理论计算在燃烧化学中的角色以辅助和验证试验为主。随着理论方法的发展、计算算法的优化以及计算机运算能力的提高,理论研究逐渐显露优势,与试验测量相辅相成,在宽工况范围内基元反应速率系数、热力学参数、输运数据以及反应分支比率等的精确表征方面成效突出,在探寻能源转化过程中未知燃烧中间产物和反应通道方面优势显著,为燃烧反应动力学建模提供了关键信息。

基元反应速率系数计算所基于的理论方法主要有两大类:统计意义的过渡态理论方法和非统计意义的轨迹模拟方法(分子动力学方法)。针对燃烧反应研究,广泛使用的是基于准平衡假设的过渡态理论和基于其优化的变分过渡态理论。对于具有明显势垒的反应体系,考虑变分过渡态理论在计算长链分子体系的多扭转自由度和多能量近似结构所引发的非谐振效应和多通道能垒相似反应速率方面的精度优势,已逐渐成为处理该类问题的主流方法;对于弱反应势垒或无势垒反应体系,可变坐标变分过渡态理论可有效解决传统过渡态理论计算精度低的问题,是该类问题的主流计算方法。同时,分子动力学方法在燃烧动力学理论研究方面得到较多关注,借助机器学习方法,与量子化学从头计算法有机结合,有望解决大分子体系计算效率与计算精度的平衡问题。

近年来,燃烧理论计算的热点问题主要包括非热力学平衡态组分的理论计算、电子及振动激发态参与的动力学参数计算、基于人工智能方法的热力学参数及动力学参数的高精度预测、势能面自动化构建等。尽管对 C_0-C_4 基础燃料的高精度量化计算已有较成熟的方法,但对于包含大分子燃料、凝聚态含能燃料、异相混合燃料等复杂体系仍存在诸多问题和挑战,例如,如何建立大尺度分子/自由基体系的高精度反应势能面,如何解耦复杂反应体系各阻尼振动间耦合引起的非谐振效应,如何发展复杂反应体系的高精度、高效计算方法,如何构建匹配凝聚态含能燃料燃烧反应动力学建模的动力学、热力学和输运参数。

燃烧反应动力学研究的发展迫切需要各种类型的基础燃烧数据,包括宏观燃烧参数和微观燃烧产物浓度。

在宏观燃烧参数测量方面,可利用激波管、快速压缩机、燃烧弹等设备对燃料的着火延迟时间、火焰传播速度进行测量。激波管在燃烧反应动力学试验方面的研究主要包括三个方面:高温、高压着火特性表征,其目的是为燃烧反应动力学建模提供必要的宏观着火延迟时间验证数据;基元反应速率系数测量,结合先进吸收光谱诊断技术,可实现对自由基/分子间化学反应速率的准确测量;燃烧痕量中间产物浓度诊断,激波管毫秒级的近绝热理想环境与先进燃烧激光诊断技术结合,实现多组分燃烧中间产物瞬态浓度时程的在线测量,为燃烧动力学研究提供微观验证依据。快速压缩机可以提供可控、定义明确的热化学状态,解耦实际燃烧问题中湍流和传热传质的影响，被广泛应用于高压、中低温范围内较长时间尺度(2～200ms)的燃料气相自着火特性试验研究。快速压缩机可测得宽广工况范围内不同燃料的着火延迟期、氧化过程中间产物和产物浓度时程、活性自由基光信号等参数，从而可以帮助研究燃料的活性控制规律，验证和发展化学反应动力学模型。随着对燃料化学反应过程认识的不断深入，快速压缩机的研究逐渐朝物理化学耦合的方向发展，进行分层燃烧、湍流化学相互作用、爆燃和爆轰、等离子体助燃、液滴和喷雾燃烧等方向的研究，对先进燃烧装置的开发和极端条件下的燃烧控制具有重要的意义。层流火焰传播速度的测量主要借助燃烧弹、平面火焰炉、对冲火焰炉、本生灯等设备，其中平面火焰炉、对冲火焰炉、本生灯等设备主要应用于常压到中高压范围(通常不超过 0.5MPa)，燃烧弹则可涵盖常压到发动机高压条件(可达到 6MPa 以上)。近年来，层流火焰传播速度的测量方法得到了进一步发展。瑞典隆德大学、中国浙江大学等对基于平面火焰炉的热流法进行了发展，将其应用范围拓展到最高 0.5MPa 的中高压条件。斯坦福大学将激波管方法引入层流火焰传播速度的测量工作中，印度理工学院发展了外部加热扩张通道法，实现了 600K 以上超高初始温度下燃料的火焰传播速度测量。上海交通大学利用提出的双面保护自密封方法，发展出了高温高压定容燃烧弹方法，初始温度和压力可同时达到 500K 和 2MPa 以上，解决了对高沸点燃料高压层流火焰传播速度的测量难题。

基于光谱、色谱和质谱等各类诊断方法的微观燃烧产物测量研究可以对热解、氧化和火焰体系的中间产物和自由基进行探测、结构鉴定与定量分析，对燃烧反应动力学研究的发展有着重要的推动作用。美国劳伦斯伯克利国家实验室和中国国家同步辐射实验室的燃烧研究组将同步辐射真空紫外光电离质谱与分子束取样相结合，开展低压至常压层流预混火焰研究，对碳氢、含氮及含氧燃料等进行了详细的研究，检测到了火焰中的自由基、同分异构体及大分子芳烃等。此外，瑞士光源采用基于同步辐射的光电子光离子复合成像方法，可以同时测定光电离质谱和阈值光电子谱，其中阈值光电子谱有着更强的中间产物识别能力，可以更好地识别和检测低压层流预混火焰中的稳定产物和自由基等。在热解方面，流动管反应器与 GC/GC-MS 或与同步辐射光电离质谱相结合，能检测燃料热解过程中的中间产物及自由基，得到详细的热解中间产物信息。激波管也是开展热解研究的理想反应器，将激波管与 GC/GC-MS、光谱或质谱结合，可以测量激波管热解产物随时间的演化。在氧化方面，射流搅拌反应器是开展燃料低温及高温氧化的理想反应器。将同步辐射光电离质谱与超声分子束取样技术应用于射流搅拌反应器氧化的研究，探测到一系列过氧化物，揭示了新的低温氧化机理。

在燃烧学科发展和工业应用双重驱动力作用下，人们对具有明确物理意义的燃烧反应动力学模型的需求更加迫切。近期国际上发表了大量关于燃烧反应动力学模型的论文，其建模对象范围十分广泛，包括基础燃料（氢气、CO、合成气、甲烷、天然气、乙烷、丙烷、丁烷、乙烯、乙炔、丙烯、C_2-C_5醛）、生物燃料（醇类、酮类、多醚类、脂类、呋喃类）、大分子烷烃（C_5-C_{16}烷烃）、芳香烃（C_6-C_{11}）、环烷烃（C_6-C_{10}）、实际燃料和模型替代燃料（汽油、柴油、航空燃料）、含能燃料、阻燃燃料（$C_2H_2F_3Br$、C_2F_5H、CF_3H）等。由于燃料分子结构的多样性、燃烧反应网络的高度复杂性以及化学反应和传热传质过程的深度耦合性，不同研究者开发的燃烧反应动力学模型的适用性、有效性、鲁棒性及可拓展性出现明显差异，不利于对燃烧过程更深层次的理解和认识。目前，发展在宽广工况范围下具有预测能力的燃烧反应动力学详细模型依然是该领域的重大科学挑战，一方面需要理论计算提供更多、更准确的动力学和热力学参数作为输入参数，另一方面需要基础燃烧试验提供可用于模型构建、模型验证和模型优化的更为准确和覆盖工况更广泛的试验数据。为了充分利用上述两方面的研究结果，不确定性分析、数据库平台、自动机理生成、集成的模型发展策略受到越来越多的重视。美国阿贡国家实验室、麻省理工学院、加利福尼亚大学伯克利分校、沙特国王科技大学、匈牙利罗兰大学、清华大学等都发展了各自的研究平台。值得一提的是，基于多种数据库进行模型参数优化，利用神经网络、特征提取等人工智能方法进行模型分析及模型优化体现了人工智能与燃烧反应动力学研究的深度融合，是未来值得期待的研究方向。

5.2.2 层流与湍流燃烧

层流燃烧是在较为理想状况下的燃烧，对层流燃烧开展研究，可以揭示火焰本身的结构、特性及规律，发展基础燃烧理论，为湍流燃烧研究和复杂燃烧过程建模奠定基础。国内外对各种条件下的层流燃烧开展了大量研究，包括层流扩散燃烧、层流预混燃烧和层流部分预混燃烧等。先进发动机技术的发展趋势是将燃烧工况推向近可燃极限、超高/低压、低温、高速、微重力、超临界等各种近极限条件，因此近极限条件层流火焰动力学受到广泛关注和深入研究。与常规燃烧相比，近极限条件燃烧更为复杂，近极限条件火焰动力学的理论分析和数值模拟也具有更大的挑战性。随着压力、温度、稀释率、当量比等参数的变化，火焰厚度、热传导和组分质量扩散的特征长度和特征时间、化学反应特征时间等均会相应发生变化。在趋于近极限条件时，这些特征长度和特征时间则会呈现指数形式的变化，从而引发从正常燃烧（稳定火焰传播）向临界燃烧（火焰不稳定、熄火、自着火、回火、火焰自加速、缓燃转爆轰等）的转变。对于常规燃烧，不同物理化学过程的特征尺度具有一定的区分度，能够近似满足尺度分离。然而，在近极限条件下的燃烧中，不同物理化学过程会发生强烈耦合，导致尺度分离不易满足，常规的分析方法很难适用。最近几届国际燃烧会议以及第一届（2017 年）和第二届（2019 年）近极限火焰国际研讨会曾对近极限火焰的最新研究进展和发展趋势进行了深入研讨,内容涉及低温燃烧、冷火焰、无焰燃烧、超临界燃烧、高压和高雷诺数燃烧、点火辅助燃烧、压力增益燃烧、爆震、富氧燃料燃烧、微型燃烧、等离子辅助燃烧等。层流燃烧研究的另一个发展方向是火焰化学研究,主要揭示关键化学反应与输运过程(传热传质、层流湍流)对基础燃烧过程和污染物生成的影响规律及耦合作用机制,探究冷火焰特性及其中低温化学反应与输运的耦合作用等。

湍流燃烧问题的核心是湍流与化学反应的相互作用。湍流和燃烧相互作用决定了火焰结构和分布,可以引起局部熄火/再着火、回火、吹熄等现象,直接影响燃烧组织效果及发动机的燃烧性能。通过湍流与化学反应的有效匹配,达到可控混合和反应[2],是实现发动机高效、稳定、清洁燃烧的关键。其研究工作一直以来受到了燃烧学研究者和发动机设计人员的广泛关注。

近年来,湍流燃烧理论研究出现了新的发展趋势,一方面,湍流燃烧的研究对象向近熄火极限、高雷诺数(*Re*)、高卡洛维茨(Karlovitz)数(*Ka*)、高/低压、高/低温等极限工况靠近;另一方面,在原先湍流与被动标量混合统计理论基础上,逐步开始由原先仅考虑大尺度湍流对其中标量场运动的解耦研究,转向小尺度湍流与化学反应之间存在的耦合问题研究。例如,高压预混火焰的热释放集中于火焰面中,造成局部各向异性的湍流结构,难以用先前基于局部统计各向同性的湍流理论解释;在极端工况下存在多种燃烧模式共存的现象[3],目前仍缺乏判别燃烧状态的理论依据及相应的建模方法,已有模型由于未考虑化学反应对湍流和组分混合的影响,尚不能对着火、熄火、燃烧稳定及污染物生成等关键问题做出准确预测;在宽压力、燃料、当量比等复杂工况条件下控制湍流燃烧速度、湍流火焰厚度等关键物理量的物理化学机制尚不明确,缺少一致的理论解释与建模方法。

小尺度湍流结构与多组分化学反应中的高度非线性过程是目前湍流燃烧研究的挑战。此外,火焰附近的高释热可导致湍流局部各向异性,并影响组分小尺度混合。反应流局部各向异性统计理论和组分小尺度混合机理亟须发展,以理解小尺度湍流混合和化学反应相互作用机理。一方面,小尺度湍流混合如何通过改变组分、温度分布,从而影响化学反应进程;另一方面,反应放热引起的组分浓度和温度大梯度对小尺度湍流结构和混合有怎样的影响。近来,以美国 Sandia 国家实验室为代表的多家研究机构开展了较高雷诺数下的大规模直接数值模拟,提供了高时空分辨率(微米、纳秒级)、完整的速度、温度和组分场,已被应用于研究多尺度湍流和火焰结构及其相互作用,以及湍流燃烧模型验证。研究者针对高压、高雷诺数下的湍流燃烧试验,结合激光诱导荧光、激光诱导炽光、激光多普勒测速法等一系列激光光谱方法,开展了对温度、速度及主要反应物、生成物、部分中间产物的多场、多组分、较高空间分辨率测量,提供了一批可用于湍流燃烧模型验证的数据。

以往我国燃烧研究者多集中在对具体燃烧装置的研究，对层流与湍流燃烧基本规律的研究较少，造成我国层流与湍流基础燃烧与先进国家存在较大差距。近年来，我国在局部研究点上实现了“源头并行”，在点火、火焰传播及其稳定性、熄火、可燃极限等基础燃烧研究方面取得了一定的研究进展，具有一定的国际影响力，在多相湍流燃烧数值模拟方向形成了一定的优势，在湍流燃烧大涡模拟与直接数值模拟研究方面也取得显著的进展，但在燃烧理论分析方面相对薄弱，在微尺度燃烧、微重力燃烧、超临界燃烧、电磁场或等离子辅助燃烧等方面的基础研究需要进一步加强，湍流燃烧理论与试验测量也较为薄弱，燃烧基元反应试验测量、理论和模型方法发展等方向仍较为不足。因此，层流与湍流燃烧基础研究应不断做大做强我国的优势方向，大力支持发展薄弱方向，形成整体优势，确保我国在国际层流与湍流基础燃烧领域的国际地位和影响力，并力争在某些分支方向起到国际引领作用。

5.2.3 空天动力燃烧

1. 航空发动机燃烧

随着先进航空发动机向着大推力、低污染、长寿命的方向发展，航空发动机燃烧室需要在更高的压力、更低的油气比、更宽广的工作范围内稳定可靠地工作。民用和军用航空发动机燃烧技术主要集中在低污染和高温升高性能两个方向。

从技术发展层面，低污染燃烧室主要采用贫燃预混技术与分级技术，包括双环腔、双环预混旋流、驻涡、富油/焠熄/贫油、贫油预混预蒸发、贫油直接喷射和可变几何等燃烧室形式。对于高温升高性能燃烧室，比较先进的燃烧组织方式包括驻涡燃烧、极紧凑燃烧、加力燃烧等技术。增压燃烧技术也是研究的热点之一。

从基础研究层面，航空发动机燃烧涉及湍流、燃烧、声学和热辐射等复杂物理过程的强烈耦合，对湍流燃烧机理、高效高保真物理建模、试验方法与测量技术等研究提出了巨大的挑战。国外已在这些方面开展了长期研究，发展了计算和试验相辅相成的综合研究体系。然而，对于近极限情况下的复杂物理化学过程，现有数值模拟方法的准确度需要进一步提高，测量方法与技术有待进一步发展。

此外，由航空发动机衍生发展的地面燃气涡轮发动机和发电用的重型燃气轮机也部分涉及上述技术发展和基础研究层面中的问题，但由于地面燃机与航空发动机使用环境不同，研究的侧重点也略有差别。在地面燃气涡轮发动机的燃烧研究中，主要关注如何降低污染物、CO_2 等燃烧产物的排放和提高效率。特别是在满足氮氧化物排放标准的同时，要尽可能减少 CO_2 的排放。一方面，要求提高燃烧室燃料使用的灵活性，使用高比例(高达 100%)氢气和其他各种成分的可再生气体燃料的天然气燃料混合物运行；另一方面，继续发展环境友好型的替代燃料和氧燃料等。同时，为了进一步提高效率，在热力循环中引入近定容燃烧，如脉冲爆震和旋转爆震等也是研究的重要方向。

我国与国外研究的主要差距在于对新燃烧技术的内在物理机制以及复杂物理化学过程的认识不够深刻清晰，需要进一步揭示复杂条件下高效稳定湍流燃烧组织的物理机制，受限空间内流动、燃烧和传热等相互作用影响机制，多物理场耦合的本征物理模型和高保真算法等。同时，在学科发展中以航空发动机和燃气涡轮发动机应用为长远目标，需拓宽研究范围，力图实现设计概念与方法的创新性突破。

2. 火箭发动机燃烧

由于复杂的混合、燃烧及其耦合作用，火箭发动机燃烧不稳定问题突出。在液体火箭发动机领域，法国和德国于 1999 年合作解决液氧/液氢发动机非线性燃烧不稳定问题，揭示产生机理，完成燃烧建模，形成预示方法。美国和印度亦合作分析同轴喷嘴燃烧动力学、非线性燃烧不稳定动力学等。此外，液氧/甲烷发动机的燃烧也是研究热点之一，主要研究激光点火方法、点火延迟和启动时序、瞬态启动的相变、火焰的演化和稳定、燃烧不稳定等。国内方面，常规液体发动机也面临燃烧不稳定问题，对其自燃过程的动力学、压强振荡的影响等了解较少。在固体火箭发动机领域，由于复合推进剂的非均质特征，凝相和气相界面因随机性而凹凸不平，使得燃烧从细观上呈现明显的动态三维特征。组分的复杂性和极端的燃烧环境，使得对固体推进剂的燃烧动力学过程认识不足，准确的燃烧建模困难重重。

此外，固体推进剂中金属燃烧的表面团聚问题也值得关注。利用铝的微观反应界面重构控制产物粒度和高压强条件下的燃速压强指数调控取得了很好的进展，但是对其作用机理的认识仍然比较模糊。固液混合发动机日益受到重视，但面临燃烧效率较低的问题。

未来可以从以下方面开展研究工作：获得固体/液体推进剂的燃烧响应，完成燃烧建模；加深对常规推进剂高压补燃技术中高压超临界燃烧的认识；关注深度变推力调节过程中的非稳态燃烧问题，以及液氧/甲烷发动机的基础问题。

3. 爆震发动机燃烧

爆震发动机根据是否自带氧化剂，可分为吸气式和火箭式两大类，根据工作特点可分为脉冲爆震、旋转爆震、驻定爆震、连续爆震、爆震燃烧与传统涡轮发动机组合、基于单流道的多模态爆震组合等形式。

对于脉冲爆震燃烧，已经能够获得大于100Hz的高频稳定爆震波，在爆震起始促进方法、起爆机理、稳定机制、能量提取等方面取得了长足进步，并开展了脉冲爆震发动机样机演示验证试验，证明了爆震燃烧用于喷气式推进的可行性。对于旋转爆震燃烧，掌握了旋转爆震起始方法，揭示了传播模态转变与稳定自持传播的临界条件等。对于大分子液态碳氢燃料，实现了煤油的旋转爆震燃烧，但侧向膨胀降低了压力增益。对于驻定爆震燃烧，研究主要依赖数值模拟，仅开展了少数简单工况下的试验研究，初步揭示了爆震波的起始、驻定机制及楔面角度等因素的影响，燃料以氢气为主。连续爆震燃烧仍处于基础研究和关键技术发展阶段，燃料与氧化剂的快速雾化、蒸发、掺混至关重要。对于爆震燃烧与传统涡轮发动机组合和基于单流道的多模态爆震组合形式，采用的爆震燃烧仍然为脉冲、旋转、驻定和连续等爆震形式。此外，研究还关注爆震燃烧与上下游的相互作用以及上下游流动条件对爆震燃烧自持与传播特性的影响。

未来还有很多科学问题需要解决，如旋转爆震燃烧中自持传播的影响因素及与上下游的相互作用机制；驻定爆震燃烧中稳定工作边界与燃烧特性；连续爆轰燃烧中成功起爆和稳定传播条件、爆轰波对上下游流的作用等。

4. *超燃冲压发动机燃烧*

超燃冲压发动机中存在激波/膨胀波系相互作用、强湍流脉动、化学反应非平衡效应等因素，燃烧过程异常复杂。同时，燃烧室驻留时间为毫秒量级，极短时间内完成燃料喷注、掺混、点火、稳定燃烧等一系列过程，并实现高效、低损失的能量转化，难度很大。

为实现超燃冲压发动机稳定高效燃烧，亟须解决点火、稳焰与燃烧稳定性等问题。美国启动了多个高超声速飞行器研制计划并开展了一系列验证机飞行试验。例如，氢燃料X-43A和碳氢燃料X-51A均已完成飞行验证。2014年，美国还启动了高超声速打击武器研究计划（HAWC），发展能够形成下一代武器装备的高超声速巡航导弹。针对高超声速飞机和空天飞机，美国已开始探究超燃冲压发动机在宽马赫数范围、更高马赫数条件和更大发动机尺寸下的工作性能，并推进组合动力研究计划，如猎鹰组合发动机技术（FaCET）、大尺寸超燃冲压发动机关键部件项目（MSCC）、吸气式火箭一体化系统试验项目（ISTAR）、先进全状态发动机（AFRE）项目、组合循环飞行验证器计划（RCCFD）等。

未来的研制工作将围绕以下几个核心问题开展：① 发展大尺度发动机及尺度效应理论，以建立小尺度与大尺度发动机之间的联系；② 提升宽范围与更高马赫数工作能力，以优化发动机构型设计，实现马赫数2～7宽速域稳定工作，并探索消除更高马赫数条件下(接近或超过 10)可能存在的自点火效应、防隔热问题、发动机性能损失问题等的技术途径;③ 开展非稳态燃烧及调控研究,发展针对各类超燃冲压发动机中可能发生的局部熄火、火焰闪回和燃烧振荡等非稳态燃烧现象的抑制方法;④ 发展火箭基、涡轮基组合循环系统相关理论与技术。

5. 超临界极端燃烧

超临界燃烧中燃料进入燃烧室后无雾化与蒸发过程,直接与空气掺混并燃烧,有助于提高燃烧效率与速率,有望成为新一代空天动力燃烧技术。

研究者已开展了超临界环境中多组分大分子碳氢燃料掺混、燃烧相关的研究工作。超临界喷射与掺混包括以扩散为主的液芯崩解、梯度主导的剪切层相互作用以及超临界流体混合过程。数值研究主要研究状态方程的应用、跨/超临界液滴蒸发以及跨/超临界射流喷射湍流模型等方面。试验研究主要集中在喷射宏观参数与射流的整体流动形态上,包括扩张锥角、液体的破碎、核心区的长度、射流表面不稳定性等,重点关注喷射与环境工况对上述参数的影响。近年来,对喷嘴几何结构参数的相关研究逐渐增加,研究重点关注喷嘴内及近喷嘴处流体物性剧变对喷射过程和掺混效果的影响。

超临界燃烧的基础特征包括点火特性、火焰结构、火焰稳定性等,与亚临界下的状态特征存在较大差异,已得到了超临界煤油点火延迟时间与各环境参数的拟合关系式;得到了不同温度、压力及稀释情况下的预混层流燃烧速率和湍流火焰结构,并得出了燃烧速率关系式;发现超临界流动诱发的不稳定性不同于亚临界工况。试验中低频非线性激励间接引发燃烧噪声。超临界湍流燃烧数值模拟中主要采用基于大涡模拟和小火焰面/反应进度变量模型,缺乏模型有效性验证工作。

未来的研究工作中应重点关注超临界燃烧数值模拟方法、超临界燃烧基础问题的试验研究、超临界燃烧条件下航空煤油反应机理等。

5.2.4 动力装置燃烧

迄今为止,内燃机仍然是地面交通、江海船舶、工程机械、特种车辆的主要动力源。每年我国内燃机产量接近 8000 万台,累计功率接近 27 亿 kW,是我国发电装机总量的 1.3 倍。内燃机在提供动力的同时,也排出对等碳消耗形成的数量可观的 CO_2。据统计,交通运输领域的 CO_2 排放占全球 CO_2 排放总量的近 28%。根据世界贸易组织的预测,即使到 2050 年,内燃机动力仍然在交通运输领域占 50%～70% 份额。近年来,随着超高效率的迫切需求,我国在乘用车内燃机、商用车内燃机及船用内燃机的研究方面都取得了长足的进展。

1. 点燃式轻型车用内燃机

新一代乘用车内燃机朝着小型强化的方向发展，普遍采用高压缩比、缸内直喷、高缸内滚流、涡轮增压、低摩擦技术来提高燃油经济性。汽油缸内直喷技术的应用使进入气缸油量滞后问题得到彻底解决，减小了由空燃比变动造成的油耗增加，使汽油机节油效果得到提高。采用稀燃分层燃烧直喷发动机后，与当量均质混合气燃烧发动机的平均燃油效率相比可提高12%，但是氮氧化物等后处理问题仍有待解决。最近，日本开发的过量空气系数为2的稀薄燃烧汽油机指示热效率达到50%以上，而丰田公司正在研发的主动预燃室的汽油机热效率有望达到47%以上，这些都表明稀燃是汽油机热效率提升的关键。然而，火花点火发动机小型强化后面临着低速早燃（或超级爆震）问题，其产生的原因也较为复杂，需要通过研究予以阐明。通过混合气反应活性和有效能量密度的协同优化，实现有效能量密度的高效调控，可以解决爆震引起的油耗增加、动力性下降问题。在发动机的工程应用中，可通过可变气门或可变压缩比技术实现阿特金森循环，或是引入废气再循环实现低温燃烧等技术实现。近年来，汽油机采用缸内喷水提高压缩比技术有望进一步提高热效率，是值得关注的方面。

21世纪初，均质压燃成为内燃机研究的热点问题和方向，以期从新型燃烧方式上改变汽油机热效率低的状况。汽油机均质压燃的着火与燃烧速率控制、过渡工况控制、运行工况范围小是该技术的主要瓶颈问题。在高负荷工况下（浓）混合气均质压燃容易发生爆震燃烧生成高的氮氧化物，而小负荷工况下（稀）混合气均质压燃容易产生失火并生成高的碳氢和CO排放，因此汽油燃料均质压燃仅仅适用于发动机的某一工况范围内。例如，马自达公司开发的新一代创驰蓝天发动机采用可变压缩比技术，在中低负荷工况采用了均质压燃燃烧模式，其综合油耗比其上一代产品降低30%。

国际上在均质压燃理论基础上进一步发展出了低温汽油燃烧、汽油压燃和汽油可控自燃等技术，在燃烧可控性以及运行工况范围方面得到进一步提升，在提高发动机热效率和降低燃油消耗率上具有很大的潜力，同时也为汽油燃料的高效清洁利用提供了创新方案。例如，美国德尔福开发的第三代汽油压燃发动机可实现全工况范围稳定运转，最高有效热效率达43%，在0.5～2MPa平均指示压力的负荷范围内制动热效率（brake thermal efficiency，BTE）超过40%。此外，我国多家汽车公司独立开发的新一代汽油机的热效率均突破到40%以上。

2. 中重型压燃式内燃机

相比乘用车发动机，中重型内燃机主要使用柴油为燃料或基于柴油的双燃料，采用缸内直喷压燃非均质燃烧。由于发动机压缩比高、爆发压力大,其最高热效率比乘用车发动机效率提高 20%～30%,因而在节能和减少 CO_2 排放方面具有明显的优势。

缸内直喷非均质压缩着火燃烧的关键是合理组织混合气形成、浓度与温度的演化历程来提高其经济性和降低有害排放,燃油喷雾、空气运动和燃烧室的合理匹配是对燃烧过程控制的关键,同时需要突破氮氧化物和碳烟颗粒相互制约的瓶颈。近年来,随着柴油机燃油喷射压力不断提升,商业化发动机的喷射压力达到 200～240MPa,正在进行 300MPa 以上超高喷射压力燃烧过程的研究。高的喷射压力可以解决燃油雾化问题,燃油与空气的混合速率大大提高,碳烟生成显著降低。此外,燃油喷射策略的灵活性得到大幅度提高,一个循环中的分段喷射和多段喷射得以实现,有效控制燃烧过程混合气浓度与温度演化历程,在提高燃油经济性的同时控制有害排放物的生成,实现高效清洁燃烧。

为了同时实现高的效率以及超低氮氧化物和碳烟排放,国际上先后提出了柴油燃料低温燃烧、部分预混合燃烧、反应活性控制燃烧、汽油直喷压缩着火燃烧。这些燃烧模式的热效率高于传统缸内压燃式发动机,并可实现低的有害排放,但是其冷启动/小负荷运行稳定性差、大负荷爆发压力和最大压力升高率过高、瞬态过程控制困难等是需要解决的难题。

由于中重型内燃机在国民经济中的重要作用,以及现阶段其他动力系统尚无法替代,国际上一直在致力于超高效率商用车发动机的研究。美国和欧洲在 2011 年就致力于热效率 50% 的重载卡车柴油机研发,在 2016 年启动了面向 55% 有效热效率的重载卡车柴油机研发。2020 年,德国奔驰公司、瑞典沃尔沃公司、美国康明斯公司相继发布 55% 有效热效率的技术路线;我国的潍柴重机股份有限公司开发的重型柴油机热效率突破 50%,并可实现商业化应用。

中重型发动机效率的提升,对节能减排具有重要的意义。以 45% 左右的行业平均热效率水平估算,热效率提升至 50%,柴油消耗将降低 8%,CO_2 排放减少 8%;按照国内重型柴油机市场保有量 700 万台估算,如果全部替换为 50% 热效率的柴油机,每年大概可节约燃油 3000 多万 t,减少 CO_2 排放 1 亿 t 以上。未来民用柴油机的主要发展是在满足不断严格排放法规的前提下,不断提升其热效率;而对于军用柴油机,其关键是高速高强化发展,提高升功率和功重比,目前高强化军用柴油机升功率已达 110kW,正在朝着 150kW 发展。因此,高速、高强化、高效、低排放的柴油机是未来发展的方向。

3. 大型船用内燃机

船舶内燃机被称为船舶的“心脏”。全球贸易量的 80% 由船舶航运承担运输,目前几乎全部船舶采用内燃机推进。我国是世界第一造船大国，但高端船舶内燃机一直靠引进国外专利许可生产，关键技术和核心零部件受制于人，已经成为制约我国航运安全和“海洋强国”战略实施的瓶颈。

随着国际海事组织对温室气体和大气污染物排放限制的日益严格，船舶内燃机燃料和燃烧已经成为我国船舶行业的“卡脖子”问题。船舶内燃机缸内具有高浓度长贯穿射流火焰、超高充量密度、高强度旋流以及大空间尺度复杂火焰分布的特点，导致船舶低速机缸内燃烧机理尚不清晰。同时，面向温室气体零排放的要求，新型低碳燃料的采用将为船舶低速机燃烧技术带来更为巨大的挑战。因此，结合船舶内燃机缸内燃烧特点，揭示发动机燃烧问题背后的机理，开发高效、可靠与低碳排放燃烧策略，将是我国海洋战略需求牵引下必须解决的相关基础科学问题和技术瓶颈问题。

我国从 20 世纪 80 年代中期就终止了船舶内燃机的研发，最近收购了瓦锡兰公司的低速机部分，国内相关院校和企业开始船用内燃机的自主研发。尽管初步建立了相关的研发体系，但是船舶内燃机若干基础问题亟待解决，特别需针对高热效率、高可靠、高功率密度、低碳与零污染排放开展系统深入的研究，力争突破船舶柴油机、船舶双燃料发动机以及船舶新型低碳燃料发动机燃烧技术。

4. 内燃机零碳/低碳燃料

低碳替代燃料，如天然气、醇类燃料、生物柴油、氢气、氨气以及生物燃料（利用风光水等电能转化氢气与 CO_2 制备的液体燃料，如甲醇、聚甲氧基二甲醚等）的使用能够降低内燃机的碳排放，有效缓解化石类燃料供需矛盾。乘用车发动机燃用甲醇、乙醇或天然气可以采用纯低碳燃料燃烧方式和掺混燃烧方式两种，主要目的在于减少对石油燃料的依赖，实现燃料多元化，主要研究方向包括针对天然气火焰传播速度慢等特点，增加预燃室，提高初始点火能量，加速燃烧反应速率等。天然气掺氢内燃机也被认为是内燃机实现高效低碳清洁的技术途径，在天然气掺氢管道实施后可非常便利地应用于内燃机。

商用车燃醇采用掺醇燃烧方式，目的是降低碳烟排放，柴油与醇混合存在互溶性问题，通过少量助溶剂已能实现柴油/乙醇的良好互溶，柴油/甲醇的助溶剂还有待开展进一步的研究。目前，甲醇和天然气等低活性燃料在柴油机上的应用大多采用双燃料方式，低活性燃料通过低压喷射实现充分预混，或通过缸内直喷实现扩散燃烧，但都需要高活性的柴油等燃料引燃，如果再加上预燃室，就可能导致喷雾自燃和扩散燃烧，射流预混点火，火焰传播等复杂的缸内燃烧现象，相应的机制也有待进一步研究。同时，醇类燃料燃烧产生的醛排放也需要采取相应措施进行处理。

其他一些零碳排放燃料也已经在内燃机中实现了应用或正在研发中。例如，德国曼集团与日本企业合作开发氨燃料低速内燃机，预期2024年进入市场。国内外近年来也开展了发动机掺氢燃烧研究，同时德国等国家也在开发纯氢气发动机，为了抑制其燃烧反应速率，同时向发动机内掺入惰性气体。针对可再生燃料，冰岛的国际碳循环公司研发了“电厂排放 CO_2 + 地热制甲醇”技术，利用高浓度温室气体 CO_2 生产甲醇，实现了甲醇燃料的“可再生”特性，再通过内燃机的燃烧把 CO_2 释放出来，从而达到 CO_2 总体不增加的目标。

目前，高效低污染燃烧是国际内燃机的研究和发展趋势，是带动内燃机基础研究和先进技术开发的动力源。未来燃烧研究的发展态势为：① 低碳燃料与发动机燃烧过程的协同调控方法；② 以低温燃烧、超稀薄燃烧为代表的新型燃烧理论与技术；③ 与低碳燃料和新型燃烧方式相适应的后处理系统开发；④ 实现高热效率、零排放的内燃机革新原理与技术。

加强以内燃机燃烧为背景的基础燃烧研究，对阐述缸内着火及燃烧机制、发展燃烧理论和提升燃烧技术非常重要。因此，需要加强基于光学诊断的内燃机缸内喷雾、流动、混合、燃烧和污染物诊断技术，基于大涡模拟和直接数值计算的内燃机喷雾、流动和燃烧的数值模拟技术等方面的研究，加强内燃机燃烧学与人工智能等多学科的深度融合，从而促进内燃机燃烧学科的理论创新和技术革新。

我国在发动机研究方面基础相对薄弱，但是近年来，我国在发动机燃烧领域有了长足的发展，特别是在先进内燃机燃烧理论以及燃料设计理论等方向已经形成了优势学科方向。例如，我国组织了国内优势单位与国际同步开展了“均质压燃、低温燃烧”新一代内燃机燃烧理论研究，在燃烧边界条件下与燃料化学协同控制理论、燃料设计理论、内燃机边界条件下的燃料燃烧反应动力学机理等基础理论取得重要进展。在基础理论研究基础上，创新提出了混合率与化学反应率协同控制的新技术原理、基于燃料设计的高效清洁燃烧新技术原理、甲醇柴油组合燃烧新技术原理等。

此外，随着热效率的进一步提高，排气能量的余热回收将发挥越来越重要的作用。自2011年起，在国家973项目“高效、节能、低碳内燃机余热能梯级利用基础研究”、重点研发项目“提高中载及重载卡车能效关键技术中美联合研究”支持下，我国研究者提出了内燃机循环-余热回收底循环的复合循环，在双级叠式循环新构型、CO_2/烃混合新工质和系统全工况性能调控三个方面建立了新理论、新方法，开发了具有国际领先水平的工程样机。今后将进一步瞄准高效率-小型化协同匹配理论、整机集成设计理论和复杂系统智能调控理论科学问题开展基础理论与关键技术研究，推进余热回收系统的推广应用。

5.2.5 燃烧诊断

燃烧诊断技术作为先进测量技术有别于热电偶、压力传感器等传统宏观燃烧测试技术，以质谱、色谱、光谱等先进手段获得瞬态、高速、高精度、多维的流动、温度、组分信息，对认识燃烧现象、发展燃烧反应动力学机理、湍流燃烧模型和新型燃烧技术具有重要意义。燃烧诊断的关键在于获取精确、高时间/空间分辨的原位、在线、无干扰的速度、温度、组分及颗粒等信息。随着测量方法及元器件、探测器技术的发展，燃烧诊断技术已从早期的点测量、线平均测量逐渐发展到二维、三维甚至四维测量，从低速发展到高速、超高速（＞100kHz）测量，从单一参数发展到多参数同时测量，为燃烧反应动力学机理、湍流燃烧等过程提供重要的流动、温度及组分信息，极大地促进了燃烧现象的认识和先进燃烧模型及新型燃烧技术的发展。例如，美国斯坦福大学结合激波管和可调谐半导体激光吸收光谱技术，实现了燃烧过程重要中间组分和温度的精确测量，促进了燃烧反应动力学机理的发展；瑞典隆德大学将光学发动机与平面激光诱导荧光技术与粒子图像测速技术相结合，获得了内燃机缸内火焰的分布及发展规律，对缸内燃烧过程的认识及新型燃烧技术的发展提供了重要支撑；美国 Sandia 国家实验室发起的湍流扩散燃烧国际学术组织，通过明确定义不同火焰结构，共享燃烧诊断技术获得的测量数据，搭建了燃烧诊断与数值模拟之间的沟通桥梁，极大地促进了燃烧测量与数值模拟技术的发展。而我国的燃烧诊断技术虽然近十年来取得了极大的进步，但整体而言，与国际先进水平仍存在较大差距，亟须在原始理论方法及核心元器件、核心设备研发等方面加大投入。

流动是燃烧反应的前提，促进了燃料和氧化剂的混合、反应中间组分及产物的输运、扩散以及以对流为主的能量传输，对燃烧进程、火焰结构、稳定性、污染物的生成等方面具有重要影响。对于火焰流场的测量，典型的有粒子图像测速技术[4]、激光多普勒测速技术[5]和分子标记测速技术。传统粒子图像测速技术可测量流场的二维速度，近年来结合双目视觉成像发展了体视粒子图像测速技术，结合层析成像发展了三维速度场的层析粒子图像测速技术，结合全息成像发展了全息粒子图像测速技术。传统激光多普勒测速技术仅能实现点测量，近年来发展的全场多普勒测速技术可以实现三维空间内速度场的测量。国际上以美国国家航空航天局、德国航天局、法国国家科学研究中心为代表的研究机构及德国 LaVision 公司、美国 TSI 公司、丹麦 Dantec 公司等为代表，发展出了商业化的粒子图像测速技术、体视粒子图像测速技术、层析粒子图像测速技术及激光多普勒测速技术，并应用在各类燃烧试验、工业装置中。相比粒子图像测速技术和激光多普勒测速技术均需要添加示踪粒子实现对气相流场的测量，在极端条件下（如超声速流场），示踪粒子与气相流场产生了较大分离,不能很好地反映流场信息,近年来发展的分子标记测速技术更有优势。Michael 等[6]提出了以氮分子为示踪剂的飞秒激光电子激发示踪测速技术。Li 等[7]提出了以氰基为示踪剂的飞秒激光诱导化学发光测速技术。

温度是燃烧反应最重要的参数之一,反映了燃烧强度、放热量及最终的物质状态。温度升高,气体体积膨胀、密度下降、分子布局数发生反转,通过测量火焰自发辐射、特定分子的转动、振动能级变化、流场密度变化、不同分子和原子特征谱线强度变化等均可以实现温度的测量。例如,CARS 技术是当前公认最准确的测温技术,但传统 CARS 技术仅能获得单点的温度信息,且技术要求高,实现难度大。最近,CARS 技术得到了快速发展,使用一套 CARS 系统可同时测量多种组分的温度和浓度,利用超高重频脉冲群式激光实现了 1kHz 2D-CARS[8]和 100kHz CARS[9]。瑞利散射是一种典型的基于光散射的测温方法,国际上已实现湍流火焰温度的高频瑞利散射测量,如 Wang 等[10]采用 10kHz 激光瑞利散射技术对湍流非预混射流火焰温度进行了测量。为消除杂散光干扰,Hofmann 等[11]发展了一种新型的分子过滤瑞利散射技术,已用于高压火焰、微量碳烟火焰等复杂燃烧环境的温度测量。基于分子、原子的双线平面激光诱导荧光技术也可以实现温度测量,且在碳烟和含颗粒火焰中的优势明显,火焰中的 OH[12]、NO[13]等组分以及人为通入的金属原子等均可作为双线平面激光诱导荧光技术测温的探测对象,近年来以铟原子为代表的双线原子荧光测温技术[14]得到快速发展,已用于发动机、生物质、碳烟火焰等复杂燃烧环境的瞬态二维温度测量。三维的温度场信息对于复杂的非对称火焰及燃烧场的测量尤为重要,基于快速层析技术扫描的算法重建是获得三维温度场的主要方法,可根据火焰自发辐射、吸收光谱、发射光谱、纹影和干涉等信息进行三维重建。国际上,加利福尼亚大学洛杉矶分校发展了三维吸收光谱层析技术,美国佐治亚理工大学发展了三维背景纹影层析系统。国内上海交通大学发展了背景纹影层析技术和火焰自发光层析技术;华中科技大学、浙江大学基于火焰自发辐射,重建了燃煤锅炉的三维温度场并应用在大型电站燃煤锅炉的燃烧监测中。

组分是燃烧诊断关注的另一个核心目标,在验证反应动力学机理、燃烧模型等领域起到关键作用。燃烧场组分测量的典型技术包括质谱技术和光学技术等。21 世纪初,美国先进光源和我国合肥光源率先建设了光电离质谱燃烧测试装置。2012～2015 年,合肥光源研制的新一代装置达到世界领先水平。另外,多国合作在美国先进光源发展了第二套质谱平台,并据此提出了新的氧化机理[15]。大气压化学电离质谱[16]、光电离光电子符合谱[17]等技术的应用进一步提升了质谱的测量能力。在光学测量方面,激光诱导荧光技术致力于拓展测量维度,空间上从点发展到三维测量，时间上实现100kHz的高速测量，组分上实现多组分瞬态同步测量。激光诱导荧光技术测量极限可达ppm(百万分之一)量级，为全面表征火焰结构，研究火焰与湍流的相互作用提供了重要支撑。国际上以美国Sandia国家实验室、美国空军实验室、瑞典隆德大学、德国航空宇航中心、德国达姆工业大学等为代表，发展了组分高速三维成像技术。国内多所高校都在高维度组分激光诱导荧光技术上实现了长足发展。对于TDLAS技术，一方面，随着激光波长的拓展以及光学频率梳等光源的应用，覆盖了更多的组分；另一方面，层析算法的发展，使得该技术具备二维、三维组分场测量能力。国际上以斯坦福大学、威斯康星大学和科罗拉多大学等为代表，国内近年来也获得迅速发展。自发拉曼光谱技术针对燃烧主要组分进行定量测量，由美国Sandia国家实验室和德国航空宇航中心等机构发展，已实现一维测量。激光诱导击穿光谱技术主要用于固体燃料成分及燃烧产物、燃料/空气局部当量比等燃烧参数的诊断研究。国际上以美国Sandia国家实验室、瑞典隆德大学、澳大利亚阿德莱德大学等为代表，国内近年来也获得迅速发展。激光诱导击穿光谱技术已经从单点测量发展到多点一维测量，并在火焰固相元素分析中实现了单脉冲二维测量。

内燃装置中的颗粒相主要存在于燃烧之前液态燃料的雾化和燃烧过程中固态碳烟的生成两个阶段。对液体雾化这一涉及多相、高湍流的复杂物理过程中相关物理量(宏观形态、粒径、速度、浓度、温度)的测量主要依赖于光学测试技术，如相位多普勒干涉法、干涉粒子成像、激光诱导荧光和全息法等测试技术可用于雾化破碎后粒径分布的测量。碳烟是火焰中未燃碳氢形成的固体颗粒物，是表征燃烧特性的重要物理参数之一，其测量手段主要有激光诱导炽光、相选择性激光诱导击穿光谱技术等。

上述先进测量技术多在实验室环境下进行，应用到环境恶劣的实际工程中仍然面临巨大挑战，需要科研单位与技术单位进行联合技术攻关，使先进的燃烧诊断技术逐步应用于实际燃烧装置的研发与测试中，为国家战略服务。

5.2.6 燃烧数值仿真

传统上，先进燃烧技术的发展和优化主要依赖于周期长、成本高的燃烧试验。随着计算机技术和数值方法的发展，高精度的数值模拟成为揭示燃烧机理、发展高效低污染燃烧技术的重要工具。

2014年，美国国家航空航天局发布了CFD Vision 2030数值仿真发展愿景报告[18]，其技术发展路径包含高性能计算能力、数学物理模型、算法、几何和网格生成、知识提取、多学科分析和优化等内容。燃烧数值模拟作为计算流体力学领域内的典型代表，具有学科交叉广、复杂程度高等特点，美国国家航空航天局发布的发展途径可为燃烧数值模拟提供重要的参考。

研究者在湍流燃烧相互作用、湍流模型、化学反应动力学计算等核心数学物理模型构建方面开展了大量的研究工作。由于湍流和燃烧均具有多尺度特性，主要发展了三种基本的数值模拟方法，分别是 RANS、LES 和 DNS。DNS 求解所有的湍流和化学反应时间与空间尺度，具有最高的时空分辨率，但是受到计算量的限制，多用于燃烧基础研究，尚未用于实际的燃烧装置。RANS 只对湍流燃烧平均场进行求解，采用模型模化全部的脉动场来考虑湍流的影响，因而计算量小、计算效率高，是工程应用中广泛采用的方法。针对单一的应用场景，RANS 经过仔细验证和校验，可用于解决实际燃烧问题，但是它对于非定常流动特性的预测精度较差，如发动机中的强旋流、强分离等，无法准确捕捉相应的湍流和火焰结构。LES 对大尺度流动直接求解，对小尺度的湍流运动和化学反应建立模型，其计算量介于 DNS 和 RANS 之间，是当前国际上本领域的研究热点。除燃烧基础研究外，LES 在一些工业燃烧装置中也得到了一定的成功应用。由于亚网格尺度的湍流和燃烧模型对 LES 的计算精度有较大影响[19]，发展高可靠性的亚网格模型是 LES 成功应用的关键。

LES 在计算燃烧小尺度结构以及近壁面湍流等方面需要很高的网格分辨率，过高的计算资源消耗限制了 LES 在工程高雷诺数湍流燃烧数值模拟中的广泛使用。自适应湍流模拟方法及混合 RANS-LES 方法是近些年迅速发展的两类湍流模拟方法，它们结合不同方法的优势，兼顾计算精度和计算效率，使得大涡模拟类的方法应用于工程相关的高雷诺数湍流燃烧模拟成为可能。我国研究者自主提出了自适应湍流模拟方法、约束大涡模拟方法等新模型，在部分湍流及燃烧数值模拟中得到了验证。面向航空发动机、锅炉等燃烧工程应用，基于自适应湍流模拟方法及混合 RANS-LES 方法框架建立燃烧的高效、高精度计算模型和方法是国际上燃烧数值模拟的一个重要发展趋势。

湍流燃烧相互作用模型是燃烧数值模拟的关键所在，也是国内外长期以来的研究热点。基于不同的研究思路和假设，研究者发展了多种湍流燃烧相互作用模型。除早期广泛使用的漩涡破碎模型外，目前主要的燃烧模型包括基于火焰面建表的燃烧模型、概率密度函数输运方法、增厚火焰模型、涡耗散概念模型、部分搅拌反应器模型、条件矩封闭模型等。

基于火焰面建表的燃烧模型的基本思想是将流动和燃烧中的化学反应过程解耦计算，具有很高的计算效率。这类模型主要基于薄火焰面拓扑假设结合假定概率密度函数输运方法建立，固定的假设概率密度函数形态和准层流假设仅在火焰面结构存在时成立。这类方法通常基于组分空间的低维流形，通过几个特征标量（通常为混合物分数和反应进度标量等）来表征，其他组分和热化学参数则通过预计算并存储在查询表中。研究者基于不同的燃烧过程特性，如局部熄火、再点火、混合物分数和反应进度变量的统计独立性等，发展了多种建表燃烧模型，如稳态火焰面建表燃烧模型、火焰面生成流型燃烧模型、固有低维流型火焰延伸燃烧模型等。基于火焰面建表的燃烧模型由于不直接求解详细的化学反应机理，计算效率高，在工程相关的燃烧模拟中得到广泛的应用。基于 LES 等高精度湍流模型构建火焰面燃烧模型是面向工程应用的一个研究热点。

概率密度函数输运方法、增厚火焰燃烧模型、涡耗散概念模型、部分搅拌反应器模型、条件矩封闭模型等燃烧模型直接求解化学反应机理。数值仿真中若采用详细的化学反应机理，对计算资源的需求高，因此详细化学反应机理的加速求解算法是研究的热点问题。研究者提出了在线建表方法、动态自适应化学法等，有效提高了计算效率。另外，基于简化的若干步总包化学反应机理，结合上述的燃烧模型可以直接对湍流与化学反应的相互作用进行求解，同时也可考虑化学反应速率的影响，计算量适中，近些年受到较多关注，在基础燃烧及复杂燃烧系统（如航空发动机燃烧室、燃气轮机燃烧室等）方面均得到了成功的应用，具有较大的发展潜力。

当前，国内外燃烧数值模拟研究呈现出以下发展趋势：① 由稳态燃烧仿真逐渐向大规模非定常燃烧数值仿真转变；② 深入湍流与燃烧的细观机制，发展更高精度的数学物理模型；③ 更加重视面向国家重大战略需求的应用基础研究；④ 针对特定燃烧关注点发展针对性的燃烧数值仿真方法；⑤ 重视采用数值仿真开展极端条件下的燃烧过程研究和分析；⑥ 燃烧数值仿真与其他学科耦合的多学科数值仿真研究发展迅速。

5.2.7 煤燃烧与生物质利用

煤燃烧与生物质利用是古老而又不断推陈出新的研究领域。现阶段，煤燃烧的总体发展方向为清洁低碳、安全高效和灵活智能，生物质（包括固体废弃物）利用的总体发展方向为高效、高值化和无害化。

煤的清洁燃烧一方面需要开展低污染燃烧方式的研究，另一方面应对煤燃烧过程中污染物的生成理论和污染物控制技术继续开展研究。在基础燃烧理论方面，致力于完善燃烧化学动力学机理，同时侧重污染物形成机理的探索和复杂机理的简化，通过准确的燃烧过程的数值模拟来替代一般的试验性研究。在应用研究层面，应大力发展煤炭经济有效的清洁利用技术，重点研究煤与生物质/固废等安全高效掺烧、煤-氨低碳高效燃烧、整体煤气化联合循环、高参数超临界发电、超临界大型循环流化床等高效发电技术与装备，大力开发煤液化和煤气化等转化技术、以煤气化为基础的多联产系统技术、燃煤污染物综合控制和利用的技术与装备、非电行业的煤与生物质燃烧高效利用技术等。同时，根据我国能源利用的特点，应重点关注气、固等多相燃煤污染物的综合协同高效治理技术等方面的研究工作。国际上有关燃煤常规污染物形成机理和控制的研究开展较早,已有的控制途径多是针对单一污染物分别进行,如尾部烟气脱硫等。近年来,燃煤污染物一体化脱除及控制技术的研究已日益受到重视,如脱硫除尘一体化、脱硫脱硝一体化等,并在发达国家得到应用,但这些方法投资高、运行成本高,发展符合中国国情的低成本污染物综合控制方法十分必要。此外,针对燃煤烟气中浓度低但排放总量大的重金属、可凝结颗粒物、SO_3、有机污染物等燃煤新型污染物的基础研究和协同控制技术也成为国内外的研究热点。

煤的低碳利用是现阶段煤燃烧需要解决的最关键问题之一。美国于2018年11月公布了Coal FIRST计划,其对未来先进煤电机组描述为:整体效率高、机组小型化(50～350MW)、实现包含CO_2捕集的近零排放、高灵活性等。日本提出了面向2030年的新煤炭政策,通过CCUS技术创新构建碳循环再利用技术体系。欧洲化石能源电力向多样化可再生能源转变,提出提高能源效率和发展CCUS技术的目标。根据《中国碳捕集利用与封存技术发展路线图(2019版)》,CCUS技术有望在2030年后成为我国从化石能源为主的能源结构向低碳多元供能体系转变的重要技术保障,为构建化石能源与可再生能源协同互补的多元供能体系发挥重要作用。在2030年前,预期我国将在常压富氧燃烧、加压富氧燃烧、化学链燃烧这三大代表性碳捕集技术取得全流程技术突破。

高效燃煤电技术是实现煤炭利用效率的关键技术之一。超临界CO_2循环发电因其显著的效率优势受到越来越多关注。超临界CO_2燃煤发电采用布雷顿循环及其可能的复合循环,产生超高温压参数CO_2蒸气,实现高效热功转换,相同温压条件下比水蒸机组发电效率提高约5%。该发电系统运行在超临界压力范围,叶轮机械通流能力大,整体循环尺寸和叶轮机械尺寸大幅降低以上,是能源领域的变革性技术。超临界CO_2循环燃煤发电技术现处于兆瓦级示范装置试验阶段,我国该技术的发展水平与国际并跑,已建成5MW级超临界CO_2燃气锅炉发电平台和200kW_{th}超临界CO_2布雷顿循环燃煤锅炉系统。

为适应可再生能源的快速增长,主要燃煤发电国家均在研发高灵活性和多能互补发电技术、研发智能发电技术,以实现燃煤发电的灵活智能。燃煤发电通常采取两方面措施,一是提高燃煤发电机组的灵活性,二是与可再生能源耦合。丹麦、德国等国部分供热机组的电负荷最低出力可以降至20%～40%额定负荷,欧洲和美国燃煤锅炉生物质掺烧比例可以达20%～50%。顺应第四次工业革命浪潮,将人工智能作为新一轮能源产业变革核心驱动力,开展智慧化燃煤发电技术的研究是未来的学科增长点。智慧化燃煤发电的核心是基于关键应用特点,结合现代测量方法,充实完善煤燃烧基础理论,并基于此提出新的智慧化可控燃烧方法,以进一步提高燃煤发电的安全性、稳定性与效率。然而，由于煤结构的复杂性、来源的多样性、燃料转化过程的实时性、快速检测手段的局限性，在实际燃烧过程中，实时煤结构与燃烧特性尚无法在线获得，这使得在实际过程中难以实现煤燃烧过程的精准控制，已成为实现煤炭高效智慧燃烧的瓶颈，相关学科理论基础与方法亟待突破。研究者对煤质在线检测技术已开展较多研究，提出的微波法、基于放射源的核辐射法以及基于无放射源的无源检测等局限性较大，难以支撑智慧化燃煤发电技术的发展。激光诱导击穿光谱、近红外光谱、拉曼光谱等光学检测技术相继提出，有望突破燃煤发电过程中煤质实时准确检测，为精确调控煤燃烧过程、实现煤炭智慧燃烧提供基础。

生物质能利用技术主要包括生物质发电、生物质制取液体燃料、生物质制取燃气、生物质固体成型燃料、生物基制备生物质基功能材料及化学品等，其核心问题在于如何准确认识生物质的结构组成，明晰其全组分转化利用过程中的结构演变规律以及定向热转化为三态产物的热质传递-反应耦合强化机理，是国际上的基础前沿和热点。经过多年努力，我国在部分研究领域处于国际领跑或者并跑的地位。我国在生物质直燃或者混燃发电方面已取得较好的产业化应用，生物质气化技术在借鉴煤气化技术的成熟经验基础上也取得了长足发展。在国家相关专项的支持下，我国建立了整体规模在千吨级到万吨级的生物质热解液化装置，建立了百吨级秸秆水热催化制备生物航油示范系统，建立了年产千万立方米的生物燃气综合利用与分布式供能工业化示范工程等一批体现技术特色、区域特色和产品特色的示范工程，进一步强化了我国在以上领域技术创新的国际领先地位。然而，在一些生物质利用技术上，我国仍存在利用效率低、产业规模小、生产成本高、工业体系和产业链不完备、研发能力弱、技术创新不足等一系列问题。

未来生物质能利用技术发展趋势为：① 生物质液体燃料制备向转化高效、产物组成定向可调、过程调控智能化、产品多元化方向发展。结合生物质原料复杂多样的特点，通过原料预处理、多功能催化剂设计、热解聚过程调控和产品提质改性的工艺优化集成，实现反应途径和产物分布的定向调控，发展高效规模化制取生物质基高品质液体燃料技术，并联产高品质气和炭。② 生物燃气向复杂多样的生物质原料统筹利用及副产物综合利用方向发展。生物燃气制备技术向厌氧消化制气过程高效稳定、发酵后残渣高值化利用、燃气耦联发电或制氢或制天然气等方向发展。③ 生物质发电向“热-电-气-炭”多联产进行多维深化与延展。生物质发电方向需形成适合我国农林废弃生物质分布及原料特性的区域性生物质“热-电-气-炭”多联产技术及相应的设备及产业链。④ 固体废弃物无害化和资源化利用。

5.2.8 火灾科学

火灾科学是20世纪70年代后期逐渐兴起的一门多学科交叉的应用基础科学,发展针对各种火灾过程的预测理论和防治技术是火灾科学的基本任务。近40年来,火灾科学发展迅速,从可燃物热解、着火、受限空间火蔓延直至城市与森林开放空间的大尺度火灾发展,火灾科学所研究的问题跨越了多个空间尺度和动力学时间尺度。火灾科学中燃烧的基础研究涉及可燃物燃烧特性、火焰特性、火蔓延及特殊火行为、火灾烟气控制和火灾防治的热物理原理等方面。

1. 可燃物燃烧特性

火灾中的可燃物涉及固体、气体和液体。以固体为例,其热解燃烧是诸多火灾的重要先导过程。相关研究主要包括两类:一类是在不同外加辐射热流和试验气氛下,考虑可燃物结构及内部特性(含水量、密度、热传导率等)的变化,获取可燃物热解燃烧特性数据,为建立可燃物火灾特性(质量损失率、着火时间、热释放速率等)数据库奠定基础;另一类是考虑热解燃烧过程中化学和物理过程(热传导、热对流、热辐射、气固相质量运输等)以及材料物理参数的变化,进行相关假设得到热解燃烧模型,对照试验结果验证模型并探索过程机理,以进行火灾特性预测。在固体可燃物热解化学模型方面,多组分多步骤热解反应模型已获国际普遍认可,研究聚焦逐渐由热解模型构建向热解模型参数评估转移。过去十年,传统动力学分析在复杂热解反应动力学方面的不足日益彰显,基于优化算法的优化动力学分析逐渐获得应用。在这方面,国际上主要关注不同优化算法和运行设置对计算性能的影响,我国研究者则引入多种优化算法并基于动力学补偿效应提升了优化动力学分析的性能。在热解物理模型方面,国际上建立完善了一维、二维至三维的热解模型,我国研究者则建立了耦合表面吸收和深度吸收的热解模型。此外,研究者还基于不同复杂程度的化学与物理综合热解模型,就化学和物理子模型的作用影响进行了广泛研究。

2. 火焰特性

火灾形成后常常以扩散火焰进行燃烧,针对火焰特性的研究对发展火灾演化理论和防控技术至关重要,这些研究主要关注不同尺度和燃烧方式下火焰的温度、传播速度、流场结构、辐射、振荡、抬升熄灭等。过去几十年间,自由扩散燃烧特性获得广泛研究,国际上相继发展了很多经典理论模型,如由弗劳德数确定浮力或动量主控、由“三段论”模式确定火焰烟气温度分布、由“点源模型”计算火焰辐射分数、基于层流火焰速度表征火焰不稳定性等。近年来,火焰特性在复杂边界条件下的演化逐渐成为热点，关注点包括环境风、环境压力、微重力、受限空间等的影响。在环境风作用下，火焰几何特征仍可由“燃料-空气动量比”量化，辐射分数则无法由传统“点源模型”计算而是需要引入火焰结构假设以建立模型。在低压低氧地区，火焰的高度、推举、吹熄等特征对燃料功率的依赖性更为显著。在微重力环境下，由于热对流的消失，燃料-空气掺混发生显著变化，主要由扩散和湍流边界的不稳定主导。在受限空间中，火焰的空气卷吸受到抑制，未燃燃料的扩展使得火焰尺度增加。

3. 火蔓延及特殊火行为

火蔓延预测技术是火灾防控技术的关键。在森林草原开放空间中，地表火是火灾的主要蔓延模式。早期的地表火蔓延模型多是纯经验或半经验性的，近十年来，物理模型已成为发展方向。在地形影响方面，针对中低坡度，国际上已建立综合考虑燃料消耗率和预热机制的物理模型；对于高坡度，火前锋附壁及诱发火旋风等极端火行为的物理机制已成为研究热点；针对峡谷地形，我国研究者揭示了火线的复杂演变模式，其受控机制及对火蔓延的影响仍有待进一步研究。在环境风影响方面，国际上初步研究了燃料床表面对流加热机制，尚需研究燃料床表面火焰附壁和内部对流换热机理，进而建立火蔓延加速物理模型。在高强度地表火蔓延方面，已有模型仅能刻画稳态地表火，动态预测火蔓延的加速及高强度火灾的形成过程仍是亟待解决的重要问题。在大尺度森林火蔓延研究方向，我国建立了国家级国际科技合作基地——大尺度火灾国际联合研究中心，针对各种以极快火蔓延速率和极高燃烧强度为特征的极端火行为开展了系统研究，提出了火旋风、多火焰融合、飞火、爆发火等极端火行为的物理预测模型，进一步亟须研究各类极端火行为的相互诱发机制，发展耦合极端火行为特性的大尺度火蔓延预测模型。

与开放空间不同，火灾在建筑室内的发展取决于通风状况。传统研究采用通风因子将腔室火灾分为通风控制和燃料控制两种场景。基于这一思想，区域模拟在过去数十年间充分发展，一定程度上满足了不同尺度下的腔室火灾预测需求，场模拟也随着模型精度和计算能力的提升而持续改进。但实际场景中，环境风和多开口对通风状况产生复杂影响，增加了火焰流场和烟气层温度分布的预测难度，相关问题已成为新的研究热点。开口火溢流可以驱使室内火灾向室外蔓延并引燃外立面。国际上主要采用特征长度来表征火焰长度和热流密度，我国研究者则研究了火溢流的临界溢出和温度分布规律，成功地将环境压力和边界条件的影响耦合到火溢流无量纲模型中。在高层建筑火灾蔓延中，火溢流的空气卷吸和燃烧特征受到外立面和环境风的共同影响，其物理机制仍有待进一步研究。

4. 火灾烟气及控制

火灾中85%以上的人员伤亡主要来自于有毒高温烟气的中毒和窒息，因此研究火灾烟气及其控制是十分重要的。火灾中，烟气会由于材料热解燃烧而产生，其中含有悬浮微粒和有毒有害气体混合物。火灾烟气组分复杂，毒害性成分可达数十种，包括无机类毒害性气体（CO、CO_2、NO_x、HCl、HBr、H_2S、NH_3、HCN、SO_2等）和有机类毒害性气体（光气、醛类气体、氰化氢、腈等），毒害作用主要表现为刺激性和窒息。过去数十年，针对木材、树脂漆、织物、聚氯乙烯、电缆护套、胶黏剂、装潢材料等典型可燃物的产烟特性和毒性已开展大量小尺度研究，针对常规建筑和隧道等的烟气蔓延特征和控制研究取得了长足进步。在环境风和低压低氧等复杂边界条件的影响方面，揭示了建筑楼梯井、双层联通走廊、狭长空间内的阻塞效应，获取了烟气输运特征（温度分布、压差、吸穿、烟气层长度等）规律。在排烟控制方面，研究了高层建筑竖井加压送风、隧道纵向横向排烟耦合、空气幕与传统排烟耦合、纵向排烟与竖井自然排烟耦合等方法，以及移动式风机和细水雾水幕等新型排烟模式。近年来，我国超高层建筑、超大城市综合体、异形隧道、大型舰船飞机快速发展，常规建筑下的火灾烟气输运和控制理论已无法有效指导，亟须开展新型建筑的火灾烟气复杂输运机制研究，发展高效排烟系统与智能烟气优化控制模型。

5. 火灾防治的热物理原理

火灾防治涉及材料阻燃、火灾探测、风险评估等诸多方面，其中的热物理原理是基础研究十分关注的方面。

火灾阻燃着重于抑制聚合物的燃烧，通过在复合材料中应用添加型阻燃、反应型阻燃和纳米复合阻燃体系等方案控制火灾。针对阻燃机理，国际研究集中在自由基中断链式反应和成炭化学反应，对燃烧中的物理效应变化尚缺乏认知。对于不同燃烧阶段阻燃材料的热物性变化，以及不同环境和尺度效应的阻燃材料凝聚相结构演变历程、气相化学反应规律、抑烟机理等方面仍缺乏研究。此外，阻燃材料的化学元素、化学结构、相态结构等对烟气释放、蔓延行为抑制作用的影响规律也是国际上研究的热点问题。

火灾探测旨在针对火灾烟气和火焰温度等特征，利用烟雾颗粒光散射、气体特征光谱吸收、火焰辐射等现象规律，采用传感技术、信息处理、通信传输等技术手段，对火灾进行识别响应，与报警灭火系统联动，实现火灾早期预警扑救。在光电感烟探测方面，发展基于偏振光散射的具备颗粒识别能力的探测方法成为研究热点。在视频火灾探测方面，新的关注点在于视频烟雾探测，相比传统机器学习方法，近年发展的深度学习方法提升了烟雾识别模型的泛化性能。在未来相当长的时期,采用多维度高集成传感技术,利用深度神经网络等先进人工智能技术进行信号处理,降低火灾识别的误报率,实现火灾早期精准可靠探测,将成为国际火灾探测技术的发展趋势。

火灾风险评估同时涉及火灾的自然属性和社会属性。由于火灾的偶发性和复杂性,以及现有知识的不完备,不能期望风险评估建立在完备认识火灾确定性规律的基础上。因此,火灾风险评估涉及确定性和不确定性,而不确定性包含随机不确定性和模糊不确定性。传统的火灾风险评估方法从统计学角度构建理论体系,总体上仍属于静态分析方法。结合火灾确定性动力学理论与统计理论,发展建立在对火灾演化规律认识基础上的火灾风险评估方法,研究特定条件下火灾风险概率的时间分布,发展体现火灾随时间传播过程的动态风险评估和管理模型,都是有待进一步研究的重要问题。

5.2.9 学科交叉与拓展

燃烧学与其他学科交叉和拓展,在国际燃烧领域也称为“新概念燃烧”思潮,其源头和涵盖内容都十分复杂,最近几届国际燃烧会议逐渐重视学科交叉和拓展的意义,特别设置了这个新的论坛,其研究内容主要涉及光/声/电/磁场或等离子体辅助燃烧、催化燃烧、微尺度燃烧、火焰合成纳米材料、燃料合成与转化、燃料电池与电解等。

针对新概念燃烧交叉研究,较早有影响力的研究工作可追溯到20世纪70年代英国帝国理工学院进行的燃烧学与电学之间的交叉研究,这个交叉方向后来发展为美国、欧洲、日本以及最近在我国等开始流行的等离子体辅助燃烧方向。清华大学、空军工程大学、国防科技大学、中国科学院工程热物理研究所和北京交通大学等单位从等离子体辅助点火和燃烧的化学、加热和气动等机理效应开展了系列的工作,尤其是在应用层面进展显著。

催化燃烧和微尺度燃烧的交叉是表面科学和燃烧学的交叉,在2000前后开始被广泛关注,美国南加利福尼亚大学Ronney教授、德国卡尔斯鲁厄理工学院Deutschmann教授、瑞士PSI研究所Mantzaras教授、日本东北大学Maruta教授是整个交叉领域的代表性研究者,国内中国科学院广州能源研究所、工程热物理研究所、清华大学等也都开展了相应的系统性研究。

火焰合成纳米材料技术,作为可工业化放大的重要气相合成技术路线之一,体现了燃烧学与材料科学的交叉。该技术最早由美国于20世纪80年代开启了相关研究,进入21世纪后,瑞士苏黎世高等工业大学在发展火焰合成技术方面做了系统性工作,2015年德国基金会启动了“雾化火焰合成——过程、诊断和仿真”的重大研究计划。国内清华大学、华东理工大学、华中科技大学、中国科学院过程工程研究所和工程热物理研究所相继进入该领域。

燃烧与人工智能技术特别是机器学习的交叉,也是近年来兴起的学科交叉和拓展方向,其在反应机理构建和湍流火焰模拟等方面都起到了重要的作用,与前面积累交叉研究的独辟蹊径属性不同,燃烧和智能的交叉研究则受众较多,国内从事燃烧研究的科研院所都有所涉及其相关研究。结合了机器学习的燃烧学研究可分为基础研究和工业研究两类。前者主要包括平衡模拟的计算精度和成本,预测爆震和振荡等不稳定燃烧现象,研究燃料的理化性质,构建下一代燃料与生物燃料,其应用领域有计算流体力学模拟、燃烧现象和燃料的研究。后者关注将机器学习广泛应用于与燃烧有关的工业研究场景中,在电厂的相关方面,机器学习已用于检测炉膛内的燃烧工况和燃烧后的污染物处理;在与发动机相关的方面,机器学习已应用于生物柴油发动机与均质压燃发动机的研究和优化发动机的运行;在与燃料有关的工业研究方面,机器学习已用于研究煤的高压粉碎程度对燃尽程度的影响、预测生物燃油的十六烷值 CN 数和汽油的辛烷值;此外,机器学习也在烟气颗粒物的检测等方面有所应用。

此外,燃料合成和转化以及燃料电池等交叉研究在其他相关专业领域的文献和书籍中有更详细的说明,在此不再赘述。

5.2.10 学科发展与比较分析

为了对燃烧学科在国际上的研究现状进行对比分析,选择了 12 种燃烧学领域研究类国际学术期刊,包括燃烧学综合期刊 *Combustion and Flame*、*Proceedings of the Combustion Institute*、*Combustion Science and Technology*、*Combustion Theory and Modelling*,以燃料为主的期刊 *Fuel*、*Energy & Fuels*、*Fuel Processing Technology*,以火灾科学为主的期刊 *Fire Safety Journal*、*Journal of Fire Sciences*,内燃机燃烧代表期刊 *Proceedings of the Institution of Mechanical Engineers Part D—Journal of Automobile Engineering*、*Journal of Engineering for Gas Turbines and Power-Transactions of the ASME*,以及近年来发展较快的应用能源期刊 *Applied Energy*。其中,两大核心燃烧期刊是指业内公认的国际燃烧领域权威期刊——国际燃烧学会会刊 *Combustion and Flame* 和国际燃烧大会会刊 *Proceedings of the Combustion Institute*。数据来源于 ISI-Web of Science 核心集数据库,统计时间为 2011～2020 年。

表 5.1 为 2011～2020 年燃烧学领域 12 种国际学术期刊的 SCI 影响因子变化情况。可以看出,所有期刊的影响因子均有所增长,影响因子 4.0 及以上的期刊从 2011 年的 1 种增加到 2020 年的 4 种。特别是两大核心燃烧期刊作为见证燃烧学

科历史传统的经典期刊,影响因子在工程热物理领域重要期刊中位列前茅。

表 5.1 2011～2020 年燃烧学领域 12 种国际学术期刊的 SCI 影响因子变化情况

序号	期刊名称	2011年	2012年	2013年	2014年	2015年	2016年	2017年	2018年	2019年	2020年
1	*Proceedings of the Combustion Institute*	3.633	2.374	3.828	2.262	4.120	3.214	5.336	3.299	5.627	3.757
2	*Combustion and Flame*	3.583	3.599	3.708	3.082	4.168	3.663	4.494	4.120	4.570	4.185
3	*Combustion Theory and Modelling*	1.095	1.462	1.489	1.280	2.230	1.855	1.744	1.654	2.076	1.777
4	*Combustion Science and Technology*	0.857	1.011	0.976	0.991	1.193	1.241	1.132	1.564	1.730	2.174
5	*Energy & Fuels*	2.721	2.853	2.733	2.790	2.835	3.091	3.024	3.021	3.421	3.605
6	*Fuel*	3.248	3.357	3.406	3.520	3.611	4.601	4.908	5.128	5.578	6.609
7	*Fuel Processing Technology*	2.945	2.816	3.019	3.352	3.847	3.752	3.956	4.507	4.982	7.033
8	*Applied Energy*	5.106	4.781	5.261	5.613	5.746	7.182	7.900	8.426	8.848	9.746
9	*Fire Safety Journal*	1.656	1.222	1.063	0.957	0.936	1.165	1.888	1.659	2.295	2.764
10	*Journal of Fire Sciences*	0.980	1.130	1.258	0.857	0.758	1.051	1.296	1.155	1.283	1.694
11	*Journal of Engineering for Gas Turbines and Power-Transactions of the ASME*	0.679	0.815	0.788	0.804	1.022	1.534	1.740	1.653	1.804	1.209
12	*Proceedings of the Institution of Mechanical Engineers Part D—Journal of Automobile Engineering*	0.636	0.583	0.645	0.828	0.802	1.253	1.414	1.275	1.384	1.484

2011～2015 年与 2016～2020 年燃烧学领域 12 种国际学术期刊的主要国家论文发表情况如表 5.2 和表 5.3 所示。可以看出,与 2011～2015 年相比,2016～2020 年中国所发表的论文数量快速增长,已经大幅度超过美国,跃居世界第一,占全世界论文发表总数的 36.469%,美国退居第二,占比为 20.729%。这表明随着中国近年来在科研上的大力投入,我国在燃烧学科领域的研究力量显著增长,在本学科领域的研究产出数量已经处于世界领先地位,完成了与世界强国从“并跑”到“领跑”的角色转换。排名前 10 位的其他国家不变,但排名略有变化,英国仍排在第三,占 7.020%;德国、澳大利亚、意大利、法国排名上升,加拿大、西班牙、日本排名下降。

表 5.2 2011～2015 年燃烧学领域 12 种国际学术期刊的主要国家论文发表情况

排名	国家	论文数/篇	论文数占比/%
1	美国	4204	22.274
2	中国	3923	20.785
3	英国	1183	6.268
4	加拿大	1047	5.547
5	西班牙	975	5.166
6	德国	828	4.387
7	日本	811	4.297
8	澳大利亚	808	4.281
9	意大利	801	4.244
10	法国	795	4.212

表 5.3 2016～2020 年燃烧学领域 12 种国际学术期刊的主要国家论文发表情况

排名	国家	论文数/篇	论文数占比/%
1	中国	11585	36.469
2	美国	6585	20.729
3	英国	2230	7.020
4	德国	1820	5.729
5	加拿大	1669	5.254
6	澳大利亚	1579	4.971
7	意大利	1216	3.828
8	法国	1137	3.579
9	西班牙	1108	3.488
10	日本	1067	3.359

表 5.4 为 2011～2020 年中国在燃烧学领域 12 种国际学术期刊的论文发表数占比情况。可以看出，与 2011～2015 年相比，2016～2020 年中国在 12 种国际学术期刊的论文发表数占比均在增加，其中以燃料为主的国际学术期刊的论文发表数增长最大，占比高达 40% 以上，已超过美国，成为世界第一。这是因为化石燃料是中国最主要的一次能源，随着经济的发展，对燃料的需求不断增加，同时大气环境污染引起了广泛的社会关注，开展对燃料的清洁、高效利用成为国家的重大需

求。因此,我国成为该领域的主要研究力量,三种以燃料为主的国际学术期刊也是中国发表本领域论文的主要源刊。

表 5.4　2011～2020 年中国在燃烧学领域 12 种国际学术期刊的论文发表数占比情况

序号	期刊名称	2011～2015 年占比/%	2016～2020 年占比/%
1	*Proceedings of the Combustion Institute*	11.683	19.885
2	*Combustion and Flame*	8.877	20.346
3	*Combustion Theory and Modelling*	6.763	14.717
4	*Combustion Science and Technology*	15.789	31.085
5	*Energy & Fuels*	29.124	44.027
6	*Fuel*	18.899	42.462
7	*Fuel Processing Technology*	23.611	43.693
8	*Applied Energy*	23.782	36.913
9	*Fire Safety Journal*	15.222	16.134
10	*Journal of Fire Sciences*	34.132	41.611
11	*Journal of Engineering for Gas Turbines and Power -Transactions of the ASME*	9.189	11.942
12	*Proceedings of the Institution of Mechanical Engineers Part D—Journal of Automobile Engineering*	21.753	42.904

在以火灾科学为主的两种国际学术期刊,近 10 年论文发表数排在前三位的国家依次是美国、中国、法国,它们论文发表数的占比分别为 23.74%、20.818%、11.03%。

在动力机械方面的两种国际学术期刊,近 10 年论文发表数排名前 10 位的国家依次是美国、中国、英国、德国、意大利、韩国、加拿大、日本、法国和瑞士,论文发表数的占比分别为 27.423%、19.386%、12.655%、10.514%、7.255%、6.803%、4.424%、3.306%、3.283% 和 2.688%。相对于 2001～2010 年,中国上升到第二位,地位进一步提升。英国、德国和意大利分列第三、四、五位,反映了它们在动力机械方面强大的实力。

近 10 年来,我国研究者在 4 种燃烧学综合国际学术期刊的论文发表数占比也显著增加。统计表明,近 10 年在这些期刊的论文发表数排在前十位国家依次是美国、中国、德国、法国、英国、日本、澳大利亚、加拿大、沙特阿拉伯、意大利,论文发表数的占比分别为38.894%、17.484%、9.844%、9.203%、7.787%、6.278%、4.461%、4.354%、4.047%、3.486%。在该领域，尽管美国的优势依然十分突出，但中国论文发表数的占比已经迅速攀升到第二位，明显领先其他国家。以两大核心燃烧期刊作为统计对象，也得到了相同的结论。近10年来，我国在两大核心燃烧期刊的论文发表数为934篇，占同期论文发表总数的16.263%，位居世界第二位。这些数据进一步说明，随着对燃烧学研究的重视和投入，我国在燃烧学基础研究领域的水平正迅速提升，所发表的论文数量已经稳居世界前列。但与美国相比，仍有较大差距，特别是在两大核心燃烧期刊的论文发表数量，美国高达2462篇，几乎是我国的3倍，且篇均引用数量也高于我国。因此，有必要进一步提高我国燃烧学基础研究水平，特别是原始创新研究水平。

随着国家的重视和投入，近年来我国在燃烧学科领域的发展进入快车道，研究产出总量已经处于世界领先地位，完成了与世界强国从“并跑”到“领跑”的角色转换。在燃料及其清洁利用方面，我国的领先优势明显；在汽车动力方面，我国也迎头赶上，优势不断扩大；在燃烧基础研究及火灾安全方面，我国取得了重要进展，但还需要进一步努力提高研究水平；而在航空发动机和燃气轮机动力方面，我国还很落后，需要奋起直追，解决被“卡脖子”的问题。

5.3 学科发展布局与科学问题

5.3.1 燃烧反应动力学

燃烧反应动力学是燃烧理论研究及燃烧数值仿真的基础，对深入理解燃烧本质、预测燃烧过程关键参数及揭示污染物生成机制至关重要，许多实际燃烧工程问题都与之息息相关。揭示不同燃料的燃烧反应的机理、建立宽工况下的燃烧反应动力学模型是当前燃烧反应动力学研究的重大挑战和核心科学问题。重点基础科学问题包括以下几个方面。

(1)极端条件下的燃烧反应动力学。发展超高/低压、超临界、超稀释等极端条件下的量化及动力学计算方法；开展极端条件下大分子及实际燃料的着火延迟时间、火焰传播的准确表征及高压下极活泼痕量组分时程的定量诊断；研究极端条件下的燃烧动力学模型。

(2)多相燃烧中反应动力学。发展针对新型复杂结构分子、固体推进剂、凝聚态的量子化学及动力学计算方法；研究含复杂官能团燃料(如固体推进剂、稠环化合物等)的动力学机理和模型；研究火焰合成的动力学机理与控制方法；发展结焦过程的动力学模型。

(3) 燃烧反应路径调控研究。发展针对激发态、离子态、非平衡态的量子化学及反应动力学理论计算方法；发展等离子体助燃和催化助燃过程中的中间产物的表征方法；研究等离子体助燃机制及动力学模型；揭示催化辅助燃烧中的反应机理及动力学模型研究。

(4) 污染物生成反应动力学。发展多环芳烃及碳烟的理论计算及准确试验测量方法；研究碳烟成核及氧化的机理；研究氮氧化合物、含氧污染物的生成机理及控制方法。

(5) 智能算法在燃烧反应动力学中的发展与应用。研究大型碳氢燃料反应动力学模型的自动化构建、不确定性分析、系统性优化及模型简化方法；研究大数据、人工智能、可交互计算方法等在燃烧反应网络构建中的应用；研究化学反应动力学模型与先进可视化技术的交叉融合。

5.3.2 层流与湍流燃烧

层流与湍流燃烧研究在未来先进发动机燃烧技术的发展中将起到越来越重要的支撑作用，需要大力发展能对各种复杂燃烧反应系统与极端条件燃烧过程进行合理描述的层流与湍流燃烧模型，建立和发展相应的理论与定量预测模型，为高效低污染燃烧技术、航空航天推进技术、火灾防治技术和新概念燃烧技术的发展提供理论支撑。

我国层流与湍流燃烧的重点基础问题包括以下几个方面。

1. *层流燃烧*

应重点开展常规与极端条件（近可燃极限、超高/低压、超临界、超稀释、富氧、高速、微重力、微尺度、电磁场、等离子助燃等）下的预混火焰、扩散火焰和部分预混火焰的点火、火焰结构、火焰传播和动力学、燃烧稳定性、熄火、火焰化学、流动反应相互作用、污染物生成与抑制等方面的基础研究工作。具体包括以下几方面。

(1) 发展和完善常规和极端条件下着火、火焰传播与加速、失稳、熄火等基础燃烧过程的理论、定量预测模型、高精度测量方法及装置，揭示点火、失稳、熄火、自燃、回火等临界燃烧状态之间的转换机理。

(2) 测量、模拟和分析不同燃料的基础燃烧特性，丰富与发展燃料燃烧基础数据，包括着火延迟期、层流和湍流燃烧速度、熄火拉伸率、可燃极限、火焰结构等。

(3) 开展火焰化学研究，揭示关键化学反应与输运过程（传热、传质、层流、湍流）对基础燃烧过程的影响及耦合作用机制，探究冷火焰特性及其中低温化学反应与输运的耦合作用等。

(4)研究氮氧化物、挥发性有机物、多环芳烃、碳烟等燃烧污染物的生成机理，揭示其形成及演化中与火焰及流场特征参数的关联机制，探索高效协同抑制技术原理和方法。

(5)研究热辐射、相变、低温等离子体、压力波、惰性/反应壁面等与火焰的耦合作用规律与机理。

2. 湍流燃烧

应重点开展高雷诺数湍流与化学反应耦合机理和湍流燃烧的定量表征理论、方法与可预测模型，具体包括以下几方面。

(1)高雷诺数下湍流对燃烧的影响机制。发展湍流多尺度效应下火焰、涡结构及其相互作用定量表征理论和方法；研究湍流对点火、熄火、火焰结构、火焰传播与稳定、关键低温和高温化学反应途径及污染物生成等影响规律；研究高温高压下湍流火焰结构和火焰传播机制。

(2)燃烧对湍流抑制/诱导机制。研究燃烧释热和诱发的不稳定性对湍流的抑制/诱导机制；研究湍流燃烧反应区中湍流和标量的局部统计规律；发展局部各向异性火焰区中小尺度湍流和混合理论及模型。

(3)多物理湍流燃烧过程研究。研究火焰与壁面、火焰与射流相互作用及其对燃烧稳定和污染物生成的影响机制；研究多相湍流燃烧中湍流、雾化、辐射、燃烧相互作用机理；研究湍流-热-声耦合引起的燃烧不稳定性机理及控制方法。

(4)湍流与燃烧小尺度耦合理论与模型。发展基于物理机制的燃烧模式确定方法和准则，准确区分发动机燃烧中预混、非预混及自燃等燃烧模式；研究不同燃烧模式下的反应标量小尺度脉动统计规律、耗散率和小尺度混合机理；研究现有小火焰面类和概率密度函数类等燃烧模型对发动机燃烧的适用性和必要改进；发展湍流和燃烧小尺度耦合理论和自适应复合燃烧模型。

5.3.3 空天动力燃烧

空天动力燃烧中需要重点解决稳定着火/起始和燃烧稳定性等问题，涉及燃烧室流场复杂边界、复杂流动结构、高速气流下的燃料喷射与混合、着火/爆震波起始、火焰传播和稳定、热声耦合等多方面研究内容。研究手段以数值模拟和试验研究为主，从揭示燃烧过程的基本现象和物理特征到阐明流动与燃烧过程的细节，指导设计、缩短装置试验和研制周期等多个层次进行研究，提升研究水平。

建议优先资助研究领域为空天动力燃烧理论及相关基础研究。

(1)航空发动机和地面燃气轮机燃烧领域主要的科学问题包括：复杂气动、苛刻环境和过渡态工况等条件下高效稳定湍流燃烧组织的物理机制;受限空间内流动、燃烧和传热等相互作用对壁面温度和火焰结构的影响机制;高性能极紧凑燃烧室中气流结构与燃烧过程的相互作用;燃料与空气的快速雾化、蒸发、掺混;压强振荡条件下液滴的运动、蒸发和非定常释热机理与规律;极度贫油燃烧动力学、火焰热声耦合及其控制;多物理场耦合的本征物理模型和高保真算法;高维复杂物理系统主控机制分析方法等。

(2) 火箭发动机燃烧领域主要的科学问题包括:火箭发动机非线性不稳定燃烧的触发机理与极限环振荡演化规律;基于反应界面控制的推进剂燃烧机理与调控规律;高能火箭推进剂的反应动力学与可控能量释放;固体混合发动机的燃烧增强机理;常规液体推进剂的自燃机理与高压燃烧特性;固体推进剂的压强耦合响应机理和模型;固体推进剂的细观燃烧模型等。

(3) 爆震发动机燃烧领域主要的科学问题包括:爆震燃烧快速可靠起始方法、能量的提取与转化;爆震燃烧与上下游的相互作用规律与稳定燃烧组织;燃烧室结构、混合物特性等边界条件对爆震波传播的影响规律等。

(4) 超燃冲压发动机燃烧领域主要的科学问题包括:超燃冲压发动机超声速气流中点火和火焰稳定机理;超燃冲压发动机不同燃烧模态转换机理;超燃冲压发动机激波、燃烧与附面层相互作用机理;超声速气流中油气快速雾化混合机理及增混技术;超燃冲压发动机燃烧室火焰稳定的贫富油极限;超声速气流中提高燃烧效率的方法研究;组合发动机宽来流条件的燃烧机理和燃烧规律等。

(5) 超临界燃烧领域主要的科学问题包括:超临界环境中宽工况下多组分超临界燃料闪蒸、混合、燃烧、结焦、稳定的机理和建模;超临界燃料喷射的射流结构与火焰结构等。

5.3.4 动力装置燃烧

降低碳排放甚至实现碳中性已成为推动内燃机技术进步最主要的推动力,内燃机近中期主要通过提高热效率提高能源利用率和燃用低碳燃料降低碳排放,长期则通过燃用新型可再生燃料降低碳排放甚至实现碳中性。因此,适应燃料多元化的超高热效率清洁燃烧是内燃机燃烧发展的重要方向。同时,实现“超近零排放”也是内燃机技术面临的另一重要技术需求,降低有害排放是通过清洁燃烧与高效后处理共同实现的,高效后处理是内燃机的另一个重要方向。此外,数字化与智能化是内燃机实现超高热效率和“超近零排放”的重要技术途径,数字化与智能化技术正与内燃机燃烧控制、排放控制以及可靠性技术快速融合,推动内燃机技术的革新。内燃机优先支持的领域包括以下三个方面。

1. 内燃机燃烧理论与燃烧控制

提高充量密度、加强燃油与空气混合、控制混合气活性等实现快速低温强化燃烧,结合可变新型热力循环可显著提高柴油机热效率,主要科学问题包括超高压燃油喷射下的燃油雾化与混合、混合气活性控制的燃烧反应动力学机理、高充量密度可控混合气活性着火燃烧机理、快速强化低温燃烧下缸内浓度场和温度场的演变及对燃烧过程的影响机制、亚网格尺度内湍流与燃烧耦合机制、快速强化低温燃烧条件下燃烧污染物的形成机理及其在缸内的演变规律、瞬变工况下燃烧和有害排放生成与控制机制、非常规排放物生成机制等。

高强化超稀释燃烧、低温燃烧是点燃式发动机超高热效率燃烧的发展方向,重要科学问题包括高滚流湍流场演变机理及对着火、燃烧稳定性和火焰传播影响,高滚流稀燃着火/失火机理及其稳定性,高能点火着火/失火机理及其稳定性,掺氢对超稀薄混合气着火、火焰稳定性和火焰传播的影响机理,新型点火方式着火/失火及其稳定性,超稀薄混合气燃烧污染物的形成机理及其在缸内的演变规律,高强化低温燃烧着火与燃烧机理,混合燃烧模式切换控制机制,汽油机低温燃烧有害排放生成与控制,瞬态过程燃烧与有害排放控制等。

2. 低碳清洁燃料发动机燃烧与排放基础理论和关键技术

燃料多元化是内燃机燃料的发展方向,全生命周期实现低碳、高效和清洁是低碳清洁燃料研究的主要内容,主要科学问题包括:氢(氢混合燃料)、甲醇和氨燃料燃烧基础理论与燃烧控制,可再生混合燃料的设计理论,混合燃料在发动机条件下的燃烧反应动力学,混合燃料发动机燃烧基础理论及燃烧控制,多元燃料燃烧与含氧燃料的燃烧促进机理,燃烧污染物的形成机理及其在缸内的演变规律,燃烧过程的数理模型和发动机优化控制,非常规排放物的形成机理及其演化规律等。

3. 内燃机数字化与智能化技术

数字化与智能化技术推动了内燃机燃烧和排放控制技术革新,主要科学问题包括:内燃机工作过程物理化学子过程数学模型,内燃机瞬态物理化学过程数学模型,内燃机多维度数学表征与大数据建模理论,多参数、多维度智能控制算法,基于大数据的智能控制理论和方法等。

5.3.5 燃烧诊断

面向未来燃烧装置的高热强度、高压、高温的技术需求,以燃烧学的共性科学问题为核心，通过开展流动、燃烧的同步光学诊断，揭示气固和气液多相耦合、液雾破碎、雾化、蒸发混合和湍流燃烧过程的本质规律，将先进测试诊断方法与工程应用紧密结合，通过基础研究支撑验证实际燃烧室的燃烧问题。同时进行燃烧光学测试标准试验装置的开发，发展标准火焰和开放数据库框架的共建共享，避免重复购置及资源浪费，为数值计算提供标准清晰的边界条件及试验验证等。

该领域的主要研究方向和核心科学问题主要包括以下几个方面。

(1) 近真实工况燃烧特性的定量测量。高温、高压、高来流速度和扰动条件下开展流动燃烧的超高重频(100kHz)、超短脉冲(飞秒、皮秒)、超宽光谱诊断技术研究，实现燃烧场的三维重构及精细化定量测量，获得近真实燃烧环境下的燃烧特性。

(2) 极端条件下非定常两相液雾燃烧的定量测量。在极端条件下的受限空间内，进行空气和液雾两相运动过程的定量测量，利用超高时空分辨率激光诊断技术捕捉液体表面波发展与液滴破碎微尺度过程。

(3) 适于工业应用的燃烧激光诊断设备的开发研制。建立真实工业应用环境中的燃烧光学测试系统，改善现有光学测试技术对测试环境噪声、振动的敏感性，建立行业公认的燃烧激光诊断标准与光学设备操作流程。

(4) 高时空分辨率的自发辐射诊断技术研究。研制光谱分辨率高、响应速度快的辐射测量仪器，建立可靠性高、适用范围广的辐射传递模型，研究高效率、高精度的重建算法，针对复杂燃烧体系获得高空间、时间分辨率的多物理量场分布。

(5) 激光测试方法及技术研究。研究新型或多种机理融合的激光诊断新方法与技术；将层析成像、非线性反演等信息处理技术与激光诊断技术相结合获得高精度的燃烧场多维分布信息。

(6) 多参数同步测试技术及与人工智能的交叉融合。耦合多种测量技术，实现高精度的流场、温度场、多组分、高频、高速、高精度同步测试技术，结合人工智能算法实现火焰结构识别和三维快速重建，鼓励自主开发的新型测试方法和核心装置。

5.3.6 燃烧数值仿真

为了发展高效、清洁和安全的先进燃烧技术，实现“两机专项”、“节能减排”等国家重大战略目标，我国需要发展能够对复杂湍流燃烧过程进行准确预测的数值模拟方法，开发具有独立自主知识产权的燃烧数值模拟工业计算软件。因此，应持续开展复杂湍流燃烧的高可信度数值模拟研究，发展高精度的数值模拟方法，揭示复杂湍流燃烧中的多物理多尺度耦合作用，建立适用于工业燃烧装置的高效燃烧模型。

燃烧数值模拟方面优先资助的领域包括以下几个方面。

(1)燃烧的大涡模拟和直接模拟研究。针对湍流燃烧发展高精度大涡模拟模型、湍流-化学反应相互作用亚格子尺度模型;开展湍流燃烧的直接数值模拟及其高效高精度算法;发展人工智能耦合的自适应智能加速算法和计算模型;燃烧数值模拟大规模并行算法和数据获取方法。

(2)多相湍流燃烧数值模拟。发展多相反应流中颗粒-颗粒相互作用模型、湍流-颗粒相互作用模型及统一的数值模拟方法;研究气液两相雾化及蒸发机理和相互作用模型;气固、气液两相湍流燃烧高精度数值模拟方法;多相湍流燃烧中复杂界面耦合的通用理论与智能计算模型。

(3)面向国家重大战略需求的燃烧数值模拟。发展经济可承受的高精度自适应湍流及燃烧模型;面向大规模工程燃烧的高精度数值计算模型及数值模拟方法,包括煤粉锅炉、流化床燃烧、航空航天发动机、内燃机、火灾过程、新概念燃烧等;燃烧不稳定性的数值模拟模型及计算方法;燃烧污染物生成与控制的数学物理模型及计算方法;高压、高温、超声速等极端条件下的湍流燃烧数值模型及方法。

5.3.7 煤燃烧与生物质利用

尽管煤燃烧与生物质利用的基础理论在过去几十年已经取得了长足进展,但是新的发展形式和能源需求对煤燃烧和生物质利用技术提出了更高的要求。总体上,煤燃烧的发展方向为清洁低碳、安全高效和灵活智能,生物质(包括固体废弃物)利用的发展方向为高效、高值化和无害化。煤燃烧与生物质利用优先资助的领域包括以下几个方面。

1. 煤的清洁低碳高效利用基础研究

(1)先进的洁净煤燃烧理论与技术研究。包括煤与生物质/固废/氨混燃、整体煤气化联合循环发电、无焰燃烧、化学链燃烧、氧/燃料燃烧等新型燃烧方式下的燃烧理论与技术等。

(2)燃煤污染物一体化脱除技术。针对常规燃煤电站,开展完善多种污染物的一体化脱除和控制技术的基础研究;重金属、可凝结颗粒物、SO_3、有机污染物等的生成特性基础研究和协同控制技术。

(3)先进的燃烧诊断原理与技术。包括温度、速度、浓度等燃烧物理场的诊断原理与技术;基于光学测量的固体燃料结构与反应性准确解析,燃烧中间产物的测量和分析技术等;炉内碱金属在线监测技术、超净排放后低浓度气体和颗粒物浓度的检测等。

(4) 先进燃烧模拟技术。包括直接数值模拟、大涡模拟、格子-玻尔兹曼方法、随机涡模拟、概率密度函数输运方程模拟、条件矩封闭模型、简化概率密度函数模型、关联矩模型、基于简单物理概念的一些唯象模型等；具有高时空分辨率和高效的数值模拟技术。

(5) 高 CO_2、高 H_2O 气氛条件下煤粉颗粒的热解、着火、燃烧及燃尽特性和燃烧稳定性；高 CO_2、高 H_2O 气氛条件下典型煤的硫、氮、颗粒物、重金属生成与控制机理；富氧燃烧积灰结渣特性；复杂嵌布形态、熔融相包裹条件下固体燃料燃烧特性；超临界 CO_2 布雷顿循环条件下煤粉燃烧基础理论。

(6) 煤炭智慧燃烧理论与方法。固体燃料燃烧过程多参数耦合的在线检测方法；三维空间定位与可视化智能巡检技术；固体燃料可控燃烧理论；煤炭高效智慧燃烧方法；煤燃烧与可再生能源、储能系统耦合的智能灵活调控系统及技术。

2. 生物质利用基础研究

针对生物质结构组成的多样性和复杂性，重点开展生物质超微结构解译与调变、生物质热解定向液化、生物质气化发电等方面的基础研究工作，具体包括以下几方面。

(1) 生物质热解结构解析与结构调变。研究生物质结构特性及三大组分的分布特性，形成我国典型生物质全信息数据库。

(2) 生物质多联产高效发电系统集成。生物质燃烧过程中碱金属盐和碱土金属盐结渣对水冷壁沾污、结渣和腐蚀的影响机制；燃料多样性对燃烧特性的影响；联产蒸汽和焦油等产物的系统集成方法的优化。

(3) 生物质全组分热转化与利用。生物质的热解聚机制；含氧化合物碳链增长及提质改性机制；解聚残渣的定向转化及高值化利用机制。

(4) 生物质定向清洁气化。生物质的高效定向气化转化；大分子焦油催化重整降解机制；小分子气体的低能耗调变和合成机制。

(5) 生物质生化转化。生物质高效厌氧消化制备沼气；微生物催化转化制备醇烃醚体系中高性能长寿命菌种和酶剂的研制；复杂体系中热质传递和生化转化反应的协同机制。

(6) 低热值有机固废的清洁热转化。有机固废复杂组分的热转化路径构建；热转化过程中多环芳烃和二噁英等污染物的生成及控制机制。

5.3.8 火灾科学

作为一门应用基础学科，实际的火灾安全需求引导着火灾科学研究的发展方向。目前，我国的火灾形势依然严峻，火灾现象也表现出新的特点，主要有：① 大量新型材料（如建筑外墙保温材料等各种新型高分子材料）的使用，燃烧形式和燃烧产物更加复杂；② 各种新的能源利用形式的出现，导致火灾的诱发因素更为复杂、多样和隐蔽；③ 城市建筑密集，高层建筑和综合体建筑不断增多，使得火灾防治、扑救、人员疏散等条件恶化；④ 从地面到地下（如地铁、隧道等）、从陆地到水上（如舰船、海上钻井）和天空（如飞行器、航天站）、从固定建筑到移动结构（如列车）等均有火灾发生；⑤ 森林覆盖率的持续增加导致森林和森林-城市交界域火灾日益严重。

火灾科学研究的重点基础问题应包括以下几个。

(1) 在可燃物燃烧特性领域，主要的科学问题包括：可燃物热解和燃烧的尺度效应；复杂边界条件对中小尺寸固体可燃物热解和燃烧的影响机理；面向实际火灾场景的全尺寸热解和燃烧模型等。

(2) 在火焰特性领域，主要的科学问题包括：特殊环境条件（低压、微重力、强对流等）下的火焰演化特征及预测理论；浮力火焰与极端火行为的转捩机制和物理预测模型；火灾、爆炸和气体泄漏相互次生衍生的热物理临界条件。

(3) 在火蔓延领域，主要的科学问题包括：不同建筑结构、燃料和通风条件下建筑空间火蔓延中热解、相变、流动、传热传质与化学反应的耦合机理；气象、地形、大气-火交互作用下的森林火蔓延加速机理和预测模型；环境风和多开口复杂通风场景下的腔室火灾演化机理和火溢流预测模型。

(4) 在火灾烟气及控制领域，主要的科学问题包括：大尺度（复杂）开放、受限和网络空间中的烟气成分及羽流结构的预测模型；火灾烟气扩散和输运过程的综合监测控制理论与方法；开放空间大尺度火灾的烟气扩散物理模型和先进模拟方法等。

(5) 在火灾防治的热物理原理领域，主要的科学问题包括：阻燃材料的化学元素和相态结构对烟气释放蔓延和抑制作用的影响规律；长效服役安全与抑烟减毒环保的高性能防火阻燃技术和耐候环保高性能阻燃材料；火灾超早期视频烟雾精确可靠探测方法；耦合火灾确定性动力学演化理论与统计理论的火灾风险评估理论；耦合时间传播过程的火灾动态风险评估及管理模型等。

5.3.9 学科交叉与拓展

面向多学科前沿的交叉融合，特别是面向国家清洁能源及空天先进动力的需求，今后一段时期内我国燃烧与相关学科交叉与拓展研究的主要发展目标为：研究极端热化学转化条件下气体、液体、固体和等离子体等高效清洁转化机理与关键化学反应路径，建立燃料化学能梯级利用与污染物迁移控制的耦合分析方法，探索燃烧绿色利用新方法、燃料定向转化新理论和燃烧高效调控新技术，为我国清洁高效能源利用、空天/空间先进动力、碳中和目标提供理论与技术支撑。

建议优先资助研究领域为交叉基础理论研究及相关应用研究拓展，具体可涵盖以下研究内容。

(1)在燃烧学与人工智能交叉领域，需深化开展机器学习与燃烧建模结合的研究，包括：开展详细和简化化学反应机理构建；宽范围条件量子化学计算和试验测量结果评估；基于神经网络的湍流火焰模拟；构建理化特性可控的燃气、燃油和新型燃料设计；工业生产中的燃烧过程预测；区域内颗粒物和挥发性有机污染物的生成及控制策略；传统和新型发动机燃烧室的优化设计与特性预测。

(2)在燃烧学与材料科学的交叉领域，需开展雾化火焰合成过程的机理、诊断、模型和调控研究，包括：复杂雾化火焰合成的机理解析；火焰合成过程在线光谱和质谱诊断；先进能源动力材料的火焰合成及其精确调控方法；火焰合成过程的跨尺度建模和数值仿真；功能性纳米颗粒掺杂合成的微观机理和调控机制；火焰化学气相沉积合成特种涂层；单原子催化材料的火焰合成；多物理场对火焰合成的影响规律；火焰合成的放大规律及规模化应用研究。

(3)在燃烧学与催化科学的交叉领域，需开展催化燃烧过程的机理、诊断、模型和调控研究，包括：催化剂与催化燃烧的关联特性研究；表界面燃烧反应热力学数据和动力学参数的高精度计算；均相和非均相热转换的物理化学基础研究；非均相燃烧源污染物生成的影响机理；痕量有毒污染物的定向脱毒调控和富集分离机制；低污染物生成的控氧、控温催化燃烧新方法；等离子体与多场耦合催化燃烧新方法。

(4)在燃烧学与空间科学与技术的交叉领域，一方面需强化微重力相关的燃烧机理、诊断和模型研究，另一方面要注重空间多模式推进中燃烧机理与电推进机理的交叉融合研究。具体包括：面向空间多模式推进的新型离子液体高效点火和燃烧机理；重力沉降和浮力对流对燃烧过程污染物生成的影响；空间条件可携带反应流测量诊断设备的研发；重力解耦后的碳烟生成机理；空间条件下多组分液滴的燃烧及其机理；微重力燃烧空间 3D 打印；空间条件下等离子体辅助燃烧的反应途径调控机制；空间条件下火焰合成催化剂和半导体等功能性纳米材料的生成机理并实现性能调控；冷焰燃烧动力学机制；空间站环保材料着火特性和灭火剂的作用机理研究。

5.4 学科优先发展领域及重点支持方向

5.4.1 学科优先发展领域

学科优先发展领域：极端条件下的可控燃烧。

1. 科学意义与国家战略需求

燃烧是人们获得能源和动力的主要途径，在获得能源与动力过程中，提高操作参数从而提高效率和降低排放、获得更高的动力需求以及寻找新的能源、发展新型低高效碳燃烧技术是社会发展的重大需求和推动学科发展的前沿问题；此外，随着城镇化的进程，城市及其周边森林区域面临大尺度极端火灾安全的挑战。因此，面向未来社会发展和安全的需求，超高速、超高压、超临界、富氧、超大尺度（火灾）、超稀薄气体及星际空间等极端环境下各种燃料的可控燃烧是燃烧学发展的重要方向之一。以液体燃料发动机为例，极端条件下燃烧组织是多种类型发动机（如航空发动机、燃气轮机、内燃机、冲压发动机和组合发动机等）的共性问题，决定着发动机的可靠性、稳定性、燃烧热效率、排放特性等。先进发动机燃烧技术的发展方向是极端条件下的可控燃烧过程，通过提高发动机燃烧压力来提升发动机的做功能力和热效率，如液体火箭发动机工作在高温（3800K）、高压（50MPa）、高燃烧效率（99%）、大热流密度等极端工作环境，需要真空稀薄流环境多次点火、脉冲工作和大范围（10 ∶ 1）推力调节；内燃机超高燃烧爆发压力（＞35MPa）、超稀混合气燃烧；航空发动机燃烧室在连续进口空气来流高压（5MPa）、高温（1200K）条件下实现稳定燃烧以及超低的 NO_x 和颗粒物排放等，这些均对发动机燃烧技术提出巨大挑战，要求发动机具备可控、稳定的燃烧。但仍缺乏对极端条件下气液两相的流动、雾化、混合、传热传质、点熄火、化学反应等物理、化学机制和规律的认识，迫切需要开展相关研究。

2. 国际发展态势与我国发展优势

欧美等国在极端复杂条件下的燃烧机理和燃烧技术开发方面都极其重视，已经发起了大量相关项目，如欧洲的可持续运输的喷油器研究，点火、声学和不稳定性认识等，并且在极端条件下火焰传播、液膜/液柱破碎理论、模型和数值仿真方法、燃料与发动机协同控制等基础研究方面做了大量工作，形成了大量极端复杂条件下的雾化特性及其燃烧数据库，并形成了可以支撑工程设计的模型和工具。在固体燃料方面，为了减少对化石燃料的依赖，近年来欧美等国家大力发展和推动生物质与燃煤电站的可控混合掺烧技术及固体废弃物焚烧和掺烧技术。化学链燃烧技术近年来也得到快速发展，全世界范围内已建立起数十套 kW_{th}～MW_{th} 级化学链燃烧中试装置，正在迈向商业示范和工业应用。在加压富氧燃烧方面，美国清洁技术公司合作开发的“零碳排放天然气发电”技术已经在 Net Power 电厂试运行，入选《麻省理工科技评论》2018 年十大突破性技术。

超临界 CO_2 循环燃烧则进一步将燃烧室压力提升到高达 30MPa 的超临界，并结合新型的 Allam 循环，大幅度提升系统的发电效率。其中天然气超临界 CO_2 发电效率可达 59%，煤气超临界 CO_2 发电效率可达 51%，且无附加碳捕集成本。与之相近的是氧-水蒸气燃烧技术，用水蒸气替代 CO_2 参与燃烧，压力等级为 15～20MPa，其煤基发电系统的效率为 51%～53%。美国 CES 在 2005 年即开展了 20MW 天然气的氧-水蒸气循环电厂的持久性示范验证；美国 NET Power 在 2018 年开始进行 50MW 天然气超临界 CO_2 工业试验。上述系统的燃烧室工作在 20～30MPa 的极端压力和 1000℃以上的高温环境下。

我国对化石燃料清洁燃烧以及先进发动机动力装置有极大的应用需求，近年来也加大了对新型低碳和不同发动机装置中燃烧研究的支持力度，先后推出了"面向发动机的湍流燃烧基础研究"重大研究计划、航空发动机与燃气轮机"两机"重大专项、"超高参数高效 CO_2 燃煤发电基础理论与关键技术研究"国家重点研发计划等。在这些国家相关项目的持续大力资助下，我国在前期探索过程中已经形成了良好的研究平台和应用开发条件。

但是我们也需要清楚认识到，不同类型的能源及其动力装置均是世界大国战略和经济发展的关键命脉，我国在整体设计、新型技术研发以及与系统协同控制方面的研究与国际一流水平还有很大差距。例如，我国研究者特别注重煤等固体燃料的化学链燃烧，是本领域的主力军，无论是反应器规模运行还是载氧体颗粒批量制备等，均具有研究特色，但都停留在单元研究环节，缺乏系统的整体设计技术。我国研究者也已开展富氧燃烧相关基础研究工作，已顺利实施了富氧燃烧"0.3MW-3MW-35MW-200MWe"研发和示范路线图，完成了富氧燃烧器等关键装备的研发，但在新型富氧燃烧技术、压缩纯化、运行控制和系统集成优化等方面尚有差距。我国对超临界 CO_2 循环的关注度也非常高，但相关研究多局限于换热器、压缩机、膨胀机等单元，尚未有成套系统投入试验和运行。

3. 发展目标

通过项目持续资助，提升我国在极端条件下可控燃烧领域的理论研究水平，产生有国际重要影响的原创性学术思想、研究成果和理论体系。针对不同类型的燃烧装置，开展极端工况条件下燃烧的组织方法和稳燃机理研究，获得不同极端条件对燃烧稳定性和高效清洁燃烧的影响规律，支撑我国先进能源与动力系统发展。

4. 关键科学问题与主要研究方向

(1) 极端条件下的燃烧机制及其控制。极限压力、超临界、超高温、超高速、超高压、超重力、微重力等极端条件下的湍流雾化、扩散、蒸发、热解、混合、燃烧等物理机制;极端条件下燃料燃烧和催化反应动力学,点熄火着火、燃烧不稳定及控制、爆震燃烧等燃烧物理与化学耦合机制和规律;极端条件下燃烧污染物生成机理与控制方法;极端条件下固体燃料多物理场耦合燃烧机理及调控方法;基于电磁原理的燃烧组织与主动控制技术;极端条件下燃烧试验测量诊断与数值模拟。

(2)新型低碳燃烧技术和原理。研究加压、富氧、富 H_2O 和 CO_2 条件下燃料的着火机理、热解、气化和燃烧反应动力学、污染物生成机理和控制方法;研究新型化学链燃烧反应过程的气固多相催化反应机理、载氧体设计及制备方法;研究复杂固体燃料如废弃物、生物质颗粒的新型燃烧、气化及混合掺烧反应机理、污染物生成和抑制机理;研究极端条件下金属燃料颗粒的点火、燃烧及能量释放机理;研究超高参数新型循环过程中能量转化和传递与先进动力循环的协同原理等。

(3)高强度燃烧和超快蔓延的大尺度火灾防控。大尺度火焰的热量输运规律、热辐射特性预测模型及辐射量计算方法;火旋风和多火焰燃烧相互作用中的热量输运规律和流场分布特性;各种极端火行为相互转化的临界条件;植被火中爆发火和跳跃火的诱发机理及发展规律;大尺度极端火行为及其次生行为演化模拟技术。

(4)超稀薄富燃条件下的燃烧组织和可控燃烧(星际空间可控燃烧)。星际空间超稀薄富燃条件下(燃料多而氧化剂少)的燃烧组织、燃烧可控机制和燃烧系统设计。

5.4.2 跨学科交叉优先发展领域

跨学科交叉优先发展领域:可再生合成燃料。

1. 科学意义与国家战略需求

中国共产党第十九次全国代表大会报告指出:要建设美丽中国,构建清洁低碳的能源体系。我国作为世界上最大的能源消费国与 CO_2 排放国,未来能源变革的重点在于改善现有能源结构并降低 CO_2 排放。我国已经制定了2050年非化石能源消费占比50%的目标,可再生能源是国家能源安全和可持续发展的必然要求,绿色低碳的可再生合成燃料将成为未来能源结构中的重要组成。CO_2 不仅是温室气体的主要成分,更是一种廉价丰富的潜在碳资源。利用太阳能、风能、生物质能等可再生能源,转化利用 CO_2 设计出适合高效清洁燃烧的合成燃料分子结构,实现 $CO_x+H_yO_z \longrightarrow C_mH_n$ 的分子转换,生产合成甲烷、醇醚燃料、烷烃柴油、航空燃油等可再生合成燃料,有望成为能源环境问题的有效解决方案。另外,随着化石能源的日益枯竭,可再生无碳能源(如氢、氨等)受到了世界各国的高度重视,特别是发达国家,将可再生无碳能源技术上升到解决能源和气候变化问题的高度。

2. 国际发展态势与我国发展优势

可再生合成燃料有满足日益增长的能源需求的潜力，同时还能够解决气候变化和温室气体排放问题，因此欧美等国对可再生合成燃料相关研究都极其重视，已经发起了大量的研究项目。例如，美国能源部设立若干个能源前沿研究中心，针对可再生合成燃料的生产、催化转化、燃烧等做了大量基础研究工作，对可再生合成燃料的技术发展起到了重要的推动作用。另外，可再生无碳燃料的制备与利用也已成为国际燃烧领域的研究热点，美国、欧洲、日本均启动了相关研究计划，如2016年欧洲研究委员会启动了富氢燃气轮机燃烧室研发计划，2014年日本科技振兴机构启动了能源载体战略性创新创造计划，研究氨的制备、转化和燃烧应用。

我国对CO_2转化及可再生燃料合成有极大的应用需求，近年来也取得了一定的理论成果。例如，中国科学院大连化学物理研究所等在人工光合成太阳燃料研究方面取得进展，利用固态Z-机制复合光催化剂，在可见光下将CO_2高效转化为甲烷(天然气)，实现了太阳能人工光合成燃料过程。同时，该技术可以通过筛选并设计最优的可再生合成燃料分子结构，以实现高效清洁燃烧并降低燃料-发动机全生命周期中的碳排放。在“面向发动机的湍流燃烧基础研究”重大研究计划项目的持续支持下，我国已经在不同类型燃料分子的燃烧反应动力学、湍流燃烧模型领域取得了显著的成果，为可再生合成燃料领域的发展奠定了基础。但也要清醒地认识到，不同类型的可再生能源转化CO_2合成燃料存在不同的关键科学问题，相关的研究与国际一流水平还有很大差距。

3. 发展目标

紧密围绕国内外可再生燃料合成领域的研究热点与学术前沿，针对我国可再生能源的特点，探究光、热、电、生物转化等手段实现CO_2资源化利用，以及其他可再生无碳燃料的先进制备方法与燃烧调控的关键科学问题，加强理论探索、深化理论与实际应用，产生有国际重要影响的原创性学术思想和研究成果。

4. 关键科学问题与主要研究方向

(1)光热转化CO_2合成燃料。开发能带结构合适的宽光谱响应的半导体捕光材料，以及光催化剂表面构筑水氧化和CO_2还原的助催化剂；设计合理的金属氧化物循环，降低分解温度和产物分离难度，提高热化学循环效率；研究光热反应溶液性质对还原CO_2反应过程的影响机理。

(2)电催化还原CO_2合成燃料。研究CO_2在电阴极上催化加氢合成碳氢化合物及其衍生物的动力学机理及试验表征手段；揭示气/液/固三相界面结构及其传质流动等多相反应动力学对 CO_2 还原的影响机制。

(3) 生物转化 CO_2 合成燃料。研究细胞内光合固碳机理特别是碳浓缩机制,关键固碳酶(如 Rubisco 酶和碳酸酐酶等)在高浓度 CO_2 等极端条件下的活性调控机制,含碳活性基团及关键固碳酶在细胞内部的转运调控机制及油脂合成的代谢调控网络;发展生物大分子油脂脱氧断键的反应机理模型及中间产物测量方法。

(4) 可再生合成燃料的高效清洁燃烧。研究可再生合成燃料在发动机工况条件下的燃烧特性;建立高可信度的可再生合成燃料的燃烧反应动力学模型以及湍流燃烧数值计算模型;揭示可再生合成燃料在利用过程中的污染物形成与演变机理,发展污染物的协同脱除机制与方法并开发高效低污染燃烧动力设备。

(5) 可再生无碳燃料的先进制备方法与燃烧调控研究。研究不同方式的氢燃料、氨燃料等新型无碳燃料先进制备方法;揭示无碳燃料的反应活性调控理论与稳定燃烧机理;阐明无碳燃料与低碳燃料互补燃烧机理;发展无碳燃料高效低排放燃烧技术;建立无碳燃料燃烧组织与智能调控方法,包括极限压力、超临界、超高温、超高速等极端条件下新型燃料的可靠点火、稳定燃烧、高热效率及超低排放方法等。

5.4.3 国际合作优先发展领域

国际合作优先发展领域:燃烧大规模数值模拟和先进诊断技术。

1. 科学意义与国家战略需求

短期内我国能源以固体燃料燃烧为主的现状难以改变,亟须不断提高固体燃料的能源利用效率并对燃烧污染物进行有效控制,从而构建我国清洁、高效、安全、低碳的能源体系以应对未来环境和气候的全球挑战。同时,发展先进的航空发动机和燃气轮机是我国的重大战略目标。美国、英国、法国、德国和日本等发达国家垄断了世界航空发动机和燃气轮机市场,我国也已启动航空发动机和燃气轮机"两机"重大专项。要从国家战略出发,承担起改变世界发动机格局的历史使命。

燃烧室是各种能源和动力系统的"心脏"。在燃烧室自主研发过程中,不断涌现出诸多尚未解决的工程技术难题,如燃烧组织、非定常液雾燃烧、热声耦合振荡、NO_x 和碳烟等污染物生成与抑制、极端条件下的点熄火控制等一系列问题。这些问题都涉及湍流、多相流、传热传质与化学反应等复杂的物理化学耦合过程,对燃烧基础研究特别是大规模数值模拟与先进诊断技术提出了重大挑战和迫切需求,而我国在这方面的研究基础比较薄弱,很有必要开展国际合作与交流。在美国通用电气、英国罗罗等国外先进发动机制造商的燃烧室设计过程中,燃烧数值模拟和先进诊断都起到了十分重要的作用,明显地缩短了先进发动机的研制周期。因此,近年来许多国家提出了相关研究计划,如美国能源部2016年提出了“燃料和发动机的协同控制”研究计划,欧盟“地平线2020”计划提出了“面向燃烧与超低排放的高效船用发动机”研究计划等,主要利用先进的数值模拟方法和试验测量技术研究燃烧室内的燃烧问题。这些国外的先进技术和经验值得我们学习和借鉴。

另外,该领域的研究往往需要广泛的国际合作。以发动机实际燃料的燃烧反应动力学模型为例,通常包含成千上万的输入参数及多种工况下的试验验证,需要多个国家课题组的试验及理论计算相互支撑和验证。我国在湍流燃烧的大规模数值模拟和燃烧诊断研究领域具有一定的基础,先后建立了“天河”等系列超级计算机、同步辐射装置、真空紫外自由电子激光、散列中子源等大科学装置。这些大科学装置在解决燃烧领域所面临的科学挑战方面具有巨大的应用潜力,除已经成功应用的同步辐射光电离质谱外,其他方向也需要进一步研究和广泛的国际合作。因此,有必要优先开展燃烧大规模数值模拟和先进测量诊断技术的国际合作与交流,及时把握国际该领域的新动向、新趋势,学习合作单位的先进经验,从而促进我国先进燃烧技术的研发,为我国先进能源与动力系统的发展做出贡献。

2. 核心科学问题

(1)湍流燃烧多尺度耦合机理。基于大科学装置极端条件下燃烧诊断技术的燃烧反应动力学;常规与极端条件下预混燃烧、扩散燃烧和部分预混燃烧的火焰动力学及其与湍流的多尺度相互作用;自适应化学反应机理与湍流燃烧数值模拟的多尺度耦合方法;复杂湍流燃烧标准试验的建立及多尺度湍流燃烧模型的验证;燃烧热膨胀对湍流的影响机制和模型;湍流和燃烧的小尺度耦合理论及自适应燃烧模型;高精度、高时空分辨率的新型激光诊断技术和实时原位在线测量方法;高效、高可信度大规模燃烧数值模拟方法。

(2)多相燃烧多物理耦合机理。含复杂官能团燃料如固体推进剂等的动力学机理和模型;积碳和结焦过程的动力学机理和模型;极端条件下气液两相雾化、湍流、辐射、燃烧相互作用的高精度大规模数值模拟方法和超高时空分辨率激光诊断技术;火焰与壁面、火焰与湍流相互作用及其对燃烧稳定性和污染物生成的影响机制;世界煤种“基因库”的建立;新型低碳燃烧如加压富氧燃烧、MILD燃烧和化学链燃烧多物理耦合的高精度数值模拟与先进诊断测量;多相燃烧中复杂界面的耦合理论和模型。

(3)工程燃烧调控原理。面向工程燃烧的大规模高性能并行计算模型、数值模拟方法及自主工业软件;等离子体助燃及催化助燃中的反应机理和动力学模型;氮氧化合物、多环芳烃、碳烟等污染物的生成机理及控制方法;工程燃烧的激光诊断技术和设备；高效经济的自适应湍流及燃烧模型；燃烧不稳定性的数值模拟方法及控制技术；面向工程智慧燃烧的数值模拟方法、激光诊断技术与人工智能的交叉融合等。

参考文献

[1] 范维澄. 火灾风险评估方法学. 北京：科学出版社，2004.

[2] TFN Workshop. International workshop on measurement and computation of turbulent (non) premixed flames. 2014.

[3] Gonzalez-Juez E D, Kerstein A R, Ranjan R, et al. Advances and challenges in modeling high-speed turbulent combustion in propulsion systems. Progress in Energy and Combustion Science, 2017, 60: 26-67.

[4] Raffel M, Willert C, Wereley S, et al. Particle image velocimetry: A practical guide. Experimental Fluid Mechanics, 2017, 255: 160-162.

[5] Albrecht H E, Borys M, Damaschke N, et al. Laser Doppler and Phase Doppler Measurement Techniques. Berlin: Springer, 2013.

[6] Michael J B, Edwards M R, Dogariu A, et al. Femtosecond laser electronic excitation tagging for quantitative velocity imaging in air. Applied Optics, 2011, 50(26): 5158-5162.

[7] Li B, Zhang D, Li X, et al. Femtosecond laser-induced cyano chemiluminescence in methane-seeded nitrogen gas flows for near-wall velocimetry. Journal of Physics D: Applied Physics, 2018, 51(29): 295102.

[8] Miller J D, Sliopchenko M N, Mance J G, et al. 1kHz two-dimensional coherent anti-Stokes Raman scattering (2D-CARS) for gas-phase thermometry. Optics Express, 2016, 24(22): 24971-24979.

[9] Roy S, Hsu P S, Jiang N B, et al. 100-kHz-rate gas-phase thermometry using 100ps pulses from a burst-mode laser. Optics Letters, 2015, 40(21): 5125-5128.

[10] Wang G H, Clemens N T, Varghese P L, et al. Turbulent time scales in a nonpremixed turbulent jet flame by using high-repetition rate thermometry. Combustion and Flame, 2008, 152(3): 317-335.

[11] Hofmann D, Leipert A. Temperature field measurements in a sooting flame by filtered Rayleigh scattering (FRS). Symposium (International) on Combustion, 1996, 26(1): 945-950.

[12] Malmqvist E, Jonsson M, Larsson K, et al. Two-dimensional OH-thermometry in reacting flows using photofragmentation laser-induced florescence. Combustion and Flame, 2016, 169: 297-306.

[13] Foo K K, Lamoureux N, Cessou A, et al. The accuracy and precision of multi-line NO-LIF thermometry in a wide range of pressures and temperatures. Journal of Quantitative Spectroscopy and Radiative Transfer, 2020, 255: 107257.

[14] Borggren J, Weng W B, Hosseinnia A, et al. Diode laser-based thermometry using two-line atomic fluorescence of indium and gallium. Applied Physics B, 2017, 123(12): 278.

[15] Zhou Z Y, Du X W, Yang J Z, et al. The vacuum ultraviolet beamline/endstations at NSRL dedicated to combustion research. Journal of Synchrotron Radiation, 2016, 23(4): 1035-1045.

[16] Moshammer K, Jasper A W, Popolan-Vaida D M, et al. Detection and identification of the keto-hydroperoxide ($HOOCH_2OCHO$) and other intermediates during low-temperature oxidation of dimethyl ether. The Journal of Physical Chemistry A, 2015, 119(28): 7361-7374.

[17] Bourgalais J, Gouid Z, Herbinet O, et al. Isomer-sensitive characterization of low temperature oxidation reaction products by coupling a jet-stirred reactor to an electron/ion coincidence spectrometer: Case of n-pentane. Physical Chemistry Chemical Physics, 2020, 22(3): 1222-1241.

[18] Slotnick J P, Khodadoust A, Alonso J J, et al. CFD vision 2030 study: A path to revolutionary computational aerosciences. Hanover: NASA Center for Aerospace Information, 2014.

[19] Amiri A E, Hannani S K, Mashayek F. Large-eddy simulation of heavy-particle transport in turbulent channel flow. Numerical Heat Transfer, Part B: Fundamentals, 2006, 50(4): 285-313.

第 6 章　多相流热物理学

Chapter 6　Physics of Multiphase Flow

6.1　学科内涵与应用背景

在自然界及宇宙空间、人体及其他生物过程也广泛存在多种复杂的多相流，如地球表面及大气中常见的风云际会、风沙尘暴、雪雨纷飞、泥石流、气蚀瀑幕，地质、矿藏的形成与运移演变，生命的起源与人类健康发展、生态与环境的变迁、保护、可持续开发利用等，均普遍遵循多相流热物理学的基本理论与规律。因此，多相流热物理学的发展与进步对国民经济与国防科技发展、人体健康，生态与环境的变迁、保护、可持续开发利用等均具有极为重要的意义。

多相流热物理学学科不但是与物质结构及基本粒子等纯数理科学、化学、生命科学等同样重要的基础科学，而且是在联系人类活动的有序化及目的化方面具有更特殊优势的学科。多相流热物理学及其传热传质学属于技术基础科学范畴，旨在解决工程所具有的普遍性热物理科学问题，是联系工程和基础理论的桥梁。多相流热物理学学科的发展将根据自然科学与工程的现状和发展趋势有远见地选定超前的研究课题，开拓新领域，以新的概念、理论、技术和方法武装工业，带动其不断前进。

能源是人类赖以生存、发展的物质基础，能源的消耗与利用水平是衡量一个国家国民经济发展和人民生活水平的重要标志，保障能源供应安全是世界各国政府的重要目标。能源的高效开采、洁净和可再生转化利用的许多过程均是典型的多相流及其传递过程，存在着大量的多相流动、传热、传质、化学及生物反应等基础科学问题，如多相流的相分布与相运动规律，离散相颗粒与变形颗粒的动力学，特高参数与复杂几何流道中流动传热的规律和极限、瞬态过程流动传热与临界及超临界效应，多相连续反应体系复杂过程热力学与微多相流动力学、非均质多相流光化学与热化学等。尽管人们在上述领域已经开展了大量的研究并得出许多有意义的结果，但迄今并没有从根本上掌握多相流及其传递过程的基本规律及其数理描述方法，对上述基础科学问题开展研究非常必要。

6.2 国内外研究现状与发展趋势

6.2.1 离散相动力学

1. 液滴动力学

多相流中以气相为连续相的气液多相流在自然界及工程应用中最为广泛，过程中伴随的液体破碎及液滴形成往往表现出随机性、无序性及混沌特性，微观作用机制十分复杂。液滴动力学问题是能源、化工、航空航天等众多工业领域以及生物医学、3D打印等新兴工程应用的一个基础问题，一直以来受到研究者的广泛关注。相间作用、界面变形以及流体的动力学演化为液滴动力学问题所包含的本质属性，还会涉及复杂波系作用、界面的产生与消失、质量传递、化学反应等复杂现象。近年来，针对上述过程中离散相液滴的形成、运动、变形及破碎等动力学行为，研究者通过试验结合数值模拟的方法发展建立了一系列特定工况下离散相界面演变特性及动力学预测模型，为相关工程应用提供了一定的理论指导[1,2]。然而，考虑到实际工况的多样性与复杂性，多物理场作用（电场、磁场、声场、光场等）或极端条件（高温、高压、微重力、超声速等）下离散相液滴界面特性及能质传输问题逐渐发展成为该领域的研究热点和难点，涉及静电微喷雾冷却、液滴声学操纵等新技术。同时，由单液滴向离散相液滴群推演过程中涉及的相间碰撞、反弹、聚并等相互作用规律以及相界面处跨尺度问题也有待进一步研究。实现多场耦合作用下微观气液界面的精确捕捉及能质输运机理的揭示对推进多相流热物理学学科进步和发展新型技术具有重要价值。

移动液滴多相流动及与周围环境气体耦合传热传质过程属于多相流热物理学学科基础共性科学问题，对其开展研究可为喷雾冷却、喷雾燃烧、喷墨打印、冷却塔、航空发动机、火箭发射以及农业植保等工农业生产过程提供科学的理论基础和技术先导，具有十分重要的研究意义和科学研究价值。由于飞行液滴多以较高速度移动，其界面及内流特性难以捕获，试验研究存在局限性。现有研究多聚焦于液滴受力、破碎、聚并、蒸发等基本物理现象的理论建模，如依据韦伯数大小专门提出的破碎模型包括泰勒破碎模型、波动破碎模型、开尔文-亥姆霍兹和瑞利-泰勒破碎模型和随机破碎模型。此外，国际上针对液滴动力学的研究在不断拓宽或突破原有界限，如宏观尺度（毫米级）向微观尺度（微米级）的过渡、常规参数向非常规参数（高温、高压、高湿环境和多组分、低温、带电、高速液滴）的转变、零维向多维（一维、二维及三维）理论建模的突破，处理复杂液滴集群及其与环境气体相互作用的方法也在不断创新和发展。

1)描述气液两相界面的模型与方法

气液两相流体界面的存在是液滴动力学问题的固有属性,对该问题进行数值研究,首要是对气液两相流体界面演化的准确模拟。气液两相流体界面分辨问题的数值模拟方法主要分为界面追踪方法和界面捕捉方法。界面追踪方法包括拉格朗日方法、任意欧拉-拉格朗日方法、前追踪方法及水平集法。界面追踪方法保证了界面的锐化,也称为锐化界面方法,尤其在处理需要考虑表面张力的流动情形时具有优势;其主要缺点是需要进行复杂的几何重构及网格更新,在两相界面存在较大变形时数值处理困难,同时难以应用于流场中广泛存在两相界面生成和消失的情形。

界面捕捉方法为扩散界面方法,它允许两相流体在界面附近存在一定程度的混合,也允许两相流体界面扩散在几个网格单元中。相比界面追踪方法,界面捕捉方法在处理存在两相界面生成和消失的情形时具有优势,人们基于此方法,对包含相变过程的两相流体界面流动问题进行了大量研究。扩散界面方法的主要缺点是界面会由于数值扩散而逐渐变厚,在强激波和大密度比两相界面作用情况下,采用扩散界面方法的求解结果会变得不准确。近年来,对扩散界面进行锐化处理取得了进展,使得该方法下两相流体界面足够尖锐并保证表面张力计算的准确性。扩散界面方法由于其在处理界面生成和消失问题的独特优势,已广泛应用于可压缩两相流体界面流动的数值模拟研究中。

2)液滴与壁面作用

液滴撞击固体壁面现象广泛存在于工农业领域,如内燃机中油滴撞击缸壁、喷雾冷却、喷涂印染、喷墨打印、农药在作物表面沉积等。液滴撞击壁面后的行为包括沉积、边缘高速溅射、冠状溅射、回缩破碎、部分回弹及完全回弹等,液滴的物性参数、撞击基面的理化性质以及撞击条件共同决定着液滴撞击固体壁面后的动态行为过程。人们对液滴撞击壁面过程开展了大量研究并划分了不同的液滴模态。

由于液滴高速撞击壁面为多相、强可压缩流动问题,具有小空间尺度、小时间尺度的特点,其极端的流动条件使得试验研究难度非常大,且该过程还包含着激波间断、界面间断、各种波系、空化相变等一系列复杂现象及它们之间的相互影响。近年来,人们对高速液滴与固体壁面作用问题的研究取得了一定的突破性进展,其中液滴内部水锤激波产生及其演化规律、内在空化产生机制及数学解析等均得到了较为完整的揭示。在实际的工业生产过程中,流体常因添加了高分子材料或颗粒而表现出不同的非牛顿特性,包括黏弹性、剪切增稠、屈服应力和剪切变稀等。由于流变学行为的复杂性,有关非牛顿流体液滴撞击固体壁面后的铺展动力学研究尚少,有限的有关非牛顿流体液滴撞击固体壁面行为的研究主要采取的是试验手段。近年来有部分工作涉及通过外场如光电热磁控制液滴运动的工作，多场耦合下非牛顿复杂流体液滴与表面相互作用的研究有待深入。此外，对于液滴与壁面作用问题，作用表面的几何特性、表面亲疏水特性以及液滴与过热壁面撞击的莱顿弗罗斯特（Leidenfrost）现象、液滴与过冷表面撞击的结冰现象等均为目前国内外的关注热点，相关研究有待进一步开展。

自然界和工程实际中大量存在的超疏水表面为随机粗糙表面，对液滴在这种实际表面的动态行为的研究还比较少，大部分研究集中于通过试验建立经验和理论模型来预测液滴的动态行为，如最大铺展直径、合并弹跳的临界条件以及接触线的钉与解钉等。这些模型为理解液滴与固体的相互作用提供了一些基本认识，但无法提供详细的信息，如气相和液相的相互作用、液滴与表面的接触面积和液滴内部的速度场等，这对于分析液滴碰撞、合并弹跳过程中的能耗、优化超疏水表面结构都是非常重要的。研究者已经使用各种数值计算方法来模拟自由表面流动，如计算流体力学模拟、分子动力学模拟以及格子-玻尔兹曼模拟等。

3）液滴破碎雾化

燃烧室内燃料液滴的破碎雾化与能源利用效率、发动机稳定工作以及排放等问题密切相关。液滴破碎雾化过程包含着两相界面的迅速演化、相间传递等复杂过程，尤其对于超燃冲压发动机燃烧室内燃料液体在超声速气流作用下的破碎雾化问题，还包含着复杂强波系与燃料液滴的作用，需要综合考虑液滴的可压缩性及两相强间断与激波的作用机制等，人们对燃料液滴的破碎问题以及激波与液滴相互作用这一基础问题开展了研究工作。研究者通过试验研究对低速流动条件下液滴破碎模式进行了总结。根据流动韦伯数的不同，液滴的破碎存在六种破碎模式，包括振荡破碎、袋式破碎、袋式和花蕊式破碎、剥落式破碎、波浪式剥落破碎、灾型破碎，这些破碎模式被奉为液滴破碎动力学的经典理论。近年来，研究者通过试验和数值模拟的方法研究了激波与液滴作用，揭示了液滴内部空化机制。然而，随着我国对超高速飞行器的发展需求，在复杂强波系（如爆震波）等作用以及包含化学反应释热等过程下燃料液滴的破碎雾化机制的研究仍亟待开展。

4）液滴与空化

空化问题备受学术界和工业界的广泛关注。液滴内部的空泡可以分为两类，第一类是液体空化初生形成的蒸汽泡；第二类是液滴初始含有的空泡，此类空泡为蒸汽空泡或者惰性气体（如空气）空泡。通过液滴高速撞击、超声波聚焦、激光聚焦、电火花等手段均可以在液滴内部产生空化，这类空化泡难以稳定存在，伴随着剧烈的动力学过程。有研究者对微重力环境下使用电火花技术在液滴内部产生不同大小空化泡及随后空化泡溃灭问题开展了试验研究。同时，通过试验研究了静止液滴中通过激光聚焦产生空化泡，发现随着空化泡的振荡，液滴表面由于瑞利-

泰勒(Rayleigh-Taylor)不稳定性产生射流,液滴表面的射流会进一步破碎形成小尺寸液滴。由于非平衡效应,这类空化泡通常在周围的液体作用下发生溃灭。人们还可以利用嵌入的空化泡控制非均相空心液滴的孔隙率、导热率和飞行轨迹等,来满足不同工艺的需求。近年来,随着生命科学领域的发展,精准靶向医疗已经成为未来医学技术的一个重要发展方向。其中,一种全氟化碳液滴由于其沸点低容易触发迅速相变而被广泛使用,将它作为载体基质进行药物的输运与精准投放。人们利用超声波聚焦,触发的液滴内部快速空化相变,从而达到在病灶区域精准释放靶向药物的目标。然而,这些作用过程物理机制的研究仍有待开展。

5)液滴的主动控制

随着人们对液滴微观特性认识的深入以及控制技术的发展,人们意识到可以利用液滴作为一个载体实现物质的输运和筛选,针对液滴主动控制的研究近年来方兴未艾。研究者尝试利用各种手段实现液滴生成、运动状态、运动轨迹等行为的控制,如利用平面微流控液滴发生器控制液滴的产生、基于液滴的微流体技术实现对荧光激活的不同液滴进行分选、利用光照改变石蜡基座表面特性控制液滴的运行轨迹与状态;利用声学流涡旋实现液滴的无触点数字控制等。相关控制机理的研究与控制技术的发展为将来微观智能制造技术提供了可能的途径与技术保障。

6)液-液分散问题

以液相为连续相的多相流问题涉及的技术领域十分广泛,如能源、动力、环保和新材料等。在液-液两相体系中,为增强相间作用效果,常采用搅拌、微结构、磁场、电场等不同过程强化方法使离散相和连续相间的物质和能量通过分散、混合、化学反应等过程在液-液相界面处进行传输和交换,从而实现不同液体组分间的传热传质。同时不同液体组分在相互作用过程中会形成复杂的液-液两相流动,广泛存在着离散相液滴的变形、运动、聚并、破碎等重要动力学现象,由此产生了一系列液体介质中的离散相动力学问题,极具科学研究和应用价值。

研究者主要通过试验与数值模拟的方法对液相中离散相液滴的动力学行为过程进行研究,重点关注了离散相液滴自身的动力学特征、离散相液滴间的作用机制、离散相与连续相间的界面作用机制及不同工况和物性参数对液-液体系动力学特性的影响规律。由于不同条件下液-液两相体系中离散相动力学问题的多样性和复杂性,尚有许多工作有待深入研究,如多尺度、多物理场耦合作用下的复杂离散相动力学及相界面作用问题研究,流体力学、化学、热力学等多学科交叉融合离散相动力学研究,基于实际工业应用的复杂液-气(固、液)多相体系中离散相动力学研究,深入研究和解析离散相动力学问题能为发展新技术提供相应的理论支撑。

2. 气泡动力学

多相流中的气泡运动是离散相动力学中的重要内容之一，相关研究涉及化工、能源、冶金、制药和生化等重要领域，气泡动力学研究方向主要包括气泡动力学行为、物理机制、力学本构关系、测量与模型，涉及叶轮机械中的空化诱导气泡产生过程、沸腾时气泡成核过程、电化学产氢过程和生物燃料加氢提质等复杂问题。在气液两相体系中，离散相气泡与液相之间的相互作用与质量传递过程是经典难题，是学术界与工程界关注的热点。一方面，气泡自身存在着变形、破碎和聚并等重要动力学现象，其与连续相形成的界面在宏观层面表现出随机性、无序性及混沌特性；另一方面，气泡运动会影响到环境液体的发展，使流场结构发生变化，由此产生的离散相反作用于连续相的特殊动力学问题，极具科学研究和实际应用价值。

近十年来，随着加工、制备与测量技术在多相流热物理学领域的发展与应用，对离散相气泡的研究延伸至微通道、微重力、纳米流体及新工质、多场耦合作用、材料及化学交叉学科等新兴方向。然而，由于多相流固有的复杂性，离散相与连续相界面传输过程的瞬时与空间特征引起时空尺度的多层次变化，致使现有的研究成果与实际应用仍然存在距离，尤其在一些复杂及极端条件下气泡动力学理论框架仍有待建立。综合来看，气泡动力学研究具有向极端运行参数及时空尺度延伸的发展趋势，探究常规尺度系统中不存在或易被忽视的微尺度效应、微弱势差和微观机理等。在试验研究方面，对气泡分散引起的微观界面现象捕捉和物理参量的准确测量是主要难题，尤其对极端条件，如高温、高压、高速及微米尺度、纳米尺度下的气泡参数测量，许多常规的测量方法及技术已不再适用，必须发展新的测量方法。在数值模拟方面，发展多尺度及跨尺度的方法是主要趋势，针对典型气泡微流动和传热问题，在特定条件下寻求具有普适性的理论解；发展微反应器内气液界面捕获及追踪方法，提高求解精度及收敛稳定性等；针对纳米气泡，重点发展分子动力学及格子-玻尔兹曼数值模拟方法。此外，探索人工智能和大数据在离散相动力学研究中的融合创新，为解决复杂工况和极端条件下气泡动力学行为预测与控制问题提供了新的思路。气泡动力学问题一直以来受到研究者的广泛关注，近几年，对气泡动力学的研究主要围绕着以下几个方向展开。

1）气泡与激波的作用

气泡与激波作用导致的气泡非对称溃灭过程具有作用时间短（通常为微秒量级）、流场结构演化复杂等特点。早在20世纪八九十年代，研究者开始针对气泡与激波作用进行了大量的试验研究。采用撞击块高速撞击的方式在明胶中产生激波，研究发现激波穿过气泡之后沿着激波传播的方向产生了流体射流，其速度达到了数百米每秒。在类似的试验中，激波后压力在10～100MPa范围内变化，发现当气泡半径增加时,射流速度呈现线性增长的趋势。受试验技术的限制,研究者难以给出在激波与气泡相互作用过程中气泡溃灭过程的更加详细的流场结构及其物理机制的完备解释。在数值研究方面,给出了气泡溃灭过程中的波系结构和两相界面的详细演化规律,根据影响气泡溃灭的主要因素,包括入射激波、水锤激波和涡环,将气泡溃灭过程分为三个阶段,发现射流速度和形状很大程度上受初始气泡之间间距的影响。在研究空气中平面激波与不同气体特性的多边形气泡的相互作用时还发现,由于气体的分子量、比热比和声阻抗存在较大的差异,在相互作用过程中会形成一系列复杂的波形,且气体类型以及透射激波的运动会对气泡后部波的运动产生较大影响。

2)气泡与壁面的作用

由于壁面效应,在固体壁面附近的气泡溃灭为非对称溃灭,壁面附近气泡溃灭产生的射流是导致固体材料发生破坏的主要原因。气泡在半无限大可变形固体附近受到2GPa激波作用下的溃灭过程的数值模拟研究发现壁面附近气泡的存在削弱了入射激波对固体的冲击作用,而气泡溃灭过程中产生的强射流对固体产生更强烈的冲击。当气泡撞击具有不同狭缝宽度的壁面时,对于光滑壁面(无狭缝),导致气泡发生溃灭的原因是最大壁面压力,而不是撞击它的液体射流,这与试验结果一致。对于较小尺寸的狭缝,也观察到了类似的行为;而对于较大尺寸的狭缝,液体射流在气泡发生溃灭占据了主导作用。由于气泡溃灭过程中会产生强度较大的液体射流,形成的气泡溃灭射流对冰层破碎产生影响,从而使得气泡之间以及气泡与冰板之间的相互作用对冰层破碎效果具有显著影响。

3)纳米尺度气泡动力学

纳米气泡通常指直径小于1μm的气泡,其拥有独特的物理化学特性,可应用于水管理、表面清洁、农业和医学等诸多场景。纳米气泡也可以作为空化核心,降低液体抗拉强度。早期主要通过纳米气泡的存在,并采用动态光散射技术研究纳米气泡,发现纳米气泡可以稳定存在数小时、数天甚至数个月。然而,纳米气泡的稳定性与经典理论存在矛盾,根据Young-Laplace方程,纳米气泡内部拥有极高的压力,这会加剧气泡内气体向外部逸散,而基于扩散动力学的Epstein-Plesset理论表明,纳米气泡寿命仅有几微秒。尽管试验中观测到了稳定存在的纳米气泡,但其稳定机制仍有待进一步研究。纳米气泡体系主要分为两种类型:界面纳米气泡与体相纳米气泡。对于界面纳米气泡,稳定性机制的合理解释一直以来都是研究的重点和难点,尽管有了较多辅以试验为支撑的模型或理论,但是仍然没有发展出一套具有很好普适性的理论,对界面纳米气泡稳定性机制的研究仍待进一步展开。对于具有丰富而又独特理化性质的体相纳米气泡,研究者仍不能对其形成与稳定性的机理给出一个合理且令人信服的解释。针对体相纳米气泡的研究热点主要集中在气泡的生成、稳定发展以及体相纳米气泡对液体介质空化物理机制的影响，利用分子动力学等研究手段对纳米气泡开展深入的机理研究。

3. 颗粒动力学

颗粒动力学与燃料高效利用、污染物超低减排等若干国家重大需求密切相关，其所涉及科学问题（如流动-颗粒相互作用机制、颗粒-湍流多尺度结构的时空演化与耦合协调机制等）范围广泛，综合性强，一直以来都是学术研究的热点。影响流体中颗粒运动的因素复杂，分散颗粒、颗粒聚团的随机运动及相互作用，流动输运过程的时空多尺度变化，使得分散相颗粒动力学规律至今难以被全面准确地掌握。

1）描述颗粒相的模型

负载颗粒的两相流动可分为稀疏两相流动和稠密两相流动两大类。稀疏两相流动中离散相（颗粒相）的运动受连续相（流体相）的控制。连续相的质量远大于离散相的质量，两相之间的作用力在连续相中形成的加速度远小于在离散相中形成的加速度，可以忽略颗粒对流场的影响。此外，离散相间的碰撞时间极短，且在发生碰撞时已经完全响应湍流脉动，可以忽略离散相间的碰撞。因此，可以先不计离散相的存在，用流体力学方法求解连续相的流动，然后计算离散相瞬时速度和位置的运动参数，此即为单向耦合模型。如果模型中考虑流体和颗粒间的质量、动量和能量的相互作用或耦合作用，则为双向耦合模型。稠密两相流动中离散相颗粒受流体相和（或）颗粒间碰撞的控制，瞬时速度和位置由流体输运结合碰撞结果得出。连续两次碰撞的间隔小于离散相本身完全跟随连续相流动所需的时间，运动行为不能完全响应湍流脉动，在尚未完全跟随湍流时便已经发生碰撞。因此，必须要考虑颗粒间碰撞。针对稠密两相流动，在双向耦合模型中进一步引入颗粒之间碰撞即颗粒间相互作用的模型，即为四向耦合模型。

2）求解颗粒动力学行为的数值方法

流体-颗粒两相流动的数值模拟主要有两类方法，分别为欧拉-欧拉方法和欧拉-拉格朗日方法。欧拉-欧拉方法，即把连续相（流体相）当成连续介质，把离散相（颗粒相）当成拟流体或拟连续介质，又称为双流体方法。欧拉-拉格朗日方法，即把连续相（流体相）当成连续介质，在欧拉坐标系内加以描述，把离散相（颗粒相）则当成离散体系，在拉格朗日坐标系内加以描述。其中，较为有代表性的是计算流体力学-离散单元法。相比双流体方法，计算流体力学-离散单元法能得到颗粒尺度的详细信息，但由于计算能力的限制，所能计算的颗粒数量存在上限。此外，针对稠密气固两相流动，还存在离散气泡方法、直接蒙特卡罗方法、光滑粒子流体动力学方法等其他方法。

3)颗粒动力学的机理解释

对于湍流流动中复杂惰性颗粒的两相流,分散的颗粒富集在剪切速率高、涡度低的区域,具有倾向性弥散的特点。研究主要探讨斯托克斯数、流动雷诺数、壁面约束条件对颗粒在流场中的分布、颗粒扩散等的影响机制。同时,小尺度湍流涡、边界层等对颗粒之间的碰撞以及颗粒与壁面碰撞的影响也是研究的热点。负载颗粒两相流的研究还旨在揭示湍流调制规律,这类研究通常在各向同性湍流、边界层、绕流尾迹区、射流以及剪切层流动开展,主要关注颗粒调制湍流的机理与颗粒的尺寸、颗粒对两相壁湍流的调制与颗粒尺度、颗粒之间的碰撞、颗粒对湍流的影响与颗粒分布之间的关系。

4. 磁流体多相流的研究

磁流体两相流动在工业生产中有着重要的应用,主要体现在磁约束核聚变装置中强磁场环境下的气液/固液两相流动以及在电磁冶金工业中施加强磁场时对液态金属凝固、结晶等行为的影响。这些和磁场相关的流动现象关系到聚变装置中的能量转换效率和聚变反应的等离子体稳定性,也影响冶炼金属的成型和使用特性,因此对磁流体两相流开展研究具有重要的意义。近年来,研究者从不同的角度和出发点开展了研究,主要包括磁场对气液/固液两相流动的影响、磁场对湍流中离散相传热传质的影响、磁场对多组分合金溶液凝固时结晶组织的影响等,但大多研究集中在试验方面,多物理场耦合的复杂性造成了磁场影响的物理机制尚不够清晰,因此发展精确的数值模拟技术并开展相关的直接数值模拟研究、研发更先进的试验测量仪器和测量手段也是亟须取得进展的方向。

1)磁场对气泡/颗粒运动的影响

气泡群在电磁冶金工业中被用来驱动液态金属运动,使其物理化学性质更加均匀,提高冶炼金属的品位;而在金属凝固过程中涉及结晶颗粒的迁移和沉积,因此磁场影响下的多气泡运动和多颗粒具有重要的研究价值。研究者针对这一现象展开了试验研究和数值模拟研究,发现了不同方向、强度磁场影响下气泡/颗粒运动的不同特点,并从尾涡演化的角度给予了合理的解释。

2)磁场对湍流中离散相传热传质的影响

在磁约束核聚变装置中,液态锂铅包层是能量转换的关键部件,其结构复杂并涉及电-磁-热-力在流场中的耦合,流动雷诺数高达 10^5 量级、热对流格拉斯霍夫数为 10^{10}～10^{12},而磁场哈特曼数为 10^4～10^5,这些都远超常规流体的流动参数。考虑到包层内部离散蒸汽相的输运,其传热传质过程非常复杂,已有的试验测量手段能得到有限参数区间的结果,但通过发展精确数值算法,对真实工况下的液态锂铅包层进行全尺寸的大规模数值模拟可以解释其中的流动传热传质规律和内在机制,这对聚变装置包层部件的研发和工程应用具有重要的意义。

3)磁场对液态金属凝固和结晶的影响

合金材料在先进的工程系统中起着核心作用,如镍基单晶材料被用于制造汽轮机叶片,这种多组分晶体的质量对能源和航空产业意义重大。由于大部分合金材料是通过熔化和凝固加工形成的,计算材料学领域的一项重要挑战就是如何准确预测冶金过程中生成金属材料的结构和性能,这就要求能精确模拟在凝固过程中出现的溶质偏析、晶体生长和缺陷等,了解并减少这些缺陷对提高材料性能具有重要意义。已有的试验研究发现,磁场会极大地改变晶体的形态和微结构,包括生长速度、晶体形貌、分布及取向等;而精确的数值模拟研究比较缺乏,这主要是因为考虑多场耦合的固液相变数值算法有待发展。

4)试验测量手段的研发和数值模拟方法的发展

由于磁场影响下的工质一般都是液态金属,其非透明性导致普通基于光学原理的测量方法都不再适用,已有的成熟测量手段主要是多普勒超声测速法和电势探针法,但这两种方法都只能获得局部流场的少量信息,无法重构三维流场,因此在试验方面需要发展更精细的测量方法;在数值模拟方面,其优点显而易见,就是能完整地呈现复杂多变的流场和电磁场信息,但受限于多场耦合的复杂性,国内外的相关研究依然不多,如磁场影响下的单气泡运动和液滴运动、磁场对气泡群运动的影响等,发展精确的数值模拟算法依然是本方向的主要难点。

6.2.2　多相流动

1. 复杂相界面特性与调控

1)液-液、气-液界面特性及调控

液-液、气-液等相界面结构及特性存在不均匀、多场耦合、多尺度、非平衡等基本属性。随着能源动力、石油化工、航空航天等技术不断向非常规介质、极端条件、多时空尺度等方向发展,相界面特性及调控在多相流动、胶体及界面化学、生物功能性界面、材料界面组装等领域中的重要性日益凸显。表面活性剂、纳米颗粒等组分界面动态吸附导致气-液、液-液界面结构发生演变,展现出传统表面或界面张力理论难以描述的相界面特性。

对于相界面特性,以往研究集中于界面黏性、张力等力学特性及其宏观影响规律。鉴于其多尺度和波动特性,相界面特性难以直接捕获,近年来分子示踪、微粒子图像测速技术、非线性光学等先进技术取得了显著进展,为获取微观界面特性提供了有力手段。表面活性剂、纳米颗粒等组分界面吸附、扩散、迁移等传质特性导致界面呈现出更为复杂的非线性力学性质,如超低界面张力、界面黏弹性等,迫切需要发展可考虑非牛顿流体、界面黏弹性、可压缩、物质传输等条件的模型。分子动力学模拟能够直接获得界面结构、分子排布及传质特性,进而揭示界面上分子间相互作用,为宏观模拟和试验研究提供基本参数和机理认识。研究者通过采用分子动力学方法研究离子、纳米颗粒对液-液界面微观结构及张力特性的影响,揭示了界面扩散、迁移等物质传输影响界面结构和张力的微观机制。建立界面微观结构-力学特性本构关系、开展相界面特性多尺度及跨尺度研究对相界面特性调控、多相流过程描述及预测具有重要意义。

相界面作为能质传输、化学反应等物理化学过程的重要场所,针对其调控的研究近年来方兴未艾。表面活性剂、纳米颗粒等界面吸附材料的发展为相界面特性调控提供了重要的物质基础。材料本身的物理化学性质和温度、压力、pH、离子种类及浓度等环境因素均会显著影响界面分子构象、物质传输和微观结构,进而改变界面张力、黏弹性等力学特性。以往研究显示,纳米颗粒化学组成和结构对其界面自组装和界面特性具有重要影响,突出了纳米颗粒调控液-液界面特性在物理、化学和生物等方面的应用前景;另外,通过磁性纳米颗粒在油水界面吸附和组装调控铁磁液滴界面特性,可实现铁磁液滴形貌重构。研究还发现,纳米颗粒降低油水界面张力具有离子种类和温度敏感性,揭示了离子-纳米颗粒协同改变界面张力的微观机理。研究主要集中于界面吸附材料,对界面结构及其演化机制、界面结构-力学特性关系的认识还不够深入,亟须从试验、模拟和理论分析等多方面开展研究,发展相界面特性调控的多尺度及跨尺度方法。

2)三相接触线移动

油、气、水、固等组成的复杂流体,任意三相的接触区域会形成三相接触线,当接触线处所受的界面张力不平衡时,其会发生运动。接触线运动特性对复杂流体的多相流动特性非常关键,尤其在界面力占主导的油气藏开采、微反应器设计、芯片散热等实际工程问题中。

复杂流体与固体表面分子之间的极性作用、酸碱作用、离子络合等物理化学作用促使离子、沥青质、表面活性剂、纳米颗粒等自然或人工添加组分更易吸附于固体表面或流体相界面,显著改变三相接触线微观结构,导致三相界面力学特性非常复杂,从而显著影响三相接触线运动规律。近年来原子力显微镜、表面力仪、红外光谱、X 射线光电子能谱分析等测试技术的发展为获得三相接触线力学特性提供了一种新的可能性,但鉴于接触线动态变化及微纳尺度特性,其观测系统和分辨率有待进一步发展和提高。理论分析和分子模拟仍是目前研究三相接触性力学和运动特性的主要手段。当前三相接触线运动的相关研究中,气液固系统和液液固系统通常考虑简单分子体系,忽略了复杂分子结构的影响,流体及界面组分对流体界面、固体壁面物理化学性质的影响也未考虑。如何进一步获得多场耦合下接触线运动规律及微观影响机制，发展可考虑表面活性剂、纳米颗粒等复杂分子结构、壁面吸附、界面能质传输的三相接触线运动模型，建立三相接触线微观结构-力学特性关系，对揭示三相接触线运动的物理化学机制、促进多相流动的主动调控具有重要意义和指导价值。

3）壁面润湿性反转

壁面的两相润湿性直接影响通道中的多相分布与流动，在石油开采、膜分离等工业过程中至关重要。例如，在原油开采过程中，油藏岩石表面的油水润湿性会影响毛细管力、微观波及体积和残余油饱和度等，因此合理调控油藏岩石表面的润湿性对提高原油采收率有重要意义。壁面的两相润湿性由两相流体与壁面之间作用的相对大小决定，因此研究壁面润湿性首先必须搞清楚流体与固体表面之间的作用机制。在油藏中，岩石表面与原油极性分子之间的作用主要有范德瓦耳斯力及氢键导致的极性作用、阴/阳离子交换导致的酸/碱性作用和阳离子桥、水桥及配位桥导致的离子桥接作用等。

在石油工程领域，油藏环境的复杂性导致油水固三相的相互作用非常复杂，因此岩石表面润湿性形成及反转机理没有形成统一的认识，例如，人们提出的离子引诱的润湿性反转机制就包括微粒迁移和黏土膨胀、pH 升高、多组分离子交换、双电层膨胀等。现有研究主要关注表面活性剂、离子等引起的岩石表面润湿性反转现象，相关试验研究一般分为关注总体效果的宏观驱替试验和关注物理机制的微观模拟试验。宏观驱替试验以岩心水驱试验为基础，微观模拟试验则是利用高度模型化的表面（石英、云母等）进行接触角测量来表征岩石表面的润湿性。试验发现，原油组分、暴露时间、离子种类及浓度、岩石组分、温度等参数都会对壁面润湿性的变化产生影响。由于试验研究无法从微观作用力的角度揭示岩石表面润湿性变化机理，不少研究者利用分子动力学模拟进行了相应研究，发现水相中 Na^+ 浓度的升高会导致水膜厚度增加，有利于油滴的脱附；二价阳离子对油滴在岩石表面的离子桥接吸附作用要强于一价阳离子，因此水膜中一价阳离子比例越高越有助于油滴的脱附。还缺乏完整的理论能充分考虑表面活性剂、离子等在油水固三相体系中的复杂作用，进而实现对壁面润湿性的精确描述。

2. 油气开发多相流动

1）残余油提高采收率多相流基础理论

我国东部老油田占全国产量的一半以上，经多年水驱开采，含水量已高达 95% 以上，但原油采收率仅为 35%～40%，持续推动原油提采技术的研发换代和有序接替极其重要。聚合物/表面活性剂/碱三元复合驱可提高采收率达 10%～20%，是我国目前大力发展且处于国际领先的自主开发核心技术。为解决碱腐蚀等问题,聚合物/表面活性剂二元复合驱是我国未来十年重点攻关的主体接替技术。纳米智能化学驱油技术有望成为提高采收率颠覆性战略接替技术,预期最终采收率可达 80% 以上。创新多相流基础理论和研究方法是实现上述愿景的核心科学问题之一。

老油田储层中原油多以液滴或液滴簇形式存在并以乳状液的形式被采出,因此油藏储层孔隙中油水液滴的流动特性及机理是深入理解残余油驱替过程的核心,最新相关综述均强调了液滴动力学基础理论研究的重要性。作为一种典型的多相流动形式,流场中液滴变形、运动、破碎等动力学特性一直处于流体力学研究领域的前沿。经过几代科学家的努力,对复杂液滴动力学的认识从厘米到微米尺度、从简单流场到复杂通道、从理论分析到高精度模拟等多个维度均有显著进展。相界面复杂组分与结构及其诱发的复杂界面力学特性,已经成为液滴动力学基础理论体系中崭新的未知领域,亟须探索研究。

传统原油提采理论研究多以表面张力理论体系为基础,然而离子、表面活性剂、纳米颗粒等物质吸附相界面并诱发界面黏弹性等复杂界面特性,已突破了表面张力理论内涵,揭示界面黏弹性等复杂界面特性具有重要的学术意义及工程应用价值。近年来,研究者提出了界面黏性、马兰戈尼效应、界面固化效应等特殊属性是表面活性剂和纳米颗粒调控液滴动力学行为的重要机制,阐明了油藏孔隙中残余油滴释放的三种阻力机制,即三相接触线移动、壁面化学吸附、孔喉结构束缚。

表面活性剂等化学剂的添加使油滴更容易从多孔介质中脱附并流出,同时油水界面表现出剪切弹性、面积扩张弹性、抗弯特性等显著不同于普通油水界面的力学特性,给经典的静电聚并理论和静电聚结技术的应用带来了前所未有的挑战,极大地增加了油水分离的难度。研究者系统研究了电场、磁场等作用下油水微乳滴的变形、破碎、聚并行为,揭示了毛细数、电毛细数、油水黏度比与电导率比、表面活性剂浓度等的影响规律,为原油脱水提高静电聚并效率、克服抑制电分散等提供了有效方法。

2)非常规油气开发多相流

稠油、页岩油等非常规油气资源的开发逐渐成为石油工业发展的主攻方向,多孔介质中油气水多相渗流是油气藏开发的核心科学问题之一。非常规油气藏中的多相渗流主要有以下特征:多尺度耦合、多物理场耦合以及多流动模式耦合。多孔介质跨越分子尺度、孔隙尺度、达西尺度、岩心尺度、油藏尺度,不同尺度下渗流理论的有机关联是重要科学问题。为实现非常规油气高效动用,人们开发了注化学剂、热采、压裂、原位转化等提高采收率的技术,如最近出现的中低成熟度页岩油原位转化、超临界水提高采收率、稠油原位改质减阻等技术,包含了超临界水注入、稠油/页岩油水热反应、改质后油水混合物采出等复杂多相流动过程，并且多物理场相互耦合。研究热、流、力、化学多场耦合理论是重要学术方向。达西定律描述了宏观尺度下渗流速度与压降间的线性相关性，但在低渗储层、非牛顿流体、高流速等条件下并不适用。在微纳尺度下存在努森扩散、表面扩散、分子扩散、热扩散等复杂的流动机制。在缝洞型多孔介质中，同时存在小孔缝渗流和大孔洞自由流的耦合流动过程。因此，非常规油藏中多流动模式耦合问题应重点研究。

3）深远海油气集输流动安全

海洋油气田具有开发深度大、集输距离长、管径大、温度变化剧烈等特点，油气集输流动安全技术是重大挑战。气液流速、管线尺寸及其随地形铺设的变化，管线启动、停输、通球清管、多相增压等操作工艺，集输系统多相流流动特性极其复杂，只有充分掌握复杂恶劣工况条件下的多相流动规律，才能指导深水装置设备的开发和海洋油气田的生产。西安交通大学研发建成了一套能够直接模拟高压35MPa 深海油气多相采输过程的工业级多相流试验及测控技术研发平台，获得了公里级长距离高压复杂集输立管系统的全流型数据库，提出了严重段塞流超前快速预报技术，避免了使用水下测试设备，研制了多级混流与多级离心组合的多相混输增压新技术。为彻底解决高压低温等严苛环境下的油气集输安全问题，需要开展复杂流体相态及多相流型演变、固相沉积与运移、多相体系腐蚀、集输立管系统不稳定性等基础理论研究，创新发展高压多相混输泵、流动检测与计量、严重段塞流预报及控制、多相体系腐蚀抑制与防护等关键核心技术。

4）水合物开发多相流

天然气水合物大量存在于海底和冻土层，是一种可持续且储量巨大的新型能源。水合物开发是一个典型的多组分多相态的多相流动过程。水合物在孔隙内的赋存及相变会显著改变孔隙空间结构和流体运移路径，进而显著改变水合物赋存多孔介质的传递性能。孔隙内水合物的分布形态演化仍然是未能解决的关键问题。近年来，以计算机断层扫描为代表的各类高分辨率观测成像手段逐步被应用到水合物孔隙行为的实验室观测中，为水合物孔隙行为的研究提供了最直观的信息。高精度数值模拟技术为定量描述水合物孔隙行为、孔隙-岩心跨尺度信息传递提供了可能。反映多物理场耦合作用的水合物孔隙行为演化模型构建是研究难点。特别指出，水合物赋存岩心的孔隙空间结构随水合物相变而改变，因此多孔介质内水合物的流动不同于简单的气液多相流动过程，需要考虑孔隙的时空变化及流体的相变等。

水合物试采过程中井筒内是含水合物、砂、水、气的复杂多相流动。含水合物-砂-水-气的多相流动理论是天然气水合物试采过程中所有管道内流动计算与分析的基础。天然气水合物堵塞造成的流动安全问题长期以来困扰着油气生产和输送部门。天然气水合物储层出砂几乎不可避免,这是由天然气水合物的赋存特性(以接触、胶结、骨架形式存在)、埋藏深度(浅,地层强度较弱)、岩性(以细粉砂为主,粒径小于 40μm 的砂粒占 80% 以上)以及开采方式(水合物分解产气)等共同决定的。这些砂粒在井筒内的沉积及砂床的形成将造成井筒流动面积减小、摩擦压力损失增加,甚至流道堵塞等严重事故。因此,需要对微米级砂粒在井筒内的运移特性有足够的了解,对砂粒的流动、运移和沉积规律展开深入研究,以保障井筒流动安全,实现天然气水合物长期稳定开采。

3. 环境污染与防治多相流

雾霾是大气气溶胶的积聚态,是指悬浮在大气中粒径为 0.001～100μm 的液体、固体或多相多组分微粒混合体系。长期研究与实践表明,雾与霾的形成与消退的本质是多相多组分颗粒物(群)在大气环境中的生长、演化、碰撞、迁移和沉降过程。颗粒物与环境中水蒸气的相互作用是联系大气气溶胶生长演化、粒径大小、浓度谱分布等微物理参数与多组分、混合状态、气-粒分配与转化等物化参数的桥梁和纽带,这对于理解雾与霾的成因不可或缺,涉及热力学、传热传质学、多相流动力学以及化学反应动力学等多学科交叉融合。水分子在气相及凝聚相之间运移是伴随着水相化学反应作用机制的多相流动力学转化过程。不仅如此,颗粒吸收水蒸气后改变了颗粒特性,如吸光、吸湿、毒理等特性,粒径浓度分布和化学成分变化,对环境、气候、生态系统等造成直接或间接的影响。

颗粒物生长/浓缩和演化的界面传质微观多相流动力学和化学动力学研究比较薄弱,基于多相态多组分动力学开展雾霾颗粒群与水蒸气和其他痕量气体的相互作用机理研究,重点解决多相多组分及混合状态对水蒸气吸收动力学作用机制、吸收水分后的颗粒表面性质、相态以及水化学反应等关键科学问题,对深入理解其理化特性的环境效应和健康效应、提高雾霾预测准确率、破解雾霾污染成因、发展大气雾霾防治技术具有重要意义。

4. 复杂多相流动的数值模拟方法

相对于普通两相流,复杂多相流动数值模拟的特殊性在于对三相接触线运动的准确模拟。对于移动接触线问题,往往涉及界面的变形、破碎及融合等拓扑结构变化,将常用的两相流数值模拟方法扩展到能够处理移动接触线问题至关重要。根据界面描述的方式不同,常用的两相流数值模拟方法可以分为两大类,即隐式捕捉法和显示追踪法。常用的隐式捕捉法有流体体积法、水平集法和相场法。显式追踪法使用一系列的拉格朗日点来追踪相界面,求解界面对流会变得简单且不存在稳定性问题,常用的有浸入边界法、界面追踪法和任意拉格朗日-欧拉法,如何用离散的拉格朗日点集构建封闭且形状唯一的界面是该方法的关键,如何高效精确重构界面是该方法应用中的最大挑战,尤其是在界面发生拓扑结构变化时。

除了需要界面捕捉方法来捕捉两相流界面的变形、运动及破碎,接触线运动模拟同样重要。除了需要解决接触线应力奇点问题,移动接触线的动力学描述、接触线附近的物质传输耦合(考虑表面活性剂或者纳米颗粒吸附时)、接触线模型与两相流数值方法的耦合、接触角滞后等壁面非均质作用及接触线区域标量函数的计算等都至关重要,且对不同的界面追踪/捕捉方法解决接触线问题的方法略有不同。在流体体积法中可以在接触线处添加含有接触角项的体积分数函数梯度边界,即通过给定边界体积分数来获得相应的接触角边界条件,此接触角边界可以是从试验中获得的半经验关联式,也可以是理论模型。除需要给出移动接触线模型在两相流数值方法中相匹配的数值格式外,在显式界面追踪法中,接触线附近的拉格朗日网格重构需要考虑边界上接触线网格的约束,这对接触线处接触角及力平衡的计算至关重要。此外,用于网格间物理量传递的标量函数(如界面追踪法中的狄拉克函数)在接触线附近需要进行特殊修正,以满足网格传递不变性。考虑到接触线处接触角(界面法向量与壁面法向量夹角)与物性场梯度(与界面法向量平行)的关系,壁面附近用于识别物性场的指示函数边界条件也需要修正。

对于表面活性剂,在流体中发生对流扩散,在液滴界面处与吸附于液滴界面和壁面上的表面活性剂分子发生质量交换。在求解主流中的表面活性剂浓度时,需要考虑表面活性剂的动态吸附和脱附过程,常用的表面活性剂吸附模型有Langmuir等温吸附模型,通过与吸附和脱附速率常数相关的吸附/脱附量可以将主流浓度和界面吸附浓度进行关联。不同两相流数值方法在求解表面活性剂浓度时的处理方法也不同,需要结合界面捕捉/追踪方式、表面力求解方法及界面边界条件等因素进行具体处理。对于仅溶于界面一侧流体的表面活性剂,界面处表面活性剂浓度满足锐边界条件,出于保证计算稳定性和精度需求,需要合适的离散格式来求解表面活性剂浓度对流扩散方程以解决界面两侧浓度差别较大的问题。除此之外,表面活性剂浓度与液滴界面捕捉耦合求解还需要考虑表面活性剂对表面张力等界面力学性质的影响,此时需要引入表面活性剂本构方程,常用的有线性本构方程和非线性本构方程,通过该本构方程可以获得表面活性剂浓度与表面张力的关系。表面活性剂浓度方程、流动控制方程和界面捕捉需要耦合求解。界面大变形的精确捕捉和流动与对流-扩散方程的全耦合(界面附近较大浓度梯度时)求解是这类问题的研究重点。

6.2.3 多相流传热传质

1. 微尺度多相流传热传质

随着航空航天、电子信息与生物技术的快速发展,微通道两相流从纯基础研究向功能化多相微纳系统研究过渡。在航空航天领域,无人机对微能源有强烈需求,微小卫星轨道和姿态控制存在着对相变微推进系统的需求。在信息领域,不仅要求对器件进行冷却,还要求对温度进行精确控制,因而提出了数字化微传热的概念。在生化领域,微通道中液滴或气泡的生成和控制构成各种微反应器的基础。面向高新技术领域的微尺度多相流传热传质研究已经成为热点,包括人类普遍关心的能源与环境领域。例如,采用超快激光与材料相互作用制备纳米材料,用于超级电容器的储能等。微尺度多相流传热传质的发展趋势具有以下特点:从气泡动力学等纯基础研究向高新技术两相流应用研究扩展;从微米通道两相流向纳米通道两相流及有序调控的研究方向扩展;从简单的显微测量向新的测量技术发展(如荧光测量、红外线测量、与微通道集成一体的传感器测量等);从单纯的试验研究向理论、模拟和试验相结合的模式发展。

1)微尺度绝热两相流

微尺度绝热两相流的研究主要集中在生化应用领域,研究微液滴或气泡的生成和高精度控制原理。微通道两相流大多是层流,可以避免湍流造成的紊乱,液滴或气泡的生成及分布非常有规律,为微通道两相流的控制奠定了基础。已采用微细结构、电场、磁场、光敏剂、热毛细对流等多种方法来生成频率和尺寸均匀的微气泡或液滴。在微米以上尺度,基于宏观尺度连续介质力学的纳维-斯托克斯(Navier-Stokes)方程仍基本适用,已建立若干微液滴或气泡的生成准则。在数值模拟方面,以界面追踪方法为核心,对若干流动进行了数值模拟,同时在跨尺度模拟、格子-玻尔兹曼模拟等方面也取得了良好进展。许多因素如通道表面粗糙度、亲水性和疏水性等对流动具有重要影响,两相界面的精确刻画仍存在困难。微通道绝热两相流的研究将向复合微液滴的生成和控制以及纳米通道内的两相流(如碳纳米管内的两相流)延伸。

2)微尺度受热两相流(沸腾和冷凝)

微尺度受热两相流(沸腾和冷凝)远比绝热多相流复杂,原因在于通道表面气泡核化或凝结核形成具有不确定性。微通道表面粗糙度在纳米级,使得其沸腾传热的核化起始点温度偏高,进而引起气泡爆炸现象。已经发现:① 光滑微通道沸腾传热取决于无量纲沸腾数,既存在核态沸腾传热机理为主的区域,又存在对流传热机理为主的区域;② 光滑微通道沸腾传热系数要小于常规尺度沸腾管传热系数经验公式预测值;③ 微通道沸腾传热存在强烈的热力学非平衡性,是产生两相流不稳定性的主要原因。由于两相流不稳定性对微系统运行极为有害,已进行了较多的试验研究,描述了两相流不稳定性的试验现象,研究了在试验段入口加装节流件及在通道表面制备人造核化空穴的方法来抑制不稳定性等。在其他应用领域,如对微推进系统中的相变传热、喷墨打印头的脉冲微气泡动力学等也进行了研究。相比之下,微通道相变(沸腾或冷凝)传热的理论和数值模拟工作相对薄弱。由于微纳尺度相变传热的复杂性及各研究者试验条件各异,各研究者之间的试验数据具有分散性,为微通道沸腾传热的定量描述、数值模拟及共性规律的获得带来一定困难。微尺度受热两相流的研究将向无序相变规律认识到有序相变传热调控延伸。

2. 自适应相变传热热管

热管充分体现了沸腾和冷凝两种传热过程的耦合,气液相分布是热管的共性科学问题,既影响蒸发器能否保持润湿状态,又影响蒸发器和冷凝器传热机理。蒸发器和冷凝器存在核态和对流两种传热机理,但对相分布的要求完全相反。蒸发器“液多气少”维持核态沸腾机理,“液少气多”维持对流液膜蒸发机理。冷凝器“液少气多”维持核态冷凝机理,“液多气少”维持对流液膜冷凝机理。通过粉体烧结技术结合亲疏水性匹配,制备超亲水蒸发器+超疏水冷凝器热管,通过调控气液相分布,可实现热管两种传热机理的切换,使蒸发器和冷凝器均维持核态传热机理,传热系数均随热流密度的增大而增大,实现热管对外负荷的自适应调节。

3. 沸腾两相流格子-玻尔兹曼模拟

考虑固液耦合传热修正格子-玻尔兹曼气液相变模型,在三维空间下获得了经定量验证的包含自然对流阶段、核态沸腾阶段、过渡沸腾阶段及膜态沸腾阶段的完整沸腾曲线,解决了先前模拟工作无法获得过渡沸腾阶段、无法定量验证的问题。在三维空间下,从干斑动力学角度出发,获得不同润湿性、结构表面的沸腾传热表现与干斑特性的关联所在,指出在高壁面过热度下,高热流密度主要来源于润湿区域。突破试验观测技术限制,提供了从数值模拟角度研究干斑特性及研究单一因素对沸腾传热影响的新方法。

4. 微重力沸腾传热

沸腾现象中存在众多影响因素,如成核过程、气泡生长、加热面处固-液-气三相间的相互作用、气-液界面处的蒸发过程以及使蒸气和热液体远离加热界面的输运过程等。上述因素间存在着错综复杂的相互作用,使得沸腾传热过程异常复杂。

微重力试验提供了一个将重力因素孤立出来的机会,便于对重力效应进行深入研究。此外,微重力环境可以极大地抑制浮力对流与相滑移现象,凸显加热面附近相变过程在沸腾传热中的作用,有助于揭示沸腾传热的基本机理。近年来,平板加热准稳态池沸腾传热现象揭示微重力条件下,传热系数和临界热流密度随过冷度或压力的增大而增大,同时沸腾起始时的壁面过热度降低,临界热流密度仅为常重力的 40% 或更低。返回式卫星搭载的微重力池沸腾空间试验和落塔短时微重力试验发现,微重力时丝状加热器沸腾传热会略有强化,而平板加热器在高热流条件下明显恶化。微重力时,气泡脱落前存在沿加热面的横向运动,加剧了相邻气泡间的合并,合并气泡会在其表面振荡作用下从加热面脱落。

6.2.4 气固两相流

1. 气固两相流的关键基础问题

气固两相流广泛存在于自然界及工业生产中,如大气沙尘、煤粉锅炉和流化床等。气固两相流中的流体、颗粒和壁面之间存在复杂的耦合作用,影响气固两相流的流动、传热传质和化学反应等物理化学过程。研究这些关键的复杂相互作用能够为能源动力工程领域相关工程实际问题的解决提供理论指导。气固两相流的关键基础问题分为以下几种。

1)流体与颗粒的作用

颗粒在流体中运动时受到流体的作用力包括阻力、浮力、压力梯度力、旋转升力(Magnus 升力)、剪切升力(Saffman 升力)、虚假质量力、 Basset 力等。在有温度梯度的流场中,颗粒将受到热泳力,而带有电荷的颗粒在运动中将受到静电力的作用。反过来,颗粒对流体也产生作用。颗粒对湍流的影响称为湍流调制,颗粒体积分数、颗粒尺寸、颗粒密度、颗粒雷诺数、质量载率等均能影响湍流。颗粒对湍流的作用来自于以下几方面:① 颗粒促进湍动能耗散;② 颗粒与湍流之间的动能传递;③ 颗粒尾部涡结构的形成及脱落。颗粒可以从大尺度湍流涡中获得能量,导致湍动能的耗散。颗粒的运动又将获得的能量传递给小尺度的颗粒,使得小尺度湍流的能量增强。当颗粒尺寸大于科尔莫戈罗夫(Kolmogorov)尺度时,颗粒尾涡的扰动和脱落会给湍流增加额外的能量。然而,当前湍流调制的理论并不完备,无法准确预测湍流强度的变化规律,亟待进一步地发展研究。此外,燃烧情况下的流体与颗粒相互作用机理还需要进一步研究。

2)颗粒与颗粒的作用

当颗粒与颗粒之间发生直接接触时,会产生固体之间的接触作用力。当颗粒体积分数较高时,需要考虑颗粒与颗粒之间相互碰撞的影响,这称为颗粒与颗粒的直接作用。颗粒影响周围流场，被影响的流场再影响其他颗粒，这称为颗粒与颗粒的间接作用。颗粒与颗粒之间通过流体产生的非直接作用对颗粒的运动特性产生重要影响，如颗粒与颗粒之间会表现出相互排斥或者吸引的现象。根据颗粒体积分数不同，气固两相流可以分为稀疏两相流和稠密两相流，如图 6.1 所示。当颗粒体积分数较低时，颗粒对流体的作用可以忽略，颗粒之间发生碰撞的概率极低，这种情况下仅需考虑流体对颗粒的作用，即单向耦合；随着颗粒体积分数的增加，颗粒对流体的影响逐渐增强，颗粒对流体的作用也需要加以考虑，即双向耦合；当颗粒体积分数继续增加时，颗粒之间的碰撞变得频繁，此时除考虑流体与颗粒之间的双向耦合外，还要考虑颗粒与颗粒之间的直接和间接相互作用，即四向耦合。

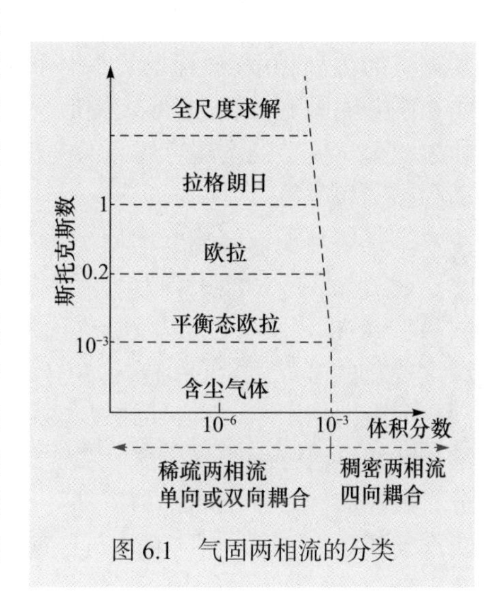

图 6.1　气固两相流的分类

3）颗粒与壁面的作用

在能源动力工程领域，主要有壁面的气固两相流，其中的湍流拟序结构、颗粒以及壁面之间相互耦合，形成复杂的气固两相湍流边界层。湍流边界层中存在颗粒与壁面的相互作用，颗粒发生碰撞、黏附、沉降、再悬浮、优先富集等现象，在实际应用中造成积灰结渣、冲蚀磨损等问题。因此，揭示颗粒在湍流边界层中的运动特性和分布规律，将在广泛的能源动力工程应用中发挥指导性作用。

2. 稠密气固两相流动

稠密气固两相流动是流态化工程设备中的常见流动形式，是多相流动中的一个重要研究领域，根据气固两相流中离散相所占的体积分数不同，气固两相流动可分为稀疏两相流动和稠密两相流动两大类。在稠密气固两相流中，颗粒之间剧烈的相互作用加快了物料的接触、混合和反应效率，较宽的固相体积分数范围拓宽了物料的适应性，因此广泛应用在能源、化工、制药和冶金等领域。有别于稀疏颗粒两相流，在这类流动中，颗粒与流体呈现强耦合作用，颗粒之间的相互作用不可忽略。

1）颗粒间相互作用

由于稠密气固两相系统中固相浓度较高，颗粒和颗粒之间的碰撞频率明显提高。因此，通常将颗粒视为拟流体，颗粒与流体为相互渗透的连续介质。颗粒间相互碰撞导致的随机运动则通过颗粒动理学理论进行模化,并采用固相运动黏度和压力来表示颗粒间的相互作用。颗粒动理学模型借鉴分子运动论推导出固相黏度模型,基于理论推导,颗粒动理学模型中的颗粒相黏度具有明确的物理意义,并得到完整的运动黏度、碰撞黏度和体积黏度。固相压力同时受到颗粒运动的影响和颗粒碰撞的影响,其表达形式类似于气体状态方程,具有良好的普适性。但是由于颗粒动理学模型的本构方程十分复杂,并没有统一、通用且准确的模型描述固相运动的黏度和压力。

2)气体与颗粒间相互作用

稠密气固两相流中颗粒与流体的强耦合作用不可忽略,其中包括流体微团、分散颗粒、颗粒聚团、气泡以及相界面传输过程中瞬时与空间特征所引起时空尺度多层次变化的多尺度复杂结构。由于颗粒相分布不均匀,当忽略这种非均匀性对气固相间曳力的影响时,会导致曳力系数变大,无法准确描述气固两相流动中多尺度结构特征。研究主要集中建立和优化非均匀曳力模型(如最小能量多尺度模型)来分析颗粒流体系统中非均匀流动特性和多尺度特征。但现有的非均匀曳力模型无法准确预测出复杂工况下稠密气固两相流动的介尺度结构特性及多尺度运动规律。

3)气体湍流与颗粒湍流

在实际的稠密气固两相流动中,伴随着颗粒和流体剧烈的相互作用及颗粒对流体的扰动,系统呈现出较强的湍流作用,颗粒雷诺数较高。一方面颗粒因为气体湍流而引起湍流脉动,另一方面颗粒介尺度结构的存在对气体湍流有较大的影响,即颗粒湍动能不仅取决于颗粒与流体相互作用而引起的耗散,同时取决于其自身的对流和扩散。因此,在采用湍流模型计算时,不仅要考虑基于单相流动的湍流模型,还要考虑颗粒和湍流的相互作用,但是对于稠密气固两相流动的湍流模型理论的相关研究还远远不够。

3. 特殊颗粒气固两相流动力学

1)超细颗粒系统

超细颗粒在流态化过程中受到曳力和浮力等气固相间作用力影响处于悬浮状态,需要注意的是,由于颗粒尺寸较小,超细颗粒受到范德瓦耳斯力和布朗力的影响显著提高,因此颗粒极易相互黏结并形成聚团,而不是以单颗粒形式流化。开展的研究主要集中在改善超细颗粒的流态化条件:一是添加声场、振动场、磁场和离心场等外加物理场,通过引入额外的能量破碎颗粒聚团;二是添加流化性能好的大颗粒来提高流化质量。尽管针对超细颗粒已开展了大量研究工作,但对超细颗粒聚团形成及演化机制的认识还不够深入,对颗粒聚团的调控方法还未形成完整的体系。

2)非球形颗粒系统

真实工业过程中涉及的颗粒通常呈非球形,如农业生产干燥中的粮食、生物质和医药领域中的胶囊等颗粒。在非球形颗粒系统中,由于受到颗粒系统各向异性的影响,颗粒和颗粒间、颗粒和壁面间以及颗粒和流体间的相互作用会更复杂,颗粒形状会显著影响流化床内空隙率分布、最小流化速度和压降等。针对非球形颗粒和流体间相互作用,研究者通过试验和数值模拟等方法得到多种曳力系数关系式,但如何选择适当的形状因子来表示非球形颗粒偏离球形颗粒的形状仍有一定争议。因此,很难建立通用的描述非球形颗粒和流体间相互作用的曳力模型。当前研究多关注宏观尺度和颗粒尺度的流动行为,对非球形颗粒系统中介尺度结构的研究也有待进一步开展。此外,实际颗粒系统中常常包含多种不同形状的非球形颗粒,而对多组分非球形颗粒系统混合特性的研究还很有限,多形状颗粒的存在要求研究者探索准确通用的几何模型构建方法、接触碰撞的检测算法和相间相互作用的曳力模型,形状的差异会给研究者带来多重挑战。

3)含湿颗粒系统

含湿颗粒的流化在煤粮干燥等众多工业领域广泛存在且有重大应用需求。含湿颗粒中液体的存在导致颗粒的流化行为发生明显改变:湿颗粒间受液桥力的影响,使得湿颗粒流化床中易出现结块、聚团和气体通道等结构,这些结构的存在导致颗粒系统流动行为发生改变,从而导致颗粒系统的传热和传质特性发生改变。根据颗粒系统液体含量的不同,湿颗粒间存在摆动、索状和毛细三种液桥结构,由此开展了不同液桥力模型的研究。液桥力模型多采用体积固定、断裂后均匀分配在颗粒表面的假设,缺乏对颗粒表面液体迁移的考虑。总体来看,当前湿颗粒流态化系统的试验和模拟研究多关注宏观流动特性,对湿颗粒流化运动有了初步的认识,但对湿颗粒系统的多尺度运动规律特别是介尺度结构的相关研究还远远不够。

4. 极端情况下气固两相流

1)高温条件气固两相流

高温条件下气固两相流动特性与常规条件相比具有明显的特异性和差异性,不仅直接影响气固两相的物性参数,同时直接相间作用力发生改变,这对烯烃聚合反应、燃烧等众多工业过程的研究具有重要意义。在高温条件下,由于颗粒电导率的增加,颗粒受静电力减弱,但同时热激发会增强接触颗粒间的分子偶极子脉冲,使得颗粒所受范德瓦耳斯力增强。此外,高温下颗粒发生的结构或化学性质的变化会导致接触的颗粒间形成桥接结构,产生的内聚力要远大于静电力和范德瓦耳斯力,因此会导致颗粒黏结或烧结行为。研究发现,当颗粒间作用力很小而气相作用力占主导时,可以通过考虑相关流体动力学参数的变化特性对高温极端条件的流动行为进行预测;而当颗粒间作用力很大时,可以通过不同的测量手段来表征颗粒内聚力的大小。尽管高温气固两相流动理论与技术已经得到了一定的发展,但是高温下气固两相流动与热质传递过程相互耦合关系以及高温下气固所形成的介尺度结构演变机制仍需要进一步探索,这也是未来研究的一个重要方向。

2)高压条件气固两相流

高压条件下的气固两相流在高浓度物料连续输送、气化等工业应用上具有重要的价值。相比常压条件,在高压条件下,气相物性参数发生改变,例如,气体密度随着压强的增大而增大,气固间动量和能量交换发生改变;同时气泡和团絮等介尺度结构尺寸减小,颗粒的浓度增大,颗粒间的接触与非弹性碰撞特征也发生改变。此外,高压条件会导致气固反应强度增大,热质传递的速率也发生改变。尽管对高压条件下的气固两相流开展了部分研究,但是高压条件下多参数间的协同作用机制仍是气固两相流动行为预测的重要难题,同时在高压极端条件下,气固两相流动中形成的介尺度结构的演变与调控机制也是需要进一步探究和阐明的重要内容。

3)超临界流体-固体两相流

超临界流体在能源、环境、化工等领域领有较广泛的应用,超临界流体流化床作为一种高效反应器也逐渐引起关注。例如,国内西安交通大学最早将超临界水流化床反应器应用于煤、生物质超临界水气化制氢,解决了高浓度物料高压多相连续输送、物料快速升温、高效气化等关键技术难题,成功开发研制了专有的试验装置,实现了高浓度生物质、煤的高效气化。超临界水流化床反应器的操作温度和压力在水的临界点以上,煤、生物质或催化剂等颗粒与超临界水在反应器中的两相流动呈快速流态化状态,而且煤或生物质与超临界水直接发生气化反应。在临界点附近,超临界水物性变化剧烈,其中的流动、传热传质表现出强烈的非线性特征,这将影响流化床内两相流动、气-固流型、传热传质、化学反应与多相流动耦合等特性。因此,需要从流化床内两相流动传热的基本规律出发,解决流态化操作条件、床层宏观/微观两相流动结构、床层壁面传热特性、流动传热机理、数理模型和数值模拟方法等关键问题,为建立超临界水流化床反应器设计与优化提供理论支撑。西安交通大学对超临界水流化床两相流动传热特性进行了系统的试验与理论研究,获得床层压降、孔隙率分布、两相流型演变、气泡动力学及床层-壁面传热特性与规律,建立了超临界水流化床多相反应流模型。

4)微重力条件气固两相流

微重力条件下气固两相流动也是极端环境下的重要研究方向。微重力环境能够有效地抑制重力作用所带来的一系列复杂物理现象和过程,对认识流动本质、揭示流动规律有着重要的价值,同时认知微重力环境下气固两相流体动力学特性,对探测器的软着陆、空间站及月球、火星基地建设等一系列空间探索开发具有重要意义。在微重力条件下，颗粒以悬浮形式存在，颗粒振动、碰撞、流动等动力学行为发生明显变化，进而成为气固两相体系失稳、运动特性改变的诱因。相比常重力环境，微重力下颗粒和气体动能较小，而气固两相系统中颗粒动能和气体动能的作用是交替的，削弱了颗粒脉动强度，降低了颗粒非均质弥散，进而影响介尺度结构的形成与演变。微重力条件下气固两相流体动力学的研究相对滞后，常重力环境下的气固两相模型在微重力下的适用性尚不清楚，亟须探寻微重力环境下颗粒间以及颗粒与气体间相互作用机理，建立微重力条件下气固两相系统的新理论、新模型。

5. 气固两相流模拟方法

气固两相流的研究方法包括理论分析、试验测量和数值模拟。下面对气固两相流数值模拟方法的研究现状和发展趋势进行介绍。总体上，气固两相流的数值模拟方法可以分为欧拉-欧拉方法和欧拉-拉格朗日方法。欧拉-欧拉方法采用形式统一的质量、动量和能量守恒方程，将气相和颗粒都当成流场中的连续介质，这大大降低了对计算资源的需求，但是该方法本质上削弱了对气固两相流中非均匀特征的描述，无法给出离散颗粒的运动和受力信息。此外，欧拉-欧拉方法控制方程中的黏度和压力需要通过颗粒动力学理论等方法构建本构方程获得，但是没有统一的准确模型解决该问题。在欧拉-拉格朗日框架下研究气固两相流时，颗粒运动的计算有两种方法：一种是采用颗粒点源模型模拟流体中颗粒的运动轨迹，另一种是考虑颗粒体积影响的全尺度数值模拟计算颗粒的运动轨迹。

1）点源模拟方法

颗粒点源模型的主要思想是在欧拉框架下计算湍流运动，在拉格朗日框架下跟踪每一个颗粒的运动轨迹，考虑颗粒的质量、动量及能量，忽略颗粒的体积，因此颗粒的运动可以看成是与颗粒质心同一位置的质点的运动。从图6.1可以看出，当气固两相流中的颗粒体积分数小于10^{-6}时，颗粒对流场几乎没有作用，因而只需要考虑流场对颗粒的作用力，而忽略颗粒对流场的作用力，此时的颗粒点源方法为单向耦合方法。当颗粒体积分数在10^{-6}～10^{-3}时，湍流中的颗粒可能增强湍流，也可能削弱湍流，此时除考虑流体对颗粒的作用外，还需要考虑颗粒对流体的作用，这时的颗粒点源方法为双向耦合方法。当颗粒体积分数大于10^{-3}时，颗粒之间的碰撞作用会严重影响颗粒和流体的运动。一些研究者开展了颗粒碰撞对气固两相流特性的影响，但是只考虑了颗粒之间的碰撞作用或者只考虑了颗粒之间的非直接相互作用，属于三向耦合的研究。采用四向耦合的点源模型来研究气固两相流工作还不成熟，相关的研究进展很少。

2）全尺度模拟方法

在颗粒点源模型中，颗粒直径需要小于网格尺寸，这削弱了颗粒点源方法的适用性。在颗粒尺度下,颗粒和颗粒之间和颗粒与流体之间的非稳态相互作用显著影响颗粒的运动轨迹及湍流的发展,因而产生了颗粒的全尺度模拟方法。颗粒的全尺度模拟方法能够揭示颗粒尺度下颗粒与流体之间及颗粒与颗粒之间的相互作用,颗粒表面的无滑移特性及不可穿透特性能够充分表达出来。全尺度模拟方法需要实现流体与颗粒边界耦合,采用内嵌边界方法来实现流体与固体颗粒边界耦合的全尺度模拟方法得到了广泛研究和应用。对于内嵌边界的处理方法主要分为两类,第一类是采用拉格朗日节点代表内嵌边界,在拉格朗日节点上施加附加作用力的方法,第二类是在内嵌边界上直接赋予边界条件的方法。内嵌边界方法全尺度研究气固两相流问题时需要综合考虑问题需要的计算精度和效率。值得注意的是,在能源动力工程应用中,受到燃烧的影响,颗粒的直径通常随着时间逐渐变化。当颗粒尺度远大于科尔莫戈罗夫尺度时,需要采用全尺度直接数值模拟方法研究大尺度颗粒的运动;当颗粒尺度小于科尔莫戈罗夫尺度时,可以采用点源方法求解颗粒。在气固两相反应流数值模拟中耦合两种模型的方法具有挑战性,需要得到进一步的研究。此外,如何利用气固两相流直接数值模拟的准确结果来发展大涡模拟和雷诺平均模拟的相关模型也是重要的研究方向。

6.2.5 多相流测试技术

多相流动广泛存在于航空航天、能源动力、石油、化工、冶金和环境等工程领域,如燃气轮机、航空航天发动机、内燃机、油气储运、流化床反应器、高炉等工业装备。这些装备中多相流动过程具有极度的复杂性和多变性,多年来虽然复杂单相流与多相流理论研究取得了飞速的发展,但试验仍然是掌握多相流体关键参量及演化规律的最主要研究手段。然而,复杂单相流与多相流试验研究最为困难之处是缺乏有效针对复杂单相流与多相流各种参量场的测量方法和仪器,大部分常规单相流测量手段对复杂的单相流与多相流试验研究及工程在线测量应用显得无能为力。

多相流测试技术是多相流、力学、信息以及科学仪器等领域交叉研究的热点和共性难点。当前多相流热物理学学科中测量方法和技术研究的发展呈现出由接触测量向非接触测量发展;由静态测量向瞬态实时在线测量发展,尤其是高速、脉冲、随机等现象的实时表征与测量;由点、线测量向多物理场参数测量发展,使之对多相流流动现象有更全面的了解;由单一测量原理向多种物理、化学、生物效应相融合方法方向发展等[3]。我国多相流测试技术的研究和发展体现出很强的工业应用背景,在过程层析成像、流型/流场在线测量、多相流界面参数、流动参数电学法测量、分相计量、离散相颗粒的散射测量、激光光谱、超声谱和自发辐射诊断技术等方面发展出多种原创性的测量技术和仪器设备。我国国家自然科学基金委员会等科研管理机构非常重视原创性的多相流测试技术，通过设立领域主题鼓励该方面的基础研究工作。中国工程热物理学会多相流专业委员会和中国计量测试学会多相流测试专业委员会连续多年来举行了系列国内外学术会议，极大地推动了中国多相流测试技术的发展。近年来，国内相关测量技术研究和应用的论文比例越来越高，先进的三维粒子图像测试技术、过程层析成像、激光诊断、高速摄像可视化等测量技术已经得到广泛应用，对深入认识多相流及其传递过程的基本规律发挥了不可替代的作用。

近 20 年来，多相流测试技术的发展极大地推动了工程热物理与能源利用学科的发展。但随科学研究的深入，测量新方法的发展不足也成为限制这些领域机理研究进一步深入的瓶颈，例如，针对湍流流动，粒子图像测试技术高时空分辨率(3D-3C)的测量问题，过程层析成像的空间分辨率所反馈的观测信息不足，极端高温、高压、高速条件下难以实现多相流动参量(流场、组分、温度场等)在线测量等，始终是多相流测量领域的技术难题。此外，限于国家高端光电器件的发展及多相流过程的复杂性、多变性和不确定性，我国在多相流测试领域的研究与国外仍有一定的差距，尤其是高端原位瞬态、高精度、多维复杂流动与多相流场参数测量方法和仪器的源头创新亟待突破。这些测量方法、关键技术、核心部件及仪器系统集成等问题极大地制约了多相流在解决国家重大需求方面的能力提升，并在一定程度上限制了多相流前沿交叉科学技术的快速发展。因此，应积极开展多相流测试技术领域的研讨，提前布局，加强多相流测试新技术研究和仪器装备的开发，以突破复杂单相流与多相流等领域关键测试技术和仪器依赖于国外的局面，推动我国多相流热物理学学科的进步。

在多相流动体系中，相与相之间存在分界面，而且分界面的形状和分布在时间和空间中随机可变，致使多相流系统具有远比单相流复杂的流动特性。多相流主要特点有：流型变化复杂、相界面有相间作用力、相间存在相对速度、物性变化较大、数学描述难度大等。多相流中含有不相容混的“相”，它们各自具有一组流动的变量，因此描述多相流的参数比描述单相流的参数多。多相流测试参数主要有流型、离散相粒度、分相含率(空隙率、浓度)、相表观密度、速度、流量、压力、涡量、温度以及各相的输运特性，如黏度、扩散率等，这些参数的在线测量与表征对多相流及传递过程机理研究与生产过程的计量管理、控制和运行可靠性提升均具有重要意义。

近 30 年来，激光、光电器件、信息处理、人工智能等技术的发展大大推动了非接触式流动测量理论与技术的深入研究和应用。欧洲共同体自 1982 年起每两年在里斯本召开激光流体测量技术国际会议，2018 年举办了第 20 届。2019 年，中国计量测试学会多相流测试专业委员会与日本多相流学会组织举办了第 11 届国际多相流测试会议。国际流动显示会议是流动显示和测量技术领域的重要国际学术会议,迄今已有40余年的历史,会议每两年举办一次,至今已举行了19届。这三个国际系列学术会议及时反映了复杂单相流与多相流测试技术发展和应用的最新动态及趋势。

1. 数字图像及三维信息获取技术

数字图像是由光电传感器响应、计算机存储和处理的二维离散分布数据,代表了被摄对象的特征信息,即光强或颜色分布。随着图像传感器和计算机性能的逐步提升,数字图像获取及其处理技术也日益成熟,广泛应用于单相或多相流动的成像与检测,尤其是微通道流场测量、两相或多相流动的流型识别、空化现象分析、喷嘴雾化特性试验等。基于数字图像的可视化和测量技术一方面朝高空间分辨率、高时间分辨率、高成像灵敏度、多光谱或高光谱成像等方向发展,其主要依赖于相机、镜头和光源等光电器件性能参数;另一方面,除传统的双目或多目成像技术外,各种新型三维信息获取方法与技术蓬勃发展,如全息成像、光场成像、离焦成像、快照光谱成像等。在三维成像系统标定和三维信息重建过程中,与深度学习处理技术的融合已成为数字图像处理研究的热点之一。结构光照明本身即为一种三维信息获取的手段,可以与其他三维成像技术结合使用,势必进一步推动三维数字成像在多相流测量中的研究和应用发展。

2. 流动可视化与流场测量技术

流动可视化是将不能直接观察到的流场结构等信息采用间接手段直观展现出来,一般可获得流体运动的迹线或流线,其发展历史悠久,作为与流场测量技术的区分,一般指不做进一步定量处理的技术。它所采用的技术原理大致分为三类:一是在流体中添加示踪物质,包括染色剂、氢气泡、液滴或固体颗粒、光致发光物质等,利用示踪物质的颜色、自发光或粒子的光散射信息进行成像;二是利用贴附在固体表面的羊毛、丝状物质或覆盖在固体表面的黏性或油性物质的运动行为,对壁面附近的流场结构进行观察;三是利用流体密度变化引起的折射率变化来进行光学成像,如阴影法、纹影法、干涉法等。随着高速和高分辨率成像技术与数字图像处理技术的发展,早期用于流动可视化的方法(尤其是添加示踪物质的方法)也逐渐可以实现半定量或定量测量,根据示踪物质不同主要有粒子示踪与分子示踪,粒子示踪流场测量主要有激光多普勒测速技术和粒子图像测速技术[4]两大分支。近年来,在粒子图像测速技术的基础上进一步发展了应用于微尺度流场的显微粒子图像测速和体视粒子图像测速、三维层析粒子图像测速、全息粒子图像测速和光场粒子图像测速等三维测量技术。在分子示踪流场测量方面，主要有分子标记速度测量技术、全场多普勒测速技术等。分子标记速度测量技术采用标记的分子作为示踪物，可以认为是对流场的直接测量。全场多普勒测速技术通过吸收分子或者干涉滤波，采用成像测量散射光的多普勒频移，可以实现对平面甚至三维空间内速度场的测量。

3. 衰减法

基于衰减原理的两相/多相流测量方法主要包括声学法、光学法、微波法、射线法等，它们具有相似的原理，即通过发射器发出声、光或其他电磁波信号，在接收端接收衰减信号并经由理论模型（如朗伯-比尔定律）描述波在传播路径中的能量耗损以获取其中的介质浓度、相含率、流型、液膜厚度等参数。在颗粒两相流中，由于颗粒粒度参数与衰减本身往往紧密关联，又在单波长/单频基础上发展出双波长、多波长衰减谱测量方法，在物理模型中引入并联立求解颗粒粒度参数。为此，需要采用宽带/窄脉冲超声波、多个波长激光、白光发射装置，接收端同样能够响应多个波段信号并进行谱分析和反演计算。无论基于何种原理的衰减法测量研究，核心问题均聚焦到线性衰减系数，并以此建立衰减量和浓度、测量区厚度、对象特性之间合理的模型和试验关系。在试验技术、信号获取和利用方面，消光光谱和超声衰减往往需要克服杂散光或声束扩展等影响获得绝对衰减量或衰减系数，对背景信号测量的要求甚高，需通过二次测量（或插入取代法）获取参比信号。与衰减法有关的多种原理和方法协同，多信号融合也正成为一个新兴发展方向：对同一物理信号，如超声，将声衰减和速度、阻抗信号有效融合有望提取更丰富的有效信息成分，拓展对介质密度、黏度的测量；或者将静态和动态声散射信号相结合实现颗粒粒度分布和沉淀速度同步测量。在气固两相流超细颗粒测量中，将不同物理信号（如光声吸收光谱和消光光谱方法）融合，则能优势互补，实现颗粒物吸收及全散射的复折射率同步测量，提高测量的准度、精度和应用性。

4. 电学法

电学法作为经典的测试手段，已广泛应用于多相流参数检测中。电学法是指利用两相或多相介质电学特性的差异（如电导率、介电常数、荷电特性等），获取反映各相介质分布或含量的电学信号，进而实现两相或多相流动的流型辨识、相含率、相分布及流速等参数的测量。应用于多相流测试领域的方法主要有电容法、电导法、电阻抗法和静电法等。现阶段，电学法的研究工作主要集中在传感机理、传感器优化设计以及电学信号的处理、测量模型的建立和优化等方面。极端环境、微纳尺度多相流动的电学传感器设计及建模优化技术具有更大的挑战。

5. 过程层析成像

多相流过程参数具有空间分布非均匀性的特点,常规测试仪表只能获取流体的单点或空间平均参数,且测量误差受流态影响很大,原因在于多相流体空间分布的非均匀性和时变性。过程层析成像通过安装于管道某一截面周围的传感器阵列在被测截面内建立敏感场,并通过传感器获取被测流体在容器边界上的多角度扫描投影,再代入图像反演算法重建出被测截面内的流体介质分布,具有无扰动、可视化的优势,有望实时重构出多相流体的二维/三维空间结构,并获取相含率、流速、流型等状态参数,是多相流过程检测领域的重要技术。过程层析成像根据利用的物理原理不同,可分为电学层析成像、超声层析成像、光学层析成像和X/伽马射线层析成像。此外,丝网传感器通过在被测截面内安装的网格状电极获得多相流的局部电导率或介电常数,进而重建出流体分布,具有更高的时空分辨率,也可归为层析成像的一种,但其电极结构会对多相流动造成一定干扰。

工业领域对多相流测试需求多集中在相含率、分相流量或流速测量,重点解决在一些极端工况下的工程需求问题,但国内外生产制造领域对多相流测试技术的需求已经从平均、单点测试逐渐发展为多分布动态参数的在线获取问题,以进一步提升过程监控效率与安全保障。一些典型的应用需求包括多相流多分布参数同步反演,如相含率、流速场耦合条件下的浓度场与速度场反演,以及颗粒粒径分布与空间分布的同步反演等,还包括更多物理参数的间接反演,如通过流速分布、浓度分布反演多相流黏度的空间分布等。这些分布参数的在线准确检测可进一步推动工业过程效率提升和控制性能的飞跃。为满足以上测试新需求,过程层析成像技术的发展趋势包括多模态层析成像,如电学超声融合成像;单模态多模式层析成像,如超声模态的透射、反射、多普勒等多种模式信息融合重建,解决多相流多物理参数信息获取问题;集成式超快速层析成像系统,实现多物理参数在线解调与高时间分辨率信息获取;高精度在线图像重建算法,实现多分布参数的高精度在线反演。随着数据驱动与深度学习技术的快速发展,将深度学习等智能数据处理方法与层析成像结合也是未来的重要趋势,包括数据驱动的图像重建、流态分析与高精度过程控制,多相流状态数字孪生技术等。以上技术的发展与更新,将使层析成像在未来满足多相流更多的测试需求。

6. 现代信息技术在多相流测试中应用

多相流的流动状态是其内在动力特性的表现,对多相流状态的在线分析与预测对工业过程优化、工程装备设计以及过程安全保障等有十分重要的价值。然而，由于多相流的非线性与瞬态性特点，难以通过数学物理模型计算出实时状态，因此利用传感器获取的多相流动态数据，结合现代信息处理技术是解决该难题的重要手段。随着信息技术的快速发展，可用的信息处理技术层出不穷，但在多相流测试中，根据需要解决的问题特点，可将处理技术分为参数估计、特征提取及状态诊断三类。多相流信息处理技术正向信息物理模型融合与智能化方向发展，代表性的技术趋势之一是多相流数字孪生，即以物理模型为核心、以信息技术为载体的新兴综合性技术，是参数估计、特征提取、数值建模与机器学习等技术的深度交叉融合，必将成为多相流信息处理领域的重要需求和发展趋势。

7. 反应多相流激光光谱测量技术

激光光谱测量技术作为非接触式的测量手段，已广泛应用于反应多相流的试验研究，该类技术主要利用入射激光与反应多相流相互作用的各种物理现象，如光的吸收、非弹性散射、激光诱导荧光、激光诱导磷光、激光诱导炽光等。通过定量测量对应的光强信号可获得反应多相流的温度、组分浓度、压力、速度等物理参数。激光光谱测量技术正朝着多光谱、多维、多物理量、多组分和高时空分辨的方向发展。近年来，随着傅里叶域锁模激光器、光学频率梳、脉冲串激光器、量子级联激光器、带间级联激光器、飞秒激光、超连续辐射等光源的发展，新型激光光谱诊断技术(如多光谱吸收层析技术、双光学频率梳吸收光谱技术、体激光诱导荧光技术等)层出不穷，新的数学工具(如非线性层析原理和压缩感知)也为新型光谱成像方法的提出和发展提供了理论支撑。激光光谱测量技术的大部分工作主要还是针对实验室中反应多相流的基础研究问题，今后需要进一步加强这类技术在工业和国防中的应用，该类型的应用往往具有更为复杂甚至极端的环境，如高温、高压、高湍流、强振动和强冲击等。因此，对激光光谱测量技术提出了更高的要求。

8. 多相流分相计量技术

与多相流测量所涵盖的广泛测量参数相比，多相计量一般专指多相流中分相质量流量的测量。该技术的发展源自海洋石油工业发展的迫切需求，海洋石油对开采成本的严苛要求导致混相输送技术的发展，而多相计量就是实现混输所必需的关键技术之一。为了实现对混输管道中油气水介质的分相质量流量计量，通常只能采取间接法，即分别测量分相含率、速度、密度再计算得到质量流量。然而，多相流在空间和时间四维分布上的随机性和不确定性，使得上述分相参数的精确测量面临挑战，而相乘所得的分相质量流量由于误差累积更是难以满足行业的精度要求。

针对上述困境,分相计量技术的发展经历了完全分离计量、部分分离计量、流型干预计量、完全混相计量等阶段。完全分离计量使用测试分离器将油气水三相完全分离后再使用单相仪表进行计量。部分分离计量在测量前对来流进行部分分离,通常分成以液体为主和以气体为主的两股支流,目的是将每股支流的相含率和流型限制在一定范围内,从而大幅降低计量难度,如美国 Agar 公司采用文丘里计测量湿气支路,使用伽马密度计、阻抗计、文丘里计测量液相支路。流型干预计量与部分分离计量的目的一致,都是通过限制流型来降低计量难度。例如,挪威 Framo 公司采用罐式混合器对流动实施均化,然后采用文丘里计测量混合速度,用双能 γ 射线测量分相含率。中国科学院力学研究所研发的定容管活塞式多相流量计采用一往复活塞在定容积计量管内的往复频率测量总体积流量,在行程中设置静态过程实现气液分离,再采用液位计和压差计测量分相含率。完全混相计量通常不对来流进行预处理(除去采用文丘里计的情形,此时会缩径加速),因此不影响流动。例如,美国 Roxar 公司采用 γ 射线结合电学法测量分相含率,通过文丘里计和相关法测量分相速度。虽然近年来分相计量技术已取得了显著进步,但仍然面临巨大的挑战,普遍存在流型依赖和流体物性干扰的问题,尚没有产品能实现在全流型范围内 5% 的通用计量精度,更不用提达到更高的财政计量精度了。就发展趋势而言,在技术方面,对流动无干扰或少干扰、受物性和流型影响小的高精度技术更受青睐;在环保方面,逐渐摒弃 γ 射线等辐射类方法;在应用环境方面,逐渐从水上平台向水下生产系统发展,这就要求在深海水下高压环境中实现高可靠性无人化运行;在经济性方面,要求降低成本、可靠性高、紧凑轻便、运行维护简单、实时在线智能程度高等。总之,由于挑战根源于多相流的复杂性和多相流理论的不完善性,本领域还有广阔的发展空间。

9. 其他多相流光学测量技术

基于光学原理的测量方法还包括彩虹散射法、激光/相位多普勒法、动态光散射法、激光衍射法和激光干涉颗粒成像等,可以实现颗粒粒度、粒径分布、折射率、温度、速度和组分等信息的非接触测量,被广泛地应用于能源动力、环境、材料、医疗、航空航天等领域中。

彩虹散射法基于颗粒(液滴)彩虹区域的散射光强分布反演液滴的信息,可实现液滴粒径、粒度分布、折射率和温度参数的同步测量。根据被测量对象,分为标准彩虹技术和全场彩虹技术,标准彩虹技术通过单液滴的彩虹散射实现液滴粒径、折射率和温度的同步测量,全场彩虹技术是针对雾化液滴群,即液滴群粒径分布、折射率和平均温度的同步测量。

在国际上,德国斯图加特大学、法国鲁昂大学、比利时布鲁塞尔大学等机构研究单液滴的粒径和温度测量,液滴群雾化液滴组分、液滴径向折射率梯度测量,以及液-液悬浮系统的测量。国内方面,浙江大学、东南大学和上海理工大学等研究团队开展了液滴蒸发、液滴内部包含微小颗粒的测量、彩虹反演算法和椭球液滴光学焦散研究。针对燃烧和蒸发等过程中非球形、非均匀液滴的多参数同步测量,彩虹技术有待进一步研究。

此外,动态光散射法(又称为光子相关光谱法)是基于颗粒的布朗运动原理,由于悬浮在溶液中小颗粒布朗运动的存在,颗粒的散射光随时间波动,基于散射光的波动性获得强度自相关函数、扩散系数,从而反演颗粒粒径,该方法针对纳米级小颗粒的粒度测量。激光衍射法是基于颗粒的前向散射(或衍射)光能分布反演颗粒的粒径分布,又称为小角前向散射法,该方法是针对颗粒粒度测量,亦可结合光衰减法实现浓度测量。激光干涉颗粒成像原理是:颗粒表面的反射光和经过颗粒内部的折射光在成像系统的聚焦像面上产生两点像,在离焦像面上产生干涉条纹,通过两点像或者干涉条纹图样可以获得颗粒的粒径信息。

6.2.6 学科交叉与拓展

1. 多相流与热化学转化

多相流动与热化学的耦合广泛存在于能源、化工、环境等领域的诸多过程中,如煤粉和液雾的燃烧、生物质的热解及气化、重油的催化裂解生产轻质烃等。在此类过程中,化学反应动力学与多相流动、热质传递之间存在强烈的耦合,从而使得问题研究具有较大的难度。

目前,针对反应多相流问题的研究既涉及对过程反应动力学的研究,又涉及对反应系统中多相流动传热特性的研究。针对反应动力学的研究主要包括基元反应的微观机理研究、反应速率常数的测量与计算、反应中间产物的准确测定、反应路径的分析、反应动力学模型的发展与应用、污染物的形成机理及抑制等。这些研究对于了解多相反应的特点与规律、合理准确地对多相反应进行理论描述是非常必要的。近年来,国内高校及研究所在部分研究领域取得了在国际上较为前沿的成果,如中国科学技术大学基于同步辐射方法对燃烧化学的研究、西安交通大学对煤及生物质超临界水气化机理及动力学的研究等。但总体上,理论研究与国际先进水平仍存在较大差距,有待进一步加强。

在大型反应器内部,连续相的流动多为湍流,离散相(颗粒、液滴等)在气相中做相对运动的同时发生化学反应。湍流本身是一个尚未解决的经典物理学问题,加上现有复杂物理、化学变化的颗粒相,使得对相关物理量的试验测量及对问题的理论分析更为复杂。除对传统多相流测试手段(如粒子图像测速技术、光谱测试等)的进一步发展外,国内研究者还开发了新的测量技术手段(如毛细在线取样系统)用于超高压环境下物理、化学场信息的多时空测量。在相关数值模拟研究中,DNS 方法能够给出湍流流场中脉动的详细信息,因此能够获得较为精确的速度场和温度场信息,但这种方法对计算资源需求较大,只能用于几何结构简单的低速流动;LES 方法只能给出大尺度的流场信息,亚网格尺度的流场信息则只有模拟的统计平均值,其与颗粒之间的相互作用是当前 LES 模拟中需要解决的问题;RANS 方法给出的是单点的统计平均值,脉动值比 LES 方法中的亚网格尺度脉动更大,颗粒和湍流脉动场之间的相互作用更强,对模拟的要求也更高。此外,随着格子-玻尔兹曼方法、随机涡模拟、简化概率密度函数模型等手段的发展,提出更为合理的模拟有限速率详细反应动力学与湍流相互作用的方法是未来研究趋势。除对流场的测试、分析研究外,流体相对反应颗粒的作用力和热质传递速率精确表达式的构建、颗粒之间相互作用的描述、液体燃料的雾化及液滴的破碎机制等也是当前研究的重点。

2. 多相流与光化学转化

通过光电催化和光催化等光化学方法分解水制氢和还原 CO_2 等为能源的可持续发展、缓解环境危机、保护生态环境方面提供了新的方向。近年来,随着光化学转换的深入研究,其内部的多相流动问题也得到了更深入的理解。在光化学转换过程中,引入光照后,在半导体催化剂和电解质的固液界面上发生分解水产氢和还原 CO_2 的过程,涉及气/液相反应物到催化层的传递、气/液相产物的生成和脱附,是耦合了光/电/化学反应的多相流动和传输问题。在光化学转换过程中,气相反应物和产物主要以气泡的形式传递,气泡的演化过程和动态行为特性会干扰反应体系局部产物浓度分布,影响催化剂表面有效活性位点和质量传输速率,并且也可能对光催化层的传输产生扰动,进而对光能转换效率产生影响。

对太阳能光电催化转换过程中气泡动力学特性已经有了比较深入的研究,包括研究气泡的生长规律、预测气泡的脱离直径、测试气泡运动对系统效率的影响。例如,对宏观气泡图像的气泡形成、电极覆盖和气泡轮廓的研究发现,氢气气泡在电极表面的覆盖面积广,不易发生聚并,而形成泡沫状气泡;而氧气气泡更容易聚并脱离。气泡在电极表面覆盖会对光造成散射,影响光的传输。气泡的尺寸越大,对光造成的散射越严重,并且对短波的散射效果更明显。另外,气泡成核生长的过程会造成相界面质量传输的延迟,这会导致电荷复合增加,使系统效率下降。通过激光照射催化剂局部区域研究得到气泡的动力学行为,光照区域是气泡产生的主要区域,而在催化剂表面的缺陷处,气泡也会慢慢生长然后向光照中心聚并。气泡的周期性聚并脱离,可以降低反应所需的过电势。氧气在成核初始属于惯性作用控制的快速生长阶段,而后进入化学反应控制的平稳阶段,并且在溶液浓度相同的情况下,较大的光照强度会使氧气气泡的脱离直径变大。而从理论上对一维纳米管结构表面气泡成核特性的分析表明,内壁成核所需的临界自由能小于外壁和平面表面的临界自由能,有利于气泡成核,这种优势随着尺度的减小更加明显。

由于气泡在电极表面的覆盖会引起光传输和质量传输的减弱,调控气泡动力学行为有助于增强光电系统的性能提升。研究发现,外部斩光可引起气泡在电极表面的反复弹跳行为,从而克服马兰戈尼吸引力,促使气泡脱离。调控电极表面的微观结构也可以实现调控气泡行为。在纳米阵列电极表面引入毛细管润湿,可以使得光电极表面与黏附气泡之间形成液体膜,从而大大减少了气泡底部活性中心的堵塞。

另外,从太阳能到氢能整个传输转化过程研究反应体系-相界面-催化剂颗粒三个层面及其之间的能质流动和传输、转化和反应及其互匹配机制,对开发高效的光催化分解水制氢系统具有重要指导意义。例如,从多时空尺度分析光催化分解水中的能量流和物质流,可发现能量流和物质流的阻碍、能量流和物质流的不耦合与不匹配是导致低的光催化分解水制氢效率的重要原因。

3. 多相流与电化学转化

在电化学转化系统中,液相反应物经反应生成气相产物和气相反应物经反应生成液相产物是常见的过程,这都将导致系统中出现两相流动,而电极通常是具有复杂孔隙结构的多孔介质,其内部两相流动与传输问题是影响电极及电化学系统性能的关键,电极表面气泡动力学行为及多孔介质内带电化学转化的两相传输机理是涉及电化学、物理化学及工程热物理等学科的交叉研究方向,对提升能量转换效率和电化学系统性能至关重要,可为我国新能源和可再生能源的发展提供理论指导与技术支持。液相反应物经反应生成气相产物的过程包括水裂解电解槽中的析氧反应和析氢反应、氯碱工业中的析氯反应、直接甲醇/甲酸燃料电池中的燃料氧化反应等,气相反应物经反应生成液相产物包括氢氧质子交换膜燃料电池阴极还原反应和用于再生燃料的 CO_2 还原反应等。

在液相反应物经电化学反应生成气相产物的过程中,电化学反应生成的气泡会占据电催化剂的活性位点,增大离子传输路径,进而造成大量的能量损失,而且不断形成新的三相反应边界,改变界面性质,因此电化学反应界面的气泡行为对电极表面的电化学反应过程有着非常重要的影响。研究者利用石英晶体微天平、红外光谱研究了纳米气泡的形成,通过高速摄影、原位透射电子显微镜、单分子荧光显微镜和暗场显微镜研究了气泡动力学。对实际工业应用来说,快速去除电极表面堆积的气泡是电化学系统多相传输研究的热点之一,国内外研究者主要针对被动和主动方法实现气泡的快速去除。被动方法包括基于毛细压力梯度原理采用锥形或渐扩的几何通道、构建疏水岛、添加表面活性剂等,主动方法包括调控流场、外加磁场或声场等。

近年来,质子交换膜电解池内两相流动问题引起了研究者的关注。在大电流密度下阳极生成大量的氧气,使得水无法到达反应界面,导致传质限制,进而引起电解池的效率大大降低,这和直接甲醇燃料电池阳极侧反应 CO_2 引起的两相传输过程类似。针对质子交换膜电解池流道内的两相流动,可采用高速相机进行在线可视化观察,发现流道内氧气气泡数量随着电流密度的增大而增多,低电流密度时,流道内以泡状流为主,中等电流密度时,泡状流开始转变成弹状流,高电流密度时,阳极流道内开始出现环状流,而且气泡数量、成核点、生长速率等受到温度、电流密度等运行条件的影响。针对不透明多孔传输层内的气液两相流动,可采用中子成像技术等进行试验研究,得到多孔层内两相分布,更好理解其内部的两相传质机制。

在气相反应物经电化学反应生成液相产物的过程中,以质子交换膜燃料电池为例,其阴极侧的两相传输问题一直是人们关注的焦点。气相的氧化剂氧气或空气经扩散层达到催化层,发生电化学还原反应生成水,产物水经扩散层到达流道排出。如果水无法有效排出,会阻碍反应物氧气的传输,同样会发生传质限制的问题,降低电池的性能。对于阴极流道内液滴逸出,可视化试验和流体体积法数值模拟是常用的研究方法,流道的结构对液滴在流道内的运动行为有着重要的影响。2014 年,日本丰田推出了 MIRAI 燃料电池汽车,阴极采用三维细网格结构流场,使反应生成的水能够很快排出,防止滞留水对空气传输的影响。多孔扩散层和微孔层的结构及浸润性对两相传输也有重要影响,可采用中子成像技术和同步辐射 X 射线技术对多孔层内两相传输进行试验研究,也有研究者使用微流控芯片技术来模拟多孔介质,观测气液两相在多孔介质内部的流动及分布;基于体积平均的宏观尺度模拟方法无法反映孔隙结构及各向异性的影响,基于孔尺度的孔隙网络模拟及格子-玻尔兹曼方法是多孔层常用的理论研究方法,而如何重构出多孔层的实际结构是数值模拟的关键。

4. 多相流与生物化学转化

生化反应器是为以活细胞或酶为生物催化剂进行细胞增殖或生化反应提供适宜环境的设备,是微生物能源转化技术中最关键的设备之一。生化反应器主要有悬浮液培养与固定化细胞培养两种类型。用于悬浮液培养的生化反应器特征是微生物细胞在培养液中呈悬浮态,细胞具有较强的运动性,微生物细胞与培养液间的传质阻力较小。用于固定化细胞培养的生化反应器是指利用物理或化学手段将具有催化活性的游离细胞限制或定位于一定的空间内，使其保持活性并可反复使用的一种生物反应器。固定化生化反应器主要有生物膜反应器、包埋细胞颗粒填充床反应器及絮凝颗粒生化反应器等，被广泛用于有机废气、有机废水的处理和生物能源的转化等方面。

在多相游离细胞悬浮液反应器中存在独特的气液两相流和微生物运动的耦合作用问题。气液相界面对微生物的吸附，一方面使得气液两相流动携带微生物，从而导致反应器微生物分布的改变，这对密集培养的微藻光生化反应器尤为显著，最典型的例子就是采用气泡浮选技术进行微藻的分离；另一方面吸附的微生物又会对气泡的迁移、界面运动、聚合等动力学行为产生影响。针对光合细菌与气液相界面之间的相互作用，研究发现光合细菌与气液相界面既存在不可逆吸附现象又存在排斥现象，吸附在气液相界面的光合细菌会围绕气泡表面运动，同时吸附在气液相界面的光合细菌增加了气泡的机械强度和稳定性并阻碍气泡的聚合。此外，界面吸附微生物的分布、微观运动以及生化反应对气液相界面的传质带来重要作用，最终影响到生化反应器的性能。

利用光能的光合微生物反应器可应用于微藻固定 CO_2 和能源化利用、微藻和光合细菌制氢、有机废水净化、植物细胞培养等重要领域，其中的光能、底物、产物等复杂的多相传递过程极大地影响到反应器内微生物的生长代谢及反应器的性能。以包埋法或生物膜法填充床制氢反应器为例，当有机废水通过生物膜或包埋颗粒填充床时，有机废水中的污染底物通过固定化细胞载体之间孔隙中两相流区，以对流和扩散传递方式进入生物膜或包埋颗粒，然后在其内部进行传递和降解，最终被膜或颗粒内的微生物代谢降解生成 H_2 和 CO_2 并释放出代谢热。这些代谢产物经过反向扩散，由包埋颗粒或生物膜传入颗粒间孔隙中的两相流区，最后随主流排出系统。与此同时，外部光源发出的光子经反应器内的流体和填料传入生物膜或颗粒内，为微生物的生化反应提供能量。反应器内光能传输和分配涉及复杂的机理和过程，一部分透过反应器壁和固定化材料的光能被光合细胞捕获，经过一系列的传递和转化用于产生氢气和合成细胞内物质，一部分光能被底物溶液吸收转化为热能，其余部分被散射。该过程是典型的由微生物细胞、生物膜、孔隙、反应器构成的多尺度传递和生化转化过程，而且能量和物质的传输与生化反应相互影响和耦合，生化反应的速率受到光照、底物和产物以及热量传递的影响；生化反应的产物传递又会影响到反应器中的两相流型、相分布和流动阻力特性，从而影响到光能、底物和热量的传递。通过试验探究光生物反应器内如此复杂的多相能质传递机理非常困难，理论研究中，宏观尺度上的理论模型通常将生物膜内活性微生物与生物膜组成物质的分布情况假设为均匀的，然而，生物膜本质上是各向异性的多孔介质,拥有复杂多变的内部结构,无法反映微细观结构带来的影响。采用介观尺度的格子-玻尔兹曼方法可在孔隙尺度上和表征体元尺度上对反应器内的流动、传输及光生化反应进行研究,具有独特的优势。用于模拟生物膜中微生物动力学行为和微结构的数学模型很多,最常见的工具之一为元胞自动机模型,结合描述生物膜内传质和反应微分方程进行计算,以研究环境参数对生物膜结构、形态和功能的影响。

生化反应器依然存在能量转化效率较低、光能及气液两相分布均匀性差、单位体积生物持有量低、生物膜形成时间长等技术障碍,限制了其工业化和规模化的推广应用。生化反应器中微生物的运动、吸附/脱附、底物、产物等复杂的多相传递过程对反应器内微生物的生长代谢及反应器的性能具有极其重要的影响,其内部耦合生化反应的多相能质传递机理还有待进一步揭示。

5. 多相流与医学

21 世纪是生命科学的时代,生命科学几乎渗透、交叉于各个学科,是我国生命科学研究在国际领域实现“弯道超车”的重要手段。生命体维持其脉搏、呼吸、血压、体温、血氧饱和度等生命体征并实现精细化动作、视觉识别、思考等高级功能依赖于自身与外界环境间、生命体内部能-质的跨尺度多相流动、交换与转化。生物医学多相流正是在此背景下由多相流与生物医学诸多分支交叉而生的前沿研究领域,其核心在于利用多相流热物理学学科的基本理论、方法探索并掌握生命医学最基本的“能-质”交换、输运及转化机理,并应用于疾病诊断、治疗,为人类健康及我国精准医疗事业的发展提供重要理论依据和技术支持,丰富并拓展生命学科与工程热物理基础理论和学科内涵。

生物医学多相流相关研究已在不同尺度的生命科学问题探索中崭露头角,如用于细胞培养及分析、新型肿瘤载药、组织工程修复的多相流微流控技术研发,人体呼吸-血液循环系统的多相流动,“能-质”跨尺度输运机理研究及其在疾病治疗、诊断中的应用等。

在微观尺度,基于多相流微流控技术的微流控芯片是国际生物医学研究的前沿,它通过微通道多相流流型设计、相间物性参数匹配、流速优化、外加物理场调控等方式,在微尺度芯片上实现样品的自动化精准制备、分析、反应、分离及检测等多功能,具有能耗低、反应快、易携带等优势。主要应用包括核酸检测、DNA 测序、癌细胞生物标记识别、疾病快速检测、生物功能材料制备、多功能药物制备与靶向递送以及组织工程中的三维类器官细胞培养等,在生化检测及临床医学领域具有巨大的发展潜力。基于仿生原理的微流道结构优化,生物相容性高的新材料研发,以及基于人工智能的多组分、多相流微流控时序优化技术开发,从而实现具有器官级、组织级功能的新型微流控芯片将是未来发展的重要方向。

在宏观尺度,人体呼吸道及血液循环具有典型的多相流特征,其多相流动规律、物质交换和能量转化特性一直是生物医学工程领域研究的热点。人体呼吸道内的气固、气液多相流动力学研究主要应用于大气污染物、工业有害物、气溶胶及粉尘类药物吸入与代谢过程研究,为污染物防护、气雾药剂给药过程优化提供指导。人体血液循环的多相流动与传热、传质规律研究主要应用于人体心脑血管疾病,如脑动脉瘤、动脉粥样硬化的形成、损伤机制探索,以及激光、超声、电磁场等外加物理场治疗机理揭示与参数优化。光声测控、光学层析等新型光、声测量技术的引入将成为未来生物医学多相流研究手段的重要补充。此外,随着精准、靶向医疗需求的不断提升,跨尺度生物医学多相流数值方法、试验手段的研发,人体内循环间跨膜输运机理研究将是未来发展的重要方向。

6. 多相流与材料合成

上述热化学、光化学、电化学与生物化学转化过程往往需要催化材料作为反应媒介,因此高效催化材料的可控合成一直是能源转化领域的研究重点。在传统材料合成领域,研究者往往从温度、压力、浓度等角度去控制材料的形貌、组成与结构,进而考察其性能,并建立构效关系。然而,要实现高质量材料的可控合成,必须对反应过程中的影响因素进行更加精确的控制,这就要求继续深入研究材料合成过程中的多相流流动及界面热质传递过程。

以材料合成最基本的结晶过程为例,反应器内流体流动的过程伴随着质量、动量和能量传递等复杂现象,借助多相流模拟与计算,可为结晶过程研究、优化操作、反应器结构的合理设计和开发放大工艺提供重要参考信息与试验依据。基于结晶过程的纳米结构材料合成方法大多是在间歇式反应器中进行的,这些方法尽管操作起来方便,但是不能保证整个反应器中所有地方试剂浓度和温度完全一样,混合效率较差,导致合成的材料尺寸分布不均匀、重现性较差。并且,由于热质传导速度与反应体积不呈线性关系,间歇式反应器无法保证纳米材料质量的同时进行放大生产。近年来,基于微流控技术的流动微反应器克服了传统间歇式反应器的缺点。流动微反应器具有高的热质传导效率,为纳米材料的合成提供了新方法,也有助于提高纳米材料的质量和产量。在流动微反应器中,两种互不相容的液/液或气/液流体分别作为连续相和分散相被引入特定形状的通道中,分散相在连续相的作用下形成一系列液滴或者段塞流。这些液滴或段塞流的大小可以通过改变液体流速或者通道尺寸等控制,从而改变单个液滴或段塞流内反应物的量,实现高质量纳米材料的可控合成。

与传统方法相比,超临界水热技术制成的复合颗粒具有颗粒小、粒度均匀、颗粒化学成分不易被破坏、几乎无残留溶剂等诸多优点。所得产品无须干燥、粉碎,生产过程比较环保,是一种具有广阔前景的材料合成方法。超临界水热合成主要集中在金属氧化物,已经取得了一定的成果。

6.2.7 学科发展与比较分析

1. 我国多相流热物理学学科的重要研究进展

我国多相流热物理学学科研究的一个重要特点就是结合我国工业发展的具体需求特点,围绕多相流及其热、质传输及物理、化学、生物反应等的基础理论和规律这一核心,深入研究解决现实中制约我国国民经济发展的科学与关键技术基础问题。目前,我国在气液两相流、气固两相流与反应、多尺度多相流数值方法等方面的研究产生了重要影响,在多相流测量研究中已形成与发达国家水平相当的研究团队,在超临界水煤气化、太阳能高效光电催化转化中的多相流热物理及光热化学理论研究方面处于国际引领的位置。

最近的重要研究进展具体包括以下几方面。

1)气液两相流、气固两相流、多尺度多相流数值方法研究

气液两相流始终伴随着蒸汽动力工程、石油化工、航空航天等高新技术的发展。21 世纪以来,能源环保等战略性产业的发展给气液两相流提供了新机遇。超超临界火力发电机组、超临界水冷反应堆变工况运行、高密度太阳能集热产气系统及低品位能源热机系统迫切需要研究两相流传热强化、临界热流密度及系统稳定性等。近年来,气液两相流出现了许多新的分支方向:微通道两相流、微重力两相流、纳米流体及新工质两相流、仿生气泡及液滴动力学、外场作用下的两相流、材料及化学交叉学科中的两相流等,但研究成果与实际应用还有距离,极端及超常条件下气液两相流理论框架正在建立中。总之,气液两相流研究向极端运行参数及时空尺度延伸,其难点在于:① 气液界面的可变形性及压缩性,在宏观层面表现出随机性、无序性及混沌特性;② 任何气液两相系统都关联了微观机理,如气泡成核发生在微纳尺度、气液界面厚度也在微纳米级、固体表面润湿性与固体表面微纳米级粗糙度密切相关等。在试验研究方面,难点仍然是微观界面现象的捕获与物理参量的准确测量;在数值模拟方面,发展多尺度及跨尺度的方法是主要趋势。

我国气液两相流研究非常活跃,在国际上占有重要地位。西安交通大学在高参数蒸汽动力工程两相流方面,围绕两相流流动、传热及稳定性方面已取得系统性研究成果,并获国家自然科学奖二等奖。我国在微通道两相流方面的工作达到了国际先进水平。华北电力大学发现了微通道气泡爆炸、角部核化及三区传热现象及规律,并针对纳米粗糙度硅微通道热力学非平衡性,提出并实现了种子气泡传热

原理与方法；基于低品位能源利用的困难，提出了流型协同原理与方法，在管内插入微米尺度丝网膜，实现了“气在管壁，液在中心”的逆向空泡份额分布，制造出超薄液膜流动与强化传热模式。中国科学院力学研究所近年来在微重力两相流流型转换及气泡动力学等方面取得了良好进展。

气固两相流与固体燃料高效利用、污染物超低减排等若干国家重大需求密切相关。气固两相流动的影响因素极为复杂，流体微团、分散颗粒、颗粒聚团和气泡的随机运动及相互作用，相界面传输过程的瞬时与空间特征所引起的时空尺度的多层次变化，使得气固两相流动规律至今难以被全面准确掌握，这严重影响了复杂气固流动系统的设计与工程放大。气固两相流所涉及的科学问题（如湍流-颗粒相互作用机制、气固湍流多尺度结构的时空演化与耦合协调机制等）范围广泛，综合性极强，一直以来都是国际学术研究的热点。近十年来，我国在气固两相流领域的研究十分活跃，发展迅速。浙江大学、华中科技大学、清华大学、东南大学、哈尔滨工业大学等多个单位分别开展了各具特色的研究工作，主要包括：① 湍流、颗粒/颗粒团、壁面之间的深层相互作用机理，以及它们在高温、高压、高密度、化学反应等条件下的基本运动及相互作用规律；② 超细、异形、黏结性颗粒等非常规颗粒的动力学机理及颗粒尺寸、形状效应；③ 气固流动、热质传递、化学反应过程的多尺度现象、作用机制及数理模型；④ 发展超大规模的直接数值模拟等。在直接数值模拟与大规模并行计算、稠密气固两相流颗粒动理学、颗粒流离散相动力学、高温高压气固两相流等方面取得了许多重要进展及原创成果，积累了显著的研究优势。在国际上率先形成了多场作用的多尺度颗粒离散动力学、全尺度直接数值模拟的理论基础。在面向工业与高新技术应用研究方面，如煤及生物质的高效洁净利用技术、气-固态污染物的协同脱除、加压流化床和超临界循环流化床技术、细颗粒物控制、水煤浆代油洁净燃烧技术等具有鲜明特色。而薄弱之处在于理论方法原创性不足、数值计算方法尚不完备，以及测量方法局限性导致的对非常规气固流动机理认识不够深入，这同时也是国际学术界所面临的共同问题。进一步深入开展相关研究可以使得我们与世界先进水平保持并行，甚至居于领先。

多相流相界面特性调控及能质输运研究领域的发展趋势是向极端运行参数、复杂环境条件、超常介质、多时空尺度延伸。我国研究者开展了长期持续研究，取得了大批国际领先水平的成果，在多相流相界面非线性动力学、高温高压高热负荷气液两相流与安全传热及流动稳定性、油气混输流动安全与检测控制、湍流-颗粒/颗粒群作用机理及多尺度耦合颗粒动力学、气固两相湍流统一二阶矩模型等研究领域取得了重要进展。由于多相流固有的复杂性，界面的捕获特别是如何获得精细而锐利的高分辨率一直是多相流数值模拟领域的一个难点，尤其是可变形颗粒在非牛顿流体作为连续相的复杂几何区域的多相流动日益受到强烈的关注，发展此类问题的界面先进捕获方法并研究可变形颗粒动力学是未来学科发展的重要研究方向。

2)超临界水煤气化

能源短缺、环境污染是制约我国经济、社会、生态发展的长期重大瓶颈。我国现有能源资源与消费特点决定了解决上述问题必须变革煤炭利用方式,改善能源消费结构。我国能源科学面临创新发展变革性的煤炭转化原理这一重大挑战。

西安交通大学动力工程多相流国家重点实验室科研团队历经二十年科技攻关,研发出“煤炭超临界水气化制氢发电多联产”系列完全自主知识产权技术,俗称“超临界水蒸煤”,成功将煤炭化学能直接高效转化为氢能,并提出了煤炭在超临界水中完全吸热-还原制氢的新气化原理,从源头上根除了硫化物、氮化物等气体污染物以及 PM2.5 等粉尘颗粒物的生成和排放。

该技术利用温度和压力达到或高于水的临界点即超临界态水的特殊物理化学性质,将超临界水用作煤气化的均相、高速反应媒介,并借助团队发明的超临界水流化态反应床,将煤中的碳、氢、氧元素转化为氢气和 CO_2,同时热化学分解了部分超临界水制取氢气,将煤炭化学能直接高效转化为氢能。在 700℃以上,国内各种煤型的碳气化率均达到 100%。超临界水煤气化制氢的热力学及化学反应动力学模型和反应系统的整合优化已经完成,成功完成处理煤量为 1t/h 的中试规模演示系统,通过技术经济分析,在系统处理煤量达 83.3t/h 时,氢气的价格能降低至每升 0.7 元。基于超临界水煤气化和多级燃氢补热汽轮机的新型热力循环发电系统已经提出,煤炭发电效率高、CO_2 富集和环境友好无污染是其主要特色。这项技术已全面完成原理性创新、实验室规律性试验研究和中试试验,为了彻底解决传统煤电转化率低、污染严重、高耗水等问题找到了出路。该项工作入选 2017 年“中国高等学校十大科技进展”,并实现了知识产权及相关技术转让。

3)新能源转化中的多相流

通过热化学、光化学及光生物的方法将太阳能直接转化为氢能或其他能源产品,给人类提供了高效低成本解决增加能源供应、保障能源安全、保护生态环境、促进经济和社会可持续发展的理想途径。近年来,有关研究小组以高效低成本的直接太阳能光、热化学及生物转化与利用为目标,针对能源高效和可再生转化过程中的微多相流光化学与热化学反应理论持续展开研究,对高效光解水制氢催化剂及光催化体系做了持续深入的研究和探索。

在太阳能光催化分解水制氢研究方面,国内各单位开发了一系列高活性光催化剂及光催化体系。光催化剂的产氢量子效率、能量转化效率与稳定性等指标均达到国际先进乃至领先水平,在光催化反应机理表征等方面也取得重要进展,受到国际同行的广泛关注。2016 年,西安交通大学开发了 NiS_x 非锚定的 $Cd_xZn_{1-x}S$ 纳米孪晶光催化剂,在可见光区的最佳产氢量子效率接近 100%,是同期国际上公开发表的文献所报道的最高水平。该工作创建了太阳能光催化制氢多相流能质传输集储与转化理论，研制出首套低成本太阳能聚光催化制氢中试装置，其总采光面积为103.7m^2，有效容积为800L，持续稳定产氢时间大于500h，并获得6.6%光氢转化效率，被认为"首次清晰展示出太阳光解水制氢大规模应用前景"。该项目的研究工作为太阳能光解水制氢的规模化利用打下了坚实的基础。

在太阳能热化学分解水和生物质制氢研究方面，西安交通大学首次提出利用聚焦太阳能驱动热化学分解水和生物质制氢的新思路[5]，研制成功两类聚焦太阳能与生物质超临界水气化耦合的制氢系统；研究了聚集太阳能吸收与高温热转换系统的热光学匹配设计方法，建立起一套聚焦太阳能吸热器的热流分布与低能量损失匹配的结构设计方法与优化算法，提出了一种具有优异辐射性能的新型腔式吸热器；进一步研究解决了如何采用多种线性和二次曲面的光学组合来形成高次曲面、进一步消除定日镜的误差以及揭示直接太阳能吸热器与气化反应器之间及内部的热辐射传递与多场耦合传热传质规律等关键问题；成功建立了国内第一个熔盐相变蓄热放热循环及流动传热试验系统，并针对适用于直接太阳能热化学制氢的熔盐工质及其流动传热特性和蓄热系统进行了探索性试验研究，实现了熔盐热工参数的准确测量；在集成太阳能聚集、吸收、储存以及生物质超临界水气化制氢各环节研究成果的基础上，成功构建了多碟聚焦和自旋-俯仰轮胎面定镜聚焦太阳能与生物质超临界气化耦合制氢系统各一套。

经过十余年的努力，我国在利用太阳能制氢领域的研究工作取得了长足的进展以及众多实质性的成果，并成功走到该领域国际学术的前沿，为进一步开展更高水平的研究工作打下了良好的基础。

4）能源有序转化的多相流热物理基础理论

化石能源的洁净高效转化利用、以太阳能与氢能构建可再生与无碳能源系统，代表了能源科学技术的发展方向甚至革命方向。因此，开展可再生能源高效转化与利用的多相流热物理与光热化学研究，重点研究光热耦合体系内能势匹配、能量梯级利用及传输理论、载能粒子多尺度时空耦合机制、多场耦合下基于多相反应体系的碳氢循环理论，构建新型能源转化体系，促使我国在高效能源催化材料定向设计与开发、能源催化反应体系高效耦合以及能源催化转化界面多相反应等方面的基础理论水平走到世界最前列具有重大的战略意义。

国内率先提出了基于水-氢循环和水相环境下含碳能源物质超临界水气化产氢，以及吸收太阳光、热能光电催化分解反应产氢气和氧气的能源资源物质无碳转化和利用的新方式，将可再生能源与化石能转化利用有机结合起来，解决能源资源物质高效洁净转化与可再生利用中的多相流热物理与光或热化学过程耦合的基础理论和关键技术瓶颈，实现能源物质清洁高效规模转化。

2. 论文发表情况分析

经过多年潜心发展,我国研究者于2011～2020年在多相流热物理学领域的20种主要国际学术期刊的论文发表总数超越美国,排在国际第1位,占期刊论文总数的比例为29.77%,并且在多种期刊的论文数比例已成主导优势。我国SCI论文的平均单篇引用次数与美国基本持平,我国"可再生能源转化中的多相流"方向的论文平均单篇引用次数领先于美国,我国多相流热物理学领域研究者连续多年入选全球高被引科学家,这标志着我国多相流热物理学研究已在国际舞台上产生了重要学术影响。

International Journal of Multiphase Flow 是多相流热物理学领域最专业的权威学术期刊,随着多相流热物理学研究的蓬勃发展,影响因子已从2011年的2.230稳步逐步上升到2020年的3.186。其他刊登多相流热物理学方面文章的期刊包括化工类期刊 *AICHE Journal*、*Chemical Engineering Journal*、*Chemical Engineering Science*、*Powder Technology*、*Chemical Engineering & Technology*, 物理类期刊 *Physics of Fluids*, 传热传质流动类期刊 *International Journal of Heat and Mass Transfer*、*International Journal of Heat and Fluid Flow*、*Journal of Heat Transfer-Transactions of The ASME*、*Experimental Thermal and Fluid Science*、*Journal of Fluids Engineering-Transactions of The ASME*、*Experimental Heat Transfer*、*Heat and Mass Transfer*、*Experiments in Fluids*、*International Journal of Thermal Sciences*、*International Journal for Numerical Methods in Fluids*、*Applied Thermal Engineering*, 核工程类期刊 *Nuclear Engineering and Design*、*Nuclear Technology* 等。除这些期刊外,尚有大量应用多相流热物理学学科知识解决相关交叉学科领域期刊的论文,反映出多相流热物理学学科强烈的交叉学科属性。

表6.1为2011～2020年多相流热物理学领域20种国际学术期刊的SCI影响因子变化情况。可以看出,所有期刊的影响因子均有所增长,影响因子4.0及以上的期刊由2011年的0个到2020年的6个。尤其是2016年后,各期刊的影响因子上升显著,说明多相流热物理学领域的研究受到了越来越多的关注,多相流热物理学领域的文章和引用日益增多。

表6.1 2011～2020年多相流热物理学领域20种国际学术期刊的SCI影响因子变化情况

序号	期刊名称	2011年	2012年	2013年	2014年	2015年	2016年	2017年	2018年	2019年	2020年
1	*International Journal of Multiphase Flow*	2.230	1.715	1.943	2.061	2.25	2.509	2.592	2.829	3.083	3.186
2	*AICHE Journal*	2.261	2.493	2.581	2.748	2.98	2.836	3.326	3.463	3.519	3.993

续表

序号	期刊名称	2011 年	2012 年	2013 年	2014 年	2015 年	2016 年	2017 年	2018 年	2019 年	2020 年
3	*Chemical Engineering Journal*	3.461	3.473	4.058	4.321	5.31	6.216	6.735	8.355	10.652	13.273
4	*Chemical Engineering Science*	2.431	2.386	2.613	2.337	2.75	2.895	3.306	3.372	3.871	4.311
5	*Powder Technology*	2.08	2.024	2.269	2.349	2.759	2.942	3.23	3.413	4.142	5.134
6	*Physics of Fluids*	1.926	1.942	2.04	2.031	2.017	2.232	2.279	2.627	3.514	3.521
7	*International Journal of Heat and Mass Transfer*	2.407	2.315	2.522	2.383	2.857	3.458	3.891	4.346	4.947	5.584
8	*International Journal of Heat and Fluid Flow*	1.927	1.581	1.777	1.596	1.737	1.873	2.103	2	2.073	2.789
9	*Journal of Heat Transfer-Transactions of The ASME*	1.83	1.718	2.055	1.45	1.723	1.866	1.602	1.479	1.787	2.021
10	*Experimental Thermal and Fluid Science*	1.414	1.595	2.08	1.99	2.128	2.83	3.204	3.493	3.444	3.232
11	*Journal of Fluids Engineering-Transactions of The ASME*	0.747	0.886	0.939	0.932	1.283	1.437	1.915	1.72	2.056	1.995
12	*Nuclear Engineering and Design*	0.765	0.805	0.972	0.952	0.967	1.142	1.19	1.541	1.62	1.869
13	*Experimental Heat Transfer*	0.537	0.927	0.4	0.979	1.288	1.522	1.687	2	2.543	4.058
14	*Heat and Mass Transfer*	0.896	0.84	0.929	0.946	1.044	1.233	1.494	1.551	1.867	2.464
15	*Experiments in Fluids*	1.735	1.572	1.907	1.67	1.57	1.832	2.195	2.443	2.335	2.480
16	*International Journal of Thermal Sciences*	2.142	2.47	2.563	2.629	2.769	3.615	3.361	3.488	3.476	3.744
17	*Chemical Engineering & Technology*	1.598	1.366	2.175	2.442	2.385	2.051	1.588	2.418	1.543	1.728
18	*Nuclear Technology*	0.601	0.447	0.625	0.725	0.623	0.745	0.786	0.953	0.98	1.567
19	*International Journal for Numerical Methods in Fluids*	1.176	1.352	1.329	1.244	1.447	1.652	1.673	1.631	1.808	2.107
20	*Applied Thermal Engineering*	2.064	2.127	2.624	2.739	3.043	3.444	3.771	4.026	4.725	5.295

表 6.2 为 2011～2020 年多相流热物理学领域 20 种国际学术期刊的主要国家论文发表情况。表 6.2 中同时分阶段列出了 2011～2015 年和 2016～2020 年的对比情况。可以看出,中国、美国、印度占据前三位。尤其是我国的论文发表数量占 29.77%,相当于排名 2、3、4 位国家的总和,说明随着中国近年来在科研上的大力投入,我国在多相流热物理学领域的研究规模已经超过美国,在本学科领域的研究产出数量已经建立优势并处于世界领先地位。印度、伊朗、俄罗斯经过近年的科研发展,排名上升 2 位,表现出上升势头。总体而言,我国在多相流热物理学领域的研究继续保持活跃,成为当前最为重要的基础研究队伍之一。

表 6.2　2011～2020 年多相流热物理学领域 20 种国际学术期刊的主要国家论文发表情况

排名		国家	论文数/篇	论文数占比/%
2011～2020 年	2011～2015 年			
1	1	中国	19591	29.77
2	2	美国	12143	18.452
3	5	印度	4230	6.428
4	4	德国	3901	5.928
5	3	法国	3508	5.331
6	6	英国	3302	5.018
7	7	韩国	3151	4.788
8	8	加拿大	2867	4.357
9	9	日本	2683	4.077
10	12	伊朗	2647	4.022
11	10	英国	2485	3.776
12	13	澳大利亚	2096	3.185
13	11	意大利	1968	2.991
14	14	西班牙	1455	2.211
15	15	荷兰	1252	1.903
16	19	俄罗斯	1160	1.763
17	16	巴西	1028	1.562
18	18	瑞典	873	1.327
19	17	瑞士	842	1.279
20	21	土耳其	815	1.238

续表

排名		国家	论文数/篇	论文数占比/%
2011～2020年	2011～2015年			
21	20	新加坡	783	1.19
22	—	沙特阿拉伯	753	1.144
23	23	比利时	654	0.994

表6.3为2011～2020年我国研究者在多相流热物理学领域20种国际学术期刊的论文发表情况。可以看出,2011～2020年,我国研究者在国际学术期刊上的论文发表数量呈递增态势,无论是绝对数量还是相对比例都逐年增加,表明我国在多相流热物理学领域的研究工作正在迅速崛起、活跃程度不断提高。

表6.3　2011～2020年我国研究者在多相流热物理学领域20种国际学术期刊的论文发表情况

年份	中国论文数/篇	世界论文数/篇	中国论文数占比/%
2011	744	4881	15.24
2012	787	5074	15.51
2013	1134	5864	19.34
2014	1193	5712	20.89
2015	1483	5868	25.27
2016	1799	6495	27.70
2017	2309	7029	32.85
2018	2732	7150	38.21
2019	3504	8698	40.29
2020	3907	9037	43.23

在多相流热物理学领域,我国国际影响以及国际交流与国际学术接轨方面已经处于世界前列,但是要成为国际引领力量仍然有很长的路要走。相比较而言,我国研究的整体水平和规模已经处于世界前列,但与先进国家仍有很大差距,不仅是论文发表的数量,还体现在在国际上发表的论文比较集中在某些单位和个人。必须进一步加大我国在多相流热物理学领域基础研究和应用基础研究的投入力度,鼓励开展各种形式的学术交流与合作,才能不断促进和提高我国多相流热物理学研究的水平,努力缩小与国际学术发展的差距,尤其要关注直接服务于高新技术或直接在高科技发展中发挥关键性作用的创新性工作。

6.3 学科发展布局与科学问题

我国多相流热物理学学科的研究工作具有以下几个特点:第一,是以守恒方程、本构关系为基础的应用性基础学科,应用面极为广泛;第二,交叉性强,加上计算手段的增强,这个学科已经得到了很大的发展;第三,学科的发展受到国内基础研究水平不够的限制。

鉴于以上特点,为了改善我国多相流热物理学的研究现状,赶上甚至超过国外的发展水平,应该强调从本构关系出发,重视从新现象、新模型、新方法(包括试验的、测量的、计算的等)等方面重新审视本学科的研究工作。具体强调以下四个方面:① 在研究深度上,继承和发展国际现有的研究方法和思路,结合我国工业发展的具体需求特点,深入研究解决现实中制约我国国民经济发展的科学与关键技术基础问题;② 加强原创性,在广泛深入认识国际科学前沿基础上,寻找突破口进行创新研究;③ 在研究广度上,强化学科交叉,为实际工业问题提供解决方案;④ 要体现现实性,立足本国实际,从欠发达的工业过程和自然环境中提炼科学问题,并使研究成果转化为生产力,为我国的现代化建设添砖加瓦。

多相流热物理学学科的研究需要强调以下四点:① 强调基础研究是一切创新的源泉;发现新现象,建立新模型,发展新方法(试验、测量、计算),加强传热、传质及多相流本构关系的深入研究,建立新的或更准确的本构关系。② 加强学科交叉与拓展,积极吸取相关学科(如流体力学、分子动力学等)的研究成果,使相关学科得到协调发展,同时扩展本学科除在能源学科之外的学科(如化工、航天、环境及生命科学等)的应用。③ 注重应用技术基础平台的研究,即大型商业软件研发。开发具有自主知识产权的基础应用软件对国防建设、国民经济发展等均有重要的意义。大型商用软件市场原为欧美所垄断,如常用的计算流体力学软件 FLUENT、CFX、StarCD 等,日本的计算流体力学商用软件主要是 CRADLE SC/Tetra。然而,这些商用软件仍有许多不足之处,如多相流、多场耦合问题尚不能给出较为精确的模拟结果。我们可以结合国内的研究进展及最新研究成果,在促进相关学科基础研究的同时,开发出有竞争力和自主知识产权的应用软件平台。④ 加强多相流测试新技术研究和仪器的开发,改变多相流热物理学研究及传热、燃烧等研究中大型关键测量技术和仪器主要依赖于国外的局面。

6.3.1 离散相动力学

多相流中的离散相多以颗粒、液滴、气泡等形式存在,离散相动力学是多相流热物理学研究的基础，是多相流热物理学中十分重要和关键的研究内容之一。除了受力和运动分析，相对于颗粒而言，液滴和气泡具有变形、破碎和聚并等由界面引起的特殊动力学现象。复杂工况下离散相的运动及界面特性一直是多相流热物理学领域的研究前沿，涉及能源、动力、石油、化工、航空航天、生物工程等多学科交叉领域。因此，离散相动力学方面的科学问题包括以下几个方面。

1. 多相流相界面运动、变化和相互作用与非线性动力学

物质世界的本质是运动与相互作用，多相流热物理热化学集中体现了复杂运动、变化与相互作用的特点，这是基础科学需要回答而未能回答的问题，无论在微观层面还是在介观、宏观相空间结构与相浓度分布的不均匀性、状态的多值性、过程的不可逆性方面，相间界面的动力学行为都是物质世界的物理、化学本质的典型与普遍性质；工程热物理科学理论是和物质结构与基本粒子、纯数学等基础科学同等重要的科学基础，同时又是在联结人类活动的有序化及目的化方面更具有特殊优势的学科。

液滴动力学作为多相流热物理学学科的重要分支，应始终坚持与化学、材料、生命、生物医学等学科紧密交叉与融合，以实际工程应用为导向，致力于寻求解决多相流问题的新方法与新理论。其中涉及的科学问题主要包括复杂工况或极端条件下气液两相宏观运动特性与微观作用机制、外场作用下液滴破碎与聚结机理及过程强化理论、气液相界面特性调控与能质传输。

液体连续介质中离散相动力学的发展应瞄准国家快速发展的战略需求和国际学科前沿高地，在涉及能源、化工、国防、航空航天等关键核心科技领域凝练重点研究方向，深入研究和解析液-液两相反应体系中所蕴含的基本作用机制和关键科学问题，揭示液相中离散相动力学内在的基本规律，解决复杂多相体系中离散相动力学的基础科学共性问题。

气泡动力学方面主要研究复杂工况气液两相流与传热传质基础理论、超声速/超高热负荷/微重力等极端条件下的气液两相流与传热传质、电场/磁场/光场等多场耦合作用下的气液流动规律与能量传输及强化、燃料电池内部气液两相流、沸腾与凝结成核、能质传输及强化。

磁场下的两相流动在热核聚变装置和电磁冶金[6]工业中有着重要应用，但因为电-磁-热-力耦合的复杂性，流场演化的物理机理并不清晰，磁场产生的洛伦兹力会显著改变流场的传热传质特性，如磁场对液滴或者液膜浸润和铺展特性的影响、磁场对离散相气泡和颗粒运动的影响、磁场对湍流中离散相传热传质的影响、磁场对液态金属凝固和结晶行为的影响等。有必要发展更先进的数值计算方法来精确模拟其中复杂的多场耦合情况，并揭示磁场影响的物理机理。

2. 液滴动力学

(1)液滴非平衡闪蒸破碎机理及理论建模。
(2)高速运动宏、微观尺度液滴界面与内流特性。
(3)流场-温度场-电场等多场耦合作用下多组分液滴动力学特性。
(4)不规则(如椭球、多边等)液滴动力学特性表征与分析。
(5)稠密液滴群动力学特性测量技术与数理建模。
(6)液态金属等流化态液滴动力学特性。

3. 颗粒非线性动力学

(1)变形气泡的非线性热动力学。
(2)变形液滴的非线性热动力学。
(3)颗粒与颗粒群在流场中受流体动力作用力。
(4)颗粒-气体湍流相互作用。
(5)稠密气固两相流中颗粒间及颗粒和壁面间碰撞和聚集规律。

6.3.2 多相流动

多相流动广泛存在于能源、环境、化工等工业过程中,是过程高效、安全的主要制约因素。需要从多相流的基本现象出发,并结合不同工业过程的特点,解决其存在的关键科学问题,重点研究复杂相界面特性与调控基础理论以及油气开发、环境污染与防治过程多相流,同时发展复杂多相流过程多相流模拟方法。

1. 复杂相界面特性与调控

(1)复杂多相流体相界面分子间相互作用的微观机制及模型描述。
(2)相界面能质传输过程和结构演变动力学及其耦合作用的物理化学基础理论。
(3)组分和分子结构对相界面力学特性的影响机制及力学本构关系与数理模型。
(4)极端条件下相界面特性及调控的多尺度或跨尺度数值模拟方法。

2. 油气开发多相流动

(1)油气藏储层微纳孔隙中多相多尺度渗流机理、动力学特性及数理描述模型。
(2)基于微纳米胶囊物质输运的残余油提高采收率基础理论。
(3)稠油/页岩油注超临界流体原位转化机理。
(4)深海油气长输管线中固相沉积、流动腐蚀机理与规律。

(5)水合物开发的多孔介质多相渗流机理及水合物-砂-水-气多相流动机理。

3. 环境污染与防治多相流

(1)雾霾颗粒与水蒸气相互作用的传热传质机理研究。

(2)雾霾形成微观机制及相对湿度与温度、化学成分、粒径及其混合状态对雾霾形成的作用机理。

(3)雾霾颗粒表面特性、相态变化及化学反应机理。

4. 复杂多相流动的数值模拟方法

(1)固体颗粒吸附于液液界面、气液界面等可变形界面动力学过程的直接数值模拟方法。

(2)颗粒在可变形界面上的流体阻力、扩散系数、颗粒-界面作用力、颗粒-颗粒相互作用力等关键参数的理论模型。

(3)考虑离子、表面活性剂、固体颗粒等异质组分吸附及其诱发复杂相界面特性的先进数值模拟方法。

(4)气液固多相共存、气相或液相多组分、非牛顿流体等复杂多相流体流动的数值模拟方法及先进算法。

6.3.3 多相流传热传质

我国为实现“双碳”目标,需大幅提高新能源、可再生能源占比,还需发挥煤炭压舱石作用,提高燃煤发电灵活性。为提高循环效率,提高温压参数,应加强超高参数多相流传热传质研究。经典热学理论框架下,超临界流体被处理成无界面、无相变的单相流体,这一理论框架在实际应用中碰到挑战,按单相流拟合的阻力和传热系数不具有普适性。同时,外场(超声、电场、磁场、光)等对多相流传热传质有重要影响,也是很多情况下强化传热传质的手段。太阳能海水淡化、太阳能蒸发器等,对多相流纳米流体提出了新的科学问题,在光和纳米材料作用中,等离基元共振吸收成为热源。因此,开展等离基元共振吸收条件下的多相流传热传质不仅对能源利用,而且对光控微流体具有重要意义。现有多相流传热的理论框架、数值模拟及试验方法在多相流传热传质的流固耦合方面主要考虑固体和多相流的热量传递,没有考虑多相流对固体力的作用。国际上前沿方向是软物质和多相流的相互作用,前期对液滴和软物质的相互作用已有初步研究,气泡和软物质的研究则很少。因此,多相流传热传质方面的科学问题包括以下几个方面。

1. 超高参数传热传质方面

(1)超临界类相变传热传质理论和方法。
(2)超临界混合工质传热传质机理。
(3)超高参数动力系统中的瞬态传热特性。

2. 外场作用下的多相流传热传质方面

(1)外场激励条件下的多相流传热传质机理及调控方法。
(2)太阳能热利用中的多相流传热传质机理。
(3)光控微流体中的多相流传热传质机理及调控原理。

3. 软物质多相流传热传质方面

(1)软材料和气泡/液滴相互作用机理。
(2)软表面上的液滴或气泡动力学行为。
(3)基于软物质的多相流传热传质基础问题。

6.3.4 气固两相流

气固两相流广泛存在于能源、化工、制药和冶金等过程。在气固多相流的流动、传热和燃烧中,运动的固体颗粒相和流体相之间存在十分复杂的动量、质量以及能量传递,相间相互作用的机理十分复杂,人们对颗粒与湍流相互作用机理的认识还不清晰,特殊颗粒及极端情况下气固两相流动有待进一步研究。在多相流数值模拟研究方面,多相湍流模拟从雷诺平均模拟到大涡模拟和直接数值模拟等,反映了人们的认识正不断深入到细观和微观现象中,细观和微观模拟的结果对认识现象的本质和内在机理、构造合理的数学模型是非常重要的。传统的气固多相流的数值方法虽然能够对一些宏观现象进行理解和解释,但是对于气固多相流中的微观现象和作用机制,需要用全尺度的数值模拟方法即气固多相流真正的直接数值模拟来进行研究。因此,气固两相流方面的科学问题包括以下几个方面。

1. 颗粒与湍流相互作用机理

(1)颗粒与边界层湍流相互作用机理的研究。
(2)不同工况下湍流调制机理和理论的研究。
(3)气固两相反应流中颗粒、湍流与化学反应相互作用机理的研究。

2. 稠密气固两相流动

(1) 颗粒间相互作用机理研究。
(2) 稠密气固两相系统多相间相互作用机理研究。
(3) 人工智能在稠密气固流态化的应用研究。

3. 特殊颗粒气固两相流动力学

(1) 超细颗粒流化优化及聚团调控。
(2) 非球形颗粒各向异性及多组分颗粒混合特性。
(3) 含湿颗粒液体迁移及对介尺度结构的影响。

4. 极端情况下气固两相流动

(1) 极端条件下气体与颗粒、颗粒与颗粒之间的相互作用机理。
(2) 极端条件下气固两相流动中介尺度结构的形成、演变与调控研究。
(3) 极端条件下气固两相流动、热质传递、反应多场耦合作用机制。
(4) 极端条件下气固两相流数值模拟方法研究。

5. 气固两相流模拟方法

(1) 耦合全尺度模型与点源模型的气固两相流数值模拟方法研究。
(2) 气固两相流的直接数值模拟方法研究。
(3) 气固湍流燃烧的直接数值模拟方法研究。

6.3.5　多相流测试技术

尽管测试技术的发展已极大地推动了多相流热物理学学科的发展，但多相流测试技术仍然非常不成熟，新技术也较少能获得非常满意的研究成果和工程应用。问题的关键是如何从多相流中涉及的物理、化学和生物等效应提炼出各种参量测量基础科学和应用技术问题进行深入的研究，结合复杂的实际情况，探索新的测试方法。激光多普勒测速技术发展到相位多普勒技术不仅能测量速度，还能得到两相流中颗粒粒度及分布；从流动可视化发展而来的颗粒图像测速仪可实现二/三维速度场分布测量；近年结合激光荧光技术发展的平面激光诱导荧光技术可同时测量二维温度场和浓度场分布，广泛应用于预混合扩散火焰基础研究中。这些测试技术及装备的发展都是深入开展热物理测试基础科学问题研究的结果，不仅为复杂的两相流研究提供了可靠的测量数据，而且推动了多相流测试理论和技术的发展。上述新技术应用于多相流测量还有一个显著特点，就是某种物理(或化学)效应可以测量几个多相流参数;而某种参量又可以用几种不同的测量方法得到，如速度参数可以用激光多普勒测速技术测量，也可应用超声、光学、电学等技术测量，而有关流型、温度参数测量的方法更多。多相流测量中另一个需要着重指出的是，必须注重测试技术工程应用问题的解决。对此，有必要通过多学科交叉，突破现有技术瓶颈，推动多相流测量新原理、新技术跨越式发展，在解决国家重大战略需求和支撑多相流热物理学学科前沿问题研究中做出贡献。该领域的主要研究方向和核心科学问题包括以下几个。

1. 多相流测量新原理新方法

(1)基于新原理的多相流测量方法。

(2)基于多原理融合的多相流多参数场同步测量方法。

(3)基于人工智能、现代信息处理技术的多相流测试方法。

(4)多相流模型与观测数据交互验证。

2. 能量转换过程的机理研究以及过程参数的测量方法

(1)燃料特性的在线快速检测方法。

(2)燃烧产物组分空间分布的快速现场测量。

(3)低激励能或被动式的安全且不受测量环境限制的热物理量现场测量方法。

(4)结合多相/多组分介质分布的燃烧场的非侵入式热物理参数快速空间分布测量方法。

3. 新领域中的多相流测试技术方面

(1)新能源转换过程中介质的热物性、物相分布与输运的实时与空间分布的测量原理和方法。

(2)超低/超高浓度、高温高压、高速、瞬态及非稳态、微纳尺度、微重力等极端条件下的复杂单相流动或多相流参数测量方法。

(3)生物、医学等交叉学科中特殊两相流的测量新方法和新技术研究。

6.3.6 学科交叉与拓展

多相流热物理学学科是从传统能源转化与利用领域逐渐发展起来的新兴交叉科学，是能源、动力、核反应堆、化工、航空航天、环境保护等许多领域的重要理论和关键技术基础。面向能源高效清洁低碳发展、人民生命健康等重大需求，多相流热物理学的研究已远远超出学科的传统研究范畴，逐步拓展到热化学转化、光化学转化、电化学转化、生物化学转化、材料合成、医学等交叉领域，需要解决的科学问题主要包括以下几个方面。

1. 多相流基本现象与规律、基础理论与方法

气液两相流相界面特性及能质输运机理与多尺度协同及模型构建；超常颗粒动力学及非常规气固两相流基础理论与工业设计放大准则；化石燃料燃烧污染物控制与处理中的多相流基础理论与方法；极端环境与超常介质的油气水多相流特性与控制及强化理论；多相流多尺度及跨尺度关联的基础理论与数值方法；多场与极端条件下实时、原位的多相流场参数分布测量与过程可视化方法。

2. 热化学转化过程的多相流基础理论

超临界水气化反应器内的多相流动与传热、传质及化学反应；超临界水-固体界面微观反应机理；超临界水热化学气化中热物理场与热化学过程的相互作用；耦合化学反应下湍流模型的发展与完善；多相流热化学反应机理及精确反应动力学模型；热化学转化过程中反应颗粒与流体传热及曳力模型；反应器内多相速度、温度、组分浓度场的在线测量方法。

3. 光化学转化过程中的多相流基础理论

多相连续流光催化与光电催化转化中的多相传递及反应机理；气/液/固微纳尺度界面行为与反应动力学；界面物质和能量传递及转化物理过程与化学反应的相互作用规律；多级微尺度相界面的能量与物质传递过程的多相流光热物理化学基础；太阳能光/电/热耦合制化学燃料的能量流/物质流跨尺度协同机制。

4. 电化学转化过程中的多相流基础理论

具有边界电化学反应多孔介质内多相流行为与物质传输和电化学反应的相互耦合作用机理；多孔催化层和扩散层内微观结构和组分分布与物质传输及电化学转化特性的耦合关系；电化学反应中气泡动力学行为及其对催化反应的影响规律；电化学反应界面微观反应机理；含电化学反应的多相传输及电化学转化强化机理与方法；多相连续流电催化转化中的多相传递及反应机理。

5. 生物化学转化过程中的多相流基础理论

复杂热边界条件下具有水热水解反应的管内微藻浆液流动及转化；电磁场作

用下微生物细胞在流体中的迁移行为;微生物细胞在含 CO_2 气液相界面的微观行为、吸附机理和特性;光生物反应器中多元多相流体流动与微生物生长多目标产物的定向代谢的耦合作用及能质传递和转化;微生物能源转化系统中的多相传递与转化机理;生化转化过程中物质传输及生化转化强化机理与方法。

6. 医学中的多相流基础理论

与光学、材料、化学、计算机等学科的开创性交叉、融合,深层次探索生物体不同尺度多相流系统间的跨尺度耦合,从而进一步拓展研究手段,深化机理认知,创新治疗方法将是生物医学多相流未来的发展方向。人体多级内循环气液、气固多相流动特性及与呼吸道纤毛作用机制、人体多级内循环跨膜物质交换和能量转化特性、人体多级内循环气固、气液多相流聚集特性及预防与治疗机制探索等问题将是本方向优先关注的科学问题。

7. 材料合成中的多相流基础理论

多物理场作用下的气液固三相界面多相流动机制;材料合成化学反应界面微观多相能质传递机制;超临界水热合成催化剂的多相流机制;材料合成反应器内化学反应耦合的多相流数值模拟;界面多相流动对材料微观结构的作用机制。

6.4 学科优先发展领域及重点支持方向

6.4.1 学科优先发展领域

学科优先发展领域:多相流相界面特性调控及能质输运。

1. 科学意义与国家战略需求

多相介质在相场空间结构与分布不均匀性、状态多值性和过程不可逆性是多相流的基础特征,并且多场耦合、多尺度、非线性、非平衡是多相流基础研究的重要特征。气液界面具有可变形性及压缩性,在宏观层面表现出随机性、无序性及混沌特性;任何气液两相系统都关联了微观机理,如气泡成核发生在微纳尺度、气液界面厚度也在微纳米级、固体表面润湿性与固体表面微纳米级粗糙度密切相关等。气固两相流动的影响因素极为复杂,流体微团、分散颗粒、颗粒聚团和气泡的随机运动及相互作用,相界面传输过程的瞬时与空间特征所引起的时空尺度的多层次变化,使得气固两相流动规律至今难以被全面准确掌握。多相流能质传输包括质量、动量和能量的传递与交换，均必须通过相界面来进行，相界面结构形状变化与界面波动的力学属性、相界面特征参数如局部相分布、相界面浓度分布(单位混合物容积内所包含的相界面面积)特性等对多相流过程描述及其准确预测有着决定性的意义，而相分布、界面浓度分布又与多相流体内部的湍流脉动相互影响。因此，多相流相界面特性调控理论及能质输运机理研究具有重要的科学价值。

2. 国际发展态势与我国发展优势

我国气液两相流研究非常活跃，在国际上占有重要地位，在微通道两相流方面的工作达到国际先进水平。近十年来，我国在气固两相流领域的研究十分活跃，发展迅速，在直接数值模拟与大规模并行计算、稠密气固两相流颗粒动理学、颗粒流离散相动力学、高温高压气固两相流等方面取得了许多重要进展及原创成果，积累了显著的研究优势，在国际上率先形成了多场作用的多尺度颗粒离散动力学、全尺度直接数值模拟的理论基础。

3. 发展目标

以界面特性与能质输运为核心，从微观乃至物质结构到介观、时空演变等基础层面出发，揭示多相流宏观现象所涵盖的基本过程、本质特性、作用原理等基础理论，发展相间运动与作用的本构关系，发展新的概念、理论、技术和方法。

4. 研究方向和核心科学问题

研究方向主要包括多相流相界面动力学行为、物理机制、力学本构关系与模型；界面及跨界面的能质输运特性、物理机制、数理模型；多相流动与传热过程的多尺度动力学系统构建理论与数值方法；多相流动与传热过程的调控及强化新原理与新方法；解决多相流相界面特性调控理论及能质输运机理等关键科学问题。

(1) 多相流传递过程基本现象及共性规律。研究主要包括多相流非线性动力学与热质传递、多相流动体系的相变传热强化理论等，研究的难点和重点主要是界面数值模拟方法，可变形气泡和液滴的非线性热动力学，多相流中波的产生、传播及其不稳定性理论，瞬态过程流动传热与临界及超临界效应，双流体数学模型的改进和完善，多相流相界面特征参数的测量与预报方法等。

(2) 多相流相界面能质输运的数理模型与数值模拟技术。由于多相流固有的复杂性，界面的捕获特别是如何获得精细而锐利的高分辨率一直是多相流数值模拟领域的一个难点，尤其是可变形颗粒在非牛顿流体作为连续相的复杂几何区域的多相流动日益受到强烈的关注，发展此类问题的界面先进捕获方法并研究可变形颗粒动力学是未来学科发展的重要研究方向;建立描述多相流系统中流动、传热、能质传递、化学反应和相界面稳定性等的本构方程;开展理论和数值研究,发展新的高精度、高稳定性的相界面捕获或追踪方法;发展新的多相流系统的多尺度、跨尺度数值模型等。形成多相流界面能质传输的基本理论,丰富和发展多相流热物理学学科内涵。

6.4.2 跨学科交叉优先发展领域

跨学科交叉优先发展领域:多相流热物理学与光或热化学过程紧密耦合的基础理论。

1. 科学意义与国家战略需求

多相流热物理学学科的形成和发展建立在传统行业及高新技术发展需要的基础上,由于问题的极端复杂性,至今仍未能从根本上认识掌握多相流动、传热、传质、化学反应的基本规律,更未形成统一的数理描述方法甚至完整的科学体系。寻求化石能源的安全高效开发与洁净转化利用、太阳能与生物质能等可再生能源的高效低成本规模转化利用,已成为我国甚至全世界内迫切需要解决的重大课题。各类能源转化和利用的主要过程都直接受控于多相流及其能质传递与反应过程,因此开展多相流热物理与光或热化学过程耦合的基础理论研究是对传统多相流热物理研究内容的重大突破,将在能源科学与技术进步乃至革命进程中发挥关键的核心作用,对促进国民经济发展和改善环境都具有重大科学价值和社会经济意义。

2. 国际发展态势与我国发展优势

化石能源的洁净高效转化利用、以太阳能和氢能构建可再生与无碳能源系统,代表了能源科学技术的发展方向甚至革命方向。我国在气液两相流、气固两相流与反应、多尺度多相流数值方法等方面取得了重要的研究进展,并形成与国际水平相当的研究团队,在太阳能高效光电催化转化、超临界水煤气化中的多相流热物理及光热化学理论研究方面处于领先地位。

3. 发展目标

解决能源资源物质高效洁净转化与可再生利用中的多相流热物理与光或热化学过程耦合的基础理论与关键技术瓶颈,推动我国多相流热物理学学科发展,整体达到国际引领水平,为我国能源工业的发展提供支撑技术。

4. 研究方向和核心科学问题

(1) 多相流基本现象与规律、基础理论与方法。气液两相流相界面特性及能质输运机理与多尺度协同和模型构建；化石燃料燃烧污染物控制与处理中的多相流基础理论与方法；超常颗粒动力学及非常规气固两相流基础理论与工业设计放大准则；多相流多尺度及跨尺度关联的基础理论与数值方法；极端环境与超常介质的油气水多相流特性与控制及强化理论；多场与极端条件下实时、原位的多相流场参数分布测量与过程可视化方法。

(2) 光热物理耦合光或热化学过程的多相流基础理论。超临界水气化反应器内的多相流动与传热、传质及化学反应；超临界水-固体界面微观反应机理；超临界水热合成催化剂；超临界水热化学气化中热物理场与热化学过程的相互作用；多相连续流光、热催化转化中的多相传递及反应机理；微纳尺度界面行为与反应动力学；能源转化中物质和能量传递及转化物理过程与化学反应的相互作用规律；高效稳定能源催化转化材料制备的多相流物理化学问题；新型能源转化体系构建理论与方法。

6.4.3　国际合作优先发展领域

国际合作优先发展领域：能源有序转化的多相流热物理基础理论。

1. 科学意义与战略价值

我国能源科学面临创新发展变革性的煤炭转化原理以及发展原创的可再生能源低成本、高效、大规模转化理论两个重大挑战，这同时也将是我国在全球科技竞争中掌握先机、发挥引领作用的重要突破口。能源传统转化方式的最大问题是能源在转化中无序释放或转变，造成巨大的能势下降、能质降低和能量损耗，并对环境造成严重污染，已成为制约我国经济、社会发展的瓶颈。在此背景下，通过基础科学研究，创建能源有序转化的新理论与新方法，实现能源科学的跨越式发展并推动能源技术革命和产业变革，将对人类的可持续发展以及保障我国能源安全具有重大战略意义。

2018 年，国家自然科学基金“能源有序转化”基础科学中心项目获立项支持，该项目拟通过 5～10 年努力，创建化石能源与太阳能协同转化、清洁低碳高效三位一体的能源有序转化的新理论，提出化石能源与太阳能协同转化和 CO_2 源头控制的变革性原创方法，形成能源转化的颠覆性技术，推动能源技术革命和产业变革。这将为推动我国能源科学技术及产业新体系的建立、发展和完善，并在国际竞争和合作中掌握主导权，实现我国可持续发展战略目标做出科学理论创造与关键技术原创性突破等重大贡献。

该领域研究的趋势是广泛国际合作。美国、欧洲、日本在化石能源高效清洁利用及可再生能源的大规模高效低成本转化方面有一定的优势,未来将通过与世界一流高校、一流平台、一流研究团队形成广泛的实质性的国际合作网络,建设一支产出国际一流的能源有序转化的多相流热物理基础理论成果和自主知识产权的能源核心技术、汇集能源转化基础研究顶尖科学家队伍、培养学术大师、引领国际能源转化科学基础研究与技术发展方向的研究高地,为实现我国可持续发展战略目标以及保障我国能源安全做出科学理论创造与关键技术原创性突破等重大贡献。

2. 核心科学问题

能源源头到终端产物间的能量释放端与接收端的能势全面合理匹配原则及不可逆损失机理;多相能量流/物质流在时空上高度匹配互补、多子耦合机理;物质转化与能量转换有机关联机制及热力循环与碳氢循环的构建原则。

参考文献

[1] Boivin M, Simonin O, Squires K D. Direct numerical simulation of turbulence modulation by particles in isotropic turbulence. Journal of Fluid Mechanics, 1998, 375: 235-263.

[2] Betney M R, Tully B, Hawker N A, et al. Computational modelling of the interaction of shock waves with multiple gas-filled bubbles in a liquid. Physics of Fluids, 2015, 27: 036101.

[3] Falcone G, Hewitt G F, Alimonti C. Multiphase Flow Metering: Principles and Applications. Amsterdam: Elsevier, 2009.

[4] Raffel M, Willert C, Wereley S, et al. Particle Image Velocimetry: A Practical Guide. Berlin: Springer, 2018.

[5] Saurel R, Pantano C. Diffuse-interface capturing methods for compressible two-phase flows. Annual Review of Fluid Mechanics, 2018, 50: 105-130.

[6] Guo L J, Chen Y B, Su J Z, et al. Obstacles of solar-powered photocatalytic water splitting for hydrogen production: A perspective from energy flow and mass flow. Energy, 2019, 172: 1079-1086.

第 7 章　可再生能源与新能源利用

Chapter 7　Renewable Energy and New Energy Utilization

7.1　学科内涵与应用背景

为实现“双碳”目标,大力发展能有效控制温室气体排放的可再生能源和核能是必然途径。其中,可再生能源主要是指太阳能、风能、生物质能、海洋能等资源量丰富且可循环往复使用的一类能源资源,是环境代价小、发展前景明确、争议较少的能源,其转化利用具有涉及领域广、研究对象复杂多变、交叉学科门类多、学科集成度高等特点。可再生能源与新能源利用已成为我国能源工业发展的重要战略目标,必须高度重视可再生能源与新能源利用技术的基础研究,包括资源预测与挖掘、能量转化与物质传递、环境特征等方面的研究工作。

1. 太阳能

太阳能资源总量巨大,分布广泛,到达地球表面的太阳能约合 91 万亿 t 标准煤/年,约为世界能耗的 5000 倍。其中,陆地上可利用的太阳能约合 8.7 万亿 t 标准煤/年,约为世界能耗的 480 倍。据估算,只要世界沙漠面积的 1% 用来安装太阳能发电站,就能满足全世界的供电需求。太阳能转换利用是利用太阳辐射实现采暖、采光、热水供应、发电、水质净化以及空调制冷等能量转换过程,以满足人们生活、工业应用及国防科技需求的专门研究领域,主要包括太阳能光热转换、光电转换和光化学转换等。太阳能转换与利用涉及的学科领域广阔,包括物理、化学、材料、光学、建筑、生物等学科,是一个综合性强、学科交叉特色鲜明的研究分支。在工程热物理与能源利用学科范畴内,太阳能转换与利用方面的研究主要涉及与各种太阳能转换利用过程相关的能量利用系统动态特性以及与能量输运、转换和利用过程有关的热物理问题等,包括太阳能高效收集的新方法、辐射能或热能转换的新理论、能量储存与利用的新模式,以及多学科交叉过程中的工程热物理问题等。

2. 生物质能

生物质主要是指直接或间接利用光合作用形成的有机物质,以及由这些物质派生、排泄和代谢的有机质。从能源利用的角度,生物质主要包括各种林材及林业加工废弃物、农业生产和加工剩余物、水生藻类、油料作物、甜高粱和甘蔗等能源作物、城市和工业有机废弃物和动物粪便等。2018 年,世界生物质能源占可再生能源消费总量的 11%。中国作为世界最大农业国,具有丰富的生物质资源,每年可利用的生物质资源约 7.5 亿 t 标准煤,预计到 2050 年将增加到 9 亿 t 标准煤以上,如果被充分利用,可减排 24 亿 t CO_2,占我国 CO_2 总排放量的 30%。因此,生物质能开发利用具有显著的环境效益,除对废弃生物质起到减量化外,更重要的是对碳减排具有显著的推动作用。生物质能利用的主要技术途径包括热化学转化、催化转化和生化转化,涉及工程热物理、化学工程、生物工程、环境工程等交叉学科,是一门综合性强、学科交叉特色鲜明的研究分支。在工程热物理与能源利用学科范畴内,应着重研究与各类生物质能转化利用过程中的反应机理及动力学特性、热质传递与转化调控相关的工程热物理问题,以解决生物质能转化效率低、定向获得目标产物难、经济性差等问题。

3. 风能

风能取之不尽,用之不竭,地球上的风能资源每年约为 200 万亿 kW·h,利用 1% 就能满足人类对能源的需要。截至 2020 年底,全球风电累计装机容量为 743GW,较 2001 年底增长近 30 倍。中国累计装机容量 21 亿 kW,风电装机容量占全部发电装机容量的 10.4%,已成为仅次于火电和水电的第三大电力来源。因此,风能将作为可再生能源中的重要组成部分。风能利用技术是一个多学科交叉研究领域,涉及工程热物理与能源利用、空气动力学、结构力学、电机与电力拖动、机械学、电力电子学、材料学等学科,最密切相关的分支学科有工程热力学、流体力学、热物性与热物理测试技术等。工程热物理与能源利用学科范畴中,风能主要研究复杂地形和极端气候条件下的大气边界层风特性、非定常空气动力学特性、大型长叶片气动弹性稳定性、多能互补综合利用系统和储能装置与风电系统耦合及效率等问题;对于海上风能利用,还涉及波浪、潮汐及风作用下的刚柔耦合结构多体动力学等问题。

4. 海洋能

海洋能指依附在海水中的可再生能源,海洋通过各种物理过程接收、储存和散发能量,以潮汐、潮流、波浪、温度差、盐度梯度、海流等形式存在于海洋之中,是可再生能源战略的重要组成部分。海洋能主要涉及能量的高效捕获与转换、电力稳定输出等关键技术。我国近海海洋能总储量为 15.8×10^8kW,理论年发电量为

13.84×10^{12}kW·h。海洋能是开发海洋、发展海洋经济的重要基础，开发利用海洋能实现就地取能就地使用，可为海洋资源开发提供有力支撑。在工程热物理与能源利用学科范畴内，海洋能着重研究流体机械工程、能量转换及传输过程中的热物理问题。海洋能开发利用的关键技术主要有非稳态能量的高效捕获，气态、液态等不同形式转换介质的高效转换，能量存储材料的研究与选择等。

5. 地热能

地热能是蕴藏在地球内部的热能，具有清洁低碳、分布广泛、资源丰富、安全优质的特点。地热能开发利用是通过直接利用或者能量转换的方式，将储存在地下的热能用于采暖、农产品干燥、养殖、医疗、发电和工业等，以满足人们生活、生产需求的专门研究领域。国际能源署、中国科学院和中国工程院等机构的研究报告显示，世界地热能基础资源总量为 1.25×10^{27}J（折合 4.27×10^{8} 亿 t 标准煤），其中埋深在 5000m 以浅的地热能基础资源量为 1.45×10^{26}J（折合 4.95×10^{7} 亿 t 标准煤）。我国自然资源部地质调查局调查评价结果显示，全国 336 个地级以上城市浅层地热能年可开采资源量折合 7 亿 t 标准煤；全国水热型地热资源量折合 1.25 万亿 t 标准煤，年可开采资源量折合 19 亿 t 标准煤；埋深在 3000～10000m 的干热岩资源量折合 856 万亿 t 标准煤。地热能资源开发利用的关键主要涉及资源评价、资源开采、能量转换、环境效应以及资源再生等问题。地热能开发利用是包含了热学、工程学、地质学和材料科学的一个多学科交叉研究分支，在工程热物理与能源利用学科范畴内应着重研究地热能勘查评估、热能提取和热能利用过程中的热物理问题。

6. 水能

水能资源是水体中势能、动能和压力能资源的总称，是自由流动的天然河流的出力和能量。广义的水能资源包括河流水能、潮汐水能、波浪能、海流能等能量资源。水能是一种绿色、低碳、无污染的可再生能源，其开发利用可以减少温室气体的排放，符合可持续发展的需求，因此一直受到世界各国的重视。我国的水能资源理论蕴藏量 6.78 亿 kW，年发电量 5.92 万亿 kW·h，居世界第一位，有广阔的开发空间。水能科学是关于水能资源合理规划开发、综合高效利用、优化运行管理以及水、机、电、磁高效转换的综合性交叉学科，涉及水电能源科学、水利工程、水文学、数学、经济学、系统科学与工程、控制理论、信息科学等多个学科领域。开发水能对江河的综合治理和综合利用具有积极作用，对促进国民经济发展、改善能源消费结构、实现可持续发展和绿色发展战略具有十分重要的作用。

7. 氢能

氢是宇宙中最丰富的元素,地球上的氢多以化合物形式存在,主要存在于占地球表面 71% 面积的水中。而氢的发热值高达 1.4×10^5kJ/kg,氢氧反应释放化学能仅生成水,是清洁无污染的无碳能源载体。氢为二次能源,可以作为不同能源形式之间连接的桥梁,其应用方式多种多样,既可直接燃烧产生热能,在热力发动机中产生机械能,又可以利用燃料电池进行发电。未来可再生能源与清洁能源利用过程中,需要建立一个以氢的生产、储存和使用来实现能源转化与分配的氢能利用体系,形成以氢电两种二次能源为中心的能源网络。氢能同时还可以为化石能源利用由高能耗高排放向低能耗清洁无污染转变提供新途径。氢能的利用就是通过氢的制备、储存、运输、转化及终端应用,满足不同能源形式的转化、存储以及不同场景的能源利用目标。氢能利用是一门以氢为研究对象的综合性能源技术学科,涉及工程热物理、化学化工、材料科学、电力电子、光学、生物学等多学科的交叉。在工程热物理与能源利用学科范畴内,主要研究氢能制备、存储与转化过程中的能量转化与传质的基本理论,探索多物理场和多相流动条件下的能量品位、能量载体、转化路径及提高能量转化效率的途径。氢能利用的关键是高效低成本清洁的氢能制备、存储和转化、相关的材料和器件制备、系统集成设计等基础工程技术问题。

8. 核能

核能是指原子发生裂变或聚变反应所产生的能量,核能的释放途径包括核裂变和核聚变。核裂变技术较为成熟,而核聚变技术仍处于概念研究阶段,现阶段的核能利用均基于核裂变技术。相对于传统化石能源,核裂变的能量释放密度极高,在动力、船舶及航天等领域具有广泛的应用前景。核能的应用主要将核反应释放的热能转变为电能、机械能或直接利用热能进行反应,主要应用场景包括核电、核动力推进、核热利用等。核裂变能的应用包括核反应、热量导出、能量转化等多个物理过程,涉及的理论基础除工程热物理与能源利用学科中的传热传质学、热物性学、工程热力学及热力系统动力学等外,还涉及中子物理学、材料学、结构力学、化学、建筑学等其他学科。核能的安全利用需要进行多学科交叉设计和研究,具有很强的综合性。工程热物理与能源利用学科对核能利用的支撑作用主要体现在传热及热力系统设计方面,是安全、有效利用核能的关键。在工程热物理与能源利用学科范畴内,核能利用问题包括正常和事故工况下核能系统的传热机制、传热安全限值、热量导出系统优化和可靠性提升,以及热力系统效率提升。

9. 天然气水合物

天然气水合物(可燃冰)被誉为 21 世纪石油天然气最有潜力的替代能源,其有机碳含量约占全球有机碳的 53.3%,约为现有地球常规化石燃料(石油、天然气和煤)总碳量的 2 倍,储量巨大,且具有能量密度高、分布广、燃烧后清洁无污染等特点。我国的油气资源储量巨大,如果能够实现天然气水合物的安全可控开发,可补充我国天然气供给,降低能源对外依存度,提高能源供给安全,优化能源结构,将对我国的能源格局产生重大影响。海底水合物藏是由天然气、水、水合物、冰、砂等组成的多相多组分复杂沉积物体系,而水合物开采又是一项复杂的系统工程。水合物藏的地质条件、渗流特性、传热特性以及开采过程中水合物饱和度的变化对开采过程中水合物分解、运移和气体收集具有重要的影响。水合物开采涉及的关键物理化学过程包括:水合物形成分解、相态变化,分解气体和液体从分解前沿向开采井的渗流、热质传递,以及水合物分解导致的沉积层结构变化、储层变形、产砂等过程,这些过程相互影响、相互制约,导致水合物开采技术难度大、成本高、地层稳定和产砂安全控制难度大。

7.2　国内外研究现状与发展趋势

7.2.1　太阳能

世界各国正大力开发利用太阳能资源,积极探索实现太阳能规模化利用的有效途径。太阳能转换利用研究已经成为国际上技术学科中十分活跃的一个领域[1]。学术界普遍认为,太阳能转换利用技术是全球可再生能源发展战略的重要组成部分,也是构成未来分布式可再生能源网的重要环节。太阳能转换与利用包括太阳能中低温热利用、太阳能发电、太阳能燃料等方面,如图 7.1 所示[2]。主要研究方向可以分为两大类:一是面向太阳能规模化利用的关键技术;二是探索太阳能利用新理论、新方法、新材料,发现和解决能量转换过程中的新现象、新问题,特别是开展基于太阳能转换利用现象的热力学优化、能量转换过程的高效化、能量利用装置的经济化等问题。

1. 太阳能中低温热利用

1) 太阳能集热

利用太阳能集热器对水、空气或其他流体加热是应用最广泛、最成熟的太阳能利用技术,全球约 70% 的太阳能热水器在中国。空气集热器直接以空气作为加热

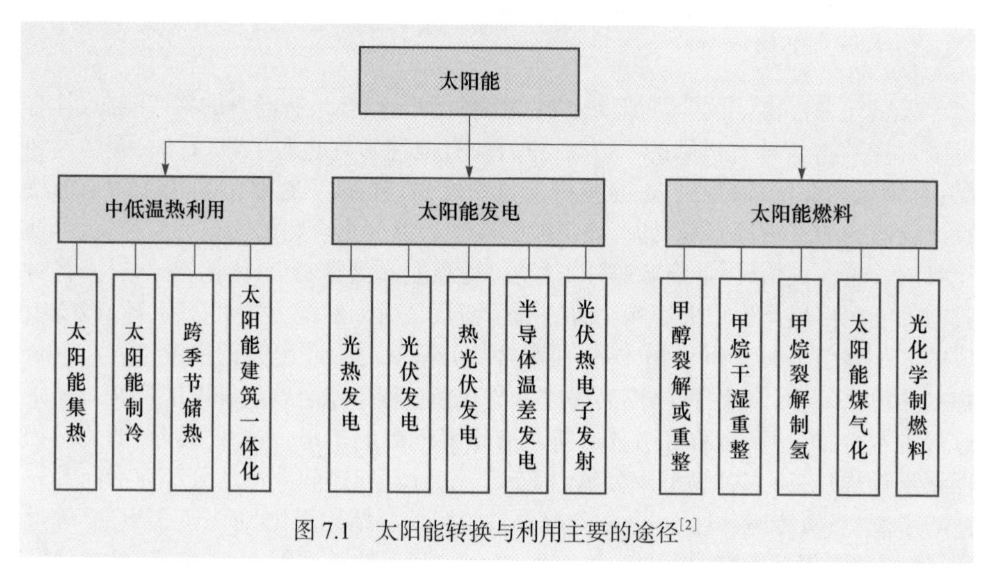

图 7.1　太阳能转换与利用主要的途径[2]

介质,比较适合空间采暖,在被动式太阳房中,空气集热器已经获得一定应用。常规集热器的低成本化、模块化、高效化是重要研究方向,常规太阳能集热还在农业种植、农产品干燥与处理、畜牧与养殖、工业过程处理等场合有广泛的应用潜力。太阳能热泵加热系统将太阳能热利用技术与热泵联合起来,既可以大幅度降低集热器表面温度,提高集热效率,又可以减少集热器向外界的热损。有关调查发现,在非寒冷地区,普通平板型集热器效率也高达60%～80%。在太阳能充足的条件下,太阳能热泵加热系统的蒸发温度比空气源热泵的蒸发温度更高,可以有效提高热泵系统的性能。

2)太阳能制冷

一般情况下,太阳辐射越强,天气越热,太阳能供热量越大,但用户对热的需求越少,对冷的需求越大。太阳能制冷能够将热能转换为冷能,满足人们对冷的需求。太阳能制冷主要分为太阳能吸收式制冷、吸附式制冷、除湿式制冷、蒸汽喷射式制冷、光伏制冷和光电转化电能驱动制冷等。其中,吸收式制冷和光电转化电能驱动制冷应用最广。吸收式制冷中比较成熟的技术是溴化锂-水工质对吸收制冷,该技术已有一些示范应用。另外,随着光伏电池成本的下降,光伏制冷技术竞争力也大幅增强。

太阳能吸收式制冷系统是通过太阳能集热器收集太阳能来驱动的,是示范应用最多的太阳能制冷方式,多采用溴化锂-水系统和氨-水系统。太阳能吸附式制冷是利用吸附制冷原理,以太阳能为热源,采用的工质对通常为活性炭-甲醇、分子筛-水、硅胶-水及氯化钙-氨等,可利用太阳能集热器将吸附床加热后用于脱附制冷剂，通过加热-脱附-冷凝、冷却-吸附-蒸发等几个环节实现制冷。要实现太阳能制冷的规模化应用，尚需在如下几个方面开拓创新：① 研发可以随着太阳辐射强度的变化而灵活转换的运行模式，保持最优运行状态；② 小型吸收式系统需要采用气泡泵代替机械泵，节约能源，缩小体积；③ 开发可以多能互补的分布式小型化的太阳能吸收式或吸附式制冷机，发展太阳能冷、热、电联供系统，提高系统稳定性和用户适应性。

3）跨季节储热

太阳能跨季节储热 + 地源热泵系统是将太阳能光热技术、浅层地源热技术和水体或土壤储热技术有效融合的一种新型清洁采暖解决方案，特别符合我国北方地区冬季用热量远多于夏季用冷量的用热需求。太阳能集热器全年收集太阳热量，通过循环泵及地埋换热管将热量储存到水体或土壤中。冬季采暖时，通过热泵机组提取水体或土壤中储存的热量实现室内采暖，其核心是通过水体和土壤储热实现太阳能热量跨季节储存使用。解决北方浅层地热利用技术中地源热泵采暖、制冷热量失衡问题，大幅提高水体和地源热泵采暖热泵循环性能系数 COP 值，有效节约能源。跨季节储热技术可以有效解决能源供需在时间、空间上的不匹配，特别是搭配太阳能系统，可以有效避免太阳能的间歇性缺点，为农村采暖、煤改清洁能源、区域能源供给提供新的技术路线。

4）太阳能建筑一体化

太阳能建筑一体化是将太阳能利用与建筑有机融合，实现与建筑的同步设计、同步施工、同步验收、同步后期管理，使其成为建筑的有机组成部分，从而降低建筑能耗，达到节能环保的目的，也是太阳能中低温利用的主要形式。现阶段太阳能建筑一体化的综合应用方式主要包括太阳能光热建筑一体化和太阳能光伏建筑一体化。太阳能光热的利用在建筑中有十分广泛的前景，其应用领域包括提供生活热水、改善室内空气品质、利用光热发电以及通过空调系统改善室内舒适度等。在太阳能转换成热能后，可以满足热水、采暖、空调和通风等方面的用能需求，显著提高太阳能系统的利用率和经济性。太阳能热水供应系统是我国太阳能热利用最成熟的方法。太阳能通风是一种热压作用下的自然通风措施，它利用太阳辐射增大进出口空气的温差，提供空气流动的浮升力，达到增加室内通风风量降低室温的目的。

太阳能光伏建筑一体化是将太阳能光伏产品集成到建筑上，充分利用建筑物外表面，安装光伏发电产品，所产生的电能可供自身使用或上网输出。从建筑、技术和经济角度来看，太阳能光伏建筑一体化有以下优点：① 光伏组件可以有效地利用围护结构表面，如屋顶或墙面，无须额外用地或增建其他设施，适用于人口密集的地方；② 可原地发电、原地用电，舒缓高峰电力需求，解决电网峰谷供需矛盾，节省电站送电网的投资；③ 光伏阵列吸收的太阳能转化为电能，减少了墙体的热和室内空调冷负荷；④ 新型彩色光伏模块和各种造型光伏模块的使用，节约了外装饰材料（玻璃幕墙、屋顶瓦片等），减少了建筑物外墙造价。当然，光伏模块必须满足建筑材料所要求的隔热保温、防水防潮、强度以及采光的要求。

2. 太阳能发电

1）光热发电技术

太阳能热发电主要采用聚焦集热技术，产生驱动热力机需要的高温工质发电，根据聚焦技术不同可分为槽式、塔式、碟式、菲涅耳式发电技术。我国商业化运行的光热电站有中广核德令哈 50MW 槽式光热电站、中控德令哈 50MW 熔盐塔式光热电站、兰州大成敦煌 50MW 菲涅耳光热电站等。全国光热电站总装机容量达到 520MW，几乎涵盖了所有太阳能热发电技术。太阳能热发电可以耦合大规模储能，能够承担调峰任务，发展潜力大。太阳能热发电热-功转换部分与常规火力发电机组相同，技术较为成熟，适宜于大规模化使用。据统计，2020 年全球光热发电建成装机容量新增 131MW，总装机容量增至约 6582MW，增幅为 2%[3]。国际能源署预测，全球光热发电装机在 2024 年将达到 900 万 kW，市场开发潜力巨大[4]。在该领域，主要关注聚光与转换，高效可靠的聚焦集热装置和技术，热量的吸收与传递，热量储存与交换，热-功转换中的能量转换规律及新型传递机理，与太阳能能量转换过程匹配的新型热动力循环、热力机械。

聚焦式太阳能集热技术既可用于发电，也可用来驱动热化学反应和光催化、光电效应等。由于能够以低成本获得较高的能量转换效率，该技术已成为太阳能利用领域的重要研究方向。经过十余年的技术开发，我国已经掌握了光热发电的核心技术，形成了完整的产业链，开发了一系列具有自主知识产权的技术和专用设备，在系统设计、集成运行等方面与国外差距逐渐减小，部分技术已取得领先。在我国第一批光热发电示范项目中，设备、材料国产化率超过了 90%，技术及装备的可靠性和先进性在电站投运后得到有效验证，有力地推动了国际光热发电成本的下降。

提高太阳能热发电系统效率和调峰能力的另一关键技术是储热技术，储热主要包括显热、潜热和化学热三种形式。显热储放热时伴随着储热介质温度升高和降低，是成熟的储热技术并得到商业化应用。例如，在太阳能显热储热中，熔盐、导热油、水/蒸汽等热载体都得到了应用。其中熔盐储热应用最广，其储热温区一般为 290～570℃。随着高温太阳能热发电的发展（使用温度＞700℃），亟须解决面向高温腐蚀等问题开发新的储热介质（如氯化盐、碳酸盐等）。潜热储热相对于显热储热来说，具有较高的储能密度、恒定的工作温度等优势。根据相变材料的不同，其储热温度范围较广，尚需进一步研发包覆和强化传热技术等。热化学反应利用可逆的化学反应进行热量的储存与释放，相比显热和潜热储热，其能量密度高，适用于不同温区储热，并可常温下储存及远距离输用，发展潜力大。例如，基于金属氧化物体系的热化学储热的氧化/还原反应温度高（＞700℃）、高温下储能密度大（＞400kJ/kg），但尚需进一步研究化学反应速率与传热匹配问题、储/放热系统调控机制等。

高参数光热发电动力循环技术（如超临界 CO_2 布雷顿循环）是光热技术的研究热点。现在多数商业化塔式光热电站使用熔融盐作为传热介质，运行温度多限制在 565℃以下，配备超临界 CO_2 动力循环的光热发电系统超涡轮机可在约 700℃的温度下运行，热效率近 50%，远高于传统光热发电系统所达到的 35%～40% 水平。从 2011 年起，美国相继投入 6500 万美元（SunShot 计划）和 7200 万美元（Gen3 计划）用于先进光热发电技术的研发。其中，超临界 CO_2 循环及其高温集热储热技术就是主要研究方向之一。美国国家实验室相继开展了 10MW 超临界 CO_2 透平技术的研发和测试，以及从百千瓦级到 10MW 级的超临界 CO_2 循环试验系统的研发。

2）光伏发电技术

光伏效应是指当物体受光照时，物体内的电荷分布状态发生变化而产生电动势和电流的一种效应。当太阳光或其他光照射到半导体 PN 结上时，就会在 PN 结的两边出现电压（称为光生电压）。如果外接负载回路，就会在回路中产生电流。光伏发电系统以其安装简单、维护廉价、适应性强而获得广泛青睐。2020 年，全球光伏新增装机市场容量达到 138.2GW，创历史新高。

由于光伏技术和材料的突破，发电效率趋于 20%～25%，发电成本已经接近煤电，加上其维护简单，可以方便构筑千瓦级至数十兆瓦的光伏发电系统，因此光伏发电技术已经成为可再生能源发电的主流技术。预计到 2035 年，我国光伏总装机规模达到 30 亿 kW，占全国总装机容量的 49%，全年发电量为 3.5 万亿 kW·h，占当年全社会用电量的 28%。到 2050 年，光伏将成为中国的第一大电源，光伏发电总装机规模达到 50 亿 kW，占全国总装机容量的 59%，全年发电量约为 6 万亿 kW·h，占当年全社会用电量的 39%。

未来光伏电池将继续朝着高效率、低成本的方向发展，持续提升效率和工艺水平，光伏应用场景将更加多元化。光伏电池效率的世界纪录不断刷新，晶硅电池效率突破 26.7%；美国国家可再生能源实验室（National Renewable Energy Laboratory，NREL）开发了一种六结太阳能电池，在太阳能聚光条件下，光电转换效率可达 47.1%。此外，高效率的钙钛矿电池也是光伏电池的重要发展方向。

3）其他太阳能发电技术

除上述太阳能发电技术外，利用太阳能热光伏发电、半导体温差发电以及太阳能光子增强热电子发射技术等其他太阳能发电技术也受到人们的广泛重视。其中,太阳能热光伏是将太阳能辐照到吸收体,吸收体受热后以红外辐射的形式将能量传输至近邻的光伏电池,再由光伏电池转换为电能。通过调谐添加层的材料和构造,辐射能以合适波长的光释放出来,而这一波长的光刚好能被太阳能电池捕获,从而提高系统的光电转换效率并降低太阳能电池的热生成。在热光伏系统中,制备与光伏电池相匹配的理想光谱滤波器是获得高能量转换效率的关键。使用纳米光子晶体作为光谱滤波器,当纳米光子晶体加热到1000℃时,会持续释放出波长与近邻光伏电池能捕获的波段精确匹配的光,光伏电池捕获此光后,会将其转化为电流。这种红外光子可再次加热热源、再次产生高能光子从而再次生成电能,这种突破性发现可将热光伏效率从过去的23%提高至29%。

半导体温差发电是通过热电材料两端的温差,利用泽贝克效应将热能转换为电能的一种技术;光伏发电过程中未能转换为电能的光子会生产额外的热量,会降低光伏发电效率。最近美国哥伦比亚大学提出了一种基于量子点的新型热电材料,可以只让电子通过而不让光子通过,确保光伏首先将高能光子通过光伏效应转换为电能,产生的热能再由热电材料通过泽贝克效应转换为电能,即利用了全波段的太阳光,同时冷却光伏材料提高效率,该技术的综合发电效率可达50%。

增强热电子发射是一种结合太阳能的热效应与光量子效应的新型太阳能利用方式,能够在适合聚光太阳能温度范围内实现光量子/热效应的联合利用,理论效率可超过光伏电池理论极限,具有较大的发展潜力。主要工作原理是太阳辐射通过聚光装置照射到P型半导体阴极上,随后太阳光谱中能量高于阴极材料禁带宽度的光子产生光电效应,使阴极价带 E_v 中的电子激发至导带 E_c;太阳光谱中其余能量低于阴极材料禁带宽度的光子产生热效应,被阴极材料吸收转变为晶格热能,使电子热化并扩散到整个阴极。聚光太阳照射可以使阴极温度升高至500℃以上,阴极导带中能量大于阴极表面势垒的电子会从阴极表面发射至真空中并到达近邻的阳极,通过外接电路循环回到阴极形成电流,其输出电压为阴阳极材料费米能级之差。增强热电子发射效应同时利用太阳光谱中高能量光子的量子能量和低能量光子的热能,实现了更宽光谱能量的利用。经过理论模型优化和余热联合热力循环系统之后,增强热电子发射-热力循环联合的理论总效率有望达到50%。

3. 太阳能燃料

通过利用太阳能将 CO_2 作为碳资源进行转化利用,制备储运便捷和储能密度大的化学燃料,可以解决可再生能源间歇性问题和“弃光、弃风、弃水”问题,以及氢能储运安全性难题。太阳能燃料技术可以实现太阳能与现代能源消费体系的匹配,为低碳乃至零碳能源革命提供一条极具潜力的创新技术路线。

根据太阳能利用方式的差异，太阳能燃料制备可以分为热化学、光化学及光热耦合方式等。太阳能热化学方式制备燃料是将太阳辐射能聚集并转化为热能后，利用一系列化学反应将热能以化学能的形式存储下来的过程。根据反应所需温度的不同，太阳能热化学燃料制备又可进一步划分成低温(200～300℃)、中温(400～1000℃)和高温(＞1000℃)三种类型。低温制备技术包括太阳甲醇裂解或重整等，能量转化效率可达30%～50%；中温制备技术包括太阳能甲烷干湿重整、太阳能甲烷裂解制氢和太阳能煤气化等；高温制备技术包括利用水与CO_2制备氢气和CO等。太阳能燃料制备的研究重点在于反应器的优化设计、系统优化以及新型高性能催化剂等。

太阳能光化学方式制备燃料的原理是利用太阳辐射光子激发半导体产生光生电子空穴对，再利用具有氧化还原性能的电子与空穴进行化学反应制备燃料。在未形成电流的光催化过程中，光能直接向化学能进行转化；在形成电流的光电化学及光伏电解过程中，光能先转化为电能再转化为化学能。太阳能制备燃料的方法主要包括与电能耦合实现有偏压的光电化学分解水制氢或CO_2、与化学能耦合实现有牺牲剂的光催化分解水或CO_2转化和光伏电解形成电流电解水或CO_2转化等。

太阳能燃料转化技术已处于产业示范阶段。其中，欧洲基于两步式热化学循环技术，通过先将水和CO_2转化为H_2与CO合成气，再基于成熟的费-托合成工艺，得到可商业化应用的燃料。基于该技术的示范基地可实现每平方千米定日镜场燃油日产量两万升液态燃料，并可用于喷气式飞机燃料。我国首个太阳能燃料示范工程于2018年开工建设并在2020年10月通过验收，甲醇产量达1200t。该示范工程采用的光伏电解水制氢效率和CO_2加氢制造甲醇的技术达到国际领先水平。

随着可再生能源发电成本和电解水制氢成本的进一步降低，绿色氢能和太阳能燃料生产成本将大幅降低。同时通过规模化CO_2捕获和就地资源化利用，可促进可再生能源更大规模的发展，有望从根本上改善化石燃料利用中的污染问题，并助力解决全球碳排放及气候变化问题。

7.2.2 生物质能

生物质是通过光合作用吸收CO_2而生成，若制备成燃料，则其利用过程可实现零碳排放，若制备成材料和化学品，则其利用过程是碳负排放。此外，秸秆等生物质是“被动式”可再生能源，如果被弃于自然环境或露天焚烧，将会对环境造成严重污染。因此，生物质能高效利用对实现碳中和目标和环境保护具有重要意义。如图7.2所示，生物质清洁利用方式包括热化学转化、催化转化和生化转化，其中热化学转化包括燃烧发电、气化制气和热解液化等，催化转化包括水热催化解聚、

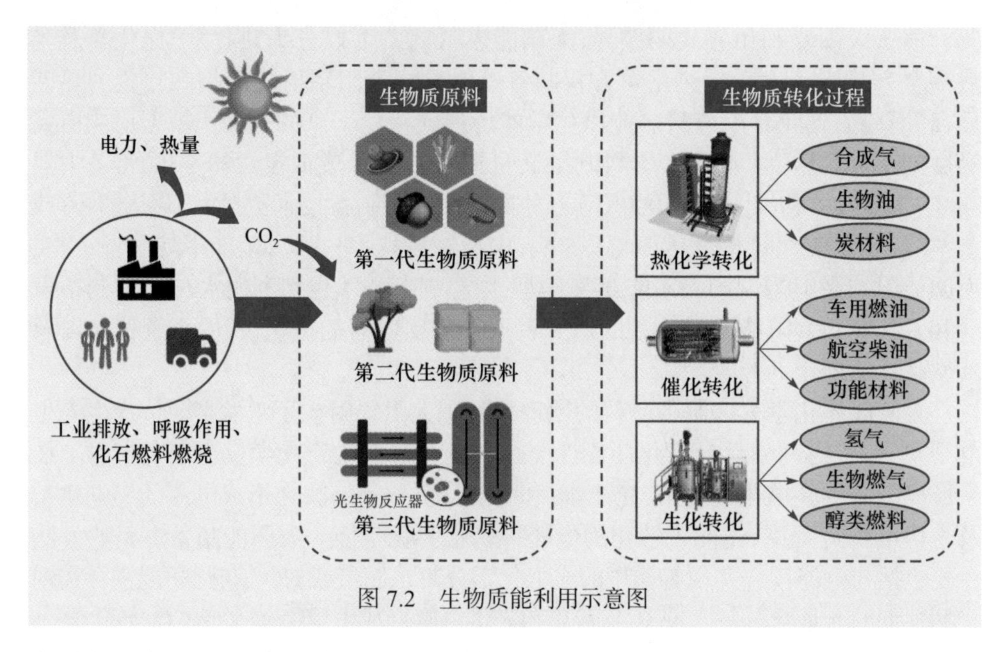

图 7.2　生物质能利用示意图

水热催化合成、气化催化合成等,生化转化包括醇类发酵、沼气发酵、生化制氢等。近年来,生物质转化目标产品呈现多样化、高值化的趋势,包括车用和航空燃料、碳材料、合成气、肥料、生物燃气、供热、发电和化学品等。

1. 生物质热化学转化技术

1)生物质直接燃烧

生物质直燃发电是利用农林生物质、生活垃圾、沼气等作为原料燃烧发电,其工作原理是将生物质燃料在专用锅炉直接燃烧产生高温高压蒸汽,再通过汽轮机、发电机转化为电能,同时余热可供给工业或者居民使用。近年来,全球生物质能装机容量实现了持续稳定上升,2020 年装机总量已达约 133GW,共有约 4000 个生物质发电厂分布在世界各地。欧洲具有全球最大的生物质直燃发电装机市场,截至 2020 年,生物质发电装机规模达到 42GW。丹麦 BWE 公司推动了生物质水冷式振动炉排炉和超临界循环流化床锅炉技术发展,现已有 130 多家秸秆发电厂,总装机容量达 7GW。英国坎贝斯建成了全球最大的秸秆生物质发电厂,装机容量达 38MW。美国是全球第二大生物质直燃发电装机市场,截至 2020 年,美国已建立 450 多座生物质发电站,总装机容量超过 16GW。在亚洲,生物质直燃发电蓬勃发展,其增速远超欧洲及美国,成为全球生物质能装机容量持续增长的主要推动力。

“十三五”期间,我国生物质直燃发电取得了长足进步,生物质直燃发电规模不断扩大,增速已稳居全球前列,全国已有超过 23 个省(区、市)投运生物质发电项目。截至 2020 年底,我国已投产生物质发电项目 1353 个,并网装机容量 29.52GW,年发电量 1326 亿 kW·h,年上网电量 1122 亿 kW·h,其中农林生物质、生活垃圾焚烧发电装机容量分别为 13.3GW 和 15.3GW。现阶段,我国的生物质直燃发电锅炉主要包括炉排炉和循环流化床锅炉,前者投资和运行成本较低,理论发电容量可达 50MW,国内实施的项目容量一般不超过 25MW;后者燃烧效率较高、热容量大、对燃料的适用性较强,能够适应生物质燃料的多变性和复杂性,发电容量理论上不受限制,国内已投产的单机容量最大的生物质发电项目为广东粤电湛江生物质发电项目(发电容量为 2 × 50MW)。

总体来看,生物质直燃发电是最具规模化潜力的生物质利用技术之一。然而,相比欧美发达国家以农场为主的生产方式,我国主要以家庭为单位进行农业生产,生物质收储运成本高,而直燃发电单机规模越大,效率越高,但需要的生物质量越大,造成收集半径大、成本高、经济性差,如何降低收储运成本是直燃发电规模化应用的关键。此外,我国直燃锅炉以多种秸秆为原料,受热面积灰、结渣、腐蚀等问题严重,所以锅炉基本采用中温中压,与国际先进的高温高压参数直燃锅炉相比,热效率相差 2%~3%,导致系统发电效率相差 10% 以上。开发先进的燃煤耦合生物质发电技术可有效提高生物质直燃发电效率。另外,我国的生物质直燃发电项目以纯发电为主,能源转化效率不足 30%,生物质热电联产的能源转化效率可达到 60%~80%,比单纯发电提高一倍以上,是未来重点发展方向。

2)生物质气化

生物质气化是指固体生物质原料(薪柴、锯末、麦秸、稻草等)经压制成型或简单破碎加工处理后,在高温和气化剂作用下发生气化反应获得含 CO、H_2 和 CH_4 及 C_nH_m 等可燃气体的过程。气化过程仅仅产生燃气和灰烬残余物,NO_x 和 SO_2 等有害气体含量少,经济性高,是生物质清洁利用的一种重要形式。

生物质气化技术起源于 18 世纪末,经历了上吸式固定床气化炉、下吸式固定床气化炉、流化床气化炉和熔融气化炉等发展过程,主要向发电、区域供热、供气与发电联产、联产生物炭、气化合成等方向发展。国外生物质气化技术商业化应用成熟的国家有奥地利、挪威、丹麦、瑞典、德国、瑞士、意大利、美国、比利时等,已有总计 1500 套气化设备在运行。2013 年,芬兰在 Vaskiluodon Voima Oy 热电厂建立了 140MW 的 CFB 生物质气化炉,是世界上最大的生物质气化炉,产生的热态气化气直接进入 560MW 燃煤锅炉与煤粉混燃,产出 230MW 电力、170MW 热量。瑞典于 2019 年为 Höganäs AB 钢铁厂建成了 6MW 生物质气化炉,以替代天然气,实现了 1 万~1.5 万 t CO_2 的减排。

我国生物质气化技术正日趋成熟,从单一固定床气化炉发展到流化床、循环流化床、双循环流化床和氧化气化流化床等高新技术，由低热值气化装置发展到中热值气化装置，由户用燃气炉发展到工业烘干、集中供气和发电系统等工程应用。生物质气化燃煤耦合发电和气化多联产成为未来发展趋势之一。荆门热电厂生物质气化示范项目于2012年投入商业运行，该项目是在600MW机组周边建设运营一套8t/h的生物质循环流化床气化炉，气化气直接进入燃煤锅炉与煤混燃，可年转化4万t秸秆。国内首个最大燃煤耦合生物质气化发电技术改造试点示范项目——大唐长山热电厂660MW超临界燃煤发电机组耦合20MW生物质发电改造示范项目也于2020年上半年投运成功。国内科研院所也相继开发成功了适合不同种类生物质气化多联产制取可燃气、生物炭、供热和发电技术，成功建成了100余套装置系统，并出口西班牙、希腊等国家。近年来，我国研究者开发了高效均匀气化和气化气旋流燃烧技术，并于2020年10月在安徽安庆建成了70t/d稻壳高效气化热炭联产示范工程，实现了稳定投产运行。

生物质气化多联产能够实现生物质同时供热、发电和制备生物炭，是生物质最有前途的转化技术之一，也是实现生物质能负碳排放的重要方式。如何实现气化过程中燃气和炭协同耦合及生物质高效转化和高值化耦合是多联产技术的关键，主要体现在：木质纤维素生物质热解气化过程有机微观结构的分解、演变过程的准确描述；焦油的高效脱除和转化、气化气定向调变与净化提质、气化气的高效清洁燃烧等问题；炭结构的定向、高效调控及构效关系耦合问题；复杂环境下生物质气化热、电与炭的耦合、匹配与优化问题。

3)生物质液化

生物质热解液化是指在隔绝空气和中等温度(400～600℃)下将生物质热分解，以生物油为主要产品、生物炭和可燃气为副产品的全组分利用技术。热解工艺参数(如热解温度、加热速率、压力、停留时间等)以及生物质原料特性(种类、组成、粒度等)均影响热解产物的组成和收率，而热解工艺参数主要取决于热解反应器的类型及其热传递方式。已开发的生物质热解液化反应器包括循环流化床反应器、鼓泡流化床反应器、下降管反应器、真空反应器、旋转锥反应器、烧蚀涡流反应器和螺旋反应器等。国际能源署组织加拿大、芬兰、意大利、瑞典、英国及美国等10余个研究小组开展了数十年的研究工作。加拿大国际能源转换公司提出了鼓泡流化床技术，建成了处理量为130t/d和200t/d的生物质热解液化示范装置，同时建成了处理木料100t/d的循环流化床热解装置。荷兰建设了120t/d的旋转锥反应器等。

1990年以来，我国研究者致力于生物质热解制油研究，先后建成了1t/d的旋转锥反应器、24t/d的生物质流化床热解装置、5t/d的生物质下降管热解反应器以及1t/d的新一代流化床热解液化装置等。传统生物质热解液化技术主要以生物油产率最大化为目标，根据不同生物质和反应条件，最高产率可达70%，但以单一产品产率最大化为目标，条件苛刻，经济性差，阻碍了产业化应用。近年来，生物质热解多联产，即在制备生物油的同时联产生物炭、可燃气、肥料、供热、发电，达到产物联产最优化、价值最大化、经济成本最低化，已成为重要的发展方向。近年来已完成年处理5万t生物质的移动床热解气化炭气油联产联供示范工程的建设。目前，国内已投产3～10MW规模的生物质气化联产炭、热、电、肥项目10余处。

农林废弃物类生物质具有能量密度低、分散性强、收集运输成本高等缺点，造成生物质热解液化成本较高，经济性差，阻碍了技术的产业化推广。移动式热解能够就地将生物质转化为生物油联产生物炭，大幅降低了生物质收集和运输成本，被认为是未来最有前景的生物质利用技术。移动式热解装置核心是如何提高反应器单位容积处理量，实现装置的紧凑化，由于生物质是不良热导体，提高加热速率是装置紧凑化的关键。东南大学在移动式热解装置研发方面开展了多年的研究工作，提出“分散制油，集中炼制”新模式，开发了内外耦合加热双螺旋移动式热解液化装置，大幅提高了生物质的加热速率，已采用成型燃料、破碎秸秆、稻壳、秸秆粉末等原料成功完成了2t/d的中试示范验证，解决了加料难、加热慢、冷凝易堵塞等技术难题，并进行了10t/d工业化装置建设，有望实现规模化应用。生物质热解液化技术近年来发展迅速，但仍存在装置运行不稳定、能耗高、产品品质低、经济性差等问题，是否能减少原料收集成本、降低转化能耗和提高产品高值化水平是未来该技术走向工业化的关键。移动式热解可以有效降低原料收集成本，高效的转化反应器可以降低能耗，生物油和生物炭的提质能够有效提高产品价值。生物油组分复杂、含氧量高、不稳定性强，很难高价值使用，生物油提质势在必行。以美国太平洋西北国家实验室、美国国家可再生能源实验室等为主的科研单位开展了生物油催化裂化和加氢脱氧研究，目标产物是碳氢化合物，存在温度高、耗氢量大、催化剂易失活、目标产物收率低、能耗高等问题。我国研究者提出保留生物质中的氧，开发了选择性低温-高温加氢制备醇醚类含氧燃料新技术，已建成国际首套千吨级生物质制备醇醚类含氧燃料中试示范系统。此外，生物质热解油及其提质产品标准较少，限制了产品应用，今后应加强标准制定工作。

2. 生物质催化转化技术

生物质催化转化是指在水热介质中，一定的温度和压力条件下利用介质的溶剂特性及催化剂等实现生物质的化学和物理转化。在不同的温度下，水的压力、密度、离子体积、介电常数、黏度和比热容都会不同，这也使其具备了一些特殊的性质。水热反应具有效率高、不会对环境二次污染且固液分离较容易的独特优势，可通过水热转化将木质纤维素生物质转化为平台分子，平台分子通过碳链的重构得到燃料前驱体,再经由加氢脱氧得到高品质燃油联产高附加值化学品的技术路线。

近年来,我国在木质纤维素生物质制备特种燃料领域的研究发展迅猛,总体处于国际领先水平。基于传质与反应的高效耦合,形成了水相转化基础理论,打通了生物质-平台分子-航油前驱体-生物航油链条式技术路线,并建成了国际首座百吨级规模的农林废弃生物质制备生物航油联产化学品的中试系统。制备的生物航油产品性能指标达到了 ASTM-D7566 质量标准,部分指标远优于当前民用航空燃料的指标要求。该工艺技术通过联产高附加值化学品,有效提高了经济性,并开展了千吨级示范系统的建设工作。同时,我国还通过优化制备工艺路线,成功制备出了高密度($0.82g/cm^3$)、高热值(37.2MJ/L)、低冰点(−67℃)的高品质航油产品。此外,通过糠醛与甲基异丙基酮、2-戊酮等酮类在固体碱的催化作用,得到 C8 以上的缩合产物,通过进一步加氢脱氧,得到了带支链的低冰点生物喷气燃料,可以满足大型无人机在 18000m 高空的巡航要求。这类生物质基低冰点组分与化石喷气燃料掺混后亦可大幅度降低燃油的凝点,改善低温流动性,拓宽燃料的使用范围。在生物质特种燃料领域,利用固体酸 Nafion-212,经由羟烷基化与加氢脱氧反应从 2-甲基呋喃与环戊酮中有效得到 C9-C15 支链单环烷烃。

水热技术用于生物质转化也是研究的重点,如水相催化转化纤维素等制备燃料及化学品技术,以及生物质直接水相液化制取生物原油技术等。国际上研究的重点也逐渐集中在通过催化剂及反应系统的优化与匹配制备高品质燃料及高附加值化学品。

从技术基础来看,生物质水热转化技术发展呈现以下趋势:首先是通过联产高价值化学品,大幅降低制备高性能生物燃油产品的成本,从而实现可与化石燃油进行市场竞争的目标;其次是越来越重视过程的低碳绿色化,即采用更为绿色可再生的溶剂体系及低成本的非贵金属催化剂体系;最后是多元化的原料体系,我国幅员辽阔,生物质种类和利用方式呈现鲜明的地域特点,这就要根据原料分布特性设计优化水热转化工艺进行利用。

3. 生物化学转化技术

1)醇类燃料发酵技术

生物质转化醇类燃料技术主要有液体基质发酵和固体可消解性基质发酵两种方式。液体基质发酵为传统的醇类燃料发酵方式,主要有序批式、连续式和半连续式等;固体可消解性基质发酵(或称固态发酵)是指培养基底物为固态可消解性多孔介质材料,微生物从半饱和的固态多孔基质吸收营养物。随着世界人口增加和粮食供应日趋紧张,各国开始重视利用木质纤维素等非粮生物质资源转化醇类燃料。木质纤维素醇类燃料转化主要包括预处理和糖化发酵两步。其中,预处理方法有物理法、化学法和生物法三类；糖化发酵工艺又可分为分步糖化发酵法、同步糖化发酵法和复合糖化发酵法三类，糖化水解剂包括酶催化剂、酸（超稀酸）催化剂、复合型催化剂等。

国外在生物质醇类燃料转化方面开展了大量研究工作。加拿大在纤维素乙醇转化技术方面取得了领先优势，而美国也建成了年生产能力达到20万 m^3 的纤维素乙醇工厂。我国“十三五”期间国家重点研发计划“可再生能源与氢能技术”重点专项中部署了“农业秸秆酶解制备醇类燃料及多联产技术与示范”等项目。2016年，我国建成连续稳定的木薯燃料乙醇项目，燃料乙醇年产量达15万t。我国在安徽、河南、黑龙江、吉林等地也先后开展过或正在进行纤维素燃料乙醇技术示范，多条万吨级以上规模纤维素燃料乙醇项目正在建设中。但我国对高效纤维素预处理技术、专一性纤维素降解酶复配定制方法、浓滲底物糖化发酵过程多相流动、热质传递与生化反应耦合强化、高效糖化发酵反应器开发等方面的研究仍明显不足。丁醇等高品质醇类燃料规模化制备技术有待突破。我国在生物基烃类燃料研究方面还处于试验探索阶段。

2）沼气发酵技术

沼气发酵装置称为厌氧消化器，亦称沼气池（罐），是指有机质在微生物作用下通过厌氧发酵制取沼气的密闭装置，是沼气发酵的核心设备。目前，国内外运行的沼气池类型较多，主要有全混式厌氧反应器、塞流式厌氧反应器、上流式厌氧污泥床反应器、内循环厌氧反应器、膨胀颗粒污泥反应器和厌氧生物滤床等。沼气发酵产气与发电相结合的沼气发电技术得到了发展，主要用于垃圾填埋场的沼气利用。

我国沼气技术发展较快，截至2017年，已建成农村户用沼气池4000万余处，年产沼气约120亿 m^3；规模化大中型沼气工程1万余处，沼气年利用量约23亿 m^3。2019年国家发展改革委、国家能源局等十个部门联合颁布的《关于促进生物天然气产业化发展的指导意见》中将厌氧发酵净化提纯制备的生物天然气纳入国家能源体系，明确指出要加快推动生物天然气产业化的发展。但我国大中型沼气发电工程普遍存在沼气发酵原料转化率低、产气率低、运行稳定性差、沼气净化提纯技术成本高和厌氧发酵沼液的深度处理技术落后等问题，制约了沼气技术的发展和应用。同时，沼气发酵中的微生物代谢能量学及动力学、生物膜生长动力学、悬浮污泥系统与生物膜系统反应器内的非均相动力学、热力学及传热传质学等基础研究均亟待深入，节能环保的新型脱碳提纯技术研发亦需推进。

3）生物制氢技术

“十三五”期间国家对氢能发展高度重视，而生物制氢作为节能环保的新型技术是未来的重点发展方向之一。根据产氢微生物的种类和特性不同，可分为暗发酵细菌、微藻、光发酵细菌三类。暗发酵细菌可以直接转化淀粉、单糖、甘油等有机

底物生成 H_2 和 CO_2,伴随产生挥发性脂肪酸。暗发酵菌群包括梭菌、肠杆菌和芽孢杆菌等,其优点是不需消耗光能、产氢速率快、设备简单、易于操作等。微藻(亦包括蓝细菌)可利用太阳光通过光合作用将水分解为 H_2 和 O_2,其光合制氢过程以自然界丰富的水为原料,将清洁而廉价的太阳光能转化为氢气,生产过程中无任何有机废物排出。光发酵细菌可以在光能驱动下通过消耗单糖、乙酸、丁酸等小分子有机物产生氢气,其优点是具有较高的底物转化率,可吸收广范围的光能为驱动力。将光发酵细菌产氢与暗发酵细菌产氢有机结合起来,能充分利用发酵细菌产生的有机酸,可有效地提高产氢率及产氢速率,并降低有机污染物排放。

国内生物制氢研究起步较晚,但是近年发展速度较快,部分高校及科研院所分别在暗发酵细菌产氢和光发酵细菌产氢方面开展了较多的研究工作。但与国外相比,我国在微生物制氢的基础研究仍然有一定的差距,主要工作集中于产氢菌生理生态学等机理研究,而近年来从研究生物制氢反应器的传输特性入手以提高反应器的产氢率、原料利用率和消除产氢系统抑制性副产物积累以提高系统运行稳定性等方面的研究正逐渐得到重视。进一步提高微生物制氢反应器性能仍需对生物反应器内传输机理与特性、反应器最优设计与控制、高效产氢工程菌株构建、产氢菌群分子生态学诊断和代谢调控机理等方面开展深入研究。

4)微生物电捕获 CO_2 产甲烷技术

微生物电捕获 CO_2 产甲烷技术是基于微生物电化学技术发展的生物电利用技术,可实现多元分散溶解性生物质的强化生物降解并回收生物电能,同时实现 CO_2 生物电还原制备甲烷增值化及碳减排的双重效益。在生物电化学原理和技术应用方面,可实现废水有机质强化生物处理的放大化装置与技术工艺在我国已经有所进展,但是在生物电回收和利用方面尚未形成优势技术,正在开展的研究主要集中在生物电子流传输控制、CO_2 捕获传质限制、生物电活性产甲烷微生物定向调控等机理层面,在 CO_2 高效捕获电极放大化及装备、反应器电信号采集等方面亟待研发,需要加强微生物、材料、自动化等相关专业的交叉技术融合[5]。

5)微藻生物质能源化及梯级转化技术

微藻具有生长快、固碳效率高、环境耐受性强、油脂含量高等优点,可实现 CO_2 高效固定和能源化再利用(油脂和碳水化合物),能够同时实现碳减排和生物质能源生产。我国已有研究发现,在环境胁迫下,微藻细胞中的碳会向高能产物的方向转化,这些能源类物质可通过各种转化技术进一步转化为清洁燃料,但在其机理及转化技术优化方面仍需进一步探索。主要开展的研究为利用代谢组学技术解析微藻 CO_2 固定、油脂和碳水化合物合成等相关代谢路径与其交互关系,探究微藻油脂积累与细胞生长的关键代谢物及功能基因,增加微藻在 CO_2 固定与生物质能源领域的应用潜力。另外,为了增加微藻生物质能源的商业可行性,仍需构建剩余藻渣梯级转化集成系统，根据生物质转化过程的构成和特征，提出优化目标参数，探索微藻梯级全利用的优化途径。

7.2.3　风能

风能是可再生能源中发展最快的清洁能源，也是最具有大规模开发和商业化发展前景的能源形式。适合进行风力发电的风能密度一般要求为 0.2kW/m^2 以上，风力机的单机容量已经从二十多年前的几千瓦级发展到近年的兆瓦级。我国风力发电机叶片长度可达 90m，轮毂的高度近 200m。风力机每单位面积质量从 20 世纪 80 年代的 32kg/m^2 降到现在的 5kg/m^2，风力发电成本大幅度降低，风能资源利用率显著提高。兆瓦级风力机是当前主用机型，10MW 级风力机也已经研制成功并即将投入商业运行。我国陆地离地面 50m 高度技术可开发面积（风功率密度达到 300W/m^2）约 53 万 km^2，风能资源技术可开发量约为 26.8 亿 kW。离岸 20km 的海域范围内技术可开发面积约为 3.7 万 km^2，离海面 50m 高度层风能资源技术可开发量约为 1.8 亿 kW。风能资源较丰富的地区包括河西走廊、青藏高原、东北地区以及东南沿海等。

风能利用不仅对节能减排和环境保护有重要意义，同时也推动了风电装备产业的发展。据全球风能协会的统计，截至 2020 年底，全球风电累计装机容量为 743GW，比 2001 年底增长近 30 倍，年均复合增长率为 20.1%[6]。风电作为现阶段发展最快的可再生能源之一，在全球电力生产结构中的占比正在逐年上升，拥有广阔的发展前景。无论累计装机容量还是新增装机容量，中国都已经成为世界规模最大的风电市场。根据中国风能协会的统计，截至 2020 年底，全国风电累计装机容量为 2.81 亿 kW，其中陆上风电累计装机容量 2.71 亿 kW、海上风电累计装机容量 900 万 kW，风电装机容量占全部发电装机容量的 12.79%，已成为仅次于火电和水电的第三大电力来源。

1）风资源评估与微观选址

大尺度兆瓦级风力发电机组已经成为当前主用机组，然而现在的风资源数据是基于 10m 或 50m 高度的测风普查结果，这为国家和企业的正确决策带来困难。因此，急需获得我国 70～100m 高度风资源及其分布情况，为国家和企业的决策提供切实可行的依据。此外，我国地形和气候等条件远比欧美复杂，而我国又普遍采用来自欧美的技术和软件，因此需要开展针对我国复杂地形地貌风场微观选址中的基础问题研究和开发我国独特气候特色的分析与模拟软件。

2）大气边界层中风特性的理论与试验研究

对大气中风速和风向的研究主要有两种方法：第一种是通过实测进行长期跟踪，再应用数学统计方法进行研究和分析；第二种是结合数学统计方法，通过建立理论模型对其分布规律进行研究。研究者结合气象学以及空气动力学方法,提出了旨在寻求气象学与风能关系的风能气象学概念[7]。风能气象学是基于边界层气象学、气候学以及地理学的一门科学。在进行风能资源评估时,应重视风能气象学中将中、小尺度数值模式用于模拟近地层大气风场分布的研究。此外,随着海上风力发电技术的迅速发展,海上风场的相关研究也应得到格外关注。

3)风力机理论、新型叶片外形与材料以及风力发电系统新型控制方法

随着风力机单机容量的大型化,先进的风力机必须具有以下主要特征:考虑到长叶片绕流的三维特性,采用全三维的气动设计理论与方法来设计叶片;考虑到中国南北部气候的不同特点,研发具有抗台风叶片和抗沙尘暴能力的叶片;采用变转速控制,以跟踪最佳效率;采用变桨距控制,以降低构件载荷;采用桨叶独立变桨距,以满足大直径风轮的需要;采用大挠度柔性桨叶,以降低风轮重量改善受力情况;采用双馈发电机,以满足并网发电的要求。风力机技术发展的趋势是重量更轻、结构更具柔性、直接驱动发电机(无齿轮箱)和变转速运行。风力机单机容量的大型化要求我们必须面对其气动弹性问题,如果机组设计不当,就会造成叶片-风轮-塔架-电机系统气动弹性不稳定,从而造成机组破坏。自从 1973 年第一次石油危机以来,欧美国家加大了风力发电技术的研究,形成一系列风力机分析和设计方法。

开发适合风力机叶片的翼型是提高风力发电效率的基础。国际上风力机专用翼型研究始于 20 世纪 80 年代中期,风能技术发达国家如美国、丹麦、瑞典等都发展了各自的翼型系列。另外,除传统的水平轴风力机外,寻求新的高效风能吸收模式也是今后风能技术发展的趋势。此外,叶片的重量也是风力机大型化的重要指标之一。叶片材料从最初的木制品逐步过渡到玻璃纤维增强复合材料,而今采用碳纤维复合材料的超大型叶片式风力发电机组正在蓬勃兴起。风能具有间断性和随机性,会造成风力发电机负荷的随机变化,使风力发电机输出功率不稳定。因此,风电系统的自动控制和优化设计是风电问题研究中的重要课题。另外,为取得气动效率、载荷和控制的最佳综合性能,并网型风力发电机的研究也是当前研究的热点之一。一些非线性控制方法,如模糊控制理论及神经网络控制理论,已经开始应用于风力发电控制系统。此外,风力机的变桨距、变转速调节技术也使兆瓦级风力机的应用变成现实。

4)大型风力发电机组多体动力学及气弹稳定性

随着风力发电机组单机容量的增大,叶片尺寸不断加长,其刚度越来越低。特别是在气动载荷及惯性力的综合作用下,叶片将会发生较大幅度的变形。为了减少因叶片的变形而偏离设计工况,预弯式叶片技术已经被广泛应用于当前大型风电叶片设计中。然而,对于大型风力发电机组,桨叶-风轮-塔架-电机系统-基础等部件之间的耦合关系密切,气动弹性稳定性问题日益突出。为此,深入研究这类多

体动力学特性,揭示其气弹耦合机理,确定其气弹稳定性条件及稳定性范围是今后必须着力关注的重要问题。对于近海风力发电机组,还需着力研究波浪、潮汐等非定常载荷作用下基础-塔架-桨叶-风轮-电机系统的多体动力学特性及稳定性以及机组在大湿度、高盐分条件下的腐蚀特性及防腐蚀措施。

5) 中、远海上风能利用

中、远海可以利用的风资源总量远超近海,开展适合中、远海风能利用中的新型风能吸收模式研究及悬浮式风电场建设必然成为今后的热点。对于固定基础的海上水平轴风力机,其主要问题在于设备成本和安装费用高昂、设备可靠性低、运行和维护成本较高等。随着海上风力发电机安装的水深递增,风力发电机组造价指数增加。而悬浮式海上水平轴风力发电机组的风电设备安装简单,便于迁移,是深水区域风能利用的有效方式。悬浮式风力发电机被认为是海上风电发展的未来,相关技术的研发已开始受到欧洲和美国的格外重视。

但由于海上水平轴风力机重心高,在波浪、潮汐、台风等载荷作用下,稳定性要求造成其制造安装维护的成本相对较高。因此,高效的聚能增速型垂直轴风力机可能是远海风能利用的有效模式,它具有重心可调、结构简单、制造安装维护成本低、稳定性可控等特点,特别适合安装于海洋平台上。因此,开展波浪能、潮汐能、洋流能及风能的综合利用,揭示它们之间的耦合机理及这类机组的动态特性与稳定性是海洋风能利用的重要基础。

6) 风能利用的方式与多能互补综合利用系统

储能技术和多能互补综合利用系统技术是解决风力发电机组功率稳定输出的一种有效方法。近年来,风力机-柴油机联合发电系统、风能-太阳能联合发电系统等多能互补综合利用系统以及储能装置在风力发电系统中的应用研究已成为世界各国关注的研究课题。在风能储能技术中,飞轮储能技术较为成熟。而具有能吸收或发出有功和无功功率以快速响应电力系统需要的超导储能技术代表了柔性交流输电的新技术方向。另外,充分利用风能与太阳能的气候互补、季节互补和昼夜互补特点,以风能和太阳能制氢、储氢,再利用燃料电池发电的风能-太阳能综合能源利用系统也具有解决风力和太阳能发电稳定性问题的潜力,已得到学术界的广泛重视[8]。风能利用的方式除发电外,还包括风力驱动海水淡化、利用太阳能热气流“烟囱效应”的太阳能-风能发电装置以及风力制热、制冷等。

7.2.4　海洋能

海洋能的大部分研究还处在原理样机验证和工程样机实海况发电的试验阶段。为支持海洋能研究,美国能源部下属水能技术办公室多年来持续设立海洋能研究项目,已完成多个工程样机实海况试验,并在夏威夷海军基地、俄勒冈州等建设多个海洋能测试场。欧洲多个国家也持续多年进行海洋能技术研究和工程样机建设,实现了多个工程样机并网供电,并完成了欧洲海洋能测试场的建设。

我国海洋能技术也得到国家的大力支持。“十三五”期间,自然资源部(原国家海洋局)联合财政部设立了可再生能源资金专项,科技部也在国家重点研发计划“可再生能源与氢能技术”等项目中设立了海洋能技术专项。我国已完成了波浪能及潮流能发电机组并网供电,温差能原理样机通过验证,持续推动海洋能利用技术快速进步[9]。

1)近海海洋能资源普查

海洋能的开发离不开资源调查,为掌握海洋能资源的分布特征,美国、英国、西班牙、澳大利亚等先后立项开展海洋能资源的调查与分析,引导海洋能产业的发展规划。我国自20世纪80年代以来,持续开展了海洋能资源评估工作。在“近海海洋综合调查与评价专项”(简称908专项)、海洋可再生能源专项资金等的支持下,我国已完成近海海洋能资源普查,以及部分海洋能重点开发利用区的资源勘查与选划工作,初步掌握了我国海洋能资源特性,为海洋能技术自主创新研发提供了科学的资源条件依据。

但随着海洋能技术从近海示范逐步向深远海应用发展,为更好地支撑海洋能产业发展规划,海洋能开发仍亟须开展更加精细化的海洋能资源选划方法理论研究,以便于进一步开展基于数值模型、历史数据、专项调查数据的深远海及偏远海岛周边海洋能资源选划及海洋能电站建设环境影响评价。

2)波浪能发电与并网技术及装备

不同技术成熟度的波浪能装置有数百种,同时各种新颖的波浪能装置也正不断出现。根据能量转换方式不同,波浪能装置可以分为振荡水柱式、压差式、筏式、垂直浮子式、越浪式和摆式等。根据安装位置不同,波浪能装置又可以分为岸基安装、近海布置和远海布置等不同形式。尽管波浪能装置的样式各种各样,但是其工作原理基本类似,都是将波浪的动能和势能转化为机械能或者电能。绝大多数的波浪能发电装置都包括三级能量转换过程:首先,由装置中的波能俘获机构(又称吸波浮体)将波浪的动能或者势能转化为机械能;其次,将吸波浮体得到的机械能转移到旋转机械中(如透平、液压马达、齿轮增速机构等);最后,将旋转机械中的机械能转化为电能并入电网,输送给用户。

国际上波浪能技术研究主要分布在欧洲和美国。在美国能源部和海军的支持下,美国研发了能量浮标点吸收式波浪能发电装置,完成了3kW、40kW和150kW系列化装备的研建,主要用于水下海洋观测设备供电以解决水下海洋观测设备长期供电可靠性问题。西班牙莫克里科波能发电站总装机容量296kW,由16台发电装置组成,已实现长期稳定运行近10年。爱尔兰研制的OE Buoy后弯管型波浪能装置四分之一试验样机已在高威海湾有遮蔽的小浪区和大西洋沿岸的开阔海域进行实海况试验，运行时间超过24000h。英国开展了装机功率800kW的Oyster波浪能装置实海况试验，并与南苏格兰电网公司签订协议，开展大型波浪能发电场建设。苏格兰2008年即完成了2.25MW的波浪能示范场建设，并实现了3台单机功率750kW的波浪能装置阵列化布置。

“十三五”期间，在国家重点研发计划和自然资源部海洋可再生能源专项资金的支持下，我国波浪能发电技术发展迅速，已完成了10kW级组合型振荡浮子波能发电装置研建，并在山东省斋堂岛海域开展实海况试验。我国研究者开发的60kW漂浮式液压海浪发电装置在山东成山头海域进行了海上试验。珠海万山岛也已建立了100kW鹰式波浪能装置“万山号”，并在2017年实现了并网供电。基于上述装置升级改建的260kW海上可移动能源平台也于2018年实现了为南海偏远岛礁持续供电，并开展了500kW波浪能装置建设。

我国波浪能研发工作实现了原理样机验证到实型样机，再到工程装备并网示范的技术进步，但单台装机功率、实海况试验时间与国外先进机组相比仍有一定差距，急需进一步开展能量俘获、高效转换、抗台风锚泊等关键技术研究工作。在阵列化应用方面，国外已开展大型波浪能装置发电场建设，而我国在该方面尚处于初步探索阶段，因此亟待加快大型波浪能装置阵列化技术研究，推动波浪能装置规模化发展和波浪能场建设规范化发展。

3）大型化、低成本潮流能机组稳定并网运行

近年来国际潮流能技术发展迅速，英国、荷兰和法国等均实现了兆瓦级机组并网运行。欧盟委员会联合研究中心的统计表明，国际潮流能技术种类进一步向水平轴式收敛，占比高达76%。英国MeyGen潮流能发电场一期工程装机容量6MW，由4台1.5MW机组构成，并于2016年10月并网运行；荷兰1.2MW潮流能发电阵列于2015年底并网发电，标志着国际潮流能技术进入商业化运行阶段。

与国际先进机组相比，我国潮流能技术在能量捕获、并网供电等方面处于并跑水平，但在单机装机容量、智能化运维等方面仍有一定差距，亟须开展兆瓦级潮流能机组的研制，并针对智能化、低成本、规模化方向开展相关基础研究和技术攻关。

4）温差能发电技术

海洋温差能转换技术除用于发电外，在海水制淡、空调制冷、深海养殖、深海冷海水及底泥深度开发等方面也有着广泛的应用前景。多个国家已建成海洋温差能发电及综合利用示范电站。例如，印度于2012年在米尼科伊岛建造了日产淡水约100t的温差能制淡水示范电站。日本于2013年在冲绳建成50kW混合式温差能发电及综合利用电站。美国于2015年在夏威夷建成100kW闭式温差能电站并示范运行，可满足当地120户家庭用电。韩国于2019年完成1MW温差能电站的海

上示范运行。

“十三五”期间,我国在提高海洋温差能热力循环效率研究的基础上,开展了“南海温差能资源调查和选址”“海洋温差能开发利用技术研究与试验”等课题的研究,以及 30kW 南海海洋温差能发电平台样机海试和温差能开发与深层海水综合利用的技术研究。我国温差能利用已通过原理样机验证,考虑到温差能转换原理相同,在未来可参照国外发展模式,开展兆瓦级大型发电机组示范验证。

5)潮汐能发电技术

作为最成熟的海洋能发电技术,拦坝式潮汐能技术早在数十年前就已实现商业化运行,如建成于 1966 年的法国朗斯电站(总装机容量 240MW)和 1984 年的加拿大安纳波利斯电站(总装机容量 20MW)。2011 年 8 月,韩国始华湖潮汐电站(总装机容量 254MW)建成投产,装有 10 台各 25.4MW 的灯泡贯流式水轮机组,为世界上装机容量最大的潮汐电站,年发电量 5.5 亿 kW·h,年可节约 86 万桶原油,减少 CO_2 排放 31.5 万 t。

我国潮汐能电站主要集中在浙江和福建,其中以浙江江厦潮汐电站的装机规模最大,设计安装了 6 台 500～700kW 机组,总装机功率 3900kW,单库单向发电,年发电量 1100 万 kW·h。

潮汐能发电技术原理相对简单,且已经过多年验证,成熟度高。但由于潮汐能发电站建设对地形要求较高,需要选择潮差大的地方建设拦坝,对海洋环境影响较大,因此在推广应用方面存在一定难度。

“十三五”期间,我国较多高校和科研机构均开展了风能、波浪能和潮流能联合发电的相关研究,并提出了风-浪-流等综合发电系统的一些建设构想。一些沿海省份还提出了海洋牧场与海上风电等结合综合发展的构想和规划。例如,2019 年 1 月,山东省在《山东省现代化海洋牧场建设综合试点方案》中提出了探索适合深远海的新能源供给路径以及采用波浪能、太阳能和风电等可再生能源作为深远海渔业电力来源的可能性。

“集约化、离岸化、大型化、阵列化、多功能”已成为海洋能综合利用的发展趋势,国外海上风电与海洋能联合发电已经进入工程实践阶段,海洋能装备与海洋仪器供电技术也已产品化,而国内仍处于研究、方案论证阶段,亟须推动开展相应的示范工程项目。

7.2.5 地热能

根据开发深度的不同,地热资源可划分为浅层地热(通常 200m 以浅)、水热型地热(通常在 200～3000m)及增强型地热(通常在 3000m 以深)三种。根据地热流体温度的高低,地热资源可分为低温(＜90℃)、中温(90～150℃)和高温(＞

150℃）三种。

美国大型研究机构 R&M 在报告中指出，地热有望满足未来几代人的能源供给需求。国际上地热开发技术走在前列的国家为美国、冰岛、日本、新西兰、土耳其、印度尼西亚等。"十三五"期间，雄安新区引领全国地热开发、共和盆地干热岩开发顺利推进，中国地热能产业体系已显现雏形，在地热发电技术、地热能直接利用、油田地热利用和增强型地热系统等方面均取得显著进步。图 7.3 为地热能利用示意图。

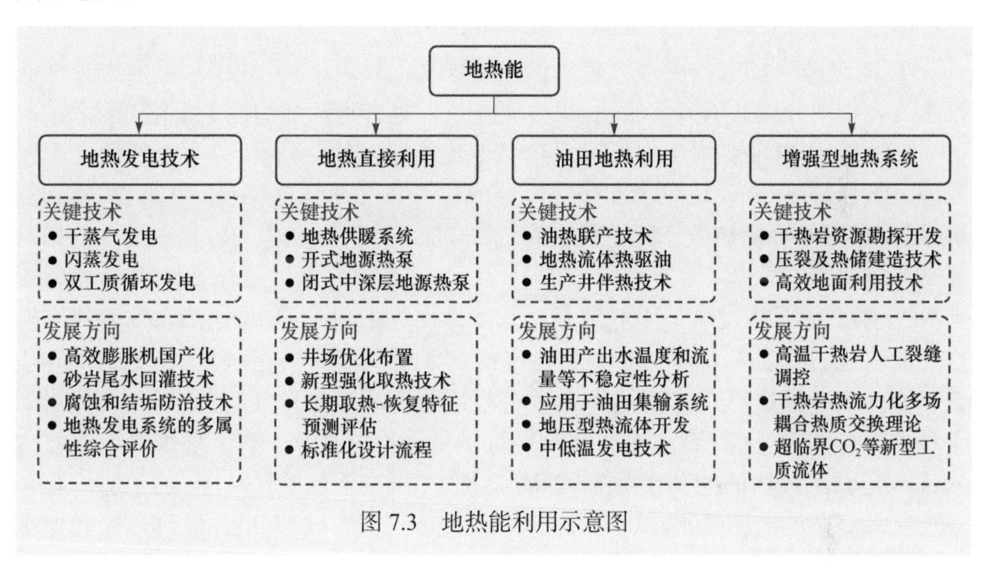

图 7.3　地热能利用示意图

1. 地热发电技术

地热发电至今已有百余年历史，世界上最早的地热发电起源于意大利拉德瑞罗（1904 年），至今利用地热发电的国家已增加至 34 个。从地热发电的历史数据来看，全世界地热发电装机容量 2010 年为 10897MW，2015 年为 12283MW，2020 年为 15950MW，可见地热发电发展较缓慢。根据国际地热协会预测，利用现有技术，世界地热发电至 2050 年装机容量有望达到 70GW，若采用新的技术增强型地热系统，则装机容量可以翻一番（140GW）。

我国地热能发电始于 20 世纪 70 年代，1970 年我国第一座地热试验电站在广东丰顺建成，标志着中国成为世界上实现地热发电的第八个国家，西藏羊八井高温地热发电是中国最大的地热电站。然而，从 20 世纪 80 年代后期开始，我国地热发电的步伐基本不再前进，中低温地热发电停滞，高温地热发电装机容量很小（高温羊八井地热发电始终维持原状），干热岩资源发电尚属空白。2010 年我国地热发电装机容量为 24.48MW，2015 年我国地热发电装机容量为 27.78MW，2020 年我国地热发电装机容量为44.56MW。

近几年，我国地热发电逐渐受到重视，多个地热发电项目正在建设推进中，2018年西藏羊易地热电站工程1×16MW发电机组顺利通过72h满负荷试运行，标志着世界上海拔最高、国内单机容量最大的地热发电机组顺利投产发电。2021年国家能源局《关于促进地热能开发利用的若干意见》[10]指出，争取到2025年全国地热能发电装机容量比2020年翻一番。

从地热能发电技术来看，主要包括干蒸气发电、闪蒸发电、双工质循环发电三种。

(1)地热蒸汽发电利用蒸汽带动汽轮机做功而发电，一般利用分离器将蒸汽从汽水混合物中分离后引入汽轮机，根据实地条件也可直接利用地下干饱和蒸汽。

(2)闪蒸发电主要用于中低温水热型地热资源，利用不同压力下水的沸点不同原理，通过降低压强使地热水在密闭容器汽化为蒸汽发电，主要包含单机扩容和双机扩容，双机扩容的热效率比单机扩容提高20%～30%，但是工艺流程及设备相对复杂。

(3)双工质循环发电采用低沸点工艺流体作为中间工质，与地热水发生热交换作用而汽化，进而进入发电机做功，后经冷却系统降温为液态，再次作为中间介质循环进入发电系统。工艺流体通常拥有与地热资源匹配良好的沸点和冷凝点，如卡林那循环的氨/水混合物、有机兰金循环的低沸点有机物。双工质循环发电技术的优点是低品位热能的利用效率较高，设备紧凑，汽轮机的尺寸小，易于适应化学成分比较复杂的地下热水；缺点是难以方便地使用混合式蒸发器和冷凝器，相比水介质来说，双工质系统需要相当大的金属换热面积。此外，还存在介质易燃易爆、管道泄漏、威胁当地生态环境等安全隐患，而且经济性有待提高，因此在实际中并未得到大规模推广应用。

虽然地热发电取得了长足进步，但是还存在以下问题：在发电技术方面，中低温发电技术不够成熟，高效的膨胀机等关键设备有待国产化；在发电技术与地热资源(包括干热岩资源)的个性化耦合方面，地热发电系统的多属性综合评价、多目标优化和梯级利用及地热发电系统全生命周期的环境影响分析均需深入研究；在其他配套技术方面，亟须开展地热尾水回灌尤其是砂岩回灌技术和工艺的开发与评价研究；亟须开展高效经济的地热采出水处理、防腐蚀和结垢防治技术研究。

2. 地热直接利用技术

地热直接热利用形式多种多样，主要包括地源热泵、供热采暖、洗浴与疗养、温室、工业应用、养殖、农业干燥以及地热旅游等，具有明显的经济、社会效益。自20世纪90年代开始，我国加大浅层地热直接利用发展力度，直接利用量增长迅速。

自2000年中国超越冰岛后，一直稳居第一位，且中国在世界所占的份额越来越大。2020年中国地热直接利用的能量占世界总量的47.2%，世界前十名中其余九个国家的总量仅为中国的83.5%。

在地源热泵方面，地源热泵是全球地热利用的最主要方式，全球装机容量达到77.5GW，年利用热量为60万TJ/年，主要分布在北美、欧洲和中国等国家和地区。全球地热热泵装机容量前五的国家依次为中国、美国、瑞典、德国和芬兰，其中中国装机容量为26.4GW，年利用热量为24.6万TJ/年。在地热供暖方面，水热型地热供暖装机容量为12.8GW，年能源使用量为16.3万TJ/年。集中供暖在装机容量和年利用量方面前五的国家依次为中国、冰岛、土耳其、法国和德国，其中中国装机容量7.0GW，年能源使用量为9.06万TJ/年。在地热农业种植方面，截至2020年，全球地热农业温室种植装机容量2.5GW，年利用量为3.6万TJ/年，其中中国装机容量为346MW，年利用量为4255TJ/年。在地热水产养殖方面，装机容量为950MW，年利用量为1.4万TJ/年，其中中国装机容量为482MW，年利用量为5016TJ/年。在温泉医疗方面，截至2020年，总装机容量为12253MW，年利用量为18.4万TJ/年，其中中国装机容量为5747MW，年利用量为8.7万TJ/年。在其他方面，全球加热融雪路面预计达250万m^2，其中大部分在冰岛。此外，地热在干燥各种谷物、蔬菜和水果作物及在畜牧业、螺旋藻种植、海水淡化和瓶子灭菌方面有少量应用。

地热供暖、地源热泵、地热干燥等技术已经成熟，近年来，地热直接利用的研究主要集中在提高地热直接利用效率、减少运作成本和标准化设计等方面。

3. 油田地热利用进展及趋势

传统地热井的钻井费用约占总成本的50%，而在油气田盆地中已建有大量的钻井和地面配套设备，并且有充足的勘探开发和生产数据，大大降低了油气田地热开发的成本和风险。因此，开发油气田地热资源是维持油田可持续发展和实现新能源开发的“双赢”选择。油田地热储量大且品位高，研究显示，在美国得克萨斯州、俄克拉何马州、路易斯安那州有上万口油井底部温度在150～200℃，最高可达240℃，仅得克萨斯州和俄克拉何马州的油田产出水的携热量就达2072～9965MW。

中国石油勘探开发研究院等研究显示，中国主要油田区5km以内的地热资源总量达6000×10^8t标准煤发热量。截至2020年底，我国大庆油田累计开展热泵改造项目31项，主要利用采出水余热为生产办公建筑物供暖制冷，年总节能量约46500t标准煤发热量；辽河油田已建成10余个地热项目，除正常供暖外，还用于油气伴随加热，年总节能量约24000t标准煤发热量。

可利用的油气田地热资源主要有两种,其中一种是在油气开采过程中伴随产出的联产型热流体资源。在油气生产过程中,产出水具有水量多、热能总量大的特点,尤其是在易凝高黏和生产后期的油井,适于进行“油-热-电”联产作业,涉及的技术主要有油-热联产和中低温发电。

另一种油气田地热资源是指将废弃井重新改造为地热生产井后开采的地热资源。当废弃井下本身存在地热流体时,除开采至地面进行利用外,还可以采用地热流体进行驱油,通过同井深部采出、浅部注入的方式将深部高温流体热量带到浅部油气层。相较于传统热水驱油,可提高 4%～10% 的采收率,并可避免地面低温注入流体对地层的冷伤害,减少能源消耗和环境污染。当废弃井下没有地热流体时,需采用“取热不取水”的闭式系统进行采热。闭式系统具有环境友好、可持续性强的优点,但与地层的热交换能力不高,因此可采取一定的强化换热技术,如通过改进换热管结构(U 形管、水平管、同轴套管等)、优化管材和固井水泥材料、改进流体工质(超临界流体、纳米流体等)等显著提高取热性能。

虽然油田地热开发已取得一定进展,但依然存在一些问题:油田地热资源多为中低温地热能,已发展的中低温发电技术热能利用效率较低,并易受油田产出水温度和流量不稳定性等因素的影响,因此需发展高效、稳定的适用于油田地热的中低温发电技术。与油气开采相比,油田地热开发处于次级地位,无法得到足够的科研投入和详备的工程规划,发展缓慢。虽然油田地热利用主要集中在供暖方面,但应用于油田集输系统时热利用效率更高,未来需进一步规划油田地热的合理高效利用。此外,埋藏较深且含有大量高温咸水和饱和甲烷气体的地压型热流体具有高热能、高化学能的特点,是一类非常好的油田热储,但并未引起足够重视。因此,虽然油田中地压型热流体资源具有巨大潜力,但相关工作尚待开展。

4. 增强型地热系统技术

增强型地热系统(enhanced geothermal systems,EGS)是开发以干热岩为代表的深层地热能的主要方式。世界各国开展 EGS 研究已有近 50 年的历史,美国是最早对干热岩的工程开发进行研究的国家。美国能源部给 EGS 的概括性定义为:为了从低渗透性和/或低孔隙率的储层中提取具有一定经济数额的热能而创造的人工地下储流体热量交换系统。按照该定义,所有没有被商业化利用并且需要增产或增强开采利用的地热能资源都包含在增强型地热系统中。随着干热岩地热资源开发利用前景的逐步明朗,越来越多的国家加入全球干热岩勘查开发、角逐新能源制高点的行列。从 1974 年至今,全球投入建设的 EGS 工程数量总体上不断增加,如美国 Fenton Hill、法国 Soultz、德国 Landu、英国 Rosemanowes、日本 Hijiori 和 Ogachi、澳大利亚 Cooper Basin 等项目。这些示范项目和研究成果极大地推动了干热岩型地热能勘查评价、EGS 热储改造和发电试验等方面的技术发展。

我国 EGS 取热研究工作起步较晚，仍处于前期理论探索、实验室模拟和钻井普查阶段，相关技术滞后于发达国家。近年来，我国对 EGS 技术开始密切关注，中国科学院已把 EGS 技术列为影响我国可持续发展能力的七个战略性科技问题之一。2012 年，国家高技术研究发展计划（863 计划）启动了“干热岩热能开发与综合利用关键技术研究”项目。2013 年以来，中国地质调查局与青海省联合推进青海重点地区干热岩型地热能勘查。2017 年，在共和县恰卜恰镇井深 3705.00m 处钻获 236℃的干热岩，是中国在沉积盆地区首次发现高温干热岩型地热能资源。2019 年 6 月，环渤海干热岩地热资源勘查工作阶段成果发布会在石家庄举行，会上公布了马头营凸起区干热岩项目最新的勘查成果，干热岩科学探测孔在 3965m 深处钻获了温度为 150℃的干热岩，是京津冀地区钻获埋藏最浅的干热岩资源，实现了我国中东部地区干热岩勘查的重大突破。

EGS 通过水力压裂在两井或多井间形成连通的裂隙网络，再通过抽注流体工质的方式，让工质在地下岩体中循环流动，从而持续开采地热能。这种方式的采出温度与采热量都很高，具有规模化发电潜力，是长期以来开采干热岩热能的主流发展方向。EGS 取热工质主要以液态水为主，缺点是裂隙岩石会与水发生溶解和沉淀作用，同时在取热循环中不可避免的水量流失也会造成经济损失。以超临界 CO_2 为取热工质的研究也刚刚起步，以期在获得相当热能的同时产生附加的 CO_2 地质埋存效益。

EGS 热能开发利用过程中存在很多科学和工程问题，其涉及的关键技术主要有干热岩资源勘探开发技术、高效热提取技术和地面热能利用技术等。我国在这些关键技术方面尚处于起步阶段，缺乏系统的地热资源探测技术体系（高温钻完井、测井、地热温度场三维重构技术）、可持续的地热资源提取技术（储层建造、井下换热）以及地面高效利用技术（发电装备、梯级利用），存在高温钻井成本高、压裂诱发地震风险、储层换热和地面热能利用效率低等方面的问题。缺少自主知识产权的干热岩热流力化多场耦合数值仿真、方案优化和历史数据反演软件，存在难以精细化指导干热岩开发、运行和优化的问题。

7.2.6　水能

水能资源是水体中势能、动能和压力能资源的总称，是一种绿色、低碳、可再生能源。因此，大力开发水电是减少温室气体排放的对策，也符合可持续发展的需求。从我国能源结构看，煤炭、天然气等不可再生资源逐步减少，而风能、太阳能和核能资源条件也较为有限。反观我国水电资源十分丰富，水电开发的空间非常广阔，水电资源开发不仅能满足经济社会发展和人民生活需要，同时对调整我国的能源消费结构及布局,实现可持续发展和绿色发展战略也具有极其重要的作用。

1. 流域及跨流域水能资源综合开发规划与合理利用

我国水能资源绝对数量较大,其理论蕴藏量和可开发量均居世界首位,主要分布在我国的西南、中南和西北地区。随着河流梯级、流域及跨流域、跨地区水能开发的逐步实施,水能开发产生了一系列突破性的规划理论方法以满足空间尺度的一体化、综合性、整体性和协调性的要求。我国水能规划和开发已从提高经济效益为主要目标转向以全流段、全流域甚至全区域水能利用最大化为目标的多梯级水电站规划。在此过程中也涌现出多种相关的物理和随机统计模型,包括多库随机线性规划、多层次动态规划、风层次模糊积分、灰色决策等方法。另外,还出现了旨在提高水能开发综合效益的梯级水电站最优开发顺序法,如类梯度筛选、层次分析、网络图等。

水电能源系统的开发利用过程会伴随一系列生态环境问题,主要体现为水电设施对陆生和水生生态环境的影响。生态文明建设对水能开发提出了新的、更高的要求,其中研究流域生态系统在水能开发扰动下从受损到建立新的动态平衡的过程,分析流域梯级循环机制、工程机制、效益机制和生态环境机制间的互馈关系,是“十二五”和“十三五”时期水能开发的重要课题。

2. 复杂条件下大型水电站系统优化运行及蓄能调控

根据《水电发展“十三五”规划(2016—2020)》[11],为实现我国非化石能源占一次能源消费比重的15%这一目标,水电比例须达到8%以上,常规水电装机容量达到3.4亿kW。因此,随着水电的大规模发展,流域梯级水电站在系统规模、控制要求、利用需求以及调度运行方式等方面都将面临挑战。针对这一问题,梯级水电站优化运行方面的研究,尤其是在巨型电站优化调度与远程监控所需的关键技术(如海量数据的高速通信与防误技术、高可靠性的系统结构设计、水库优化调度策略与电站群站内负荷分配策略等)方面,已取得显著进展[12]。另外,此类研究近年来呈现出逐渐从单目标向多目标,从单电站、中小型水电系统优化运行向大规模水电系统综合调度转变的趋势[13]。总体来说,研究流域梯级水电站联合运行的优化方法,解决流域梯级水电站的快速发展给水电站联合优化运行带来的困难,实现大规模水电系统的优化调度,对提高流域梯级水电站运行控制水平、科学有效地利用流域水电资源具有重要意义,符合国家实施“节能减排”政策和“可持续发展”战略目标的要求。

随着流域大规模巨型水库群的建成和投运,流域水库群已初具规模,流域水资源统一调度格局已初步形成。在流域梯级水电站优化运行研究方面，研究者大致围绕以下几类展开：① 以发电为主，辅以防旱防洪、农田灌溉、生活用水、环境保护等目标。这类成果中，优化运行通常以发电效益、最小出力、调峰容量等为目标函数，从不同的时间尺度出发，全面反映梯级水电站群中长期优化运行目标和电力系统负荷平衡需求的客观要求。② 以防洪为主，辅以发电、农田灌溉、生活用水、环境保护等目标。这类成果中，以人民生命财产安全大于发电效益为前提，所研究的对象在承担梯级上下游的防洪任务上占据主导地位。③ 其他综合利用目标[14]。此类成果具有一定的特殊性或地域性，与研究对象所在的流域以及研究对象面临的特殊问题或需求有关，已有研究成果为我国开展流域梯级水库联合调度提供了应用基础。另一研究重点是考虑全球或区域变化环境对水电系统的影响，国内外主要相关成果可归纳为针对变化环境下流域水文预报预测技术及其不确定性分析、梯级水库群多目标联合调度的安全约束域和风险控制约束域识别、多重不确定性影响下水库群多目标联合调度与决策、多利益主体水库群多目标协同均衡调控模式、梯级水库群汛期与非汛期的实时动态控制调度关键技术等，这些成果推动了变化环境下梯级水库联合多目标调度研究。

此外，抽水蓄能电站作为组成智能电网的重要组成部分，主要承担调峰填谷、调频调相、事故备用和黑启动等辅助服务功能。抽水蓄能技术自诞生以来，经过一百多年的发展，已成为现代电力系统内技术成熟、使用经济、清洁高效的优质调节手段。全球抽水蓄能装机容量约 1.5 亿 kW，中国、日本和美国装机规模位于前三位，拥有全球 50% 以上的市场份额。伴随着全球能源结构转型和能源消费革命，抽水蓄能电站在保障大电网安全、提供系统灵活调节和促进新能源发展方面发挥着越来越重要的作用。抽水蓄能作为水能利用的一种重要形式，已获得了国内外大量关注，研究主要围绕抽水蓄能电站的先进开发模式，蓄能电站与风能、太阳能、海洋能等清洁能源的联合运行理论与方法，以及基于电力市场化背景定量评价动态综合效益体系等。

3. 水力发电机组的安全运行和控制

水力发电机组是集水-机-电-磁于一体的复杂庞大的非线性动力系统，是水力发电系统中极为关键的动力设备，机组运行状态直接影响水电厂能否安全运行。近年来，不少研究者根据水电机组的复杂时变非线性特性，借助转速试验、负荷试验和励磁试验等手段进行模拟仿真，在监测和判别机组状态方面取得了丰硕成果。另外，针对机组故障具有复杂性、渐变性和耦合性特点，已出现将机组部件作为耦联体以揭示其故障机理的研究。

此外,水力发电机组运行条件复杂、工况恶劣的特点使研究巨型机组的优化控制策略也成为影响水力发电机组安全稳定运行的前沿问题。近年来,随着信息诊断和智能诊断的相互融合、相互渗透并趋于集成,结合监测技术和管理模式的不断发展和完善,现代化电厂的设备维修方式正在逐渐从过去以时间为基础的定期“预防性维修”向以状态监测为基础的“预测性维修”方式发展。随着上述成果的应用,国内大中型水电厂也逐渐向“无人值班,少人值守”的管理模式转变。国内外较为成熟和实用的水电机组状态监测技术包括机组振动稳定性在线监测技术、水轮机效率在线监测技术、发电机气隙和磁场强度监测技术等。

7.2.7 氢能

普遍意义上的氢能是以氢作为能量载体的能源转化与利用过程中提供的能源来源,属于二次能源范畴。氢能体系是建立在氢能制备、储存、运输、转化及终端应用的全产业链基础上的能源体系,它可以作为不同能源形式之间连接的桥梁,并与电力系统互补,作为媒介实现跨能源网络协同优化。同时,氢能也是实现交通运输、工业和建筑等领域大规模深度脱碳的最佳选择,可渗透并服务于社会经济的各个方面。因此,发展氢能产业是保障国家能源供应安全和实现可持续发展的战略选择,也代表了全球能源技术革命的一个重要方向。

全球主要国家均高度重视氢能和燃料电池的发展,并将氢能上升到国家能源战略高度,对氢能及燃料电池的研发和产业化不断加大资金投入和政策扶持。美国是最早将氢能及燃料电池技术作为能源战略的国家。2020 年 7 月,美国能源部宣布未来五年将再投入 1 亿美元,支持两个由美国能源部国家实验室主导建立的实验室联盟,聚焦于大规模、长寿命、经济可行的电解制氢技术和重型车辆燃料电池技术的研发。德国也专门成立了国家氢能与燃料电池技术组织,并通过持续提供资金支持德国确立在氢能和燃料电池领域的领先地位。日本是最早系统制定氢能发展规划的国家。2019 年 10 月,日本发布了最新修订的《氢/燃料电池战略路线图》以及“氢/燃料电池战略技术发展战略”,确定了燃料电池、氢能供应链、电解水产氢 3 大技术领域 10 个重点研发项目的优先研发事项以及以车用氢燃料电池、分布式氢燃料电池、大规模制氢等为代表的优先发展领域。氢能产业近年来在我国获得了前所未有的关注,2019 年两会期间,氢能首次写入政府工作报告。之后国务院、国家发展改革委、国家能源局等多部门都陆续印发了支持氢能源行业的发展政策。2020 年 9 月,我国提出“双碳”目标,氢能作为一种清洁无污染、高热值的能源获得了前所未有的关注。国家“十四五”规划纲要中,氢能被列为前瞻谋划的六大未来产业之一。

1. 制氢技术

根据中国氢能联盟与石油和化学规划院统计，2021年，我国氢气产能约4100万t/年，产量约3342万t。其中，氢气纯度达到大于99%的工业氢气质量标准的产量约为1270万t/年。我国制氢主要依赖煤气化制氢及工业副产氢的方式，利用可再生能源制氢在我国制氢产量所占比重较小。为实现氢能在各个能源利用平台中的大规模应用，推进氢能产业向绿色和可持续发展，如何以绿色洁净的方式制得价格合理、品质合格的氢气是必须要解决的瓶颈问题，也是整个氢能产业链快速发展的前提。

1）化石燃料制氢技术

传统的煤制氢是通过碳取代水中的氢元素生成H_2和CO_2，或者通过煤的焦化和气化生成氢气和其他煤气成分。传统煤制氢法工艺成熟，可大规模稳定制备，也是成本最低的制氢方式，但是煤制氢过程仍不可避免产生大量的气相污染物，水煤气变换也存在水资源消耗的现象。研究热点之一是煤炭超临界水气化制氢技术。利用超临界水特殊的物理化学性质，基于煤炭在超临界水中完全吸热-还原制氢的气化原理，在煤气化过程中以超临界水为媒介，使煤中的碳、氢和氧元素转化为H_2和CO_2，并将水中的部分氢元素转化为H_2，实现煤炭化学能直接高效转化为氢气化学能。煤炭超临界水气化制氢技术生成的氢气产量高、污染小，超临界水的性质使有机煤质中的氮和硫等元素以无机盐的形式沉积，避免了污染物的排放。化石燃料为原料的制氢方法经济性较好，且氢气的提取率和纯度都有很高水平，适合工业大规模制氢。考虑到我国的资源禀赋与能源结构体系现状，化石燃料制氢技术未来几十年内仍将发挥举足轻重的作用。

2）甲醇重整制氢技术

甲醇重整制氢的方式主要有三种，即甲醇蒸气重整制氢、甲醇部分氧化重整制氢和甲醇自热重整制氢。甲醇蒸气重整制氢产量高、成本低、工艺操作简单、污染小，是碳氢燃料重整制氢技术的研究热点。然而，对重整制氢反应机理的认识仍不明确，需要进一步完善制氢过程中的微观机理，如深入到催化剂表面反应的基元过程、分析反应过程中表面化学键的断裂与形成过程等，需要从分子层面上对其进行深入研究。甲醇蒸气重整制氢过程的调控方法研究亦是今后的研究重点所在。例如，通过添加不同的助剂有效改善催化剂的性能，提高其稳定性和活性，降低CO的选择性。需要进一步研究和完善甲醇蒸气重整制氢的反应动力学模型，验证已有反应动力学模型的适用性，提出可广泛应用于实际工程设计的动力学模型，为甲醇蒸气重整制氢系统的设计与优化提供理论依据。此外，需要设计新型微通道反应器，探究甲醇和水蒸气传热传质与重整反应耦合制氢机理和调控方案。

3)生物制氢技术

生物制氢包括微生物制氢和生物质热化学分解制氢。

微生物制氢技术主要包括光解水生物制氢、光发酵法生物制氢、暗发酵法生物制氢以及微生物电解池制氢。光解水生物制氢技术是指微生物(通常指绿藻)利用光合作用所产生的能量,并通过自身所具有的特殊产氢酶体系分解水产氢。光发酵法生物制氢是指在光能驱动作用下,光合细菌将有机物转化为氢气与 CO_2 的过程。光解水生物制氢系统的光子转化效率低是亟须解决的问题,研究思路是利用光扰动效应提高其光子转化效率,进一步研究其代谢机制。暗发酵法生物制氢是指厌氧微生物在厌氧条件下利用氮化酶或者氢化酶将碳水化合物底物分解产生氢气的过程。与光发酵相比,暗发酵技术不依赖于光照条件,具有产氢速率高、稳定性好和成本低等优势,一直是生物制氢研究的热点和产业化的突破方向,也是前景最为广阔的环境友好型制氢技术之一。此外,暗光两步法生物制氢调控机理及能量梯级耦合特性研究和发酵液的品质调控机理及质量传递特性研究是近年来的研究热点。

生物质制氢技术拥有原料储量大、可再生、环境友好的优势,前景广阔。生物质制氢技术的基础研究热点集中在生物质超临界气化制氢技术和生物油催化重整制氢技术,即在高温条件下,生物质在水蒸气与催化剂的共同作用下分解气化产生氢气。生物质超临界水气化制氢主要研究超临界水气化机理与反应动力学模型、界面反应的热质传递规律,通过对多相流与热化学耦合作用规律的研究,探索超临界水-反应颗粒系统的受力、传热、化学反应规律,通过物质流、能量流协同匹配的方法强化制氢主反应、抑制副反应,以实现生物质的完全气化[15]。生物油催化重整制氢技术中的催化剂研究主要集中在提高催化剂活性和稳定性,改善易积炭、结焦等问题,包括通过添加活性金属组分,改善该金属组分与载体间相互作用来提高催化剂的反应活性和稳定性,研究生物油水相催化蒸气重整制氢催化剂氧缺陷效应的调控方案及其机理探究,生物油蒸气重整制氢催化剂限域效应的调控及其机理研究,以及生物油低沸点组分催化重整制氢过程积炭机理与调控方案探究。此外,需要针对不同的反应特点,设计易于稳定进料速率、良好水油接触、催化剂消炭再生的制氢反应器。

微生物电解池是近几年提出的利用电极表面生长的微生物膜快速降解有机物,并通过较小的辅助电压直接生成氢气的新技术。相对传统的发酵制氢方法,微生物电解池避免了末端发酵产物的弊端,因此可采用的底物更加多样,并具有产氢速率高和能量效率高的优点。研究方向主要是开展低成本电极材料,基于结构设计降低电极内阻。研究阳极膜表面的电活性微生物的演替,不同结构与操作条件和预处理方式对电活性微生物群落变化的影响,实现阳极优势电活性微生物的富集，优化温度等物理环境和化学环境以及操作条件以提高产氢性能。

4）水解制氢

水解制氢的方法主要有电解水制氢和光解水制氢两大类。

电解水制氢技术是一种较为传统的技术，设备简单，无污染，所得氢气纯度高。根据电解质的不同，电解水技术可以分为碱水电解、固体氧化物电解和质子交换膜纯水电解。其中，碱水电解技术是商业化程度最高、最为成熟的电解技术，国内外具有成熟的产品供应商，研究主要侧重工程化应用。质子交换膜纯水电解技术在国外已处于商业化前夜，该制氢过程无腐蚀性液体，能够获得更高纯度的氢气，可实现更高的产气压力，运维简单，安全可靠，成本低，也是我国重点开发的电解制氢技术。研究趋势除在高性能、低成本、高稳定性的质子交换膜、催化剂和双极板等材料的研发外，在系统和器件层面主要侧重流道与流场的设计以及系统的水热管理。在固体氧化物电解水制氢系统方面，德国已研制成功 150kW 的固体氧化物电解水制氢装置，系统电耗低至 $3.7kW·h/Nm^3$，并在钢铁厂与可再生燃料厂进行了氢冶金与电解合成燃料应用示范。美国也成功开发了 20kW 的固体氧化物电解制氢系统，并进行了核能耦合制氢的应用示范。国内在固体氧化物电解制氢的技术也取得了一定成果，电解电堆示范规模也在 20kW 左右。研究趋势主要是固体氧化物电解电堆的衰减抑制、热力系统构建与系统安全问题，其中热力系统构建方面主要解决系统运行过程中的热管理、工质温度控制、热容变化以及换热端差的问题。

光解水制氢是太阳能光化学转化与储存的优选途径，也是绿色制氢的重要方法之一。光解水制氢主要有两种方式：① 将催化剂粉末直接分散在水溶液中，通过光照射溶液产生氢气，因此也称为非均相光催化制氢；② 将催化剂制成电极浸入水溶液中，在光照和一定的偏压下，两电极分别产生氢气和氧气，因此也称为光电催化制氢。光解水制氢方面的研究主要集中于产氢或者产氧的催化材料的研发，但是由于体系中牺牲剂的消耗，大大增加了产氢成本。因此，研制高效、稳定、廉价的光催化材料和廉价高效的助催化剂及反应体系是突破的关键。在工程热物理领域，研究重点聚焦于完善光电解水制氢固液界面化学反应与物质传输耦合机理研究，构建光催化与红外增强热催化协同耦合的高效低成本集储制备氢燃料体系，以期提高系统的产氢效率。

5）风电/光电电解水制氢

由于电解水制氢需要消耗大量的电力，用于规模化制氢经济性不佳。若采用风电、光伏和水电等可再生能源产生的富余电力电解水规模化制氢，不仅可以消纳暂时富余的电力，弥补风电、光电波动起伏的不足，还能有效解决弃风、弃水、弃光问题，在节约电力资源和调整电力系统能源结构的同时，满足氢燃料电池汽车发展对低成本制氢技术的迫切需求。2018 年 10 月，国家发展改革委、国家能源局联合发布的《清洁能源消纳行动计划(2018—2020年)》中明确表示要探索可再生能源富余电力转化为热能、冷能和氢能,实现可再生能源多途径就近高效利用。但是由于国内制氢装置必须建设在化工园区以及发电过网等因素的影响,风电制氢仅停留在示范阶段,规模最大的仅为10MW,商业化运行的经济性均面临较大挑战。因此,可再生能源(风能、光伏发电、水电、地热发电等)生产的富余电力与传统电解水制氢技术耦合的制氢路线发展潜力大,应持续优化其产业链,降低成本,开辟一条实现大规模、低成本制氢的创新模式。未来研究将集中在开发PEM电解槽与光伏发电系统和风电耦合运行模型,研究多目标遗传算法、最大功率追踪控制算法等对风电光伏PEM制氢系统的能量模型进行优化,开展制氢设备的宽功率波动适应性研究,从而提高系统综合效率。通过整合太阳能、风能等可再生能源,协调控制多能互补能源系统,推动电-氢互补,构建以氢能和电能为核心的新型电力系统。

2. 储氢技术

在整个氢能系统中,储氢是氢气从生产到利用过程中的桥梁。储氢技术的关键在于如何提高储氢系统的能量密度,要实现氢能的广泛应用,尤其是实现燃料电池车的商业化,必须提高储氢系统的能量密度并降低其成本。氢能的存储方式主要包括高压气态储氢、低温液态储氢和化学储氢等。

1)高压气态储氢

高压气态储氢技术是指在高压下以高密度气态形式储存氢气的方式,具有成本较低、能耗低、易脱氢、工作条件较宽等特点,是发展最成熟、最常用的储氢技术。然而,该技术的储氢密度受压力影响较大,而压力又受储罐材质限制。因此,研究热点在于储罐材质的改进。其中,在经济和效率方面,全复合轻质纤维缠绕储罐的性能最优,是各国研发的重点方向。此外,高压氢气泄漏会引起自燃事故,制约着高压气态储氢的发展。氢气泄漏着火的原因一方面是高压氢气冲破隔膜后,波前空气被急剧压缩导致温度升高,另一方面是激波相互作用极大地促进了氢气和空气混合。因此,高压氢气泄漏过程中激波诱导自燃发生的内在机理与预测模型研究是未来研究的重点方向,从而进一步深入认识高压氢气自燃的基本规律。未来发展趋势是低成本、安全和高密度的先进氢气增压、灌装储存和加注系统以及低能耗超高压超大流量氢气增压系统。

2)低温液态储氢

氢气在压缩后深冷到−252℃以下液化,以液态氢的形式进行保存,体积密度是气态时的845倍。液态储氢密度很大,远高于其他储氢方法。虽然液态储氢的质量比高、体积小,但是氢气液化耗能大(液化1kg氢气需耗电4～10kW·h)、液氢热漏损导致的高成本和高能耗问题以及液态储氢对储氢容器的高绝热要求均阻碍了其在燃料电池产业的应用。为了减少储氢过程中的热漏损，降低保温过程所耗费的能量，需研究新型保温材料和保温结构，克服提高保温效率与储氢密度之间的矛盾。低温液态储氢的自增压和热分层现象直接影响到储罐的热力学性能，进一步完善与研究其机理和模型，同时需开展氢的填充与释放过程中的热物理过程及其能耗、超大压比液氢压缩机及氢热交换器、液氢安全特性的研究。

3）化学储氢

化学储氢是指氢气与储氢基体材料通过化学键结合，形成稳定的氢化物来实现氢气的储存，具有储氢密度高和室温存储性稳定等优势，被视为燃料电池的理想氢源。研究的热点聚焦于固态和有机液态储氢材料的开发，包括金属间化合物、配位氢化物、金属氢化物和有机化合物。化学储氢技术未来的研究重点是在满足储氢容量、循环稳定性的前提下，提高储氢材料的热力学性能和动力学性能。金属氢化物研究较多的是Mg基储氢材料，其存在吸放氢温度过高、吸放氢动力学缓慢等问题，可以通过添加掺杂剂、纳米化改性、合金化改性等手段改善其热力学稳定性和提高其吸放氢动力学，使其吸放氢反应稳定，安全性提高。配位氢化物材料的研究也主要集中于改善吸放氢的动力学性能和热力学性能，提高其可逆吸氢能力，以满足车载燃料电池对储氢材料的技术要求。另外，还包括金属硼氢化物$M(BH_4)_n$（n为金属M的价态）的改性，如通过催化掺杂或原位反应生成的活性物质提供足够的活性反应点来提高反应动力学，以及通过减小颗粒尺寸、优化材料形貌和纳米限域的方式提高体系热力学和动力学性能。此外，一些物理吸附介质（如活性炭）储氢也是提升储氢密度并降低储氢压力的有效方法，吸附床储氢的传热传质强化是吸附储氢的关键技术。有机液态储氢是通过在液态有机物材料上进行可逆的催化加氢脱氢反应实现储氢，其化学稳定性好，因此可使用油品运输船和储运设施在常温常压下进行储运。其储氢和放氢过程是在液态有机物氢载体上进行加氢和脱氢来实现的，但液态有机物氢载体的加氢和脱氢转化过程需要耗能，消耗所储氢能量的35%～40%。用于液态有机物氢载体的物质主要包括环烷环己烷、甲基环己烷、十氢化萘、二苄基甲苯等有机材料。

目前，还没有同时满足低成本、安全和高储氢密度要求的通用储氢技术。高压气态储氢技术虽然实用，易于推广，但体积储氢密度低；低温液态储氢技术的储氢密度高，但能耗也较高；而化学储氢技术虽然具有较高的安全性，但现有技术还未成熟。

3. 燃料电池及其他氢能利用技术

燃料电池可将燃料的化学能直接转化为电能，具有能量转化效率高、接近于零排放、噪声低和可靠性高等优点，是推动氢能发展的关键所在。燃料电池按照电解质的不同可分为固体氧化物燃料电池、碱性燃料电池、磷酸燃料电池、熔融碳酸盐燃料电池和质子交换膜燃料电池等,其中固体氧化物燃料电池和质子交换膜燃料电池是应用最广泛、受到关注最多的研究领域。

固体氧化物燃料电池具有燃料选择范围广、适应性广、运行温度高和适合模块化组装等特点,可作为固定电站用于大型集中供电、中型分电和小型家用热电联供领域。固体氧化物燃料电池的性能与电解质、阳极和阴极材料及其结构息息相关,开发性能更优异的电解质和高催化活性的电极是提高固体氧化物燃料电池功率密度和降低工作温度的关键所在。理想的电解质材料应具备离子电导率高、在工作温度范围和工作环境下化学和热稳定性好,同时还应具备结构致密、机械强度高等特点。研究的电解质体系主要是掺杂氧化锆、掺杂氧化铈、掺杂氧化铋、掺杂镓酸镧以及质子导体电解质体系等。固体氧化物燃料电池的电极材料应具备孔隙率合适、催化性能高、电导率高、化学稳定性好、结构和形貌尺寸稳定等特点。研究的主流阳极有镍基金属陶瓷、铜基金属陶瓷、钙钛矿结构型氧化物等,阴极主要有钙钛矿、类钙钛矿、双钙钛矿等。综合考虑阳极的制备工艺、低成本、高催化活性等因素,镍基阳极是固体氧化物燃料电池阳极材料中综合性能最佳的,需要进一步研究镍基阳极材料的积碳机理及其动态过程,探究积碳过程对固体氧化物燃料电池阳极性能影响机理的孔隙尺度研究,以期推动固体氧化物燃料电池的产业化进程。此外,需要进一步探究固体氧化物燃料电池多重衰退机理和辨识研究,以期能在退化初期准确预测电池剩余寿命,及时采取行之有效的维护手段,延长其使用寿命。此外,未来的研究重点还包括固体氧化物燃料电池热循环稳定性影响机制、多孔电极复杂微结构内的多物理场耦合效应研究、管式固体氧化物燃料电池在发电供能领域的共性关键技术等问题。

质子交换膜燃料电池具有工作运行温度低、启动快、比功率高、发电效率高的特点。在各种燃料电池技术中,若综合考虑工作温度、催化剂稳定性、比功率/功率密度等技术指标,质子交换膜燃料电池最适合应用于交通和小型固定电源领域。然而,由于质子交换膜燃料电池操作温度低,要达到可观的功率密度,需采用贵金属铂作为催化剂。为突破铂的价格、生产和储存等方面的限制,需开展大幅降低系统成本并保证性能和寿命的非贵金属型催化剂。质子交换膜燃料电池的商业化需进一步提升性能、降低成本和提高耐久性,现有的研究主要针对电催化剂、膜电极、双极板和电堆等方面。电催化剂是提高氢气和氧气在电极上的氧化还原反应速率的关键材料之一,燃料电池中常用的催化剂是Pt/C,但Pt催化剂受成本与资源制约,并存在稳定性问题。因此,研究热点是研究新型高稳定、高活性的低Pt或非Pt催化剂,以期解决催化剂存在的成本与耐久性问题。低Pt催化剂的研究重点是制备Pt与过渡金属的合金催化剂,利用过渡金属对Pt外层电子的调控作用,提高催化剂稳定性并降低贵金属 Pt 的用量。但从根本上解决 Pt 催化剂资源短缺和价格昂贵问题的途径是采用非贵金属催化剂替代 Pt/C 催化剂，以 Fe/N/C 为主的非贵金属催化剂仍然是质子交换膜燃料电池的热点研究方向。基于非贵金属的电池与电堆的系统研究较少，未来研究需要在基于非贵金属的电池中研究电池内部传质传热过程及其对电催化材料性能与耐用性的影响。

由膜、催化层和扩散层组合而成的膜电极组件是燃料电池的核心部件之一，国际上已经发展了三代膜电极组件的制备路线。最新一代膜电极组件的制备方法是把催化剂直接负载到有序化的纳米结构上，使电极呈有序化结构。该结构极大地降低了大电流密度下的传质阻力，使燃料电池性能大幅提高。质子交换膜燃料电池内部传输过程十分复杂，包括反应气体与水在流道和多孔电极内的传输、水的相变、膜对水的吸收和释放、质子和电子的传导等传质现象，以及物质熵变、电化学反应、相变等产热吸热导致的传热现象。因此，研究重点集中于对燃料电池内部多尺度结构下相互耦合的传热传质过程进行研究，包括基于动态润湿模型的燃料电池液态水的传输特性研究、膜内质子传导和催化层内燃料传输机理的微尺度研究、多孔电极的气体扩散动力学机制研究、扩散层水-热-质耦合传输机理研究。膜电极组件主要通过使用高活性催化剂降低催化剂的活化极化损失、采用薄型复合膜降低质子传递阻力、调控界面结构改进电极内部三相界面分布、采用高气体通量的扩散层降低传质极化等方式进一步提升性能。此外，燃料电池的热管理和水管理是其发展的关键问题，研究的重点在于流场结构优化，通过蛇形流场结构、三维立体流场结构以及流道中加入扰流元件来实现电池内部传质过程的强化，进一步完善水热管理机制研究和排水控制策略的基础研究。

7.2.8　核能

核能技术是人类可控地利用原子核裂变或聚变产生巨大能量的技术，最主要的应用是发电。随着一些成熟堆型大规模商业应用，核能已成为主流能源技术之一。此外，核能在供热、制氢、船舶与航天动力推进等多领域亦有较大的应用前景。

多学科综合交叉利用是核能技术发展的重要基础，核能技术的进步亦推动相关学科的进一步创新与发展。同时，核能还是战略性新兴产业，对国防建设具有重大战略价值。核电在优化能源结构、缓解我国当前经济社会发展过程中所面临的资源和环境等突出问题、实现我国经济社会的科学发展方面具有特殊的重要地位，安全高效发展核电已成为我国能源电力发展战略的重要组成部分。

1. 核裂变技术

20 世纪 60 年代后期，在试验性和原型核电机组基础上，陆续建成电功率在 30

万 kW 以上的压水堆、沸水堆、重水堆，以及苏联设计的 VVER 系列压水堆和石墨水冷堆等核电机组，进一步证明核能发电技术的可行性与经济性。20 世纪 70 年代，石油危机促进了核电的发展，世界上商业运行的 400 多座核电机组绝大部分建成于这段时期，这些机组采用的技术被称为第二代核能改进技术。第二代核能改进技术符合核能安全、先进、成熟和经济的原则，但对尚不成熟或清楚的严重事故现象及预防措施没有给予足够重视，2011 年 3 月的日本福岛核电厂事故更凸显了第二代反应堆在严重事故预防和缓解方面的较大缺陷。

20 世纪 90 年代，为消除三英里岛和切尔诺贝利核电站严重事故的负面影响，世界核电界集中力量对严重事故的预防及缓解措施进行了研究和攻关。美国和欧洲先后发布《先进轻水堆用户要求》和《欧洲用户对轻水堆核电站的要求》，进一步明确了防范与缓解严重事故、提高安全可靠性和改善人因工程等方面的要求。国际上通常把满足这两份文件之一的核电机组称为第三代核电机组。21 世纪初，中国分别从美国、法国引进、消化吸收了第三代反应堆机组技术 AP1000 和 EPR。2018 年，AP1000 自主化依托项目三门一号机组、EPR 依托项目台山一号机组分别投入商业运行，成为首批投入运行的三代压水堆机组。与此同时，我国自主研发了三代核电技术的华龙一号，其示范工程项目福清 5 号机组于 2020 年 11 月 27 日并网成功。

第四代核能技术是指由 2001 年成立的第四代核反应堆国际框架论坛确定的一批具有良好经济性、更高安全性、核燃料资源持久性、废物最小化和可靠防扩散性等优点的反应堆设计，包括超高温气冷堆、熔盐堆、超临界水堆、气冷快堆、钠冷快堆和铅冷快堆等堆型。第四代核能技术多数考虑能量的综合利用，采用先进的热循环生产电力，同时生产氢气、淡化海水等。近年来，各国投入了大量的人力和财力开展第四代核反应堆技术研究，欧盟先后启动 ELSY、LEADER 计划开展铅铋快堆设计及嬗变技术研究；美国在能源部支持下，国家实验室、泰拉能源等政府机构、企业开展了熔盐堆、行波堆等先进堆型的设计与关键技术研究。中国近些年加大了对第四代核反应堆的研究投入，通过国家科技重大专项、核电集团研究专项等途径开展了第四代反应堆堆型设计及重点技术攻关。在钠冷快堆和熔盐堆方面发展了技术与研究队伍的储备。其中，钠冷快堆示范工程项目 CEFR-600、高温气冷堆示范工程 HTM-200 均已投入建设，熔盐堆试验堆项目亦已在甘肃武威启动。

第四代反应堆部分候选堆型研究历史较长，已具有一定的工程基础。美国于 20 世纪 60 年代建设了钠冷快堆试验堆 EBR-I、EBR-II 以及熔盐堆试验堆 MSRE；苏联于 60～70 年代建设了采用铅基快堆技术的核潜艇；但第四代核反应堆采用的特殊冷却介质(如钠、铅铋、熔盐等)具备的特殊的热工、物理、化学特性给反应堆设计、运行也带来了巨大挑战，如钠与水剧烈反应、铅铋与熔盐的腐蚀性等。此外，第四代反应堆还缺乏可靠的安全评审方法与法规，商用运行经验欠缺，这些均对第四代反应堆的发展形成了挑战。

2. 核聚变技术

国际上主要的聚变堆电站的设计目标是基于高参数基础获得经济性能较好的纯聚变商业应用。例如，欧洲的概念电站计划可获得5GW的聚变功率，美国的聚变反应堆概念设计为吉瓦级电站。尽管目标非常诱人，但是聚变能的商业应用却是人类在科学技术上遇到的最具挑战性的难题之一，其原因是其参数设计非常高，试验装置上获得的最好结果（如欧洲的JET、美国的DII-D和TFTR、日本的JT-60等）仍与商用目标有很大的距离。

实现核聚变的主要技术路线包括磁约束核聚变与惯性约束核聚变。磁约束核聚变研究在世界上已有几十年的发展历史，经过不懈努力，其取得了显著进展。2006年，中国等主要核国家签署启动国际热核聚变实验堆计划项目，拟集成国际受控磁约束核聚变研究的主要科学和技术成果，在法国南部参与建造一个能产生大规模核聚变反应的超导托卡马克装置，力求在地球上实现能与未来实用聚变堆规模相比拟的受控热核聚变试验堆，以解决通向聚变电站的关键问题。中国作为项目参与国，在核聚变领域建成了一批研究装置。中国科学院等离子体物理研究所于2006年建成先进试验超导托卡马克装置，2012年该装置成功获得超过400s的2×10^{8}℃高参数偏滤器等离子体，并获得稳定重复超过30s的高约束等离子体放电，2018年实现1×10^{9}℃高温等离子体运行。核工业西南物理研究院建成了一系列新一代“人造太阳”装置——中国环流器装置，中国环流器二号M装置于2014年正式建成并于2020年12月4日实现首次放电，为我国核聚变堆的自主设计与建造打下坚实基础。

惯性约束核聚变是将某种形式的能量直接或间接加载到聚变靶上，压缩并加热聚变燃料，在内爆运动惯性约束下实现热核点火和燃烧。惯性约束核聚变可分为激光、轻离子、重离子、Z箍缩驱动四种类型。Z箍缩驱动惯性约束核聚变能源被公认为是一条非常有竞争力的能源路线。利用聚变装置尤其是重复运行的Z箍缩点火装置驱动次临界裂变包层的混合堆设计，可实现聚变-裂变混合供能及核电站乏燃料处理。2010年，美国Sandia国家实验室发展了直接驱动的磁化套筒惯性聚变构型，并在2014年的Z装置集成试验中，利用Be套筒内爆压缩经过预热和磁化的氘氚燃料，获得了2×10^{12}个聚变中子。俄罗斯、英国、法国等也都加大了Z箍缩的研究力度。国内研究开始于2000年，主要研究机构是西北核技术研究所、中国工程物理研究院和清华大学等。中国工程物理研究院已形成了脉冲功率驱动器、Z箍缩物理理论与数值模拟、试验与诊断、负载制备、制靶技术等Z箍缩方面的专业研究队伍,并已成功建成 8～10MA 的“聚龙一号”装置。2006 年,中国工程物理研究院研究团队提出并形成了 Z 箍缩驱动的惯性约束聚变混合能源概念[16]。

3. 先进核燃料及燃料循环技术

核燃料的性能直接决定核反应堆的安全性、可靠性及运行的经济性,因此核燃料始终是核反应堆研发中的重点内容之一。水冷反应堆是核电和核动力堆中的主要堆型,在水冷反应堆运行过程中,核燃料长期经受高温高压环境、热应力和机械应力作用、高温水高速冲刷和腐蚀、水化学反应以及强辐射的综合交互作用,因而对核燃料的综合性能提出了极其严苛的要求。国际上具备商用压水堆核燃料设计研发能力的机构主要有法国阿海珐集团(AFA 系列燃料组件)、美国西屋公司(XL Robust 系列燃料组件)、俄罗斯国家原子能公司(VVER-1000 燃料组件)和韩国电力工程公司等。

近年来,国际上也不断开展新型燃料组件研发工作。例如,环形燃料采用了双面冷却结构,具有换热面积大、功率密度高、组件刚度强的特点,可显著提升现有压水堆的安全性和经济性,美国和韩国均对其开展了大量研究工作。事故容错燃料是指能够在较长时间内抵抗严重事故工况,同时保持或提高其在正常运行工况下性能的核燃料,是核燃料领域的一次重大技术革命,各核能大国均进行了较大的研发投入。

我国的商用压水堆燃料组件研究起步较晚,除秦山一期核电站外,国内在运商用核电站均尚无自主化燃料组件技术,所使用的燃料组件技术均转让自核反应堆技术出口国。如果无法形成完全自主知识产权的燃料组件,我国核电就无法真正意义上实现“走出去”战略。中国核工业集团有限公司正在开展 CF 系列燃料组件研发,CF3 先导组件已于 2017 年完成 2 个循环辐照考验试验。国家电力投资集团有限公司正在开展 CAP1400 自主化燃料组件研发,并已于 2017 年完成定型组件研制,目前已开展先导组件研发工作。中国广核集团有限公司正在开展 STEP 系列燃料组件研发,4 组 STEP-12 核燃料组件已于 2016 年开始入堆验证。除现有压水堆燃料组件外,中国原子能科学研究院正在开展环形燃料组件研发工作,同时进行了定型组件的研制工作。中国广核集团有限公司依托国家科技重大专项“事故容错燃料关键技术研究”联合了中国科学院、中国工程物理研究院、清华大学、西安交通大学等科研院所和高校,正在开展事故容错燃料研发工作。我国核燃料组件的研发主要在参考国际上同类燃料结构参数基础上开展工程型号的研究,由于缺乏针对燃料开发过程中共性基础科学问题系统性的研究,严重制约了我国自主燃料的开发。

燃料循环技术包括铀矿的生产和储备、核燃料增殖和再循环、乏燃料的后处理和放射性废物的最终处置技术等。美国 2002 年提出实施先进核燃料循环启动计划，使美国从燃料循环过渡到一个稳定、长期、环保、经济和政治上可接受的先进燃料循环。日本提出了 OMEGA 计划，即从高放废液中分离锕系元素，减少高放废物的毒性，并与欧盟、美国、俄罗斯合作研究“分离-嬗变”技术。法国研究了多种分离流程，完成了多次热试验，开展了快堆嬗变研究，并提出“一次通过式、部分钚再循环”的未来第四代燃料循环概念。锕系完全再循环目标是核废物最少化处置、核资源最大化利用及核不扩散。由加拿大、韩国、美国和国际能源署合作的在坎杜堆直接使用压水堆乏燃料计划取得了很大进展，已经制成坎杜堆用的回收铀燃料棒束，研究表明坎杜堆可以装载回收铀燃料。中国在《核电中长期发展规划(2005—2020 年)》中，重申了核燃料闭式循环和乏燃料后处理的政策。我国仅有年处理能力约 50t 的乏燃料中试厂，中法合建的 800t/a 后处理大厂预计到 2030 年才能实现投运，闭式循环的处理能力仍然很低，暂时储存是主要解决方式。

4. 先进反应堆设计及安全分析技术

核反应堆的安全性和经济性一直是核能行业关注的热点和重点。核反应堆分析中往往采用大量保守假设、增大安全裕度和牺牲经济性以达到设计及监管要求。随着超级计算和先进建模技术的快速发展，逐渐形成一种新型的数值反应堆研发理念，旨在从根本上揭示反应堆内各种复杂现象并进一步提高核动力系统的安全性和经济性。数值反应堆一经提出即成为核工程领域的战略制高点，并在美国、欧盟等核能发达国家取得了阶段性进展。

美国制定并执行了 CASL 和 NEAMS 两个数值反应堆计划，其目的是从根本上解决长期限制先进核动力系统安全性和经济性的关键技术难题，从燃料产品线和反应堆系统级产品线两个角度对堆芯物理-热工-结构-材料及燃料的高精细耦合模拟技术进行开发，部分成果已应用于 AP1000 先进反应堆堆芯模拟计算。欧洲数值堆研发自 2004 年起分三个阶段实施，第一个阶段主要开展两相流多尺度模拟；第二个阶段基于更精细的物理模型及多尺度模拟技术开展多物理耦合模拟程序研发，并针对二代、三代堆开展示范应用；第三个阶段瞄准四代堆开展软件系统优化升级及不确定度分析。

我国在数值反应堆领域的研究起步较晚，在高精度热工水力、中子物理、燃料性能等分析方法及多物理场深度耦合方面还落后于国际先进研究水平。中国原子能科学研究院联合西安交通大学、中国科学院计算机网络信息中心、北京科技大学、江南大学等单位，开发基于 E 级超算、先进耦合建模技术的反应堆三维全堆芯 pin-by-pin 物理模拟、多维度热工水力模拟、结构力学行为模拟、燃料元件性能分析和材料性能预测的集成软件系统，实现了多物理、多尺度、强非线性和流-热-固耦合与验证,建立了国内首个面向核能行业开放共享的数值反应堆原型系统,并实现了四代快堆和二、三代压水堆示范应用。

7.2.9 天然气水合物

天然气水合物是一种在低温高压下由天然气和水生成的一种笼形结晶化合物,其外形如冰雪状,遇火即燃,俗称“可燃冰”,标准状态下 $1m^3$ 固体水合物可释放出 164～$200m^3$ 的天然气。自然界中的天然气水合物主要存在于海洋大陆架的沉积物层和陆地冻土带,迄今至少在 116 个地区发现了天然气水合物,分布十分广泛。目前,全球范围展开对水合物矿藏资源的调研工作,包括深海钻探计划、大洋钻探计划和综合大洋钻探计划。全球水合物矿藏中天然气总储量为 10^{15}～10^{18} 标准立方米,其有机碳约占全球有机碳总量的 53.3%,约为现有地球常规化石燃料(石油、天然气和煤)总碳量的 2 倍,储量巨大。因此,天然气水合物作为未来非常具有潜力的战略替代能源,已经成为当代能源科学研究的一大热点。世界各国尤其是发达国家及能源短缺国家对天然气水合物开采研究高度重视,如美国、日本、加拿大、德国、韩国、印度、中国等都制定了天然气水合物研究开发计划。

近年来,我国在南海北部陆坡东沙、神狐、西沙、琼东南 4 个海区开展了天然气水合物资源调查。2007 年,中国地质调查局广州海洋地质调查局(Guangzhou Marine Geological Survey,GMGS)首次在神狐海域钻获水合物岩心;2013 年,中国地质调查局首次公布在珠江口盆地钻获大量层状、块状、脉状及分散状等多种类型可燃冰样品,并发现超千亿方级可燃冰大型矿藏。2015 年 9 月,中国第三次海域天然气水合物钻探航次 GMGS3 在神狐海域的细颗粒沉积物和粗砂及碳酸盐沉积物中发现了大量的不同饱和度的可视化水合物,证实神狐海域具有广阔的水合物资源前景。2016 年,GMGS4 钻探计划在神狐海域的钻探结果进一步证实 GMGS3 航次钻探结果,即在神狐海域发现的泥质沉积物中存在大量的高饱和度水合物,在该区域还发现了Ⅱ型水合物的存在。仅南海水合物的总资源量就达到 643.5 亿～772.2 亿 t 油当量,约相当于我国陆上和近海石油天然气总资源量的 1/2。除海域水合物外,我国还拥有丰富的冻土区水合物资源。其中,青海省祁连山南缘永久冻土中的水合物实物样品检测结果显示,该区域有丰富的水合物资源约 350 亿 t 油当量。如此储量巨大的能源资源,如果能够进行安全可控的开采,可以使我国天然气供给更加充足,从而降低能源对外依存度,增加能源安全,优化能源结构,对我国的能源格局产生重大影响。

我国政府非常重视天然气水合物研究。2016 年,国家发展改革委颁布了《天然气发展“十三五”规划》,在规划中明确提出要加强天然气水合物基础研究工作,重点攻关开发技术等难题,做好技术储备。2016 年,我国祁连山冻土水合物试采技术与工程完成了三井地下水合物层水平定向对接施工，并成功进行了连续试采排空试燃 23 天试验，开采气量 1078m^3。2017 年和 2020 年，相继在南海神狐海域开展了天然气水合物探索性试采和试验性试采，创造了产气总量最大、日均产气量最高两项世界纪录。此外，2017 年 11 月国务院批准将天然气水合物列为新矿种，极大地促进了我国天然气水合物勘探开发工作进入新阶段。

1. 天然气水合物资源开采

天然气水合物资源开采研究在水合物能源利用中占有突出位置，水合物开采方法主要有热激法、降压法、化学试剂法等，各有其优缺点，综合进行多种开采方式联合开采，将有可能提高开采效率并节约成本。同时，新型开采方式也在不断探索之中，包括天然气原位燃烧开采、利用水合物技术原位开采以及 CO_2 置换开采等。基础试验与理论研究如水合物原位基础物性、理论模型、分子动力学模拟、数值模拟开发等在水合物资源开采中占有重要作用，将为开采方法的发展提供有效的指导。水合物开采方法的研究在不断探索和改进中，更加经济、高效、安全的水合物资源开采方法为人们所期待。

与常规油气藏资源不同的是，天然气水合物以固体形式胶结在沉积物中。开采水合物的基本思路是通过改变水合物稳定存在的温-压环境，即水合物相平衡条件，激发固体水合物在储层原位分解成天然气和水后再将天然气采出。据此原理提出的几种常规水合物分解方法（降压法、注热法、注化学试剂法、CO_2 置换及联合开采法）均涉及在原位沉积物中水合物的分解相变、物质与热量传递以及多相渗流过程。

全球开展天然气水合物试开采的地区有四处。其中，加拿大、美国分别于 2002～2008 年、2012 年开展了冻土区水合物试采，日本于 2013 年和 2017 年完成了南海海槽海洋水合物试采。2013 年，日本为了证实降压法开采深水海洋水合物的可行性，进行了第一次海域水合物试开采。产气持续 6 天，总共产甲烷气 1.2×10^5m^3。由于试采过程大量产砂，于 3 月 18 日被迫中止。2017 年 4 月 7 日，日本实施了第二次海域水合物试采，在为期 12 天的产气试验中累计产气量为 3.5×10^4m^3，日均产气量显著低于第一次海域试采。我国则于 2017 年和 2020 年在南海神狐海域成功开展了水合物试采。

2017 年 5 月，我国天然气水合物研究团队在中国南海神狐海域及荔湾 3-1 白云凹陷区分别采用地质流体抽取法和固态流化开采法成功开展了水合物试采。2017 年，天然气水合物的试采成功是我国首次也是世界第一次成功实现了全球资源量占比 90% 以上、开发难度最大的泥质粉砂型水合物的安全可控开采，为实现水合物的产业化储备了技术，积累了宝贵经验，取得了理论、技术、工程和装备的自主创新,打破了我国在能源勘查开发领域长期“跟跑”的局面,实现了由“跟跑”到“领跑”的历史性跨越,对保障能源安全、推动绿色发展、建设海洋强国具有重要而深远的意义。2020 年 3 月,中国地质调查局组织实施了我国海域水合物第二轮试采,攻克了深海浅软地层水平井钻采核心技术,创造了产气总量 $8.6\times10^5m^3$ 和日均产气量 $2.9\times10^4m^3$ 两项世界纪录,实现了从“探索性试采”向“试验性试采”的重大跨越,具有重大的科学意义。

可燃冰的试采虽然取得圆满成功,但其商业化开采依然任重道远,还需解决诸多基础科学和工程技术难题。因此,需要尽快深化水合物基础理论的研究,优化完善水合物开采工艺,建立适合我国资源特点的开发和利用水合物的技术体系。

2. 天然气水合物环境影响评估

天然气水合物开采对环境的影响包含地质影响、气候影响及海洋构建影响。水合物以沉积物的胶结物存在,其开采将导致水合物分解,从而影响沉积物强度,有可能引起海底滑坡、浅层构造变动,诱发海啸、地震等地质灾害,并对水合物开采钻井平台、井筒、海底管道等海洋构建产生影响。另外,甲烷气体的温室效应明显高于 CO_2,如果大量泄漏将会引起温度上升,影响全球气候变化。因此,应探索水合物沉积层及开采井周边的基础特性,分析沉积层稳定性及海底结构物安全性,确立海底滑坡及气体泄漏的判别标准,开发相关数学模型及安全评价方法。总之,天然气水合物的资源开发必须对其环境影响进行全面、综合的评估,做好开采的环境保护措施。

1992 年,Nisbet[17]认为 13500 年前末次冰期的结束与天然气水合物分解大量甲烷进入大气圈有关。美国大西洋大陆边缘发生多次滑坡都与水合物分解及断裂活动有关,海底水合物分解产生的甲烷气体还可造成海水密度降低,这也是导致百慕大三角海难和空难事故的原因之一。水合物的分解对海洋生物也有一定影响,分解出的甲烷与海水中 O_2 反应,会使海水中 O_2 含量降低,一些喜氧生物群落会萎缩,甚至出现物种灭绝;还会使海水中的 CO_2 含量增加,造成生物礁退化,海洋生态平衡遭到破坏。世界各国在开展水合物的国家研究和发展计划的同时均把水合物环境影响放在重要的位置,其不仅关系到水合物的开采,还关系到海洋石油勘探、海底输油管线、海底电缆、海洋周边地区安全及全球气候问题等,是水合物安全开采的必要条件。

3. 天然气水合物应用技术

天然气水合物资源应用前景广阔,主要涉及发电、化工、城市工业用气和居民用气及气体储运、CO_2 分离和封存等领域。

天然气水合物采出气纯度较高，杂质少，燃烧热值高，推动燃气透平机将化学能转化为机械能，从而转化为电能进行发电。从20世纪80年代以后，由于燃气轮机的单机功率和热效率都有很大的提高，特别是燃气-蒸汽联合循环渐趋成熟，再加上世界范围内天然气资源的进一步开发，以及为了减轻对环境的影响，燃气轮机及其联合循环在世界电力工业中的地位发生了明显的变化。我国燃气轮机发电近年来有所发展，但与国外发达国家相比还有很大差距。我国采用引进方式与国外合作，自主知识产权的技术正在研发之中。水合物发电中开采系统、气体净化系统、气体储运系统和发电尾气处理（CO_2 分离和封存）系统的技术将随着水合物资源的开发而得到发展。

天然气水合物主要成分为天然气，通过化学转化可得到工业化工产品，因其资源丰富、纯度高将成为稳定而廉价的化工原料。天然气水合物可为生产合成氨、尿素、甲醇及其加工产品、乙烯（丙烯）及其衍生产品、乙炔及炔属精细化学品、合成气（$CO+H_2$）及羰基合成产品等大宗化工产品以及生产甲烷氮化物、二硫化碳、氢氰酸、硝基烷烃、氦气等产品提供稳定持续原料和先进技术。

大气污染物部分由城市工业和居民燃煤所致，因此采用燃烧值高、污染小的能源将改善地球环境。天然气水合物采出气富含烷烃，热值高，是理想的城市工业和民用燃气。天然气水合物采出气通过管道或水合物储运方式输送到用气终端，不仅仅是简单的燃料替换，而是充分利用水合物的综合开发利用技术，提升能源利用率，降低成本，对保护环境具有积极作用。

水合物法气体储运是指在一定的压力和温度下，将气体和水进行水合反应，固化成水合物后进行储运的方法。美国国家天然气水合物中心、英国天然气集团、日本三井造船公司等的水合物储运技术已进入应用试验阶段。我国对水合物储运已有了一定的研究，促进水合物生成和分解的化学试剂正在研制中。水合物储运方式储气量高、操作条件低、灵活性高、成本较低、安全性好，是具有发展潜力的新技术，在未来水合物资源开发利用中将有很好的应用前景。

水合物法分离混合物气体是利用易生成水合物的气体组分发生相态转移，实现混合气体的分离，具有方法简单、操作条件低等特点，是发电等 CO_2 高排放工业中新型 CO_2 分离方法。将 CO_2 注入海洋中的天然气水合物储层，不仅封存 CO_2，同时置换开采天然气水合物，因而被认为是 CO_2 永久封存的有力选择。水合物法分离还应用于其他混合气体中气体提纯、提浓等，如 H_2 的提浓、含 H_2S 混合气的脱硫等。

另外，在煤层气分离与储运、海水淡化、油气输送管道防堵解堵、空调蓄冷等方面，水合物技术均具有广阔的利用前景。未来我国需要继续加大天然气水合物资源勘查的力度，为产业化提供资源基础；加大理论、技术、工程、装备的研究力度，为产业化提供基础理论和技术准备，为依靠科技进步保护生态环境产业化提供绿色开发基础。此外，针对我国南海水合物成藏特征，还需要开展水合物开采关键技术以及环境影响评价研究，解决海洋水合物商业化开采的关键科学与技术问题，建立水合物商业化开采的技术及技术体系。中国虽然已进入水合物开发研究的世界先进行列，但在开采方面依旧处于基础科学和关键技术的攻关阶段。中国在 2030 年实现天然气水合物的商业开发依然任重而道远，只有依靠科技进步，促进天然气水合物勘查开采的产业化进程，才能为推进绿色发展、保障国家能源安全做出新的更大贡献。

7.2.10 学科交叉与拓展

太阳能利用正往更高效率、更多用途、更加智能化的方向发展。太阳能中低温利用技术的创新不足，光热发电成本较高且没能充分发挥为光伏和风电调峰的作用，更加需要与光学、机械、材料、化工、电气以及控制等学科开展交叉与拓展。太阳能的收集需要开发更加高效的选择性涂层和高温材料；光热发电需要更加灵活地参与波动性可再生能源的调峰调频，高密度低成本的高温储能材料（＞800℃）、超临界 CO_2 布雷顿循环的动力机械与高精度制造工艺都是新一代热力循环发电的关键；新型的热光伏技术、热电转换技术、光子增强热电子发射发电技术、太阳能燃料制备和转化技术等所需的新型材料和催化剂等更是需要多学科的交叉融合。太阳能热能利用如何拓展新的领域是学科前沿交叉的重要议题，尤其是需要广泛开展基于太阳能-水-空气-材料等方面的交叉创新研究。

风电系统是涵盖空气动力学、结构动力学、计算机技术、电机与电力拖动、电磁学、控制技术及材料学等多学科交叉的复合系统。风能利用领域主要研究的是我国陆上与海上复杂多元化风能利用，而结冰、沙尘、污物等叶片附着物对风力机气动特性的影响、漂浮式风力发电机组及海上风电的深远海发展等仍存在一些问题。例如，已有研究较少考虑中国气候和地理环境特点的叶片/塔架气动与结构特性，且风电系统动态物理场耦合特性、热力学特性与产能效率的关系研究不够完善，风挟带沙尘、雪、雨、盐粒等侵蚀风力机叶片，导致性能下降、寿命缩短等问题还有待获取可行性的解决方案。

我国研究者在生物质热解构机理、生物油品质调控、生物质热解反应器研发、水解液催化加氢、水热解聚产物碳链增长及芳构化制备燃料油、带有生化反应的多孔介质内多相流动与传输、微生物能源转化过程中热质传递及强化、微小通道内多相流动及传递、生物质多组分协同作用机制等方面已有很多创新性成果。今后的研究中仍需探索生物炼制过程中传热传质与反应匹配机制、结焦机理和抑制新方法，并进一步开展生物质资源全组分综合利用，发展生物质转化过程中传热传质与反应协同理论，同时加强与物理化学、化学工程及工业化学、微生物学、植物学、信息科学等学科的交叉融合创新研究，重点发展生物质制备高品质液体燃料、化学品及材料的新方法和新理论。

水能科学涵盖气象学、水力学、地理学、物理学等方面的专业知识。水能的优点是成本低、可连续再生、无污染，但水能利用又受水文、气候、地貌等自然条件的多因素复合影响与限制。未来的研究中应更加侧重于水体作为能源介质的自然、技术、经济和社会属性，被开发利用与保护过程中的规律性问题，变化环境下水能的可持续与生态良性开发问题。

氢能利用是研究以氢为载体的能源转化与利用过程中涉及的工程热物理、化学、生物、材料和环境的科学问题。氢能利用主要基于氢的制备、存储与应用的不同技术路线开展研究，不同技术路线之间应用的技术体系相对独立、相互交叉不够，不利于拓展思路解决当前氢能应用领域面临的科学问题与技术难题。未来的研究可基于氢元素与其他物质相互作用过程的理化性质，开展氢转化过程中的能势变化、能量载体、化学键合以及光、电、热多形式的能量作用机制，为氢能制备、存储和利用的效率提升及稳定性提高等提供新思路与新方法。

海洋能利用是以海洋可再生能源合理开发、高效利用和蓄能再利用为目标的学科，涉及海洋工程、流体力学、工程力学、机械工程、电力工程、控制工程、环境科学等多学科领域，主要研究对象为各种海洋能源开发利用的理论和技术。现阶段，温差能、盐差能等尚处于原理样机试验阶段，波浪能、潮流能技术路线已打通，并经过长期海试验证，未来可进一步与海上养殖、观测等生产生活相结合，拓展海洋能应用领域，推动技术快速发展。

地热能开发利用是通过直接利用或者能量转换的方式，将储存在地下的热能用于满足人们生活、生产需求的研究领域，包含热学、工程学、地质学和材料科学等多个交叉学科。现阶段，浅层地热和水热型地热开发利用已相对成熟，未来深层地热的高效开发是难点和重点。相比其他可再生能源，地热能的最大优势是它的稳定性和连续性。地热能用来发电全年可供应 8000h，且提供的冷、热负荷也非常稳定。因此，把地热能和风电、水电、太阳能等可再生能源结合利用的“地热能 +”是未来发展方向。

核能系统是涵盖中子物理学、热工水力学、结构力学、材料学、水化学、计算机技术、控制技术等多学科交叉的复合系统。具有较好研究基础的是第三代压水堆核电技术，而具有更高固有安全性和竞争力的高温气冷堆、钠冷快堆、铅冷快堆等第四代核电技术的研究不足，且核热利用、核能推进等核能的多样性利用技术研究仍存在较多难点，距离大规模工程应用还有较大距离，主要体现在第四代核电技术采用的钠、铅铋、熔盐等特殊冷却介质的热工、物理、化学特性认知不足,钠与水剧烈反应、铅铋与熔盐的腐蚀性对反应堆结构完整性的挑战,高效热力循环系统设计及安全评价,安全评审方法与法规缺乏、商用运行经验欠缺,严重事故现象及机理认知不足、模型缺乏,多物理场、多尺度问题研究理论体系不完善等。

海底 NGH 藏是由天然气、水、水合物、冰、砂等组成的多相多组分复杂沉积物体系。若需解决 NGH 开采所涉及的科学问题,需要综合运用气体水合物相关热力学、动力学理论、结晶学、化学反应工程、渗流流体力学、传热传质学、岩土力学等多个基础学科的交叉领域。基于热力学理论,建立 NGH 的热力学和分解动力学方程,揭示水合物藏分解过程中气-水-水合物-固体沉积物之间的相互作用本质规律,阐明海底温压条件、电解质溶液、沉积物孔隙效应、界面效应等复杂因素影响机制。基于传热传质基础理论,揭示 NGH 分解过程中水合物分解反应、多相渗流、传热传质、沉积物骨架结构变化四者的相互作用机理。基于热力学评价理论,对 NGH 开采过程的非平衡过程进行评价,是 NGH 开采方法优化的理论基础。

7.2.11 学科发展与比较分析

学科发展与比较分析主要从 Web of Science 数据库中所收录的 2011～2020 年在可再生能源与新能源利用领域 17 种国际学术期刊中发表的论文进行讨论,涉及的期刊包括 *Solar Energy*、*Renewable and Sustainable Energy Reviews*、*Bioresource Technology*、*Energy & Fuels*、*Journal of Wind Engineering and Industrial Aerodynamics*、*Journal of Hydrology*、*Geothermics*、*Renewable Energy*、*International Journal of Hydrogen Energy*、*Nuclear Engineering and Design*、*Applied Energy*、*Journal of Energy Chemistry*、*Fuel*、*ChemSusChem*、*Nature Energy*、*Energy & Environmental Science* 和 *Joule*。统计分析内容从论文数量和质量两方面对不同国家和地区、不同期刊类型进行比对,以分析可再生能源与新能源利用学科发展的方向,以及我国可再生能源与新能源利用领域研究的优势和劣势。

表 7.1 为 2011～2020 年可再生能源与新能源利用领域 17 种国际学术期刊的主要国家论文发表情况。可以看出,2011～2020 年,各国研究者在这 17 种期刊共计发表论文 125513 篇。其中,我国研究者以 41133 篇的数量排名第一位,所占比例为 32.8%,其余排名前十的国家或地区依次为美国、印度、英国、韩国、加拿大、德国、西班牙、澳大利亚和法国,前十位的国家或地区论文数之和占论文发表总数的 80.2%。我国在可再生能源与新能源利用领域的论文发表数是美国的 2.4 倍,是印度的 5.7 倍。可以看出,我国研究者在可再生能源与新能源利用领域论文产出丰富,研究活跃,论文发表数量已达到世界领先地位。

表 7.1　2011～2020 年可再生能源与新能源利用领域 17 种国际学术期刊的主要国家论文发表情况

论文数排名	国家	论文数/篇	论文数占比 /%	论文总被引次数	论文平均被引次数	论文平均被引次数排名	高被引论文数/篇	高被引论文数排名
1	中国	41133	32.8	1056630	25.7	23	1452	1
2	美国	17298	13.8	598307	34.6	11	969	2
3	印度	7120	5.7	190609	26.8	22	229	6
4	英国	5865	4.7	194513	33.2	14	284	3
5	韩国	5331	4.2	153149	28.7	18	181	8
6	加拿大	5036	4.0	154616	30.7	15	230	5
7	德国	5023	4.0	143650	28.6	19	203	7
8	西班牙	4867	3.9	169233	34.8	10	157	9
9	澳大利亚	4828	3.8	163805	33.9	12	254	4
10	法国	4160	3.3	115802	27.8	21	99	16
11	日本	4068	3.2	122522	30.1	16	116	13
12	意大利	3962	3.2	133283	33.6	13	116	12
13	荷兰	1756	1.4	69057	39.3	7	92	17
14	瑞典	1474	1.2	61732	41.9	6	63	20
15	沙特阿拉伯	1192	0.9	33264	27.9	20	73	18
16	瑞士	1015	0.8	61219	60.3	3	114	14
17	丹麦	848	0.7	38366	45.2	5	64	19
18	葡萄牙	756	0.6	28532	37.7	8	32	22
19	新加坡	667	0.5	64542	96.8	1	117	11
20	比利时	613	0.5	28262	46.1	4	135	10
21	芬兰	609	0.5	21945	36.0	9	100	15
22	挪威	452	0.4	10859	24.0	25	18	24
23	奥地利	215	0.2	5364	24.9	24	31	23
24	以色列	148	0.1	13118	88.6	2	35	21

除学术论文数量外，论文质量对评估可再生能源与新能源利用学科发展同样至关重要，而期刊论文的被引率和高被引论文数量被认为是体现论文质量的重要指标。从论文总被引次数来看，我国研究者论文总被引 1056630 次，名列第一，是美国（第二）的 1.8 倍。但是从论文平均被引次数上看，新加坡研究者以 96.8 次名

列第一,以色列研究者以88.6次名列第二,其余进入前十的国家或地区依次为瑞士、比利时、丹麦、瑞典、荷兰、葡萄牙、芬兰和西班牙,我国仅排第23位,排名相对靠后。这说明我国可观的论文总被引次数得益于在上述期刊的较大发文量,而非论文平均被引次数;此外,我国研究者在可再生能源与新能源利用领域发表的ESI高被引论文数虽然达到了1452篇,但仅占我国发文总量的3.5%。综合论文总被引用次数、论文平均被引次数和高被引论文数说明,我国在可再生能源与新能源利用研究领域的研究存在体量大但研究水平整体不足的问题,相当数量的论文存在原创性不强、学术国际影响力低的问题。

为进一步评估我国在可再生能源与新能源利用领域研究的原创能力,对Web of Science数据库中所收录的2011～2020年发表在*Nature Energy*、*Energy & Environmental Science*和*Joule*三种高影响力能源类综合性期刊的论文进行了统计分析,统计分析内容同样包括论文数量和质量两方面,并对不同国家进行了比对分析。

表7.2为2011～2020年在3种高影响力能源类综合性国际学术期刊的主要国家论文发表情况。2011～2020年,各国研究者在这三种高质量期刊共计发表论文5581篇,美国以2304篇的数量占据第一位,所占比例高达41.3%,是我国研究者的1.6倍(1474篇),其余排名前十的国家依次为英国、德国、韩国、日本、瑞士、澳大利亚、新加坡和加拿大。上述统计数据说明我国在能源领域的高水平研究实力日益增强,但相对美国而言仍有一定差距,这也说明我国研究者在“从0到1”的原创性突破研究方面急需提高。同样,从论文总被引次数上看,我国研究者以总被引194127次名列第二。从论文平均被引次数上看,以色列研究者以208.9次名列第一,新加坡研究者以182.4次名列第二,我国研究者名列第六,排名与论文发表数排名不匹配,再次说明我国在高水平期刊可观的论文总被引次数得益于较大的发文量,而非论文平均被引次数。上述针对高影响力能源类综合性期刊论文统计分析同样表明我国研究者应在努力提高学术论文数量的同时,更应着力提高论文的质量,特别是高影响力能源类综合性期刊的论文质量。

表7.2　2011～2020年在3种高影响力能源类综合性国际学术期刊的主要国家论文发表情况

论文数排名	国家	论文数/篇	论文数占比/%	论文总被引次数	论文平均被引次数	论文平均被引次数排名	高被引论文数/篇	高被引论文数排名
1	美国	2304	41.3	224581	97.5	15	539	2
2	中国	1474	26.4	194127	131.7	6	542	1
3	英国	499	8.9	45811	91.8	19	106	3

续表

论文数排名	国家	论文数/篇	论文数占比/%	论文总被引次数	论文平均被引次数	论文平均被引次数排名	高被引论文数/篇	高被引论文数排名
4	德国	458	8.2	40729	88.9	22	106	4
5	韩国	417	7.5	42622	102.2	13	94	5
6	日本	273	4.9	39216	143.6	3	77	8
7	瑞士	260	4.7	34572	133.0	5	72	9
8	澳大利亚	239	4.3	26936	112.7	11	68	10
9	新加坡	213	3.8	38845	182.4	2	91	6
10	加拿大	205	3.7	27861	135.9	4	81	7
11	西班牙	191	3.4	24478	128.2	7	48	11
12	法国	186	3.3	19719	106.0	12	35	12
13	荷兰	134	2.4	12728	95.0	18	31	13
14	意大利	122	2.2	15079	123.6	8	29	14
15	瑞典	114	2.0	10414	91.4	20	24	15
16	沙特阿拉伯	92	1.6	8845	96.1	17	20	16
17	丹麦	91	1.6	8268	90.9	21	19	17
18	印度	66	1.2	6390	96.8	16	13	19
19	以色列	54	1.0	11280	208.9	1	17	18
20	比利时	50	0.9	5793	115.9	9	11	20
21	芬兰	29	0.5	1204	41.5	25	2	23
22	奥地利	27	0.5	1006	37.3	27	6	21
23	葡萄牙	15	0.3	787	52.5	23	3	22
24	挪威	8	0.1	258	32.3	28	0	24

可再生能源与新能源利用领域不同研究方向的原创性能力发展情况也不尽相同。图 7.4 为 2011～2020 年我国研究者在 3 种高影响力能源类综合性国际学术期刊发表论文的研究主题分布情况。我国研究者在交叉学科、太阳能和氢能领域发表的高水平期刊论文数占比分别为 40.8%、32.4% 和 20.7%，其总数约占中国研究者在高影响力能源类综合性期刊所发表论文的 94%。这表明我国在上述三个领域内的研究有扎实的基础，并在原创性基础研究方面取得了较为重要的进展。值得注意的是，我国研究者在 3 种高影响力能源类综合性国际学术期刊所发表论文的 40.8%（602 篇）为跨学科论文，这预示着学科交叉在未来的研究中所处的地位

更加重要,也更有可能取得原创性研究突破。从图 7.4 还可以看出,虽然交叉学科、太阳能和氢能方面的研究在高影响力能源类综合性期刊中所占比例较大,但是生物质能、风能、海洋能、地热能、水能、核能和天然气水合物等方面的研究也都有论文发表,这说明我国在各种可再生能源与新能源利用的基础前沿研究方面均取得了一定的进展。

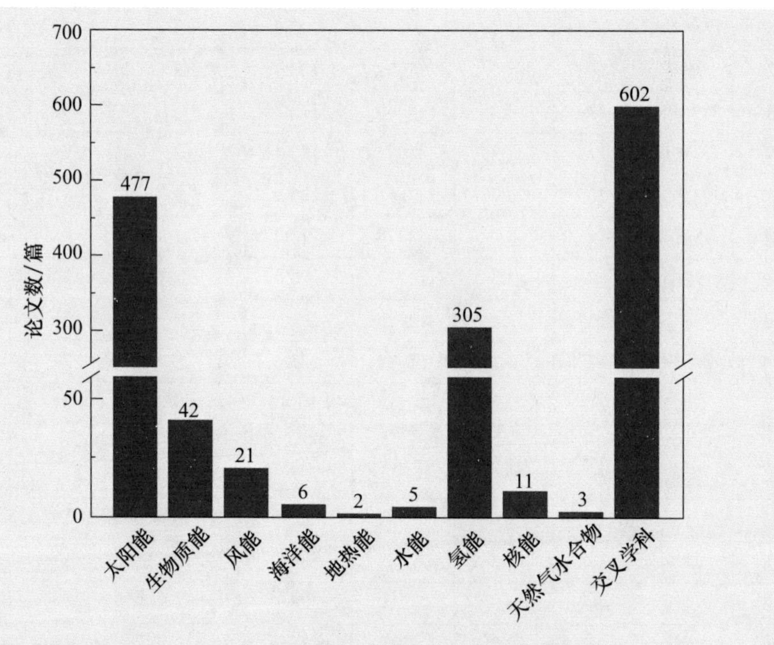

图 7.4　2011～2020 年我国研究者在 3 种高影响力能源类综合性国际学术期刊发表论文的研究主题分布情况

表 7.3 为 2011～2020 年我国研究者在可再生能源与新能源利用领域 17 种国际学术期刊的论文发表情况。我国研究者发表的论文大多集中在 *International Journal of Hydrogen Energy*、*Bioresource Technology*、*Fuel*、*Applied Energy*、*Journal of Wind Engineering and Industrial Aerodynamics* 这五种期刊,而这五种期刊的影响因子基本处于中等的位置。对于高水平期刊,虽然我国研究者在 *Joule* 和 *Energy & Environmental Science* 上发表的论文数占比可达 30%,但在 *Nature Energy* 上发表的论文数占比仍不足 10%。考虑到 *Science*、*Nature* 及其子刊发表的文章往往代表了相关领域最前沿的研究,较低的发文量也暗示着我国可再生能源与新能源利用领域在原创性和突破性方面仍有待大幅提高。此外,我国研究者发表的论文在数量上已反映出可再生能源与新能源利用领域研究在我国的热度,但仍需不断提高科技论文的质量和被引用率,特别是将更多原创性成果在高水平期刊上发表。

表 7.3　2011～2020 年我国研究者在可再生能源与新能源利用领域 17 种国际学术期刊的论文发表情况

期刊名称	2020 年影响因子	期刊论文数/篇	期刊论文数占比/%	我国研究者论文数/被引数/篇	我国研究者论文被引率	我国研究者论文数占比/%	我国研究者高被引论文数/篇
Solar Energy	4.6	6871	5.5	1445/19799	13.6	21.0	14
Renewable and Sustainable Energy Reviews	12.1	4411	3.5	760/48737	64.1	17.2	108
Bioresource Technology	7.5	16648	13.3	7461/226617	29.5	44.8	124
Energy & Fuels	3.4	10477	8.3	4300/58531	13.6	41.0	17
Journal of Wind Engineering and Industrial Aerodynamics	2.7	1944	1.5	610/6478	10.6	31.4	1
Geothermics	3.7	1020	0.8	111/1353	12.2	10.9	3
Renewable Energy	6.3	10165	8.1	2081/34269	16.5	20.5	69
Journal of Hydrology	4.5	7765	6.2	2096/45608	21.8	27.0	54
International Journal of Hydrogen Energy	4.9	23061	18.4	7792/126418	16.2	33.8	66
Nuclear Engineering and Design	1.6	4794	3.8	841/7099	8.4	17.5	0
Applied Energy	8.8	13178	10.5	4465/144945	32.46	33.9	278
Journal of Energy Chemistry	7.2	1463	1.2	1139/15785	13.9	77.9	37
Fuel	5.6	13631	10.9	5126/89755	17.5	37.6	118
ChemSusChem	8.0	4504	3.6	1432/37109	25.91	31.8	21
Nature Energy	46.5	1138	0.9	112/14919	133.2	9.8	60
Energy & Environmental Science	30.3	3607	2.9	1107/167165	151	30.7	396
Joule	29.2	837	0.7	255/12822	50.3	30.4	86

7.3 学科发展布局与科学问题

7.3.1 太阳能

太阳能转换利用研究内容主要是针对太阳能规模化利用所面临的能量转换及传递过程各个环节所需的新设备、新循环、新工艺、新材料等方面涉及的基础科学问题进行研究,结合应用技术的开发,不断提高太阳能转换利用效率;应该进一步丰富和发展太阳能转换利用研究体系,特别是将热力学、热经济学和强化传热学的思想深入贯穿到太阳能转换利用现象的分析中,解决太阳辐射-热、电、冷等转换过程中涉及的热力学、能量转换、储存和传递等过程的强化及控制问题,为实现能源结构多元化、提高太阳能利用程度和水平发挥积极作用。

太阳能转换利用中的重点研究领域和科学问题包括以下几个方面。

1. 规模化太阳能光热利用的基础问题

重点研究太阳能光热转换规模化利用过程中出现的新问题、新现象等,如辐射波动条件下太阳能接收器表面温度变化导致的热应力问题;太阳能高温吸热器热损失大、吸热效率低等问题;太阳能高效低成本高温储热,传热工质与储热介质之间的能量传递优化等;太阳辐射间歇性导致的能量利用系统运转波动性问题,以及用于大规模可再生能源系统调峰调频的储能技术;高参数光热发电动力循环的热力学与动力学问题;太阳能全光谱高效梯级利用技术等。

2. 太阳能中低温利用

太阳能中低温利用包括跨季节储热、太阳能制冷以及太阳能建筑一体化等。跨季节储热方面需要研究的科学问题包括:因地制宜地开发太阳能跨季节储热系统,依据实地情况开展系统优化,减少储热系统热损失,提高储热效率,降低储热供暖成本;储热材料与设备研究,如水池式储热所需的防水膜材料、土壤式储热所需的低成本高换热性能的地埋管材料等;基于精准物理模型、先进算法、智能控制、大数据等先进技术和方法,对系统进行精准设计和智能控制;发展并示范规模化的太阳能中低温跨季节采暖和工业利用技术。

太阳能制冷方面需要研究的内容包括:① 提高制冷工质对太阳辐射的传热传质性能;② 太阳能制冷系统结构优化,提升系统的性能;③ 从能源结构多元化角度出发,研究有辅助能源的各类太阳能制冷空调系统,以太阳能利用分数最大化为目标，考虑太阳辐射的波动性，解决不同能源结构之间的耦合匹配问题；④ 从能源利用最优化角度出发，研究新型适用太阳能高效集热装置，进行高效太阳能制冷系统研究；⑤ 太阳能变热源驱动系统的动态特性与传递过程强化研究。

太阳能建筑一体化分为太阳能光热建筑一体化与太阳能光伏建筑一体化。太阳能光热建筑一体化包括太阳能采暖、热化学跨季节储热等，重点研究储热材料。太阳能光伏建筑一体化主要为光伏发电，重点关注用于太阳能光伏建筑一体化中的特种玻璃开发与制造，降低制造成本。开展太阳能建筑一体化整体设计，提高太阳能利用效率。

3. 太阳能热发电

太阳能热发电涉及太阳能聚光、吸收、储存以及热功转化系统中工质的流动与换热等多个方面。主要研究以下方面：

(1) 太阳能聚光系统的新思路与新方法。高聚光比、高效率、低成本的非成像太阳能聚光系统结构及优化布置；聚光器运行策略与接收面能流动态分配理论模型；聚光器在线校准技术与高精度追踪控制等。

(2) 太阳能高温吸热器与吸热介质。新型固体颗粒吸热器、热化学吸热器和高温熔融盐吸热器，以及与之对应的高温金属材料；吸热器表面热应力分布规律及其运行安全；辐射能流与吸热管内换热速率相匹配的高温高效率的熔融盐吸热技术；高吸收率、低发射率、低成本的适用于颗粒吸热器的耐磨颗粒；直接式气体吸热器内吸热介质与吸热体之间的强化换热机理；耦合太阳能辐射场、吸热管表面温度场、管内吸热介质温度场、速度场的吸热器设计优化模型；吸热器动态模型与吸热器运行实时控制；耐高温选择性涂层，包括干涉滤波型涂层、体吸收型涂层、表面涂黑型涂层、凸凹表面型涂层等。

(3) 高温储热系统与储热介质。储热容器热应力分布规律及其安全运行；相变储热材料与传热工质之间的传热传质机理；高温工况下循环稳定性好的复合相变储热技术；相变储热系统传热强化机理；强化储热过程中传热传质机理与方法；复合金属氧化物储热材料配方；复合金属氧化物介质传热传质特性及储放热机理；复合金属氧化物材料掺杂改性机理及微观结构成形规律与控制原理，揭示掺杂元素对储热介质反应温度、循环反应特性等的影响规律；不同温区的储热材料及储热方法，热化学储热系统调控机制；循环稳定性好、反应比例高的热化学储热模块制备工艺；复合储能系统配置优化方法；大规模复合储能系统用于可再生能源发电系统调峰调频的运行特性及调控策略。

(4) 高效热功转换系统及关键设备。下一代高参数光热发电动力循环技术(如超临界 CO_2 布雷顿循环、空气布雷顿循环耦合蒸汽轮机循环)；太阳能热发电用高效热功转换机械的热力学原理与设计技术;耦合太阳能高温集热储热的先进动力循环系统优化配置方法;高效热功转换系统动力学特性及动态运行特性;系统动态仿真与运行实时控制机制;高效率高温气-气换热机理及换热设备;超临界 CO_2 与高温颗粒传热机理及换热设备。

(5)用于可再生能源调峰调频的光热发电系统。基于多目标优化的耦合光伏、光热、风电等可再生能源发电系统的系统优化配置方法;基于光伏、光热等高比例可再生能源为主体的电源-输配-负荷一体化模型;复合储能系统的优化配置运行、光伏与光热系统协同出力动态运行特性;耦合系统的动态运行特性与运行实时控制。

(6)光伏发电及多能互补利用过程中的多学科融合问题。能源学科需要与半导体、材料等领域交叉攻关,重点解决极端温度条件下的光伏系统工作可靠性与高效性,持续提升效率和工艺水平,降低成本。研究亿瓦时级储热多能互补调峰调频发电技术、以高比例可再生能源为主体和基于光伏光热耦合的电源-输配-负荷一体化技术;大规模光伏光热耦合并网发电系统的规划设计理论与方法,多能互补电站与电网协调配合的机理问题和新型电力电子变换设备及控制策略等。

(7)太阳能全光谱梯级利用。按波长不同,将太阳光分配至不同位置,在不同位置布置太阳能利用装置,实现太阳能光、热、化学全光谱梯级利用。主要研究太阳能光伏-光热-甲醇/甲烷热化学互补系统,重点探索太阳能利用过程中熵、㶲等参数的变化规律与不可逆损失的发生机理,据此分析太阳能利用增效机制,包括降低光伏电池负温度效应,以提高系统太阳能发电效率;基于光场、温度场、流场、反应场等多物理场耦合,探究太阳能光伏-光热-热化学互补系统的动力学特性;系统运行调控策略、集成与优化。

4. 太阳能燃料

太阳能燃料制备(即太阳能热化学利用技术),利用聚光太阳能驱动吸热的热化学反应,将太阳能转化为燃料的化学能,实现太阳能的高效转化利用及高密度储存,主要可分为太阳能水分解、CO_2 分解、甲烷干/湿重整、生物质气化、煤气化等方面,重点研究在太阳能热化学非平衡条件下的反应热力学和动力学机理及其与传热学和多相流的耦合作用,包括基于热力学及化学反应动力学分析,探究太阳热能与燃料化学能品位耦合机制,阐明太阳能制备燃料能量转换效率的特性规律;耦合传热学与多相流的太阳能热化学利用反应器优化设计,匹配吸热侧与反应侧的传热速率,减少反应器热损失,提高太阳能利用效率;高效催化剂研制与测试,降低反应温度,提高燃料产率;太阳能燃料的储存与运输;全工况性能分析及多目标优化设计;运行调控策略、系统集成与优化以及样机示范,并与传统发电、清洁燃料生产等进行高效耦合探究。

7.3.2　生物质能

生物质转化方面应开展生物质定向热解机理及过程强化、生物质高效气化多联产、生物质水热催化转化制备高品质液体燃料、生物发酵与生物制氢过程中生化反应和热物理基础、高效自然生物系统过程仿生等方面研究。具体重点研究领域和科学问题包括以下几个方面。

1. 生物质定向热解机理及过程强化

生物质定向热解机理及过程强化机制是制备高品质液体燃料、碳材料等高值产品的关键科学问题。因此，需要深入揭示生物质热解及定向调控机理，获得反应器内生物质快速热解过程中的热化学反应特性、热质传输规律及其强化机制；解析含不凝性气体的多组分热解蒸气快速凝结换热特性及强化传热机理，探索生物质热解蒸气原位提质新方法；发现生物油聚合的关键因素，提高设备长周期连续运转的稳定性和关键部件的耐腐蚀性；开展生物质油精制机理、反应动力学、重整器内流动及传输规律等基础研究，获得生物油制备高品质航油添加剂、汽柴油含氧添加剂、化学品和高纯氢的机理及新方法。

2. 生物质高效气化多联产

如何实现生物质气化过程中燃气和炭协同耦合及同时提质是生物质气化多联产的关键科学问题。鉴于此，需全面深入研究气化过程基元反应机理、气化反应动力学、微观尺度热质传输机制，形成生物质气化过程基础理论；研究生物质气化过程中燃气和炭形成过程及耦合关联机制，形成气化气、炭协同提质理论；研究生物质催化气化和焦油催化裂解等的反应机理与传热传质规律以及对气化气和炭品质的影响，形成气化气和炭高值利用技术体系；结合炭的应用场景明确气化炭的构效关系，构建生物质气化过程中焦炭目标结构定向调控理论。攻克合成气高选择性制备和炭表面结构定向调控等基础科学问题；开发气化多联产工艺技术体系，完成单元技术的集成优化；研发具有区域生物质特性的热-电-气-炭等多联产协同工艺、装备；形成生物质气化多联产能源-经济-环境综合系统理论和方法。

3. 生物质水热催化转化制备高品质液体燃料

生物质水热催化转化过程传递与反应协同耦联机制是关键科学问题。围绕此问题，需要深入解析木质纤维素生物定向解聚与转化制备含醇、醛、酮等活泼基团的机理，平台化合物碳链定向偶联与调控机制，获得木质素高效解聚与热安定性添加剂组分的选择性制备技术;阐明酚类单体烷基化与加氢脱氧制备高热沉组分机理,开发高效制备技术;明晰喷气燃料产品炼制与品质调控机制,开展生物质制高能量密度低冰点喷气燃料关键技术中试放大验证,以及燃料产品的燃烧评价与发动机台架测试。

4. 生物发酵与生物制氢过程中生化反应和热物理基础

开展生物糖化发酵与生物制氢过程中多尺度热质传递、生物转化中的代谢途径及调控机制、高效产氢和产醇菌群的构建、能量和物质转换机理及规律研究;开展生化反应器内反应动力学及反应过程多尺度耦合机理、多相流动、热质传输规律以及含生化反应的复杂结构材料内多元多相流动与传输特性的研究;开展生物能源转化中固定化细胞及固定化酶技术应用的研究;开展基于合成生物学的微生物代谢通路的定向优化研究;开展多级生物糖化发酵过程强化及系统集成方法研究。结合现代生物工程技术筛选生物质高效处理菌种,通过基因编辑等技术构建新型高效菌种,提高产物转化率、光能利用效率和环境适应性,开发藻类通过光合作用分解水生产氢的技术,研制高效生物制氢反应器。

5. 高效自然生物系统过程仿生

研究高效自然生物系统的结构特征和理化环境条件特征,获得生物质颗粒物理结构及化学成分的演化规律,阐明自然生物系统高效转化生物质过程中的物质流和能量流的主要构成及特征,构建自然系统的物质流和能量流网络模型;明晰生物质转化过程中关键酶系、共生微生物菌群、肠道微环境和蠕动行为的协同作用机理,获得自然生物系统中次级微生态区系的生物质反应中间产物的反应动力学特性;明确复合生物催化多步连续降解生物质过程中的流动和产物转化特性,提出复合生物催化多步连续反应过程特性的理论预测方法;建立新型多级连续催化柔性仿生生物反应器,阐明生物反应器内多相流动、热质传递、生物质降解和产物生成特性,提出促进生物质降解与目标燃料产物生成的过程强化及调控方法。

6. 微藻生物质能源利用的基础研究

开展光生物反应器内流动与物质传输协同调控、光的传输与光谱转换、环境胁迫下微藻多目标定向调控、微藻生物质转化过程中关键酶系和代谢机制、户外养殖的共生微生物菌群的互作机制和有效搭配、可调控界面微藻生物膜代谢气泡动力学及生物膜多孔内气液传输和转化特性、藻-菌协作达成碳中和和全球物质循环的相互耦合关系、废弃无机物的微藻资源化和能源化利用集成系统等方面的研究工作。

7. 生物质催化拆解体系构建过程中的工程热物理基础

开展不同类型生物质原料超微结构对比解析、新型催化剂设计及其与生物质原料间的构效关系、溶剂体系的构建以及反应体系中热质传递规律分析、拆解过程中生物质成分间的相互作用规律、拆解原料生化反应过程中的质量传递特性等方面的研究，明晰生物质催化拆解反应体系中原料、催化剂、多相溶剂和产物之间的热质传递特性，阐明生物质原料快速拆解及目标产物生成的过程强化及调控机制。

7.3.3　风能

近期风能利用方面的研究应以大型风力发电机和海上风力发电机的基础理论与应用技术研究为主，逐步加强对风能气象学及大气边界层风特性、局部风场预测和检测技术等方面的研究；开展深海悬浮式新型风力发电机组的基础理论探索；中期应开展风力发电机组储能技术和风能-氢能、风能-太阳能等多能互补综合利用及大型风力机智能化控制与检测的研究，同时开展对风能在海水淡化、制热和制冷等领域的应用研究。

1. 兆瓦级变速恒频型风力机的基础理论

空气动力学问题主要包括非定常气动力研究及气动结构优化理论和设计方法研究，复杂来流及其极限条件下的叶片气动力学理论，地面及塔架效应对风力机气动影响，叶片尾迹流及其风力机阵列的优化组合，自然环境（雨、雪、雹、风暴）对风力机运行的影响及适应复杂环境的风力机运行与控制策略，非定常风沙动力学与叶片磨损机理等。

三维气动和弹性联合设计理论与方法主要包括三维叶片气动设计理论与方法，考虑了叶片弹性气动弹性耦合设计理论与方法、经验参数的选取等；研究叶片和机组气动弹性稳定性特征方程和判据准则等。

极端载荷问题主要包括风力机运行过程动态模拟研究、随机载荷分析、交变应力分析、可靠性设计、叶片疲劳分析以及寿命评估理论。

2. 近海风力发电的基础理论

相对陆上风力发电机而言，海上风力发电机受波浪和风的双重作用，在疲劳载荷和极端载荷分析中必须考虑波力和风力的联合作用，应研究风、波浪和潮汐联合作用下的空气动力学与水动力学问题。

海上风力发电机基础结构设计理论问题主要包括基础结构形式研究及各种基础结构在波力和风力联合作用下风力机的结构动力学特性研究。

3. 风能气象学及百米高度风资源评估与微观选址

基于中长期的数据监测及数学统计方法,获得我国 70～100m 高度风资源及其分布;研究陆地与海面大气边界层的风特性,特别是陆地复杂地形下风电场和风轮周边局部风场及风特性的预测模型与测量技术以及极端气候条件下风力机安全评估方法;基于确定性和非确定性数值模拟方法,研究不同地域、复杂地貌条件下风电场的微观选址,规模化风电场的微观选址,风电场出力预报理论和方法。

4. 中、远海上风能利用中的关键科学问题

由于中、远海风能资源巨大,远海风能利用是人类未来必然的选择。开展适合于中、远海上风能利用新模式研究及悬浮式风力发电机组与波浪能发电、潮汐能发电或洋流能发电等综合能源利用装置的研究,揭示多种海洋能源形式之间的耦合机理,研究这类机组的动态特性与稳定性。

5. 大型风力机智能化

新一轮的风电"抢装潮"行情带来风电设备需求放量的同时,对风力发电机组性能和技术水平也提出了更高要求,风电智能化的趋势明显,而且智能化还有利于风电设备的后期维护。

由于风力发电机通常都"体型巨大",在日常维护中需要高空作业,尤其是在风力驱动风力发电机叶片时,会给工作人员造成很大麻烦。随着无人机、大数据、移动智能设备等最新的技术成果在风电设备上得到应用,人类对于风电的控制变得更加得心应手。

风力发电机组的控制类型多种多样,智能叶片技术、变桨健康诊断、振动监测、叶片健康监测、智能润滑、智能偏航、智能变桨、智能解缆、智能测试都将是风力发电机智能发展的方向。

6. 大型风电场结合储能系统的工程应用及研究

由于风能具有随机性、间歇性的特点,风电场输出有功功率存在很大的波动性,无法满足电网对于电源调峰调频的要求。储能系统具有动态吸收能量并适时释放的特点,因此加装储能系统是将风电的非连续能转化为无缝衔接的连续能源的有效途径,能弥补风电的间歇性、波动性缺点,改善风电场输出功率的可控性,提升稳定水平。此外,储能系统的合理配置还能有效增强风力发电机组的低电压穿越能力、增大电力系统的风电穿透功率极限、改善电能质量及优化系统经济性。这样,电网系统受风电并网冲击降低,在容量受限时,电网公司可以提高风电上网电

量，甚至优先调度风电，可以大大增加风能的利用率，符合国家大力发展新能源战略。因此，研发高效的储能装置及其配套设备，与风力发电机组容量相匹配，支持充放电状态的迅速切换，确保并网系统的安全稳定，已成为充分利用新能源的发展路线。

基于以上原因，需要研究适用于风能利用的蓄水储能、超导储能、压缩空气储能、风能制氢储氢、电化学及超级电容储能等策略，需要揭示风力机与相关储能设备的变工况特性及相互之间的匹配机理，并研究相关储能装置的风能利用特性及能源转换原理。

7. 新型风能转换系统和多能互补综合利用系统

研究新型的风力制热和制冷技术、风能海水淡化以及风能与太阳能等其他新能源、风能与化石能源等多能互补综合利用系统技术。在我国北方，风力-压缩式热泵制热在冬季清洁供热中可以发挥重要作用。

7.3.4 海洋能

随着技术的不断成熟，海洋能技术从近海开始向资源更加丰富、环境更加苛刻的深远海发展，研究重点也逐步由原理性验证向高效可靠性设计方向转移。我国海洋可再生能源产业的区域布局和产业链条已现雏形，正处于由科研阶段向产业推广的关键阶段，需要进一步攻克高效高可靠关键技术，提升装备的稳定性、可靠性，开展大容量、集群化应用，并拓展应用场景，探索与海上开发活动的结合。在工程热物理与能源利用学科，海洋能利用中的重点研究领域和科学问题有以下几个。

1. 高效、高稳定性和大型阵列化波浪能利用

波浪能装置的能量转换效率方法与装备设计方法；波浪能装置自保护技术、抗台风锚泊技术和能量转换系统自治技术；大型多浮子阵列化海洋能开发理论及波浪能装置阵列化集成理论体系。

2. 高效、低成本和大型化潮流能利用

适应于兆瓦级机组复杂海况下的桨叶、变桨、变频器等关键部件研发及整机设计技术；潮流能机组叶形优化方法以及面向双向对流的智能变桨控制技术；潮流能资源评估和环境影响评价理论，潮流能资源重点利用区域选划图的绘制方法等。

3. 温差能综合利用技术

兆瓦级发电示范及其综合利用技术;发电系统净输出效率的提升方法;高效节能透平、换热器技术和深海冷海水大管径高强度管道结构与保温、敷设技术;面向海水淡化、空调供冷等的温差能综合利用方法;兆瓦级温差能发电系统集成理论等。

7.3.5 地热能

对于水热型地热资源和浅层地热资源,在前期的资助下已取得长足进步;而我国干热岩资源的开发还处于起步阶段,因此未来在继续布局水热型地热资源和浅层地热资源相关研究的基础上,应向干热岩这一战略性资源倾斜。在水热型地热资源和浅层地热资源方面,应主要资助应用研究;在干热岩资源方面,近期应开展理论和探索性试验研究,远期应逐步开展应用研究。

在工程热物理与能源利用学科,地热能利用领域的重点研究领域和科学问题包括以下几个。

1. 地热资源评价中的热物理基础问题

研究热储三维温度场勘察方法,重点研究基于水-热-化学场地级反应溶质运移模拟的地球物理、地球化学和同位素分析等地下温度场三维精细刻画方法。研究储层参数的敏感性,发展高效高精度的随机储层建模方法,建立评估地热能开发可行性及开采方案合理性的不确定性评估理论。开发基于历史运行数据的动态反演方法,逼近真实储层参数,发展采热能力动态反演评价方法。

2. 干热岩储层改造中的热物理基础问题

研究热流力化多场耦合下的干热岩储层破裂机理,重点查明“冷刺激”致储层破裂的机理,开发干热岩“冷刺激”储层改造方法。研究暂堵剂、支撑剂等在储层中的运移规律,查明其对储层裂缝发展的影响;研究酸化剂在储层中的运移和反应机理,查明其储层改造效果,开发能增强热提取量和减缓热突破的裂缝调控方法。研究开发过程温度场变化对储层裂缝“二次发展”的影响,发展边开发边改造的储层改造方法。

3. 地热资源开发过程中热质传输机理与技术

研究地热资源开采过程的热储、井筒等热质传输机理,重点研究裂隙型热储内多尺度多场耦合下内流动传热规律、裂缝变化规律、岩石矿物溶解-沉淀和输运规律。研究回灌对热储层物理场的影响，查明回灌堵塞机理，开发经济高效的回灌方法和工艺，尤其加强砂岩热储的经济回灌技术攻关。研究地热管道腐蚀及结垢机理，开发经济高效防治方法。研究井下换热、超长热管等新型取热不取水技术。

4. 高效准确的地热多场耦合模型与方法

针对无裂缝型地热资源，研究耦合热储、井筒和地面设备的高效解析与数值模型，大幅提高计算率，以满足工程中方案优化的需求。针对裂缝型地热资源，在孔观尺度，研究能够精细刻画孔隙、小裂缝、大裂缝内跨尺度流动换热的数值方法；在热储尺度，建立能够准确描述裂隙岩体热质传输规律的多场耦合多尺度模型，研究其与井筒和地面设备模型的耦合方法，并开展高效求解算法的研究。鼓励开发自主知识产权的地热资源开发模拟软件和工艺设计软件。

7.3.6　水能

随着我国一大批超大规模水电站群的逐步开发和投入使用，我国已经进入巨型水电站群时代。全球气候变化条件下，处于社会、经济、生态、环境复杂巨系统中水电工程的综合规划与高效利用愈发复杂。为此，在未来的工作中应重点开展变化环境下水电能源在多重环境影响下的内在关联机理、演化规律及其与防洪、供水、生态等多维多目标最优调控策略，水能资源开发与水环境生态保护，水能节水技术和水电站多维智慧运营等，为我国流域及跨流域水能资源的规划设计、综合利用、运行管理提供理论、技术及平台支撑。

水能科学中与工程热物理与能源利用学科相关的重点研究领域和科学问题有以下几个。

1. 变化环境下水文模拟及预报关键技术

开展基于遥感、雷达及水文站的气象水文变量监测技术，建立流域多源水情大数据信息立体化地-空监测管理体系，研发水文数据的误差校正、插补、外延等质量控制技术，揭示气象-水文-水电变量对气候变化和人类活动的响应机理及演变规律，并开展复杂环境条件下多变量非一致性频率分析及变化环境下水情和水电等多变量的不确定性分析；开展耦合地理、地形和水文信息的数字流域仿真，建立高精度、高分辨率水文模拟及预测模型，获得预报误差的演变趋势和时空变化规律。

2. 水电站群发电与水库群综合利用的理论与方法

基于气象水文水力学耦合预报的水库群多目标优化，获得多尺度不确定性多维变量降维技术与高效求解算法,建立考虑多目标动态时变竞争关系的优化调度方案决策方法;开展考虑多种不确定性的多能源互补经济运行与优化以及水、火、风、光、气、储等多能源联合消纳技术研究,建立多能源协同优化运行的市场互动策略与交易机制;通过水电站大数据处理与人工智能方案实时制作,获得厂网协调优化的发电深度智能调控关键技术,实现水电站水库群智慧发电调度系统的集成与构建。

3. 水电及多能源多目标调度风险管理理论与方法

发展发电-供水-环境等多维风险变量识别以及多维多变量风险事件的快速估计技术,建立多目标调度风险指标体系与评价决策方法;研究水电及多能源交易风险与效益协调机制,建立促进水电及多能源消纳的交易风险-效益互馈关系,实现基于安全和风险约束的水电系统运行与管理方法;揭示水能及多能源预测误差量化与传播规律,构建多能源调度的数据库和风险分析模型库,实现水、火、风、光、气、储等多能动态平衡与系统建设。

4. 水能资源开发与水环境及生态保护

开展水能资源开发对水环境变化影响及其生境的生态效应研究,揭示水能资源开发对生态环境系统的影响与互馈机制,获得水环境复合污染迁移转化规律及其对流域水环境和生态保护的影响;开展梯级水库群联合调度的水文与生态效应评估以及水利设施防洪抗旱减灾与流域水环境治理研究;建立水电基地生态脆弱度与弹性恢复力评估方法,揭示水电基地绿色可持续发展机制。

7.3.7 氢能

对于制氢技术,成熟的化石原料制氢技术将继续占据主导地位,仍是实现大规模制氢的主体技术路线。生物质制氢技术发展缓慢,仍有诸多技术问题亟须攻克。电解水制氢技术由于耗电量大、生产成本高,始终无法进行大规模工业应用。因此,学科布局应继续加大对生物制氢和光解水制氢基础研究的资助,以期提高其制氢效率,支持化石燃料制氢技术的基础研究。对于储氢技术,应加大对储氢机理基础研究的资助,支持轻质、耐压、高储氢密度的新型储罐和复合储氢技术的基础研究。对于燃料电池,应从提高燃料电池电堆性能与比功率、提高燃料电池耐久性和降低燃料电池成本这三个方面进行学科布局,加大资助力度。

工程热物理与能源利用学科中,氢能利用领域的重点研究领域与科学问题如下。

1. 制氢领域

探究超临界水气化制氢技术中的高效产氢机理和超临界水煤气化炉内能源物质高效洁净转化规律,完善超临界水煤气化过程的多相流热物理化学基础理论以及超临界水煤气化制氢耦合发电系统集成优化理论等。完善甲醇重整制氢技术的微观反应机理和反应动力学模型,为甲醇重整制氢系统的设计和优化提供理论依据,探究甲醇重整制氢过程的调控方法。研究生物制氢过程的调控机理和质量传递特性,完善生物油催化重整制氢的积碳机理及其调控方案、催化剂的机理研究及其调控方案。研究光电解水制氢系统固液界面的化学反应与物质传输耦合机理以及改性策略,包括制造缺陷、局域表面等离子体共振、元素掺杂、构建异质结、助催化剂负载等,以提高光催化剂对可见光的吸收,降低光生载流子的复合,加速表面反应。研究光电解水制氢系统与光伏系统的耦合机制,探究大规模电解水制氢系统集成和集群控制技术,以提高对光能的综合利用率,在减小或者无偏压、无牺牲剂条件下实现分解水制氢。

2. 储氢领域

研究高压氢气泄漏过程中激波诱导自燃的引发机理与基本规律,从而建立典型公共场所车载高压氢气泄漏扩散预测模型。研发具有高质量储氢量的可逆储氢材料,完善化学储氢中氢化物吸放氢的动力学与热力学模型,通过改性手段,改善其动力学性能和热力学性能。探究兼顾安全性、高储氢密度、低成本、低能耗等需求的储氢新技术。研发先进氢气增压、灌装储存和加注系统及其多相流动与传热传质理论。采用两种或多种储氢技术共同作用探究复合储氢技术的理论机理,提高复合储氢技术的效率。针对不同类型的储氢容器、固态和液态储氢材料的特点,基于热力学稳定性与动力学限制构建复合储氢系统,实现储氢系统能量与物质的综合管理,提高系统储氢性能。研究基于复合储氢体系的氢源系统中流动-反应耦合的热质传递过程及其强化调控手段。

3. 燃料电池领域

完善固体氧化物燃料电池中阳极材料的积碳机理及其动态过程,进行孔隙尺度研究。进一步探究固体氧化物燃料电池的多重衰退机理和热循环稳定性机理,研究衰退辨识机制和电极复杂微结构内的多物理场耦合效应。开发性能更优异的电解质和高催化活性的电极,研究新型高稳定、高活性的低铂或非铂催化剂,以期解决商用催化剂存在的成本与耐久性问题。研究质子交换膜燃料电池内部多尺度结构下相互耦合的传热传质过程及其机理,探究流场结构优化策略,完善水热管理机制研究和排水控制策略的基础研究。结合中子成像等技术,研发新型流场结构,提高电池排水和气体扩散性能。开发新型计算流体模型,通过膜电极与电堆结构优化,提高电流密度条件下的传热传质能力。研究兼具低温质子传导能力和高温稳定性的离子聚合物及其多元协同质子传导机理。

7.3.8 核能

梳理国内外核能技术的研究现状和发展趋势,先进核能技术研究的前沿领域主要包括数值核反应堆技术、先进核燃料及事故容错燃料技术、严重事故现象与机理学研究、液态金属反应堆研究等。

工程热物理与能源利用学科中,核能利用领域的重点研究领域与科学问题如下。

1. 数值核反应堆技术

数值核反应堆技术呈现出强烈的多物理、多尺度、多学科交叉特性,主要关键技术包括:构建高保真多尺度核反应堆热工水力分析方法,核反应堆物理、热工、力学多物理场精细化耦合分析技术,材料辐照脆化和辐照肿胀多尺度模拟计算技术,多源数据、多模型、多物理装置结合的模拟验证技术,最终实现基于大数据、E级超算、先进耦合建模技术的反应堆三维全堆芯 pin-by-pin 物理模拟、多尺度热工水力模拟、结构力学行为模拟、燃料元件性能分析和材料性能预测的集成软件系统。

2. 燃料元件多尺度多维分析技术

探究辐照、热、力等因素耦合作用下燃料材料性能演化的内在机理,考虑燃料元件热工水力特性、变形特性、材料特性和燃耗间的强耦合效应,建立考虑热工-机械-材料-燃耗耦合的三维精细化燃料元件分析技术,包含燃料元件全寿期热工分析模型研究、燃料元件全寿期机械特性分析模型研究、燃料元件全寿期材料特性分析模型研究、材料失效模型研究、多物理场耦合方法研究及高自由度、强非线性的数值求解算法研究等。

3. 核电厂严重事故现象与机理学

核电厂严重事故是一个多相态、多组分的复杂物理和化学过程,面临的关键科学问题包括:堆芯材料多尺度、多成分、多相态演变机理及耦合球模拟技术和方法;非均匀熔池演变复杂机理及分析技术;氢气燃爆转换机理及分析技术;熔融物与混凝土作用机理及分析技术;多因素影响下放射性核素迁徙机理及分析技术等。

4. 液态金属冷却反应堆研究

液态金属冷却反应堆研究的主要关键科学问题包括：液态金属冷却反应堆标准规范、数据库和发展规划研究；液态金属冷却反应堆运行维护技术研究；堆芯物理和试验研究；液态金属单相及两相冷却剂热工水力试验研究；液态金属冷却反应堆系统热工安全研究；液态金属冷却反应堆燃料组件研究；液态金属冷却反应堆结构完整性研究；液态金属冷却剂化学工艺研究。

7.3.9　天然气水合物

海底天然气水合物藏是由天然气、水、水合物、冰、砂等组成的多相多组分复杂沉积物体系，水合物开采涉及的基础科学问题及其相互作用不仅包括由水合物分解引起的相态变化、储层变形、气液固多相渗流和传热传质动态变化过程，而且包括储层变形及多相渗流变化对传热传质及水合物分解的反作用，这些过程相互影响、相互制约，导致水合物开采技术难度大、成本高、地层稳定和安全控制难度大。

天然气水合物开采与应用中的重点研究领域和科学问题包括以下几个方面。

1. 高效安全天然气水合物资源开采中的基础科学问题

天然气水合物资源开采所涉及的关键科学问题包括：研究南海多类型天然气水合物成藏地质过程及多因素响应机理，分析成藏特点，研究烃源、流体运移、构造、储层及温压等水合物成藏影响因素，识别描述水合物藏，揭示南海水合物富集分布规律；研究水合物开采过程沉积层骨架三维结构表征方法，阐明多场协同作用下结构演变规律与控制因素，探析结构变化与水(冰)-气-砂-水合物多相流动耦合机制，建立水合物开采方法优化理论；水合物开采分子动力学模拟、物理模拟及数值模拟；热激法、降压法和化学试剂法等开采方法的实验室、中试及试验场测试；研究水合物形成分解过程水合物微观结构形态、孔隙胶结结构特征与宏观沉积层强度变形特征规律，建立微观-介观-宏观结构特性耦合计算方法，构建水合物资源勘查与安全开采基础等。

2. 全面、综合的天然气水合物环境影响机制

天然气水合物环境影响所涉及的关键科学问题包括：矿藏沉积物力学随水合物分解的演化机制，天然气水合物开采对海底地质过程的影响机理；天然气水合物分解甲烷泄漏的动力机制及泄漏通道特性；沉积物中甲烷厌氧氧化作用和生物地球化学作用机理；海水中甲烷氧化效应、缺氧对海底生物生态系统影响机理；天然气水合物开采对环境影响的综合评价方法。因此，需要研究水合物沉积层及开采

井周边的力学变化规律，分析沉积层稳定性及海底环境生态系统的安全性，确立海底滑坡及气体泄漏的动力学基础，开发相关基础理论及安全评价方法。

3. 清洁、高效的天然气水合物利用的基础研究

针对天然气水合物综合利用可能发展出的一系列高新技术，开展水合物应用技术中所涉及的基础科学问题包括：水合物储运中气体水合物快速形成、分解机理及方法；水合物生成促进剂、分解促进剂筛选理论及方法；水合物法气体分离机理的分子动力学机理；CO_2 置换开采海底水合物的动力学机理及影响机制研究；水合物燃料电池基础理论研究；水合物燃烧基础理论研究等。

7.3.10 学科交叉与拓展

太阳能转化利用过程中涉及的交叉学科中的科学问题包括：高温热化学集热储热及对应的金属材料研发；用于光伏光热耦合技术中的关键基础问题，以及用于聚光太阳能的光子增强热电子发电材料的研发；用于电网调峰调频的太阳能发电系统的设计优化及调控策略探究；先进动力循环的系统优化、加工制造及控制系统开发等。

风能利用中仍需要完善和解决的主要学科问题有：风能利用气动机理、风力机噪声、结构动态特性等关键基础科学问题；风电系统动态多物理场耦合特性与产能效率关联研究，以及降低系统不可逆损耗可行性优化设计；多场耦合下大柔性机组能量转换机理与优化设计；海上风力机多物理场和新型叶片构型与人工智能大数据智能化健康监测与诊断；大型风力机叶片结冰机理与新型高效防除冰技术；风-波-流耦合下漂浮式风力发电机组动态气动、气弹特性；流场及并网双侧激励的风电场整场运行策略等。此外，风挟颗粒流动极端环境下风能捕获及流动控制机理及适应我国海域特征的大型垂直轴风能利用系统也是未来研究的方向。

地热能利用中需要研究新型发电工质及传热传质机理，开展高效双工质发电和其他新型中低温发电研究，并开展以经济性为核心的地热发电评价研究。需要研究新型热泵技术，开展地源热泵的推广和标准化设计研究，并研究地源热泵跨季节储热特性。“地热能 +”综合能源利用是以地热能为核心的多能互补能源系统的重要课题，开展系统模型研究，查明“地热能 +”多能互补机理和经济性，尤其是结合时空分析方法研究地源热泵的跨地域和气候带运行的经济适应性。

天然气水合物能源利用需要结合我国的资源特点，重点研究南海多类型天然气水合物成藏特点及流体运移、储层特征、水合物矿体之间的耦合关系与形成机制；需要研究天然气水合物开采的环境生态效应及甲烷泄漏的防控机制，以及天然

气水合物开采工艺设计和海洋工程装备。

生物质能利用涉及许多交叉学科方向：生物质定向热解机理与过程强化；生物质气化多联产产物协同生成及调控机制；水相解聚制取生物航油中热质传递理论与方法；生物质干燥和热解中传热强化机制；自然生物系统高效转化生物质原理及方法；基于基因编辑及高通量筛选等方法的高效工程微生物的构建及生化反应动力学特性；复杂原料的生物全利用转化及热质传递规律；生物质宏观、微观、超微结构的精确解析与传递-转化耦合关系；基于同物理化学、化学工程、微生物学、植物学、信息科学等学科交叉融合的生物质制备高品质液体燃料、化学品及材料的新方法、新理论。

海洋能涉及海洋工程、防腐材料、电力系统等多学科领域，并可与海上养殖、观测等海上生产生活相结合。现阶段急需突破的交叉拓展领域有：海上能源平台结构与关键部件防腐防污关键技术；海上可再生能源资源评估技术；海洋动力环境变化精细化预测技术；海上风电与海洋能耦合发电机理研究；海上分布式微电网电力系统调度与协调控制技术；可适用于海洋环境的储能技术；海洋能与海上养殖、海洋观测等结合的探索等。

水能利用需要关注全球气候变化背景下水能资源安全高效综合利用；电力系统中水电能源系统调度与优化运行；电力市场下水电能源均衡博弈理论与方法；基于安全和风险约束的水火风光气储等系统协调理论；抽水蓄能与多种新型蓄能和储能联合高效运行；基于 5G、大数据、云计算、物联网、区块链等高新技术的水电工程智慧运行；考虑气象、水文、水利、工程、管理等多种不确定性因素和防洪、发电、供水、生态、航运等多种目标的水利工程风险管理技术。

氢能利用涉及的学科交叉包括：超临界水生物质及化石能源气化过程的多相流热物理化学基础理论以及超临界水煤气化制氢耦合发电系统集成优化理论；高效光催化制氢技术中的催化剂制备、反应体系和反应系统的开发以及光能到氢能转化过程中的能量传输与物质转化机理研究；光电化学制氢中固液界面上发生的化学反应、能量转换和物质传输转化的动态过程及其耦合机理研究；高压下储氢容器材料的氢的渗透机理与热物理学特性；液态、低温和固态以及复合储氢技术中的氢结合机理与热力学性质；光解水制氢的高稳定、高活性的低铂及非铂催化剂；燃料电池关键材料与部件的能量转化、流动传质、传热以及多相热物理过程；燃料电池单电极与电堆系统的数值模型；燃料电池系统的化学反应、水热管理和动态特性的预测与模拟等。

核能利用过程中涉及的交叉学科方向有：核材料辐照损伤材料学及力学行为机制；燃料棒、传热管等细长结构件流致振动预测理论与预防机制；燃料元件热工-机械-材料-燃耗的多物理场耦合机制；堆芯核-热-力学综合设计及耦合性能评价方法;高温高压高辐照条件下污垢水化学沉积机制及其对中子分布和包壳腐蚀的影响规律;空间核动力系统高效热电转化理论及器件研究;铅基反应堆腐蚀机制及化学控制理论。

7.4 学科优先发展领域及重点支持方向

7.4.1 学科优先发展领域

学科优先发展领域:太阳能、生物质能、氢能和核能利用中的基础理论及关键技术研究。

1. 科学意义与国家战略需求

在可再生能源和新能源利用领域中,太阳能、生物质能、氢能和核能不仅占据了重要地位,而且其能源利用过程中的能量传递和物质转化是工程热物理与能源利用学科的重要研究对象。同时太阳能、生物质能、氢能和核能的利用形式多样,涉及工程热物理各个分支学科及材料和资源环境等学科,具有鲜明的多学科交叉特点。工程热物理与能源利用学科相关分支的发展也为太阳能、生物质能、氢能和核能利用技术的研究与发展提供了理论基础和技术保障,而太阳能、生物质能、氢能和核能利用的研究又不断为工程热物理与能源利用学科提出新的研究方向和发展目标,因而是工程热物理与能源利用学科发展的重点所在。自党的十八大以来,我国深入推进能源生产和消费革命,已在能源供给质量方面实现了重大变革。我国在以太阳能为代表的可再生能源发电装机量和以核电为代表的新能源发电量规模已稳居世界第一。党的十九大报告又进一步提出新时期要构建清洁低碳、安全高效的能源体系,主要目标就是优化能源结构,特别是实现以太阳能、生物质能、氢能和核能为主的可再生和新能源高效利用发展。因此,开展太阳能、生物质能、氢能和核能利用中的基础理论及关键技术研究是推动我国能源革命的核心需求,也是遵循能源发展规律、解决我国能源发展主要矛盾的根本途径。

2. 国际发展态势与我国发展优势

近年来,世界可再生能源产业持续高速发展,其发展规模及在能源消费结构中的占比已超越以往的部分预测。自 2014 年以来,全球每年可再生能源新增发电装机容量均超过煤炭发电和天然气发电新增容量之和。2020 年全球可再生能源装机容量达到 2799GW,较 2019 年增长 10.3%;2020 年全球新增可再生能源装机容量达到了 260GW。此外，可再生能源还在供热和供冷、液体燃料等方面替代化石燃料。由于政策扶持、技术进步及生产规模的扩大，大部分可再生能源成本大幅下降，部分可再生能源成本已经可以与化石能源竞争。在我国，可再生能源产业的发展问题被首度提至前所未有的长期战略高度。2016 年，国家发展改革委和国家能源局发布了《能源生产和消费革命战略(2016—2030)》和 4 个行动计划，首次提出到 2030 年非化石能源发电占比达到 20% 左右、2050 年非化石能源消费占比超过一半的战略目标。因此，进一步开展太阳能、生物质能、氢能和核能利用研究是促进我国多形式新能源综合利用、实现我国新时代能源高质量发展的重要方向。

在太阳能方面，我国在太阳能热利用领域具有举足轻重的地位，集热器产量和安装保有量均占世界 70% 以上，但主要用于生活热水。随着全国范围住宅建设速度放缓，太阳能热水需求趋于饱和。通过太阳能高效收集、可靠低成本储热与高效热功转换以及变工况太阳能直接利用体系与系统的相关研究，可以实现太阳能热水到热能的转变，将太阳能热利用拓展到热发电、工业工艺热能和建筑供暖与制冷。

在生物质能方面，我国生物质资源种类众多，每年可利用的生物质资源约 7.5 亿 t 标准煤，但是能源化利用率仅为 12%，大量生物质被粗放处理(如秸秆焚烧)，不仅造成能源浪费，而且导致严重的环境污染。在 2018 年中央一号文件《中共中央国务院关于实施乡村振兴战略的意见》以及党的十九大报告等文件中指出，要壮大清洁能源产业，促进能源生产和消费革命，推进生物质能等可再生能源开发利用。将生物质资源转化为生物燃料不仅能够缓解我国燃料的不足，同时也能够避免因木质纤维素类废弃物处置不当造成的环境污染问题。生物质高效转化制取燃料研究面向我国能源稳定安全可持续的供给重大需求，对优化我国能源结构、促进农村生物质资源合理高效利用以及能源环境可持续发展具有深远意义。

氢能具有无毒无污染、热值高、利用形式多样等特点，既可替代传统化石燃料，也可作为能源载体并通过燃料电池实现电、热、气一体化的能源利用，是改善我国能源结构、保障能源安全、减轻环境污染、推动我国能源生产和消费革命的重要手段。我国近年来发布的一系列政策引导和鼓励了氢能产业的蓬勃发展，2019 年我国首次将氢能纳入《政府工作报告》。随着我国政府对氢能投入的逐年加大，我国在氢能制取、储运、利用等环节的研究进展迅速。我国已形成以北上广为中心的氢能产业集群，并初步掌握氢燃料电池堆及其关键材料、动力系统和氢能基础设施等关键技术，氢工业体系已初步形成。利用可再生能源廉价高效制氢并实现氢能在燃料电池内高效能质传递与转化是促进我国氢能产业发展的关键。

核能的安全高效利用对我国经济可持续发展具有重要战略意义。核能是一种能够解决能源供应的安全性、减排 CO_2、减少环境污染的重要能源技术，同时还是一个战略性新兴产业，对国防建设具有重大战略价值。由于核能的战略和经济意义,我国政府长期支持核能科技的开发,提出了"在确保安全的前提下高效发展核电"的方针政策,并在国家层面实施了"中国国际核聚变能源计划""大型先进压水堆及高温气冷堆核电站重大专项""未来先进核裂变能""先进核裂变能的燃料增殖与嬗变"等一批重大专项项目。随着我国核电快速高效发展,迫切需要掌握核电厂严重事故进程中重要现象机理、缓解关键技术和研发严重事故综合分析软件平台,为核电厂设计和严重事故缓解策略制定提供支撑。

3. 发展目标

围绕太阳能、生物质、氢能和核能为主的可再生能源和新能源的安全高效利用所面临的挑战,开展新型可再生能源热力系统及高效集成与智能耦合、太阳能高效收集与转化、生物质全组分热化学、催化转化与生化转化制备高品质燃料、氢能系统中多尺度能质传递与转化强化以及核能热工现象精细化机理与数学描述研究,支撑和促进我国可再生能源的发展模式从高速发展转向高质量发展。

4. 研究方向和核心科学问题

(1)可再生能源热力系统方向。太阳能聚光集热系统一体化实时动态光学模型,太阳能聚光集热系统光-热-力耦合机理与系统协同优化设计方法,超临界 CO_2 布雷顿循环与太阳能热利用系统的系统筛选匹配和优化原理,高效中低温地热发电传热传质机理及新型耦合发电系统构建原理,干热岩资源成藏、获取机理以及深层裂隙人工储层中热-流-固与化学反应相互作用机理,生物质热化学、化学、生物催化转化液体燃料机理及调控机制,可再生能源热力系统的高效集成与智能耦合等。

(2)太阳能光热利用。时间上不连续/空间上分散/相对低能量密度下的不稳定太阳能高效收集,涵盖太阳能吸热涂层的热物理特性演变机制、太阳能集热及其调制机理、基于大数据的太阳能资源实时预测方法及太阳能系统的热动态响应机制;适合太阳能热发电的规模化储热方法与高效热功转换系统,涵盖高强度辐射能流的可靠转换/规模储存与可控释放的热发电耦合机制、非稳定工况下太阳能热功转换系统的动态响应特性和调配;变工况太阳能直接利用体系与系统,涵盖工况快速变化的先进逆向热力循环体系与系统设计理论、太阳能热能直接利用新方法。

(3)生物质能。木质纤维素类生物质结构解译与调变,涵盖生物质超微结构的精确解析、生物质大分子的定向裁剪与调变;生物质热化学催化转化机理与过程强化,涵盖生物质转化过程中多元多相反应体系的能质传递与转化机理及耦合关系、高选择性及高稳定性催化反应体系构建、催化反应机理解析及目标产物定向调控;生物质多组分互作代谢机理、涵盖高效纤维素酶/菌系构建、高效产醇和产氢菌群构建、能量和物质转化过程分析、生化反应器中多相流动以及热质传递过程强化。

(4) 氢能。制氢过程中的能质传递与转化机理,探索高效制氢的新方法,涵盖电解水制氢、燃料重整制氢、太阳能光催化/光电催化分解水制氢、生化转换/生物质制氢;燃料电池内能质传递与转化,涵盖高效燃料电池膜电极技术、金属双极板高精度制造技术、新型燃料电池和电池堆系统集成与数值模拟。

(5) 核能。数值核反应堆技术,涵盖核反应堆高保真多尺度热工水力模型、核反应堆热工物理/力学精细化耦合机制、基于高性能计算的多场耦合数值求解算法及验证;先进核燃料技术,涵盖组件临界热流密度行为及临界后传热机理模型、燃料组件流致振动与微动磨损机理、积垢对燃料组件运行特性和包壳腐蚀特性的影响机理、燃料元件热工-机械-材料-燃耗的多物理场耦合机制;核电厂严重事故现象与机理学,涵盖多组分核燃料棒材料间的低温共晶及熔化机理,堆芯熔化过程中的多尺度、多成分、多相态演化机理,压力容器内熔融物滞留能力及失效机理。

7.4.2 跨学科交叉优先发展领域

跨学科交叉优先发展领域:可再生能源与新能源利用基础研究。

1. 科学意义与国家战略需求

近年来,世界能源格局发生重大变革,能源结构清洁、高效、低碳化已成为发展趋势。能源技术创新进入活跃期,各种能源转化变革性新技术不断涌现,推动了能源技术革命的进程。可再生能源增长迅速,将成为未来重要能源,是未来重要研究领域。可再生能源具有存在形式和转化方法的多样性,具有鲜明的学科交叉和耦合特点。其中,工程热物理与能源利用学科主要研究可再生能源与新能源利用过程中能量和物质转化、传递原理及规律等相关热物理问题。本学科研究需要借鉴化学、生物、地球科学、环境工程、农业工程、信息科学等学科相关理论和技术开展系统深入的机理研究,以突破可再生能源与新能源利用过程中的关键瓶颈难题,同时对其他相关学科的研究亦有推动作用。

2. 国际发展态势与我国发展优势

随着气候异常和针对常规化石能源的地缘纷争问题日益突出,近年来各国对于化石能源的替代和可再生能源的规模化应用日益重视。人们对可再生能源科技的研究已有一定程度的积累,对其优缺点的认识更加深刻,对解决其规模化应用的技术途径和科学问题亦有进一步的认识。各国制定的技术路线图正显示出其现实的可行性,相关激励政策的效果正日益体现。可再生能源的应用正日益受到政府重视和普通民众接受。各国已认识到新兴能源产业在未来国际经济竞争的重要性,正大力发展新兴能源产业。福岛核电站事故的发生使各国政府和人民对核能利用更加审慎,更愿意为可再生能源的利用付出经济代价。

国内外可再生能源发电快速增长,已逐渐成为电力行业的生力军。信息科学与技术及分布式能源的发展使智能电网更为可行,为解决可再生能源的能量稀薄、供给不稳定等重要问题提供可靠手段,可再生能源发电在发达国家(如德国)已占到总电力供给的40%,并具有更大的发展潜力。机械、电子、化学、生物、材料等多学科交叉、互补、渗透已成为可再生能源科学与技术发展的重要特点。多种可再生能源互补、可再生能源与化石能源互补、蓄能等以前不够重视的科学与技术成为研究热点和技术关键;另外,可再生能源的利用正朝着以制备高值化产品为目标发展。可再生能源相比传统能源,除具有无污染、可再生的优势外,更是优良的能量载体。国内外众多研究者正在利用可再生能源的特点,如生物质和太阳能,将其转化成清洁高品质的液体燃料、化学品和功能材料,高位替代传统能源。例如,近期多位院士提出"液态阳光"等概念,正是要把可再生能源打造成未来高品质产品的主要来源。

3. 发展目标

面向可再生能源和新能源开发与利用过程中的高效能量传递、俘获、转换、储存和管理,通过工程热物理、机械、电子、化学、生物、材料等多学科的交叉融合与集成,进一步强化太阳能光催化制氢、太阳能光催化 CO_2 转化以及太阳能-空气-水-材料相关领域的基础研究,突破生物质液态燃料清洁制备与高值化利用技术瓶颈,实现多能互补互联综合利用系统的构建,为可再生能源与新能源高效安全利用提供理论支撑。

4. 研究方向和核心科学问题

(1)太阳能方向。太阳能系统不同物质流和能量流之间的匹配和集成原理,太阳能液体燃料合成机制,高效低成本规模化太阳能光催化分解水制氢理论,基于太阳能与 CO_2 转化的可再生液体燃料合成理论与方法,太阳能-空气-水-材料相关领域的基础研究。

(2)生物质能方向。生物质高效转化与综合利用,核心科学问题包括:生物质高值化热化学和生化转化过程中多相反应流传热传质机制,生物质转化过程强化及目标产物定向调控原理和方法,生物质水热转化过程传递与反应协同耦联机制,生物质转化过程中物质和能量梯级利用及系统优化集成方法。

(3)多能互补互联与分布式能源系统方向。多形式能源清洁高效转化和储存过程中能质传递与转化强化理论及方法,多能源系统高效互补的协同优化集成方法和运行调控理论。

7.4.3　国际合作优先发展领域

国际合作优先发展领域:太阳能高效热利用和生物质转化制备高品质生物液体燃料基础研究。

1. 科学意义与战略价值

经过近年来的持续投入,中国已成为全球可再生能源大国,并在太阳能热发电、中低温太阳能热利用、生物质热解液化及生物油提质、催化转化制备生物航油、生化转化制氢和液体燃料等方面开展了较为全面和深入的研究,并取得了众多实质性成果,其中部分研究成果已走到该领域国际学术前沿。中低温太阳能热利用基本实现热水到热能的转化,但规模化建筑制冷与供热尚未普及。太阳能中高温热利用(太阳能热发电)产业处于商业化起步阶段,由于主要设备成本居高不下,太阳能储热及热能输出调控技术以及系统集成、运行、控制和适配相关研究欠缺,成为制约我国太阳能高效热利用的薄弱环节和技术瓶颈。在生物质利用方面,由于缺乏面向生物质收储运和全组分高效转化的系统性、集成式解决方案,生物质利用过程污染重、经济性差、转化效率低、液体燃料产品选择性低,成为生物质制备高品质燃料技术发展及应用所面临的关键和迫切问题。

2015 年召开的第 21 届联合国气候变化大会期间,147 个国家提交的自主贡献预案中涉及可再生能源(总共 189 个国家)。例如,巴西提出到 2030 年非水电可再生能源占其电力总消费量的 23%;阿联酋提出 2021 年可再生能源占其能源消费总量的 24%;法国提出 2030 年可再生能源占其电力消费总量的 40%。我国可再生能源和新能源的高速发展,为深化国际合作提供了很好的舞台和难得的机遇。通过国际合作,充分发挥国际专家资源并结合当地可再生能源特点与资源禀赋,一方面有利于我国优势技术实现"走出去"的目标,实现发展中国家自身的政策目标;另一方面通过紧密结合中国可再生能源发展所面临的关键和迫切问题开展国际合作,将有利于提高我国可再生能源与新能源利用效率,推进规模化利用程度,有效降低可再生能源与新能源利用成本,解决可再生能源与新能源发展中的关键科学与技术问题。

2. 核心科学问题

太阳能高效率聚集的集热、储热、转化与释放机理;太阳能热发电过程的非稳态高密度能量高温转换与传输以及热能的热/功转换机理；太阳能系统不同物质流和能量流之间的匹配和集成原理；太阳能高效制冷转化原理；太阳能热利用新方法；生物质高效低成本规模化转化原理；生物质热化学转化、催化转化和生化转化全组分演化互作机理与路径调控；生物炼制过程强化及目标产物定向调控原理和方法；面向可再生生物质能源的物质和能量梯级利用及系统优化集成理论。

参考文献

[1] 何雅玲，邱羽，陶于兵，等. 太阳能光热发电原理、技术及数值分析. 北京：科学出版社，2023.

[2] 肖刚，倪明江，岑可法. 太阳能. 北京：中国电力出版社，2019.

[3] 国家太阳能光热产业技术创新战略联盟. 2021 中国太阳能热发电行业蓝皮书. 2021.

[4] International Energy Agency. Renewables 2019—Market analysis and forecast from 2019 to 2024. 2019[2019-12-31]. https://www.iea.org/reports/renewables-2019.

[5] Liao Q, Chang J S, Herrmann C, et al. Bioreactors for Microbial Biomass and Energy Conversion. Berlin: Springer, 2018.

[6] Council G W E. Global Wind Report 2020. Brussels, 2020.

[7] Emeis S. 风能气象学. 张怀全译. 北京：机械工业出版社，2014.

[8] 温彩凤. 风电系统多场耦合特性研究. 北京：中国水利水电出版社，2020.

[9] 麻常雷. 中国海洋能产业进展(2020). 北京：海洋出版社，2020.

[10] 国家能源局. 关于促进地热能开发利用的若干意见. 2021.

[11] 国家发展和改革委员会，国家能源局. 水电发展“十三五”规划(2016—2020). 2016.

[12] 纪昌明，张验科，阎晓冉. 梯级水库群联合调度与风险分析. 北京：中国水利水电出版社，2020.

[13] He Z Z, Wang C, Wang Y Q, et al. Dynamic programming with successive approximation and relaxation strategy for long-term joint power generation scheduling of large-scale hydropower station group. Energy, 2021, 222: 119960.

[14] 水利部长江水利委员会. 长江流域综合规划(2012～2030年). 2012.

[15] Guo L, Chen Y, Yin J. Organic Waste Gasification in Near-and Super-Critical Water. Berlin: Springer, 2014.

[16] 黄显宾. 基于“聚龙一号”装置的物理实验研究. 中国工程物理研究院科技年报(2014年版)，2014: 184-187.

[17] Nisbet E G. Sources of atmospheric CH_4 in early postglacial time. Journal of Geophysical Research, 1992, 97(D12): 12859-12867.